VERHANDLUNGEN DER GESELLSCHAFT FÜR ÖKOLOGIE

ERLANGEN 1974

VERHANDLUNGEN DER GESELLSCHAFT FÜR ÖKOLOGIE ERLANGEN 1974

4. Jahresversammlung vom 9. bis 13. Oktober 1974 in Erlangen.

Im Auftrag der Gesellschaft herausgegeben von PAUL MÜLLER

Springer-Science+Business Media, B.V 1975

ISBN 978-90-6193-180-5   ISBN 978-94-017-4521-5 (eBook)
DOI 10.1007/978-94-017-4521-5

Coverdesign: Max Velthuijs

VORWORT

Die vorliegenden „Verhandlungen der Gesellschaft für Ökologie" enthalten die Vorträge der 4. Jahrestagung vom 9. bis 13. Oktober 1974 in Erlangen.

Populationsökologie, Vergleichbarkeit der durch Freiland- und Laboruntersuchungen erzielten Daten über die Indikatorbedeutung von Organismen, Biozönosen und Ökosystemen, autökologische Analysen an „Extrem"-Standorten und die ökologische Landschaftsforschung stehen im Vordergrund. Auch die „Didaktik der Ökologie" ist vertreten, um zu verdeutlichen, daß Ökologie nicht nur unsere Wissenschaft ist, sondern daß wir eine Lösung drängender ökologischer Probleme auch in einer sachgemäßen Erziehung zu einem ökologischen Bewußtsein erblicken.

Die Vorträge zur ökologischen Landschaftsforschung bieten die Möglichkeit, Stand, Erfahrungen und Entwicklungstendenzen dieses Fachgebietes in der BRD und in unseren europäischen Nachbarländern zu vergleichen. Sie zeigen, daß die Erstellung ökologischer Kriterien für die Landes- und Entwicklungsplanung sowohl die Hierarchie der ökologischen Faktoren und Systeme, ihre allgemeine Gültigkeit und Regionalisierbarkeit als auch das Zielobjekt unseres Handelns, den Menschen, im Auge behalten muß. Gemeinsam mit den anderen Referaten verdeutlichen sie, daß unsere Gesellschaft zu einem wissenschaftlichen Diskussionsforum der mitteleuropäischen Ökologie geworden ist.

Saarbrücken, März 1975

Prof. Dr. PAUL MÜLLER

INHALT

METHODEN DER POPULATIONSÖKOLOGIE

UDO HALBACH

Abstract

Population ecology describes and analyses the distribution and abundance of individuals in space and time, including age structure, sex distribution, and genotype frequencies. Different methods and expected technical and theoretical developments are described using examples from plankton ecology; their assumptions, difficulties and implications in regard to the theory of scientific knowledge are discussed. Three main fields of population ecology are methodologically well defined: **1. Field description and analysis:** There are new trends in automatization of sampling up to continuously recording (e.g. by COULTER-counter), and even automatically species determination might be possible (by holography). Representative samples of heterogeneously distributed populations can be taken by integrating along a transect (e.g. by CLARKE-BUMPUS-sampler). The real distribution of the single specimens can be recorded by the echo sounder (Fig. 2). There are now also methods which allow the measurement of population parameters like natality and mortality (Figs. 4 and 5) as well as physiological characters like filtration and respiration rates under field conditions. Field analysis can be performed by changing single abiotic and biotic   factors and watching the effects (Fig. 6) or by statistical analysis of field data (e.g. multiple and partial correlation and regression analysis). The difficulty of interpreting correlations is discussed by the example of two different association coefficients in a well known situation of complex interspecific relationships in three rotifers (Fig. 7). **2. Laboratory investigations:** The culture of organisms under defined conditions allows the variation of single factors and the study of their effects on life table data (Fig. 8) and population dynamics (Fig. 9). The use and significance of different types of culture methods (e.g. chemostate, recycling cultures, cultures with periodically renewed medium) are demonstrated (Figs. 10—12). The causal relationships between ecological factors and population dynamics can be analysed stepwise. Methods are now available for experimental examination of filtration, assimilation and respiration rates of single specimens of planktonic organisms (e.g. with the radio carbon method or with Cartesian divers). **3. Models:** In some cases (e.g. in rotifers) we are able to construct the population dynamics based on physiological and demographic data measured in isolated individuals, and compare these with empirical population curves (Figs. 13—15). The simulations are based on deterministic models (e.g. LOTKA-VOLTERRA-equations with simple time lag) using numerical computer techniques. To get more realistic models in future, we will have to use stochastic models to a larger extent and we will have to take into account the spatial heterogeneity of the population (Figs. 16—18), because this widely disregarded aspect is of outstanding importance for the stability and evolution of populations. For the formal description of spatial and temporal heterogeneity two possible ways are proposed: 1. The use of mathematics for describing gradients in a five-dimensional system of co-ordinates (3 dimensions for space, 1 for time, and 1 for population density). 2. A digital information theory has to be developed, in which each specimen is regarded as a unit in space and time, interacting with all other specimens of the population. The connections between the individuals are composed of a variety of relationships (e.g. positive or negative attractions). The intensity of each relation is, among other dependences, a function of the distance between the individuals (Figs. 19 and 20). Such a model could describe individual distance patterns in territorial as well as in heterogeneously distributed populations. Age differences, bisexuality, and genetic polymorphism can be included in this model as well as ethologic characters and social behavior (like social stress), and their influences on mortality, natality, and migration. Such time-space-population models might turn out to be more realistic and precise than most contemporary models. The basic requirements for the development of such population model systems of high complexity are fulfilled by the existence of macro-computers.

Aufgabe der Populationsökologie ist die Beschreibung und Analyse der räumlichen und zeitlichen Veränderung der Individuendichte von Populationen. Die Kernfragen lauten: Welche ökologischen Faktoren beeinflussen die Populationsdynamik? Welche dieser Faktoren wirken regulierend auf sie ein? Wie kann es zu gelegentlichen Massenvermehrungen, wie zur Extinktion von Populationen kommen? An diesen Fragen ist neben dem Populationsökologen auch der Evolutionsbiologe interessiert, denn die Faktoren, die über Natalität und Mortalität die Populationsdynamik beeinflussen, sind gleichzeitig jene Kräfte, die als Selektion formativ auf die Evolution der Organismen einwirken. Von ganz besonderem Interesse ist die Populationsökologie für bestimmte angewandte Arbeitsrichtungen, in denen es darum geht, bei der Ausbeutung natürlicher Populationen (z.B. in der Fischerei) oder in der Tierzucht langfristig maximale Erträge zu erhalten. In der Schädlingsbekämpfung wird das Gegenteil verfolgt, nämlich durch geeignete Maßnahmen unerwünschte Organismen zu dezimieren. Und schließlich ist der Mensch selbst ein Objekt der Biologie; auch er hat eine Populationsdynamik. Die Demographie analysiert die Folgen gewollter und ungewollter Manipulationen durch den Menschen.

Trotz der Unterschiedlichkeit der bei den verschiedenen Organismengruppen verwendeten Methoden, sind die erkenntnistheoretischen Grundlagen ähnlich. Es sollen einige Schwerpunkte aufgezeigt werden, wie sie sich derzeit aus dem gesamten Methodengefüge der Populationsökologie herauskristallisieren, und insbesondere soll auf zu erwartende oder wünschenswerte Entwicklungen hingewiesen werden. Die zur Erläuterung notwendigen Methoden sind soweit möglich aus dem Gebiet der Planktonökologie ausgewählt.

Unabhängig von der untersuchten Tiergruppe kann man in der Populationsökologie drei methodisch voneinander abgegrenzte Teilgebiete unterscheiden: **Freiland-Untersuchungen, Laboruntersuchungen** und **Modelle.**

A. Freiland-Untersuchungen

I. *Deskription*

Die deskriptive Populationsdynamik erfaßt die zeitliche und räumliche Verteilung der Individuendichte im Freiland, einschließlich der Altersstruktur, der Geschlechterverteilung usw.

Wie erfaßt man die Individuendichte? Der theoretisch einfachste Weg ist das **Auszählen** der Organismen, entweder direkt oder nach Registrierung (z.B. durch Luftaufnahmen). GRZIMEK & GRZIMEK (1959) benutzte diese Methode bei der Auszählung der Großwildherden in Ostafrika, JACOBS & VARESCHI (unveröffentlicht) bei der Bestimmung der Individuenzahlen der Flamingos am Nakuru-See in Kenia. Meist ist diese Methode jedoch wegen der zu großen Individuenzahlen oder der eingeschränkten Erkennbarkeit nicht praktikabel.

Verbreitet ist die sogenannte **Fang- und Wiederfangmethode (capture and recapture method),** bei der Tiere gefangen, markiert und erneut ausgesetzt werden. Bei einem Wiederfang läßt die Proportion der markierten Tiere in der Stichprobe Rückschlüsse auf die Gesamtpopulation P zu: P = NM/R, wobei M für die 1. Stichprobe (markierte Tiere), N für die 2. Stichprobe und R für die Zahl der markierten Tiere in der 2. Stichprobe steht. Voraussetzung ist eine homogene Durchmischung

der markierten Tiere in der Gesamtpopulation (wozu zumindest eine gewisse Zeit
notwendig ist), eine vernachlässigbar kleine Mortalität zwischen den beiden Stichproben (was eine möglichst geringe Zeitspanne voraussetzt) und eine gleiche Chance
des Fangs von markierten und nicht markierten Tieren. Solche Einschränkungen
kann man durch Extrapolation bei einer mehrfach wiederholten Fang- und Wiederfangmethode zumindest zum Teil eliminieren (vergl. COOK, BROWER & CROZE
1967). Diese Methode wird dann angewandt, wenn man Tiere in Fallen fängt, wenn
also ein direkter Bezug zum Areal fehlt.

Wo immer es möglich ist, wird man daher die **Stichproben-Methode** vorziehen,
d.h. die quantitative Auszählung der Organismen innerhalb eines Planquadrates bei
terrestrischen Organismen oder eines definierten Wasservolumens bei Planktonten.
Ein klassisches Gerät hierfür aus der Hydrobiologie ist der RUTTNER-Schöpfer; zur
quantitativen Erfassung des Phytoplanktons benutzt man das Umkehrmikroskop
nach UTERMÖHL (vergl. SCHWOERBEL 1966) oder die SEDGWICK-RAFTER-
Zelle (Mc ALICE 1971).

Die Individuendichte ändert sich mit der Zeit. Man muß also wiederholt Stichproben entnehmen, um einen Eindruck von der Populationsdynamik zu erhalten. In
der Limnologie ist es durchaus üblich, Planktonproben in einem Abstand von 14
Tagen oder länger zu entnehmen. Dies kann das Bild der tatsächlichen Populationsdynamik drastisch verfälschen, wie Abb. 1 belegt (vergl. auch HILLBRICHT-
ILKOWSKA 1965).

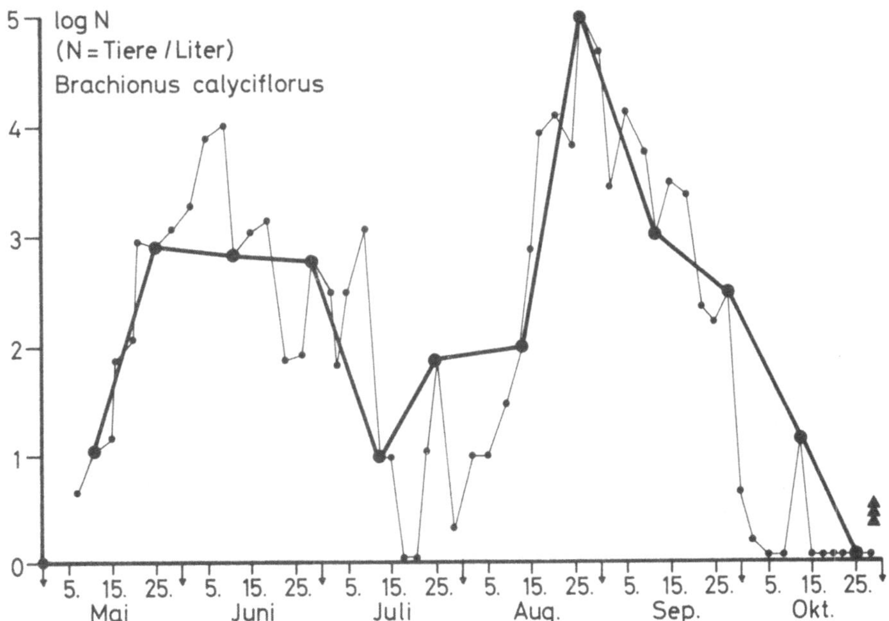

Abb. 1. Populationsdynamik eines planktischen Rädertieres bei 14-täglicher Probenentnahme
(dicke Linie) und bei 3-tägigem **Abstand der Proben** (dünne Linie). Bei dem gröberen Raster
geht wichtige Information verloren: Der tatsächliche Verlauf der Fluktuationen ist nicht
erkennbar und auch die tatsächlichen Höhen der Maxima und Minima werden um eine Zehnerpotenz verschätzt.

Es sind inzwischen **automatische Planktonproben-Sammler** konstruiert worden, die in bestimmten Stundenabständen Proben entnehmen (vergl. SWANSON 1965 und COWELL 1970). Ideal wären **kontinuierliche Planktonzählgeräte**, die im Augenblick noch in der Entwicklung sind. Grundlage kann das **COULTER-Counter-Prinzip** sein, welches auf der Messung einer Widerstandsänderung beruht: Durch eine Kapillare, die durch zwei gegenüberliegende Kontakte (Anode und Kathode) mit einem Meßsystem verbunden ist, wird das zu untersuchende Medium hindurch gesogen. Passieren dabei im Medium suspendierte Partikel, z.B. Planktonorganismen, die Kontaktebene, so verursachen sei eine meßbare Widerstandsänderung, die proportional dem Volumen der Partikel ist. Mit dem COULTER-Counter kann man also nicht nur automatisch Partikel zählen, sondern auch nach ihrer Größe klassifizieren (vergl. FULTON 1972 und SHULER, ARIS & TSUCHIYA 1972).

Eine **automatische Determination** der Organismen gibt es zur Zeit noch nicht. Mit dem COULTER-Counter etwa kann man lediglich Stäbchen von Scheiben usw. unterscheiden (DRAKE & TSUCHIYA 1973). Eine automatische Determination könnte in Zukunft mit Hilfe der **Holographie** gelingen. Zwar existiert noch keine holographische Auszählmaschine, mit holographischen Methoden werden jedoch bereits Archivaufnahmen von Planktonten gemacht. Bei der Diagnose von Krebszellen ist mittels Holographie bereits eine Differenzierung mit sehr großer Genauigkeit möglich.

Ein weiteres Problem bei der Deskription der natürlichen Populationsdynamik ist die **räumliche Heterogenität** in der Verteilung der Organismen. Selbst Planktonten sind nicht homogen verteilt, sondern treten in Schwärmen oder sogenannten Planktonwolken auf. Wie kann man in einem solchen Fall repräsentative Stichproben entnehmen? Eine Möglichkeit besteht darin, bei der Stichprobenentnahme über ein größeres Areal zu integrieren, indem man etwa ein Planktonnetz über eine bestimmte Distanz durch das Wasser zieht. Das klassische Gerät hierfür ist der **CLARKE-BUMPUS-Sampler** (vergl. SCHWOERBEL 1966). Mit ihm erhält man ein Integral der Planktondichte in einer bestimmten Wassertiefe entlang eines definierten Transektes. Häufig ist aber dieses Integral nicht so interessant wie die tatsächliche räumliche Verteilung, die man etwa mit einem **Intervall-Planktonsammler**

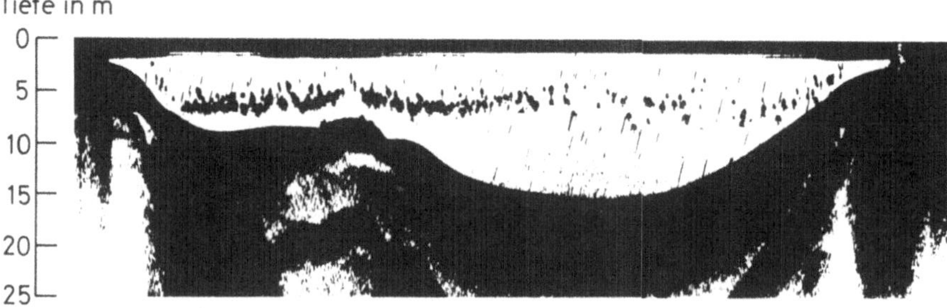

Abb. 2. Vom Schiff aus aufgenommenes **Echogramm.** Klostersee bei Seeon (Bayern). Der Seeboden ist schwarz, der Wasserkörper hell wiedergegeben. Die Fische (dicke Punkte) befinden sich bei dieser nächtlichen Aufnahme in Ruhestellung im Metalimnion. Die im Hypolimnion erkennbaren Planktonten (feine Punkte) bestehen überwiegend aus Chaoborus-Larven. (Aufn. A. SEITZ)

4

bestimmen kann (MARPLES 1962). Die modernste Methode zur Erfassung der
Verteilung von Plankton-Organismen ist das **Echolot** (SCHROEDER 1961,
SCHROEDER & SCHROEDER 1964 und Mc NAUGHT 1969). Abb. 2 gibt das
Radar-Querprofil eines kleinen Sees wieder.

Es wurde bisher vorausgesetzt, daß die Individuenzahlen bzw. -dichten vernünf-
tige Einheiten für die Populationsdynamik sind. Dies ist normalerweise auch der
Fall, da die Elementarereignisse (Geburt, Tod, Migration) an Individuen bzw. durch
diese stattfinden. Je nach Alter oder Phänotyp können jedoch Individuen ein- und
derselben Art ganz verschieden groß sein. Bei energetisch orientierten Untersuchungen, bei denen die Populationen als Teile der Nahrungskette oder der trophischen Pyramide betrachtet werden, ist die **Biomasse** — etwa als Trockengewicht —
die sinnvollere Maßeinheit (vergl. WINBERG 1968 und ZAIKA 1972). Bei Primär-
produzenten, insbesondere bei Algen, kann der photosynthetisch aktive Apparat,
also der **Chlorophyllgehalt**, unter Umständen viel aussagekräftiger sein als die Biomasse oder die Individuenzahl, zumal letztere bei kolonialen Algen durchaus problematisch ist (PATTEN 1968 und SCHWOERBEL 1966).

Bei der **graphischen Darstellung** der natürlichen Populationsdynamiken steht
man vor dem Problem, daß die Individuendichte im Laufe der Zeit bis zu 6 Zehner-
potenzen schwanken kann. Aus diesen und anderen Gründen hat sich eine semiloga-
rithmische Darstellungsweise eingebürgert (vergl. WILLIAMSON 1972). Statt der
Logarithmen der Individuendichten werden oft auch 3. Wurzeln oder sogenannte
Kugelkurven dargestellt (SCHWOERBEL 1966 und THOMASSON 1963). In der
Art der graphischen Darstellung gibt es eine große Mannigfaltigkeit. Die Schwierigkeit liegt darin, daß man bei einer vollständigen Darstellung 5 Dimensionen benötigt: 3 Raumkoordinaten, Individuendichte und Zeit. Dieses Problem ist auf
verschiedene Weise gelöst worden. Abb. 3 gibt vier Darstellungsarten wieder für den
Fall, daß außer Zeit und Individuendichte nur eine Raumkoordinate (Wassertiefe)
betrachtet wird.

Im Freiland ist nicht nur die räumliche und zeitliche Verteilung der Individuendichte von Interesse, sondern auch die **Altersstruktur**. Bei manchen Planktonten
kann man verschiedene Häutungsstadien unterscheiden; etwa die Copepodit-Stadien
der Copepoden (ELSTER & SCHWOERBEL 1970). Bei Rotatorien und Cladoceren
besteht eine Korrelation zwischen Körpergröße und Alter, die allerdings durch
Temperatur modifiziert werden kann (HALBACH 1970 b und JACOBS 1961). Auf
jeden Fall kann man 3 Altersklassen morphologisch unterscheiden, nämlich Eier
oder Embryonen, juvenile und adulte Tiere. Aus der **Eirate** E, der mittleren Zahl der
pro ♀ getragenen Eier, kann man für das Freiland Prognosen über die zu erwarten-
den **Geburtsraten** B machen: $B = \ln (E/D + 1)$, wobei D die Entwicklungsdauer der
Eier ist.

Sie ist temperaturabhängig und muß experimentell im Labor ermittelt werden
(EDMONDSON 1965). Vergleicht man die prognostizierten Zuwachsraten mit den
empirischen Werten (Abb. 4), so ergeben sich Differenzen, die eine Abschätzung der
Sterberate im Freiland erlauben (vergl. DODSON 1972 und FAGER 1973). Abb. 5
demonstriert die auf diese Weise ermittelte Jahresperiodik der Mortalität einer
Daphnien-Population in einem Fischteich (nach HALL 1964). Inzwischen sind
Methoden entwickelt worden, mit denen auch physiologische Daten, wie Filtrier-
rate (HANEY 1971) und Respiration (DUNCAN et al. 1970) im Freiland bestimmt
werden können.

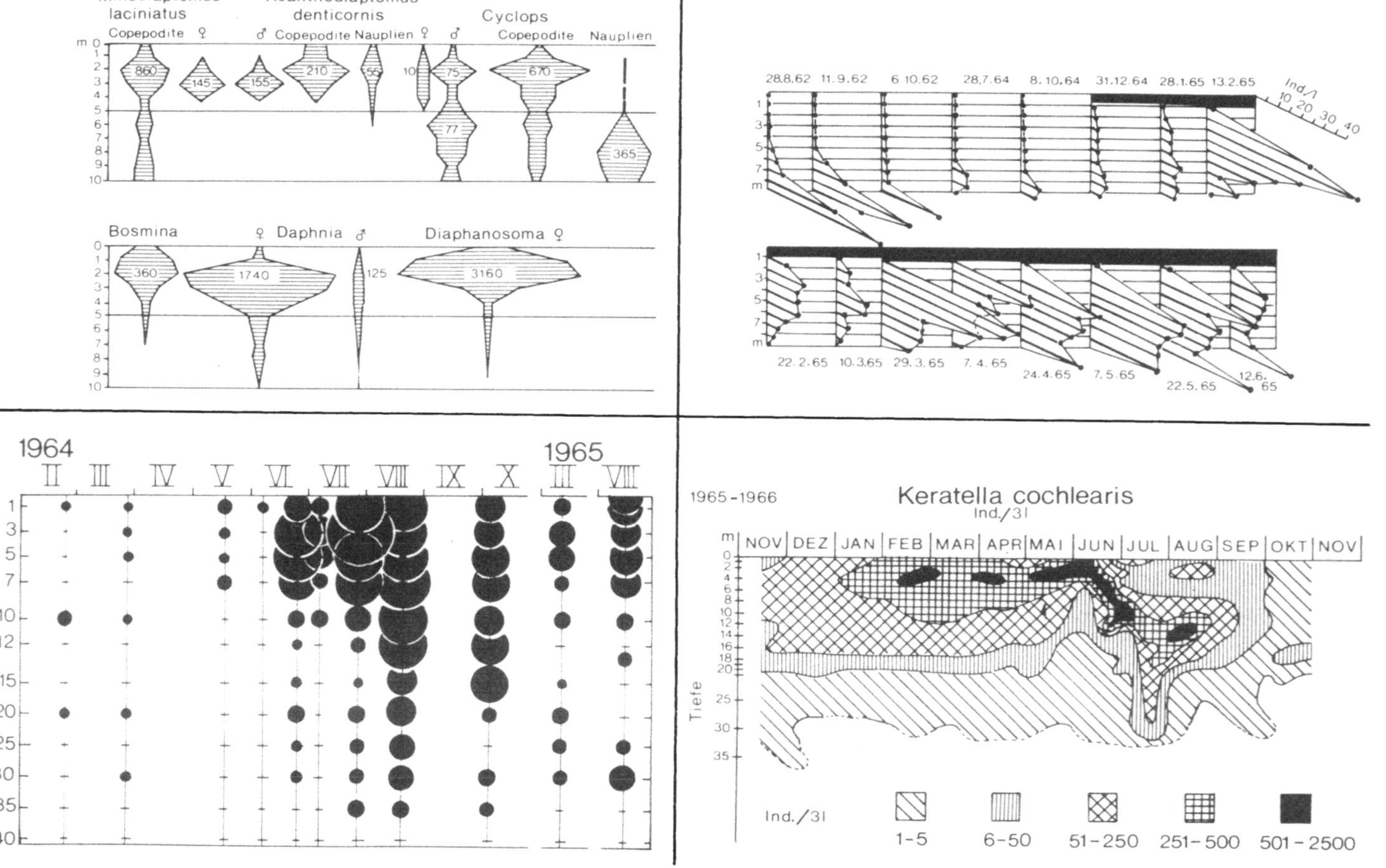

Abb. 3. Verschiedene gebräuchliche **Darstellungsarten** für die Populationsdynamik von Planktonorganismen. Es sind drei Dimensionen dargestellt: Wassertiefe (Ordinate), Zeit (Abszisse) und Populationsdichte (oben links: Breite der Kugelkurven; oben rechts: Tiefe der Kurven; unten links: Durchmesser der Kreise und unten rechts: Dichte der Schraffur). Die beiden horizontalen Raum-Dimensionen blieben unberücksichtigt.

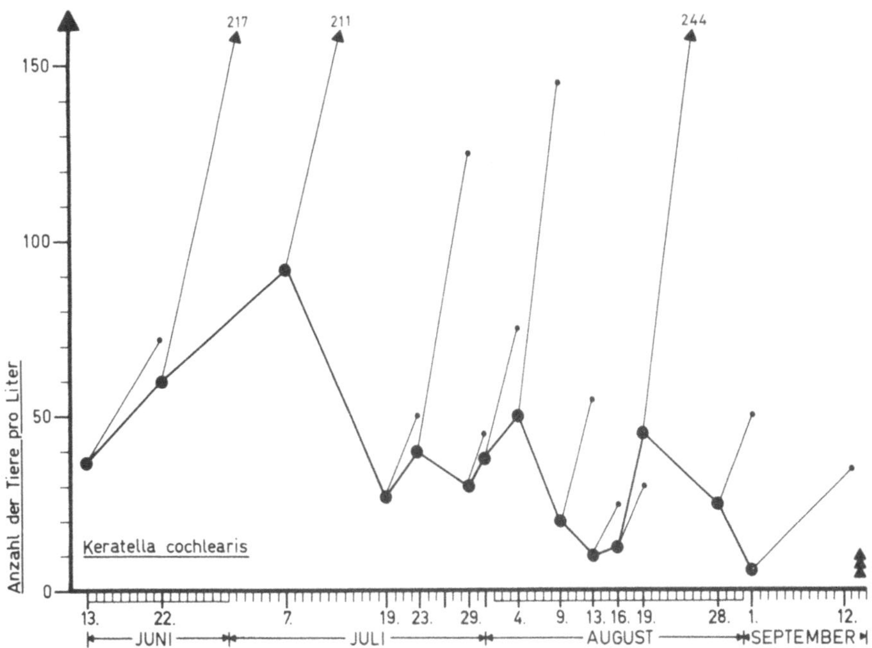

Abb. 4. Populationsdynamik des Rädertieres *Keratella cochlearis* unter natürlichen Verhältnissen (nach EDMONDSON): Individuendichte (dicke Linie) und die jeweils aus den Eiraten der
Proben errechneten Zunahmen durch Geburten (dünne Linien).

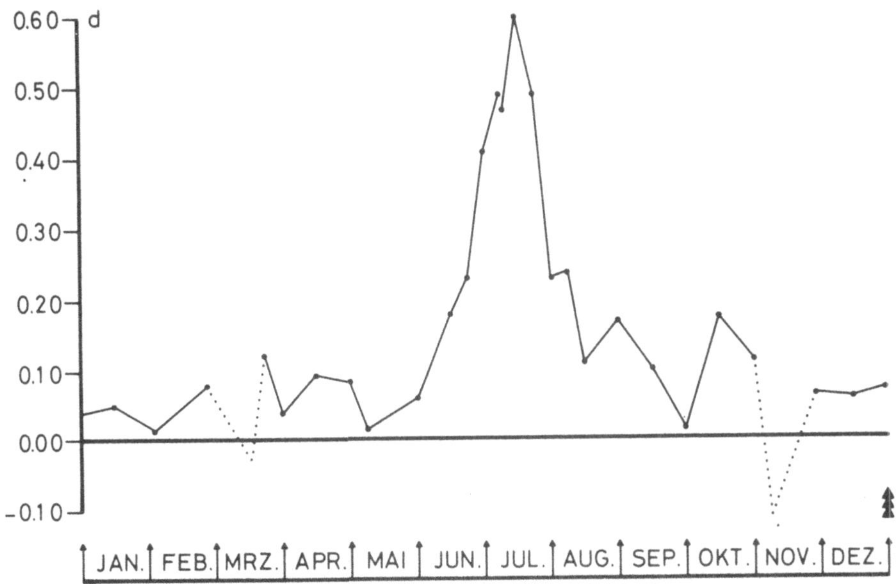

Abb. 5. **Sterberate einer Daphnienpopulation** in einem Fischteich (nach HALL). Im Juli
können bis zu 50% der Daphnien am Tag durch Fischfraß sterben; im Frühjahr und Herbst ist
die Mortalität dagegen sehr gering.

II. Analyse

Die Frage nach den Ursachen der jeweiligen Populationsdynamik führt zur Analyse,
zu der uns im Freiland allerdings nur bescheidene Mittel zur Verfügung stehen. Es
gibt die Möglichkeit von **Freilandexperimenten**, bei denen der Experimentator lokal
ökologische Faktoren (wie Temperatur und Belichtung) verändert und die Effekte
solcher Manipulationen registriert (vergl. GOLDMAN 1960). Auch den Einfluß
biotischer Faktoren kann man auf diese Weise studieren, indem man etwa mittels
Netzen oder anderer geeigneter Vorrichtungen lokale Subpopulationen vor dem
Zugriff von Konkurrenten oder Freßfeinden schützt (CONNELL 1961). Abb. 6
demonstriert den auf diese Weise ermittelten Einfluß von Fischen auf die Plankton-
zusammensetzung (nach BROOKS & DODSON 1965).

Bei der Analyse von Freilanddaten stehen uns **statistische Methoden** zur Verfügung, wobei **Korrelations- und Regressionsanalysen** von überragender Bedeutung
sind. Es wird geprüft, mit welchen abiotischen oder biotischen ökologischen Faktoren bestimmte Populationsparameter wie Individuendichte oder Wachstumsrate
positiv oder negativ korreliert sind. Wie bei allen Korrelationsanalysen kann man
bei signifikanten Korrelationen keinesfalls auf direkte kausale Zusammenhänge
schließen, schon weil viele ökologische Faktoren untereinander kausal vermascht
und daher korreliert sind. So kann der Einfluß der Temperatur auf die Populations-
wachstumsrate ein direkter sein (etwa über Eiproduktion oder Entwicklungsdauer,
vergl. HALBACH 1970 a), es kann sich jedoch auch um eine indirekte Beeinflussung handeln über den Umweg der temperaturabhängigen trophisch bedeutsamen

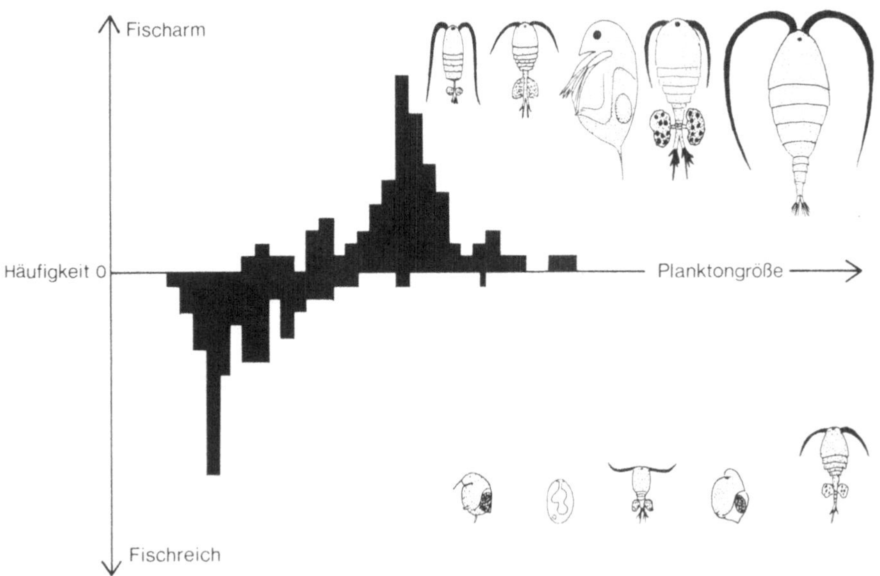

Abb. 6. Zusammensetzung der **Plankton-Lebensgemeinschaft** in **fischarmen** (oben) und in
fischreichen (unten) Teichen (nach BROOKS & DODSON). Bei starkem Fischbesatz setzt sich
die Lebensgemeinschaft aus Arten mit kleineren Individuen zusammen. Dies ist auf Größen-
selektion durch die planktonfressenden Fische zurückzuführen.

Phytoplankton-Produktion (HALBACH 1972 b und HALBACH & HALBACH-KEUP 1974). Die Methoden der **partiellen Korrelationsanalyse** erlauben es, die eventuell vorhandenen Interkorrelationen der unabhängigen Variablen mit Hilfe von statistischen Methoden zu eleminieren. Die **multiple Regression** erklärt uns quantitativ den Grad der Abhängigkeit einer Zielgröße wie etwa der Individuendichte von mehreren verschiedenen Einflußgrößen, z.B. verschiedenen ökologischen Faktoren (vergl. JACOBS 1970). Jedoch entheben uns auch **multivariate statistische Verfahren** (vergl. GOLDMAN et al. 1968 und ARMITAGE & SMITH 1968) nicht der besonderen Sorgfalt bei der Interpretation der Ergebnisse.

Die **Analyse der Schlüsselfaktoren (key factor analysis)** ermöglicht es, mit statistischen Mitteln die für die Mortalität im Freiland hauptsächlich verantwortlichen Faktoren herauszufinden (MORRIS 1959 und VARLEY & GRADWELL 1960).

Assoziationskoeffizienten geben an, ob zwei Arten signifikant häufiger oder auch weniger häufig in einem Biotop vorkommen als es einer zufallsgemäßen Verteilung entspricht. Soweit diese Faktoren nur die Anwesenheit oder die Abwesenheit der untersuchten Arten berücksichtigen, spiegeln sie vor allem die Biotopansprüche der

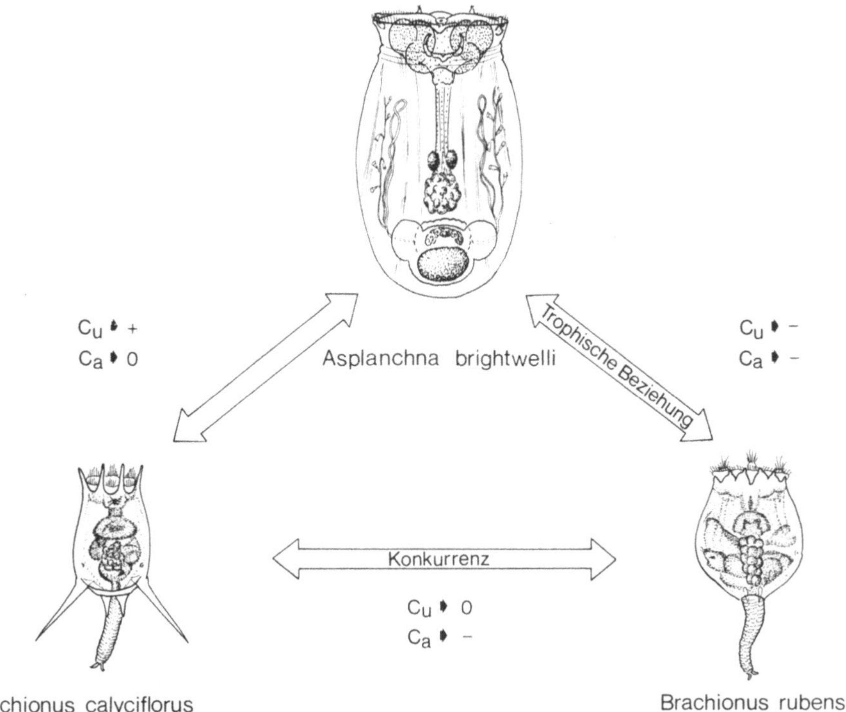

Abb. 7. **Assoziationskoeffizienten** dreier sympatrischer Rotatorien-Arten aus Teichen. Der **dichteunabhängige** Assoziationskoeffizient C_u, der nur die Anwesenheit bzw. Abwesenheit der Arten in den Proben berücksichtigt, spiegelt vor allem den Einfluß abiotischer Faktoren wider. Der **dichteabhängige** Assoziationskoeffizient C_a wird überwiegend durch biotische Beziehungen (z.B. Konkurrenz, Predation) beeinflusst. Eine dritte Art kann die Assoziation zweier Arten quantitativ beeinflussen (vergl. HALBACH 1972 a).

Organismen wider. Koeffizienten, die die Dichte berücksichtigen, geben Hinweise
auf biotische Beziehungen (HALBACH 1972 und HALBACH 1973). Bei signifikan-
ter positiver Assoziation könnte in letzterem Falle die Ursache Kommensalismus,
Symbiose oder Allelokatalyse sein; im negativen Fall Konkurrenz um Nahrung oder
Raum sowie einseitige oder wechselseitige Schädigung durch toxische Metabolite
oder auch Räuber-Beute-Beziehungen oder Parasitismus. Ein praktisches Beispiel
demonstriert Abb. 7. Den Einfluß einer dritten Art auf eine bilaterale Beziehung
kann man mit Hilfe des **partiellen Assoziationskoeffizienten** prüfen. So ist es denkbar, daß ein Räuber durch selektives Fressen den interspezifischen Konkurrenz-
druck zwischen seinen Beute-Organismen mildert (HALBACH 1969 und HALBACH
1972).

B.   Laboruntersuchungen

Die Schwierigkeiten der bisher betrachteten Freiland-Untersuchungen beruhen überwiegend auf der außerordentlich großen Heterogenität der Ökosysteme. Im Labor
kann man diese Systeme artifiziell vereinfachen. So kann man die ökologischen
Faktoren weitgehend konstant halten und durch gezielte Variation eines von ihnen
(etwa der Temperatur) dessen Einfluß auf die Lebensdaten und die Populationsdynamik testen.

Lebensdaten, insbesondere altersspezifische Natalität und Mortalität, werden
mittels Individualzuchten bestimmt, wobei Einzeltiere von der Geburt bis zum Tod
beobachtet werden. Ergebnisse vieler solcher Beobachtungen ergeben dann die **Über-
lebens- und Fertilitätskurven** (life table data). Ein Beispiel hierfür zeigt Abb. 8. Die
Unterschiede in den Fertilitäts- und Mortalitätsraten resultieren in unterschiedlichen
Populationsdynamiken (Abb. 9).

Ein technisches Problem solcher langfristigen Populationskulturen ist die Errei-
chung des **steady states** oder der Gleichgewichtsdichte bei Erhaltung des Kulturmediums. Abb. 10 zeigt schematisch eine Versuchsanlage für langfristige Populationskulturen von Rotatorien, Abb. 11 die nahezu konstante Algenzuteilung in dieser
Apparatur und Abb. 12 eine typische Populationskurve in dieser Anlage im
Vergleich zu einer anderen, bei welcher das Kulturmedium regelmäßig erneuert
wurde. In beiden Fällen beobachtet man ein sigmoides Populationswachstum mit
anschließenden Oszillationen um eine mittlere Gleichgewichtsdichte (**Kapazität K**),
die bei regelmäßig erneuertem Kulturmedium langfristig annähernd konstant bleibt,
bei nicht erneuertem Medium mit der Zeit dagegen absinkt. Es ist dies die Folge der
durch die Tiere selbst verursachten Anreicherung toxischer Metabolite in dem
Medium, wodurch Lebensdauer und Fertilität gesenkt werden.

Auch **interspezifische Beziehungen in Mischpopulationen**, bei denen einseitige
oder wechselseitige chemische Beeinflusungen eine Rolle spielen, können in der in
Abb. 10 dargestellten Versuchsanlage geprüft werden (vergl. HALBACH 1969).
Physiologische Zustände lassen sich am besten in **Synchronkulturen** erforschen
(SOEDER 1965).

Bei **Phytoplankton-Kultivierungen** ist es inzwischen gelungen, **Chemostaten** zu
entwickeln, bei denen die Kultur viele Monate lang im **Fließgleichgewicht (steady
state)** untersucht werden kann (ARPENTER 1968, MÜLLER 1970, MÜLLER 1972
und BERGTER 1972).

10

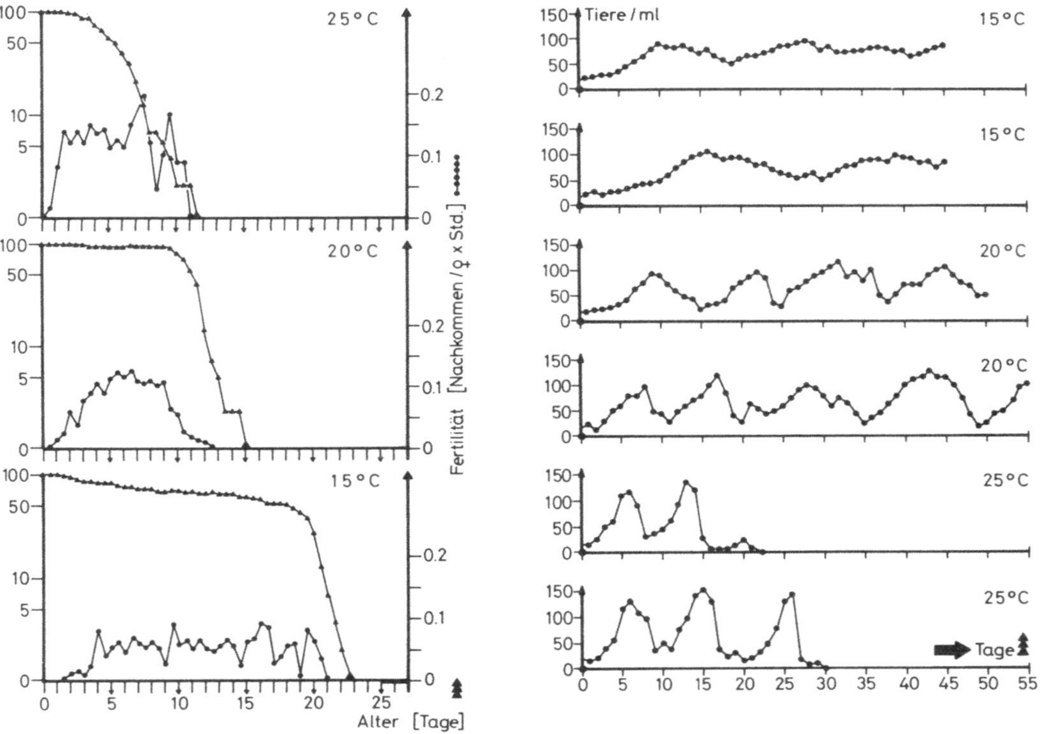

Abb. 8. **Überlebenskurven** (dreieckige Symbole) und **Fertilitätskurven** (runde Symbole) des Rädertieres Brachionus calyciflorus bei drei verschiedenen Temperaturen (15, 20 und 25°C). Die Daten wurden anhand von Individualzuchten im Labor bestimmt. Mit zunehmender Temperatur wird die mittlere Lebensdauer und die Fertilitätsphase kürzer, die Fertilitätsrate jedoch steigt.

Abb. 9. **Experimentelle Populationsdynamik** des Rädertieres *Brachionus calyciflorus* bei drei verschiedenen Temperaturen. Mit zunehmender Temperatur werden Frequenz und Amplitude der Oszillationen größer.

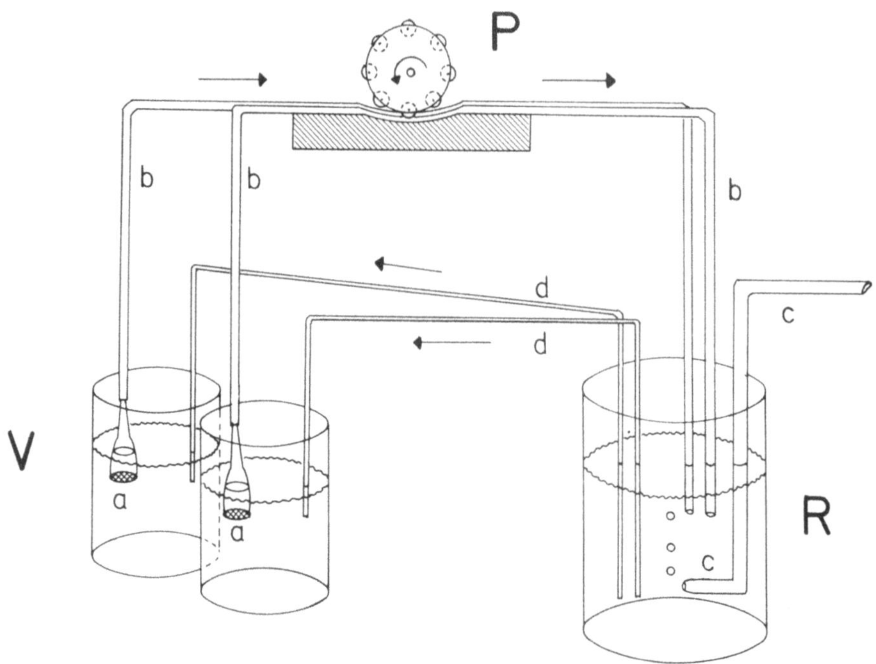

Abb. 10. Schema einer Anlage zur experimentellen Untersuchung der Populationsdynamik von Rädertieren bei Beibehaltung des Kulturmediums. In der originalen Versuchsanlage werden 7 parallele Versuchsgefäße verwendet, von denen in der Abbildung nur 2 dargestellt sind (V). Mittels der Pumpe P wird Medium in das gemeinsame Reservoir R abgesaugt. Durch die kommunizierenden Röhren d bleibt der Wasserstand erhalten. In das Reservoir wird alle 12 Stunden eine bestimmte konstante Menge von Nahrungsalgen gegeben, die auf diese Weise kontinuierlich den Versuchsgefäßen zugeführt werden (vergl. Abb. 11).

Mehrere Glieder einer **Nahrungskette** — etwa Phytoplankton und Zooplankton — in einem Chemostaten hintereinanderzuschalten, ist bisher mit unterschiedlichem Erfolg versucht worden (POURRIOT 1957, POURRIOT 1958, ZILLIOUX 1969 und ZILLIOUX & LACKIE 1970).

Um biochemische Stoffwechseluntersuchungen machen zu können, sind für Rädertiere **monoxenische** (GILBERT 1970) und sogar **axenische** Kulturmethoden mit definierten Medien entwickelt worden (DOUGHERTY et al. 1961). Die **Kausalkette** der Beeinflussung der Populationsdynamik sieht folgendermaßen aus:

Ökologische Faktoren

↓

Physiologische Eigenschaften

↓

Lebensdaten

↓

Populationsparameter

↓

Populationsdynamik

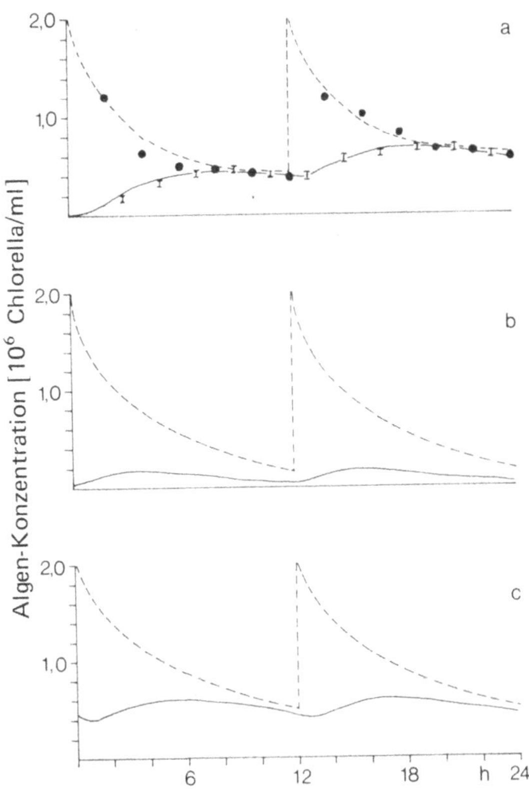

Abb. 11. Algenkonzentrationen in der Populations-Versuchsanlage der Abbildung 10: Konzentration im Reservoir (gestrichelte Linie) bei 12-stündiger Zugabe von 2 x 10^6 Chlorella-Zellen/ml; Konzentration der Algen in den Versuchsgefäßen (durchgezogene Linie). a: Beginn des Versuches, Versuchsgefäße ohne Tiere. b: Während des Versuches bei einer Individuendichte von 100 Tieren/ml in den Versuchsgefäßen. c: Während des Versuches bei einer Individuendichte von 10 Tieren/ml in den Versuchsgefäßen. Die Linien stellen aus den bekannten Fördermengen der Pumpe und den Filtrierraten errechnete Konzentrationsverläufe dar; die Punkte und Balken (mittl. Fehler des Mittelwertes von 10 Stichproben) der Kurve a basieren auf Zählwerten.

Diese Kausalkette kann man stufenweise analysieren. Bei den **ökologischen Faktoren** lassen sich abiotische (wie Temperatur, Licht) von biotischen (wie Nahrung, Konkurrenz, Räuber) unterscheiden. Man kann ihre Einflüsse auf die physiologischen Eigenschaften der Organismen bzw. auf deren Lebensdaten experimentell analysieren (vergl. Abb. 8). Zu den hier relevanten physiologischen Eigenschaften sind etwa **Filtrierraten** und **Assimilationsraten** zu rechnen, die beide mittels radioaktiv markierter Algen experimentell bestimmt werden können (EDMONDSON & WINBERG 1971). Es ist sogar eine Bestimmung an Einzeltieren möglich (ERMAN 1956 und ERMAN 1958). Auch die **Respiration** kann man inzwischen sehr elegant selbst an einzelnen Planktonorganismen mit Hilfe der Methode **Kartesianischer Taucher** ermitteln (KLEKOWSKI & SHUSHKINA 1966 und DOOHAN 1973). Die bedeutsamsten Lebensdaten sind die **altersspezifische Mortalität** und **Natalität (life**

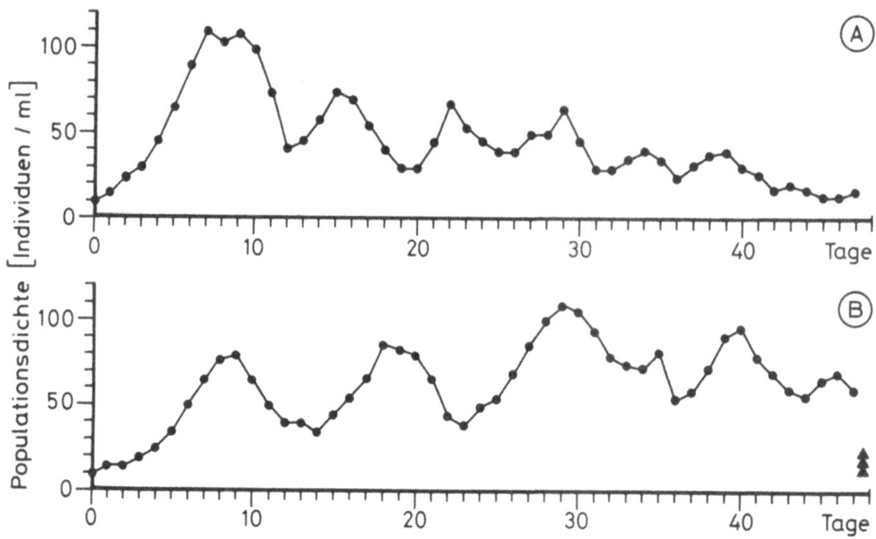

Abb. 12. Empirische Populationskurven des Rädertieres Brachionus calyciflorus in **A:** **nicht erneuertem** Kulturmedium (vergl. Abb. 10 und 11) und **B:** **regelmäßig erneuertem** Medium.

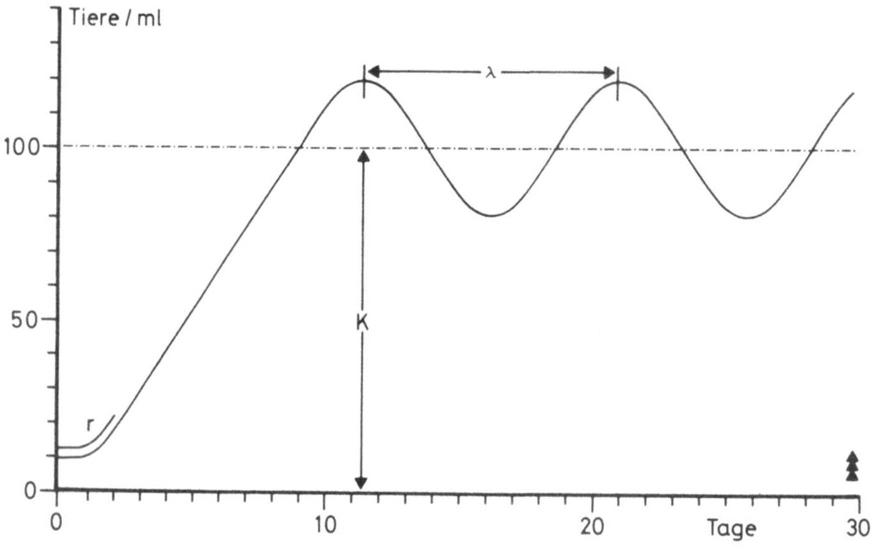

Abb. 13. Schematische Darstellung der Populationsdynamik. Die Kurve wird durch drei Populationsparameter hinreichend beschrieben: Die potentielle Wachstumsrate r (zu Beginn des exponentiellen Wachstums), die mittlere Gleichgewichtsdichte oder Kapazität K und die Frequenz der Oszillationen, die hier durch die Wellenlänge λ charakterisiert ist.

14

table data), wie sie für Rotatorien in Abb. 8 in Form von Überlebens- und Fertilitätskurven dargestellt sind. Zu den **Lebensdaten** sind weiterhin die **Biomasse** der Tiere (ausgedrückt in Kalorien) zu rechnen und die **Zeitverzögerung**, die zwischen der Nahrungsaufnahme und der daraus resultierenden Nachkommenproduktion liegt. Aus diesen Lebensdaten lassen sich die Populationsparameter K, f und r errechnen, durch welche die Populationsdynamik hinreichend bestimmt ist (Abb. 13). Die hierzu benötigten Formeln sind in den Gleichungen 1–3 wiedergegeben:

$$K = \frac{p \cdot F \cdot L}{B} \qquad (1)$$

$$f = \frac{1}{\tau \cdot \pi \cdot \sqrt{2}} \qquad (2)$$

$$\int_{0}^{\infty} l_x m_x e^{-rx}\, dx = 1 \qquad (3)$$

Die **potentielle Wachstumsrate** r läßt sich nicht explizit ausdrücken. Man kann sie jedoch mit Hilfe komplizierter Iterationsverfahren integrieren (BIRCH 1948 und PARISE 1966). Man kann r aber auch mit Hilfe eines einfachen graphischen Modelles (EDMONDSON 1968, HALBACH 1970 a und HALBACH und HALBACH-KEUP 1974) bestimmen (Abb. 14).

C. Modelle

Die letzten Ausführungen haben uns bereits mitten in die Modellmethoden hineingeführt, deren Verwendung in der Populationsökologie in den letzten Jahren deutlich zugenommen hat, weil man mit ihrer Hilfe bessere Einsicht in die **kausalen Zusammenhänge** komplexer Systeme zu bekommen hofft, weil man durch sie **Prognosen** machen kann und weil sie viel Zeit, Kosten und Arbeitsaufwand von umfangreichen Experimenten einsparen helfen (HALBACH 1974).

Hat man die **Populationsparameter** r, K und f aus den **Lebensdaten** bestimmt, so kann man mit Hilfe von mathematischen Modellen die Populationsdynamik simulieren. Dazu kann man etwa die **logistische Wachstumsfunktion mit einfacher Zeitverzögerung** verwenden (vergl. HALBACH & BURKHARDT 1972):

$$\frac{dN}{dt} = r \cdot N_{(t)} \cdot \frac{K - N_{(t-\tau)}}{K}$$

Die Integration einer solchen Differentialgleichung erfolgt numerisch mittels RUNGE-KUTTA-Verfahren, bei denen die Schrittweite des Differenzierens von der Steigung abhängt. Hierfür geeignete Simulationssprachen sind: Dynamo (KING & PAULIK 1967), DSL/90 (HALBACH & BURKHARDT 1972) und CSMP–I (BRENNAN et al. 1970 und WALLER & BURKHARDT 1974). Letztere erlaubt auch die Verwendung periodisch schwankender Parameter, wie die Zeitverzögerung

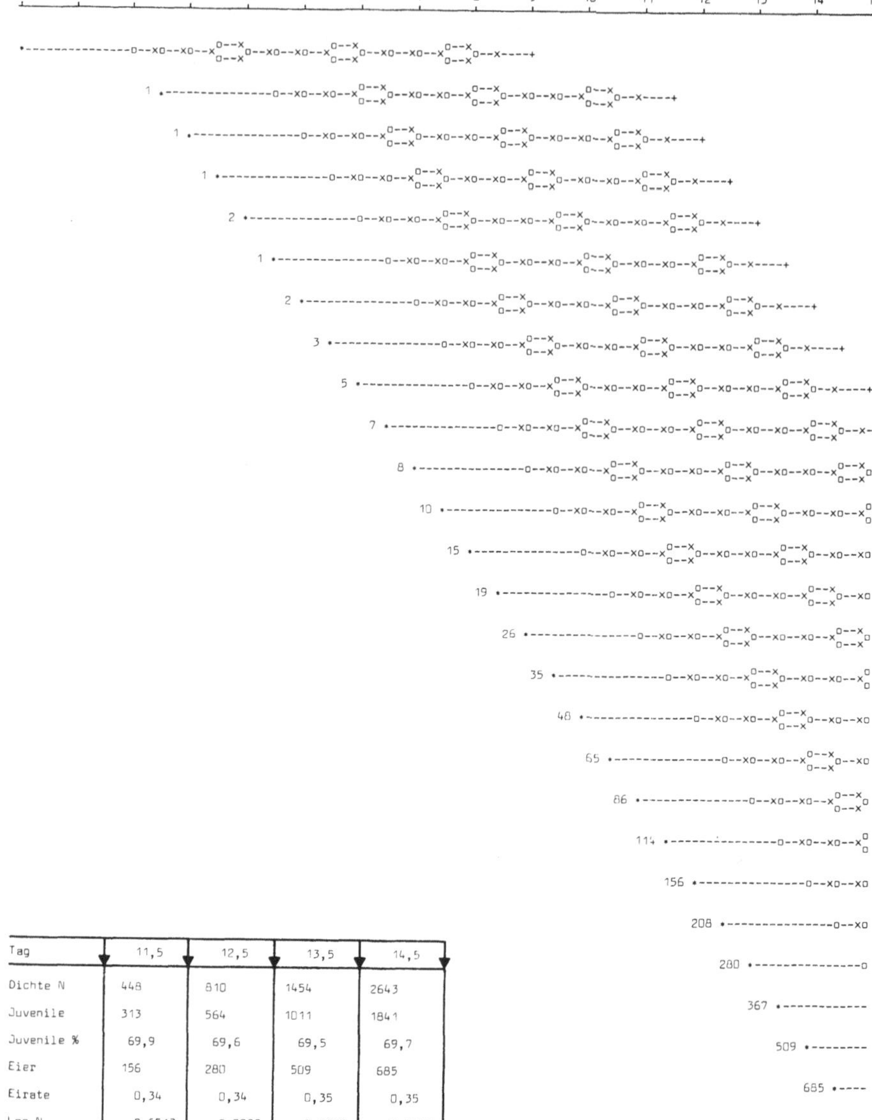

Tag	11,5	12,5	13,5	14,5
Dichte N	448	810	1454	2643
Juvenile	313	564	1011	1841
Juvenile %	69,9	69,6	69,5	69,7
Eier	156	280	509	685
Eirate	0,34	0,34	0,35	0,35
Log N	2,6513	2,9085	3,1626	3,4221

Abb. 14. **Graphisches Modell** nach EDMONDSON für das Rädertier Brachionus calyciflorus bei 20°C und einer Algendosis von 1 x 10⁶ Chlorella/ml/12 Std. Jedes waagerechte Schema symbolisiert den Lebensablauf von Individuen, deren Anzahl jeweils links von der Geburt (*) steht.

---- = Immaturationszeit; o = Ei angeheftet; x = Junges geschlüpft, welches sein Lebensschema an der entsprechenden Stelle tiefer beginnt; + = Tod. Die Kolonie dieser sich parthenogenetisch vermehrenden Tiere beginnt am Tage 0 mit 1 Tier. Nach 15 Tagen exponentiellen Wachstums haben wir 3555 Tiere. Für jeden Zeitpunkt läßt sich die Tierdichte, die Altersstruktur und die Eirate bestimmen. Sie sind nach einiger Zeit konstant. Das Gleiche gilt für die potentielle Wachstumsrate r (in diesem Fall 0,24 Nachkommen/♀ x Tag).

τ, die temperaturabhängig ist und dementsprechend eine tages- und jahreszeitliche Periodizität zeigt.

Abb. 15 zeigt den Vergleich von empirischen Populationskurven bei Rädertieren mit Computer-Simulationen. Die äußere Ähnlichkeit ist deutlich; mit ihrer Hilfe konnte die Abhängigkeit der Oszillationen von der Zeitverzögerung nahegelegt werden (HALBACH & BURKHARDT 1972 und HALBACH 1973 b).

Generelle Modelle, mit denen man allgemeine Prinzipien erläutern kann, gibt es in der Populationsökologie sehr viele (z.B. LEVINS 1966 und WILBERT 1970). Es besteht jedoch ein dringender Bedarf an realistischen und präzisen Modellen, mit denen man konkrete Situationen simulieren und zu realistischen Prognosen kommen kann (HOLLING 1966). Hierzu bedarf es statt der bisher geschilderten deterministischen Modelle — die bei bestimmten Randbedingungen eine definierte Aussage ermöglichen — **stochastischer Modellansätze**, bei denen Parameter wie Geburten und Sterbefälle nicht als Raten angegeben werden, sondern als diskrete Ereignisse auftreten, die mit einer bestimmten Wahrscheinlichkeit vorkommen (PEARSON 1954 und KAISER 1974).

Auf einen sehr wichtigen Punkt sei noch hingewiesen: Alle behandelten Modelle benutzen die Populationsdichte als Parameter und setzen damit stillschweigend eine homogene Verteilung voraus (Abb. 16). Selbst das Plankton ist jedoch inhomogen verteilt (Abb. 2 und Abb. 17). Die Erfahrung hat gezeigt, daß die bisherigen Modelle, die eine Gleichverteilung voraussetzen, hierdurch nicht nur ungenau son-

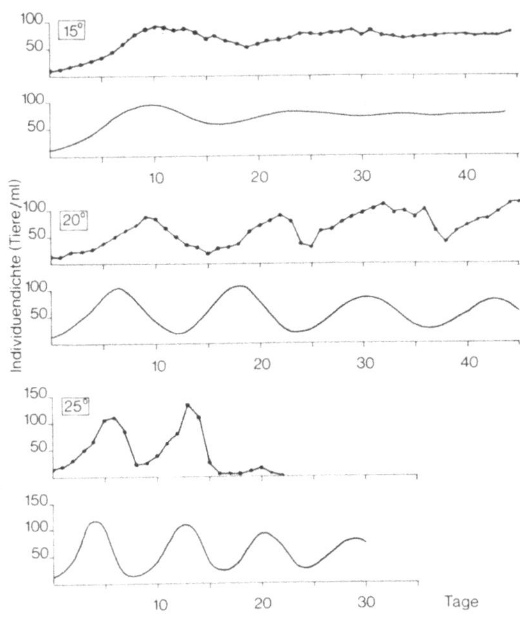

Abb. 15. **Vergleich empirischer Populationen mit Computer-Simulationen** (jeweils untere Kurve) beim Rädertier Brachionus calyciflorus bei 3 verschiedenen Temperaturen. Den Simulationen liegt die Logistische **Wachstumsfunktion mit einfacher Zeitverzögerung** zugrunde (s. Text).

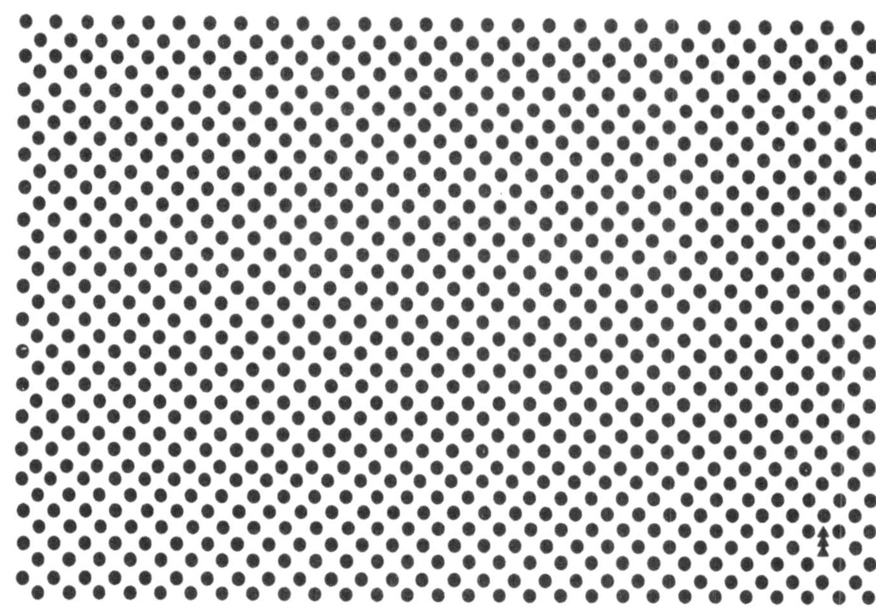

Abb. 16. Vollständig homogene Verteilung von Organismen, die durch Punkte dargestellt sind. Eine solche unrealistische Verteilung liegt den meisten Populationsmodellen stillschweigend zugrunde.

dern in mancher Beziehung ausgesprochen falsch sind. Es ist unumgänglich, für eine realistische Simulation die Heterogenität der räumlichen Verteilung zu berücksichtigen (DEN BOER 1970, REDDINGIUS & DEN BOER 1970, GADGIL 1971 und RENSHAW 1972). Die Dichteverteilung der Abb. 17 läßt sich natürlich auch kontinuierlich darstellen (Abb. 18). Hierbei beziehen sich 2 Dimensionen auf die räumliche Verteilung (Fläche) und die dritte auf die Individuendichte, deren räumliche Heterogenität als Kontinuum dargestellt ist. Das in Abb. 18 dargestellte System läßt sich mittels Differentialgleichungen beschreiben (Analytische Geometrie des Raumes). Für eine adäquate Beschreibung des gesamten Systems brauchen wir jedoch noch mindestens zwei weitere Dimensionen: Die Verteilung der Planktonorganismen in einem Wasserkörper ist dreidimensional, dazu kommt die Dichte als vierte und die zeitliche Veränderung als fünfte Dimension. Selbst wenn sich ein solches System mit Differentialgleichungen beschreiben läßt, sind analytische Lösungen ausgeschlossen. Hier sind numerische Ansätze vonnöten, wozu eine (sekundäre) Digitalisierung notwendig wird (z.B. durch räumliche Kompartimentierung). Technisch sind diese Probleme mittels Computer-Techniken lösbar; eine entsprechende Mathematik muß allerdings erst noch entwickelt werden. Grundsätzlich zu denken ist aber auch eine Informatik, bei der die ursprüngliche Digitalisierung in Individuen (vergl. Abb. 17) vorhanden bleibt. Jedes Individuum befindet sich in einem Raumpunkt und steht mit allen anderen Individuen der Population in Wechselbeziehungen, deren Grundlagen optischer, akustischer oder chemischer Natur sein können und die einen Einfluß haben auf die **Natalität**, die **Mortalität**

18

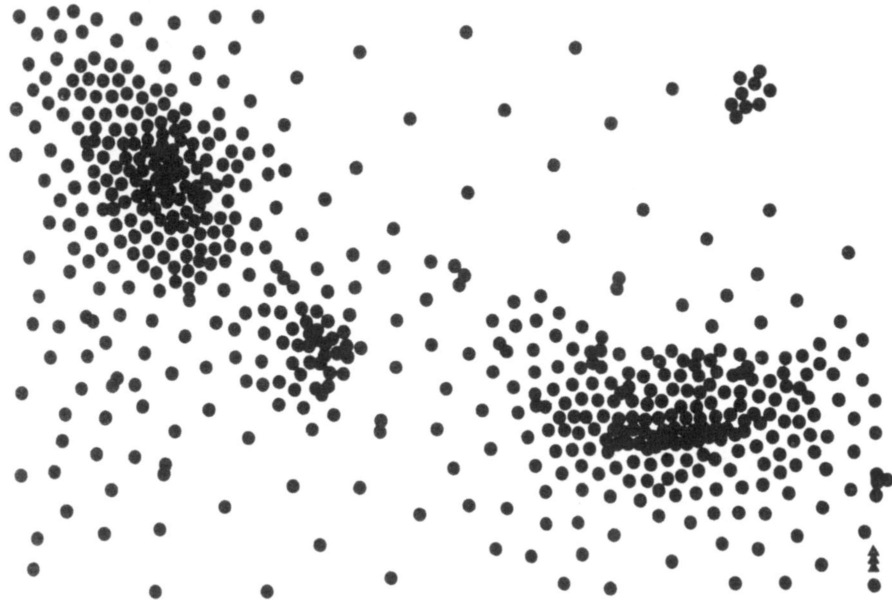

Abb. 17. Heterogene Verteilung von Organismen, die durch Punkte dargestellt sind. Es gibt Ballungsräume, weniger dicht besiedelte Gebiete und tierfreie Areale. In letzteren können isolierte Kolonien vorkommen (rechts oben).

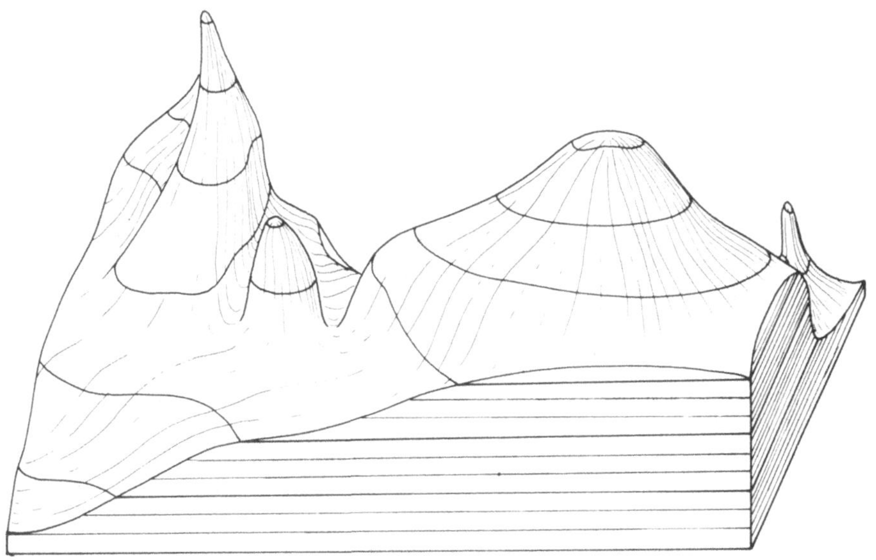

Abb. 18. Kontinuierliche Darstellung der heterogenen Organismen-Verteilung der Abbildung 17. Die vertikale Dimension gibt in diesem Blockdiagramm die Individuendichte wieder.

19

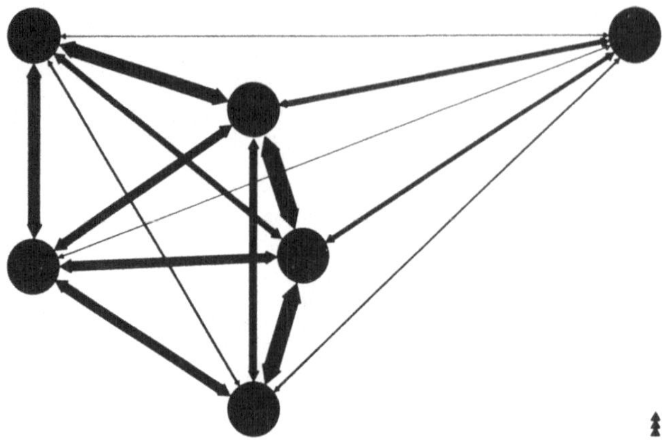

Abb. 19. Schematischer Ausschnitt aus einer Population mit heterogen verteilten Individuen (schwarze Kreise), wobei jedes Individuum mit jedem anderen in Wechselbeziehung steht (Pfeile). Die durch die Dicke der Pfeile dargestellte Intensität der Interaktionen ist in diesem Fall proportional der Distanz.

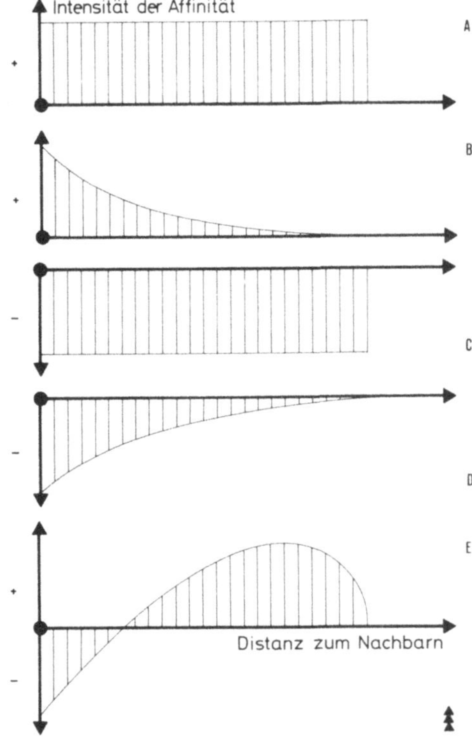

Abb. 20. Schematische Darstellung der verschiedenen Formen der **Affinität zwischen Individuen** (Ordinate) und ihren Nachbarn. Vorzeichen und Größe der Affinität können von der Distanz abhängen oder nicht (weitere Erläuterungen im Text).

20

(z.B. durch **sozialen Streß**, vergl. v. HOLST 1974) oder die **Migration**, also auf die
3 Parameter, welche die Populationsdynamik bedingen.

Abb. 19 demonstriert schematisch an einem Ausschnitt der Gesamtpopulation,
wie das Netzwerk der interindividuellen Wechselbeziehungen zu verstehen ist. Hier
ist die Intensität der Wechselbeziehungen linear proportional der Distanz wiedergegeben (dargestellt durch die unterschiedliche Dicke der Pfeile). Tatsächlich ist
diese Abhängigkeit natürlich um ein Vielfaches komplexer als hier dargestellt.
Betrachtet man nur die Migration als mögliche Reaktion auf Kontakt zweier Individuen einer Population, so gibt es — was den quantitativen Aspekt dieser Beziehung
betrifft — ganz verschiedene Möglichkeiten, wie die Abb. 20 demonstriert. Die
Affinität kann positiv (Abb. 20A, B) oder negativ (Abb. 20C, D) sein; die Intensität
der Affinität kann von der Distanz abhängen (Abb. 20B, D) oder nicht (Abb. 20A,
C), wobei es einen Schwellenwert gibt, der z.B. mit dem Sichtkontakt einsetzt. Es
ist auch denkbar, daß das Vorzeichen der Affinität mit der Distanz wechselt
(Abb. 20E), wodurch die Individualdistanz ein stabiles Gleichgewicht erhalten
würde, wie man es etwa bei territorialen Organismen findet. Theoretisch bedeutet
es keine Schwierigkeit, Alter, Geschlecht, Genotyp, sozialen Status und andere
Klassifikationen als modifizierende Bestanteile in das Modell einzubauen. Ein solches Modell wäre naturgemäß sehr komplex, was aber der Realität und Präzision
zugute käme. Die technische Möglichkeit zur Simulation des vorgeschlagenen
Modelles ist durch die vorhandenen Großrechenanlagen prinzipiell vorhanden.

LITERATUR

ARMITAGE, K.B. & B.B. SMITH (1968): Population studies of pond zooplankton. *Hydrobiologia* 32: 384—416.

BERGTER, F. (1972): Wachstum von Mikroorganismen — Experimente und Modelle. Jena:
Fischer.

BIRCH, L.C. (1948): The intrinsic rate of natural increase of an insect population. *J.Anim.Ecol.*
17: 15—26.

BOER, P.J. den (1970); Stabilization of animal numbers and the heterogeneity of the environment: The problem of the persistence of sparse populations. Dynamics of Populations,
Wageningen: Centre for Agricultural Publishing and Documentation, 77—97.

BRENNAN, R.D., C.I. de WIT, W.A. WILLIAMS & E.V. QUATTRIN (1970): The utility of a
digital simulation language for ecological modeling. *Oecologia* 4: 113—132.

BROOKS, J.L. & S.I. DODSON (1965): Predation, Body Size, and Composition of Plankton.
Science 150: 28—35.

CARPENTER, E.J. (1968): A simple, inexpensive algal chemostat. *Limnol.Oceanogr.* 13:
720—721.

COOK, L.M., L.P. BROWER & H.J. CROZE (1967): The accuracy of a population estimation
from multiple recapture data. *J.Anim.Ecol.* 36: 57—60.

CONNELL, J.H. (1961): The influence of interspecific competition and other factors on the
distribution of the barnacle Chthamalus stellatus. *Ecology* 42: 710—723.

COWELL, B.C. (1970): The influence of plankton discharges from an upstream reservoir on
standing crops in a Missouri River reservoir. *Limnol. Oceanogr.* 15: 427—441.

DOUGHERTY, E.C., B. SOLBERG & D.J. FERRAL (1961): Axenic cultivation of a rotifer
species. *Experientia (Basel)* 17: 131.

DODSON, S.I. (1972): Mortality in a population of Daphnia rosea. *Ecology* 53: 1011—1023.

DOOHAN, M. (1973): An energy budget for adult Brachionus plicatilis Muller (Rotatoria).
Oecologia 13: 351—362.

DRAKE, J.M. & H.M. TSUCHIYA (1973): Differential counting in mixed cultures with Coulter
counters. *Appl.Microbiol.* 26: 9—13.

DUNCAN, A., G.A. CREMER & T. ANDREW (1970): The measurement of respiratory rates under field and laboratory conditions during an ecological study on zooplankton. *Pol.Arch. Hydrobiol.* 17: 149−160.

EDMONDSON, W.T. (1960): Reproductive rates of rotifers in natural populations. *Mem.Ist. Ital.Idrobiol.* 12: 21−77.

EDMONDSON, W.T. (1965): Reproductive rate of planktonic rotifers as related to food and temperature in nature. *Ecol.Monogr.* 35: 61−111.

EDMONDSON, W.T. (1968): A graphical model for evaluating the use of egg ratio for measuring birth and death rates. *Oecologia* 1: 1−37.

EDMONDSON, W.T. & G.G. WINBERG (1971): A manual on methods for the assessment of secondary productivity in fresh waters. IBP Handbook No. 17, Blackwell, Oxford.

ELSTER, H.-J. & I. SCHWOERBEL (1970): Beiträge zur Biologie und Populationsdynamik der Daphnien im Bodensee. *Arch.Hydrobiol.Suppl.* 38: 18−72.

ERMAN, L.A. (1956): Quantitative Untersuchungen zur Ernährung der Rädertiere (russisch). *Zool.Zurnal* 35: 965−971.

ERMAN, L.A. (1958): A new laboratory apparatus for the culture of rotifers and study of their feeding. *Nauchnie Dokladi Bischey Shkoli-Beologesheskee Nauke* 4: 11−15.

FAGER, E.W. (1973): Estimation of mortality coefficients from field samples of zooplankton. *Limnol.Oceanogr.* 18: 297−301.

FULTON, J. (1972): Trials with an automated plankton counter. *J.Fish.Res.Bd.Canada* 29: 1075−1078.

GADGIL, M. (1971): Dispersal: population consequences and evolution. *Ecology* 52: 253−261.

GILBERT, J.J. (1970): Monoxenic cultivation of the rotifer Brachionus calyciflorus in a defined medium. *Oecologia* 4: 89−101.

GOLDMAN, C.R. (1960): Primary productivity and limiting factors in three lakes of the Alaska Peninsula. *Ecol.Monogr.* 30: 207−230.

GOLDMAN, C.R., M. GERLETTI, P. JAVORNICKY, U. MELCHIORRI-SANTOLINI & E. de AMEZAGA (1968): Primary productivity, bacteria, phyto- and zooplankton in Lake Maggiore: Correlations and relationships with ecological factors. *Mem.Ist.Ital.Idrobiol.* 23: 49−127.

GRZIMEK, B. & M. GRZIMEK (1959): Serengeti darf nicht sterben. Berlin: Ulstein.

HALBACH, U. (1969): Das Zusammenwirken von Konkurrenz und Räuber-Beute-Beziehungen bei Rädertieren. *Zool.Anz. Suppl.Bd.* 33: 72−79.

HALBACH, U. (1970a): Einfluß der Temperatur auf die Populationsdynamik des planktischen Rädertieres Brachionus calyciflorus PALLAS. *Oecologia* 4: 176−207.

HALBACH, U. (1970b): Die Ursachen der Temporalvariation von Brachionus calyciflorus PALLAS (Rotatoria). *Oecologia* 4: 262−318.

HALBACH, U. (1972a): Assoziationskoeffizienten dreier planktischer Rotatorienarten im Freiland und ihre Deutung aufgrund interspezifischer Beziehungen (Konkurrenz, Räuber-Beute-Beziehung). *Oecologia* 9: 311−316.

HALBACH, U. (1972b): Einfluß der Nahrungsqualität und -quantität auf die Populationsdynamik des planktischen Rädertieres Brachionus calyciflorus im Labor und im Freiland. *Verh. Dtsch.Zool.Ges.* 65: 83−88.

HALBACH, U. (1973a): Life table data and population dynamics of the rotifer Brachionus calyciflorus PALLAS as influenced by periodically oscillating temperature.
In: W. WIESER (Hrsgeb.) 'Effects of Temperature on Ecothermic Organisms' Berlin: Springer, S. 217−228.

HALBACH, U. (1973b): Quantitative Untersuchungen zur Assoziation von planktischen Rotatorien in Teichen. *Arch.Hydrobiol.* 71: 233−254.

HALBACH, U. (1974): Modelle in der Biologie. *Naturw.Rundschau* 27: 293−305.

HALBACH, U. & H.J. BURKHARDT (1972): Sind einfache Zeitverzögerungen die Ursachen für periodische Populationsschwankungen. *Oecologia* 9: 215−222.

HALBACH, U. & G. HALBACH-KEUP (1974): Quantitative Beziehungen zwischen Phytoplankton und der Populationsdynamik des Rotators Brachionus calyciflorus PALLAS. Befunde aus Laboratoriumsexperimenten und Freilanduntersuchungen. *Arch.Hydrobiol.* 73: 273−309.

HALL, D.J. (1964): An experimental approach to the dynamics of a natural population of Daphnia galeata mendotae. *Ecology* 45: 94−112.

HANEY, J.F. (1971): An in situ method for the measurement of zooplankton grazing rates. *Limnol.Oceanogr.* 16: 970–977.

HILLBRICHT-ILKOWSKA, A. (1965): The effect of the frequency of sampling on the picture of the occurrence and dynamics of plankton rotifers. *Ekologia Polska – Seria A* 13: 101–112.

VON HOLST, D. (1974): Sozialer Streß bei Tier und Mensch. Verh.Ges.Ökol., Saarbrücken 1973, S. 97–106.

JACOBS, J. (1961): On the regulation mechanism of environmentally controlled allometry (heterauxesis) in cyclomorphic daphnia. *Phys.Zoöl.* 34: 202–216.

JACOBS, J. (1970): Multiple Determination der Zyklomorphose durch Umweltfaktoren. *Oecologia* 5: 96–126.

KAISER, H. (1974): Populationsdynamik und Eigenschaft einzelner Individuen. Verh.Ges. Ökol. Erlangen 1974: 25–38.

KING, C.E. & G.J. PAULIK (1967): Dynamic models and the simulation of ecological systems. *J.Theoret.Biol.* 16: 251–267.

KLEKOWSKI, R.Z. & E.A. SHUSHKINA (1966): Ernährung, Atmung, Wachstum und Energie-Umformung in Macrocyclops albidus (JURINE). *Verh.Internat.Verein.Limnol.* 16: 399–418.

LEVINS, R. (1966): The strategy of model building in population biology. *Am.Scientist* 54: 421–431.

MARPLES, T.G. (1962): An interval plankton sampler for use in ponds. *Ecology* 43: 323–324.

Mc ALICE, B. (1971): Phytoplankton sampling with the SEDGWICK-RAFTER cell. *Limnol. Oceanogr.* 16: 19–28.

Mc NAUGHT, D.C. (1969): Developments in acoustic plankton sampling. Proc. 12th Conf. Great Lakes, Res. 1969: 61–68.

MORRIS, R.F. (1959): Single-factor analysis in population dynamics. *Ecology* 40: 580–588.

MÜLLER, H. (1970): Das Wachstum von Nitzschia actinastroides (LEMM.) v. GOOR im Chemostaten bei limitierender Phosphatkonzentration. *Ber.Dtsch.Bot.Ges.* 83: 537–544.

MÜLLER, H. (1972): Wachstum und Phosphatbedarf von Nitzschia actinastroides (LEMM.) v. GOOR in statistischer und homokontinuierlicher Kultur unter Phosphatlimitierung. *Arch. Hydrobiol. Suppl.* 38: 399–484.

NAUWERCK, A. (1963): Die Beziehungen zwischen Zooplankton und Phytoplankton im See Erken. *Symb.Bot.Upsalensis* 17: 1–163.

PARISE, A. (1966): Ciclo sessuale e   dinamica di popolazioni di *Euchlanis* (Rotatoria) in conditioni sperimentali. *Arch.Oceanogr.Limnol.* 16: 387–411.

PATTEN, B.C. (1968): Mathematical models of plankton production. *Int.Rev.ges.Hydrobiol.* 53: 357–408.

PEARSON, O.P. (1954): A mechanical model for the study of population dynamics. *Ecology* 41: 494–508.

POURRIOT, R. (1957): Sur la nutrition des Rotifères à partir des Algues d'eau douce. *Hydrobiologia* 9: 50–59.

POURRIOT, R. (1958): Sur l'élevage des Rotifères au laboratoire. *Hydrobiologia* 11: 189–197.

REDDINGIUS, J. & P.J. DEN BOER (1970): Simulation experiments illustrating stabilization of animal numbers by spreading of risk. *Oecologia* 5: 240–284.

RENSHAW, E. (1972): Birth, death and migration processes. *Biometrika* 59: 49–60.

SCHROEDER, R. (1961): Untersuchungen über die Planktonverteilung mit Hilfe der Unterwasser-Fernsehanlage und des Echographen. *Arch.Hydrobiol. Suppl.* 25: 228–241.

SCHROEDER, R. & H. SCHROEDER (1964): On the use of the echo sounder in lake investigations. *Mem.Ist.Ital.Idrobiol.* 17: 167–188.

SCHWOERBEL, J. (1966): Methoden der   Hydrobiologie. Stuttgart: Franckh.

SHULER, M.L., R. ARIS & H.M. TSUCHIYA (1972): Hydrodynamic focusing and electronic cell-sizing techniques. *Appl.Microbiol.* 24: 384–388.

SOEDER, C.J. (1965): Some aspects of phytoplankton growth and activity. *Mem.Ist.Ital. Idrobiol. Suppl.* 18: 47–59.

SWANSON, G.A. (1965): Automatic plankton sampling system. *Limnol.Oceanogr.* 10: 149–152.

THOMASSON, K. (1963): Die Kugelkurven in der Planktologie. *Int.Rev.ges.Hydrobiol.* 48: 627–628.

VARLEY, G.C. & G.R. GRADWELL (1960): Key factors in population studies. *J.Anim.Ecol.* 29: 399—402.

WALLER, H. & H.J. BURKHARDT (1974): Anwendung elektronischer Rechenanlagen für die Simulation stetiger Systeme. In: A. Schöne (Hersgeb.) 'Simulation technischer Systeme', Bd.1: Grundlagen der Simulationstechnik. München: Hauser, S. 103—278.

WILBERT, H. (1970): Cybernetic concepts in population dynamics. *Acta Biotheoretica* 19: 54—81.

WILLIAMSON, M. (1972): The analysis of biological populations. London: Arnold.

WINBERG, G.G. (ed.) (1971): Methods for the estimation of production of aquatic animals. London: Academic Press.

ZAIKA, V.E. (1972): Specific production of aquatic invertebrates. New York/Toronto: Wiley.

ZILLIOUX, E.J. (1969): A continuous recirculating culture system for planktonic copepods. *Marine Biology* 4: 215—218.

ZILLIOUX, E.J. & N.F. LACKIE (1970): Advances in the continuous culture of planktonic copepods. *Helgoländer wiss.Meeresunters.* 20: 325—332.

Anschrift des Verfassers:

Prof. Dr. UDO HALBACH, Arbeitsgruppe Ökologie, Fachbereich Biologie der Johann Wolfgang Goethe-Universität, 6 Frankfurt 1, Siesmayerstr. 70.

POPULATIONSDYNAMIK UND EIGENSCHAFTEN EINZELNER INDIVIDUEN*

HEINRICH KAISER

Dynamics of populations and properties of single individuals

Abstract

The classic approach of describing dynamics of populations by the logistic equation (or other differential equations) has several drawbacks. A rather serious one is that population density and its changes can not be traced back quantitatively to the physiological and behavioural properties of the individual animals constituting the population, another one that the effects of spatial and temporal heterogeneity of the environment the population lives in are not quantifiable.

A new approach using the algorithmic language SIMULA gives the possibility of representing these factors and assessing their influence on population density. The basic entity in this description is the individual which is represented with all its relevant physiological and behavioural properties and has the capacity of selfreproduction. Numerous individuals may act concurrently in a defined environment, thus forming a population. Population density and its changes in the course of time accrue from the life histories of the individuals, their reaction to the environment and their reproductive success. Examples illustrating this approach are given for the population dynamics of rotifers, the control of male density in dragonflies by behavioural mechanisms and the predator-prey interaction in mites.

Einleitung

Das Ziel der Populationsökologie besteht darin, die Dichte von Populationen und ihre zeitlichen Schwankungen zu beschreiben und zu erklären. Die klassische Theorienbildung für die Beschreibung des zeitlichen Verlaufs der Populationsdichte N geht aus von der logistischen Gleichung

$$\frac{dN}{dt} = r\,N\left(\frac{K - N}{K}\right),$$

bei der die Konstante r die potentielle Wachstumsrate der Population und die Konstante K die Gleichgewichtsdichte in einer bestimmten Umwelt bezeichnen. Um eine einfache, allgemeine Beschreibung zu erreichen, werden bei dieser Gleichung eine Reihe drastischer Vereinfachungen in Kauf genommen, z.B. wird vorausgesetzt, die betrachtete Population sei sehr groß, sei homogen, der Altersaufbau bleibe konstant oder alle Individuen hätten gleiche Eigenschaften, die Wachstumsrate werde mit steigender Populationsdichte linear vermindert, Einflüsse der Populationsdichte auf die Wachstumsrate würden sich ohne Zeitverzögerung auswirken usw. Zahlreiche Erweiterungen der logistischen Gleichung oder anders formulierte Gleichungen

* Mit Unterstützung durch die Deutsche Forschungsgemeinschaft (Ka 338/1 und Ha 832/1).

wurden vorgeschlagen, um von realistischeren Voraussetzungen auszugehen oder in der Beschreibung mehr Faktoren erfassen zu können.

Diesen Ansätzen ist allen gemeinsam, daß sie Größen verwenden, die die Population einschließlich ihrer Umwelt als Gesamtheit charakterisieren. Die Gleichungen beschreiben zwar den Verlauf der Populationsdichte, sie können aber prinzipiell nicht erklären, wie sich die Eigenschaften der gesamten Population aus den Eigenschaften der einzelnen Individuen und deren Beziehung zur Umwelt ergeben (siehe auch den vorhergehenden Beitrag HALBACH 1975).

Im folgenden will ich an drei Beispielen einen Ansatz erläutern, bei dem zunächst die einzelnen Individuen mit ihren populationsökologisch wichtigen Eigenschaften beschrieben werden. In synthetischem Vorgehen werden dann die Beschreibungen der einzelnen Tiere und der Umweltsituation zusammengefaßt zu einem Modell der ganzen Population.

Populationsdynamik des Rädertiers *Brachionus calyciflorus**

Um den Verlauf der Populationsdichte bei der algenfiltrierenden Rädertierart Brachionus calyciflorus unter definierten Bedingungen messen zu können, setzte HALBACH (1970) eine kleine Population (20 Individuen pro ml) in ein Versuchsgefäß, gab in Abständen von 12 Stunden eine konstante Menge frischer Algen zu und zählte täglich die Populationsdichte aus. Zunächst stieg die Populationsdichte an, nach einigen Tagen sank sie jedoch ab, um nach einiger Zeit wieder erneut anzusteigen (Abb. 9, für 20°C, in HALBACH 1975). Solche nicht ganz regelmäßigen Oszillationen der Populationsdichte ergaben sich auch in Parallelversuchen. Sie können annähernd mit der logistischen Gleichung beschrieben werden, wenn man eine Zeitverzögerung der Dichteabhängigkeit annimmt (Abb. 15, Mitte, in HALBACH 1975; HALBACH & BURKHARDT 1972). Damit ist nahegelegt, daß die Oszillationen von einer Zeitverzögerung herrühren. Eine weitergehende Aussage darüber, ob und welche physiologischen Eigenschaften der Rädertiere für die Oszillationen von Bedeutung sind, ist jedoch nicht möglich.

Der Lebensablauf einzelner Rädertiere ist schematisch in Abb. 14 in HALBACH (1975) dargestellt. Ein frisch aus dem Ei geschlüpftes junges Rädertier schwimmt gleich frei im Medium herum und filtriert Algen, die es aufnimmt und verdaut; aus den verdauten Algen bestreitet es Wachstum und Stoffwechsel. Wenn es eine bestimmte Körpergröße erreicht und genügend Reservestoffe angesammelt hat, kann es ein Ei bilden, aus dem nach einiger Zeit wieder ein neues Rädertier schlüpft. Bei ausreichendem Nahrungsangebot kann ein Rädertier mehrere Eier bilden. Schließlich stirbt das Rädertier auch bei optimalen Bedingungen den Alterstod, falls es nicht bei zu geringem Nahrungsangebot schon vorher verhungerte. Alter und Anzahl der Nachkommen eines Rädertiers hängen also vom Nahrungsangebot ab. Dieses wird wiederum davon bestimmt, wieviele Rädertiere gleichzeitig von den regelmäßig zugeführten Algen fressen.

Der eben beschriebene Lebensablauf läßt sich eindeutig und quantifizierbar in der algorithmischen Sprache SIMULA formulieren. Wie jeder andere mathematisch-

* Teil eines gemeinsamen Forschungsprojekts mit Prof. Dr. U. Halbach, Frankfurt.

```
#COMMENT# ALGEN-BRACHIONUS-SYSTEM
=================================;


...
...

PROCESS #CLASS# ALGENZUFUHR:
   #BEGIN#
ZUFUHR:
   ALGENMENGE := NEUE ALGEN;
   HOLD (12);
   #GOTO# ZUFUHR;
   #END# ALGENZUFUHR;


PROCESS #CLASS# BRACHIONUS:
   #BEGIN#
   MAXALTER := PSNORM (MITTLERES ALTER, STANDARDABW ALTER, 2, U);
   GROESSE := KALORIEN EI;
   #INTO# ALLE BRACHIONUS;
IMMATUR:
   HOLD (1);
   ALTER := ALTER + 1;
   GROESSE := GROESSE + FILTRIERTE ALGEN - STOFFWECHSEL * GROESSE;
   #IF# GROESSE #LESS# RESERVEN #THEN# #GOTO# STIRBT;
   #IF# GROESSE #LESS# KALORIEN ADULT #THEN# #GOTO# IMMATUR;
ADULT:
   #IF# GROESSE #GREATER# KALORIEN ADULT + KALORIEN EI
   #THEN# #GOTO# EI ANHEFTEN;
   HOLD (1);
   ALTER := ALTER + 1;
   GROESSE := GROESSE + FILTRIERTE ALGEN - STOFFWECHSEL * GROESSE;
   #IF# GROESSE #LESS# RESERVEN #OR# ALTER #GREATER# MAX ALTER
   #THEN# #GOTO# STIRBT #ELSE# #GOTO# ADULT;
EI ANHEFTEN:
   ...
   GROESSE := GROESSE - KALORIEN EI;
   ...
SCHLUEPFEN:
   ...
   #ACTIVATE# #NEW# BRACHIONUS;
   ...
STIRBT:
   OUT;
   #END# BRACHIONUS;


...
...

VERSUCHSBEGINN:
   #ACTIVATE# #NEW# ALGENZUFUHR;
   #FOR# T := 1 #STEP# 1 #UNTIL# 20 #DO#
      #ACTIVATE# #NEW# BRACHIONUS;


...
...
```

Abb. 1. Ausschnitt aus der Beschreibung der Rädertierpopulation in SIMULA. Im obersten Abschnitt ist die regelmäßige Algenzufuhr beschrieben, im Hauptabschnitt werden die Eigenschaften eines Rädertiers formuliert und ganz unten ist dargestellt, wie ein Versuch mit 20 Rädertieren angesetzt wird. Die mit Sonderzeichen eingeklammerten Worte sind SIMULA-Symbole. Die anderen Worte sind entweder Variablennamen, für die bei der Simulation jeweils ein bestimmter Zahlenwert oder logischer Wert steht, oder sie bezeichnen eine an anderer Stelle definierte Prozedur. Die im Text besprochene Zeile ist mit einem Pfeil versehen.

logische Formalismus ist SIMULA eindeutig definiert (DAHL et al. 1968, BIRT-WISTLE et al. 1973).

Es erlaubt quantitative Aussagen auch über zeitabhängige Vorgänge. Abb. 1 zeigt einen Ausschnitt aus einer SIMULA-Beschreibung des Lebensablaufs eines Rädertiers. Diese Beschreibung kann gleichzeitig als Programm für eine Rechenanlage dienen, auf der das Populationsgeschehen im Ablauf der Zeit simuliert wird. Zur Simulation muß für jede in der Beschreibung verwendete Größe ein konkreter

Zahlenwert angegeben werden. Der Wert einer Größe kann entweder konstant sein oder er muß laufend neu berechnet werden. Dies sei am Beispiel der Körpermasse (= Größe) dargestellt, die alle Stunde neu berechnet wird:

Größe: = Größe + verdaute Algen − Stoffwechselrate ∗ Größe;

Die neue Körpermasse (gemessen in Kalorien) ergibt sich danach aus der bisherigen Körpermasse, zu der der Kalorienwert der zu diesem Zeitpunkt fertig verdauten Algen addiert und der im Stoffwechsel verbrauchte Kalorienwert subtrahiert wird, wobei letzterer von der Körpermasse abhängt. Die Werte für Körpermasse und verdaute Algen ändern sich laufend während der Simulation, die Stoffwechselrate bleibt konstant. Die Werte für Konstanten wie Stoffwechselrate, Filtrierleistung, Hungerreserve und Eimasse wurden an einzeln gehaltenen Rädertieren gemessen (HALBACH 1970 u.a., DOOHAN 1973, und andere) und werden zu Beginn der Simulation angegeben, während Reproduktionserfolg und Alter eines Rädertiers sich erst bei der Simulation ergeben.

Eine besondere Eigenschaft von SIMULA besteht darin, daß die Fortpflanzung einfach dadurch zu beschreiben ist, daß für jedes neue Tier eine neue Beschreibung eines Lebensablaufs generiert wird. Das Lebensschema ist das gleiche, die einzelnen Werte sind aber von Individuum zu Individuum verschieden.

Das Geschehen in der ganzen Population wird dargestellt durch die gleichzeitige Beschreibung von vielen einzelnen Rädertieren (Abb. 2). In unserem Fall beginnt die Simulation mit 20 Rädertieren unterschiedlichen Alters. In 12stündigen Abständen wird die Zufuhr einer konstanten Algenmenge angenommen. Zur Simulation genügt die Angabe der Anfangswerte, das simulierte Populationsgeschehen entwickelt sich dann ohne zusätzliche Angaben.

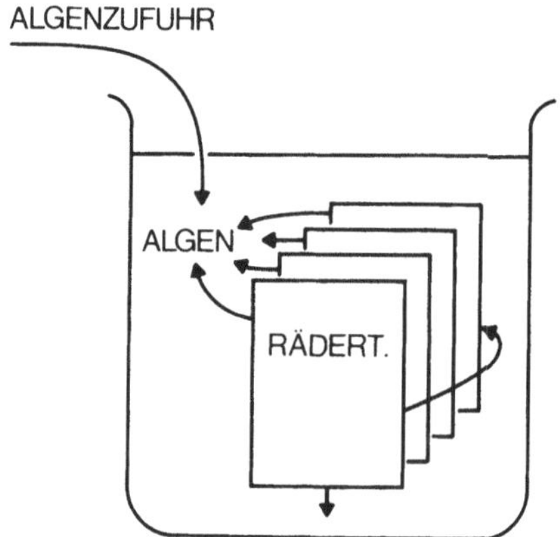

Abb. 2. Schematische Darstellung der Beschreibung und Simulation des Populationsexperiments mit Rädertieren. Die Rechtecke im Versuchsgefäß symbolisieren die quantitative Beschreibung je eines Rädertiers (entsprechend Abb. 1). Die „Rädertiere" vermehren sich, indem sie neue Beschreibungen generieren, und sie können „sterben", indem ihre Beschreibung entfernt wird. Die „Rädertiere" filtrieren die „Algen" im Versuchsgefäß und beeinflussen sich gegenseitig über die Dichte dieser „Algen". In regelmäßigen Abständen von 12 Stunden werden die „Algen" im Versuchsgefäß erneuert.

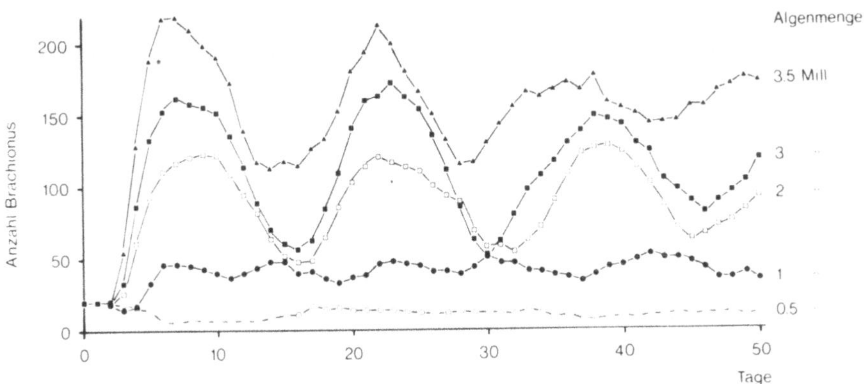

Abb. 3. Simulierter Verlauf der Populationsdichte von Rädertieren. Die einzelnen Simulationen unterscheiden sich nur dadurch, daß die alle 12 Stunden zugeführte Algenmenge von 0,5
Mill. bis zu 3,5 Mill. Algenzellen (pro ml) variierte.

In Abb. 3 ist das Ergebnis einer Serie von Simulationen dargestellt, bei der unterschiedliche Werte für die zugeführte Algenmenge angenommen wurden. Bei einer
Zufuhr von nur 0,5 Mill. Algen sank die anfängliche Dichte ab und blieb auf einem
gleichmäßig niedrigen Niveau, bei 1 Mill. Algen stieg die Dichte etwas an und
erreichte ein mehr als doppelt so hohes Niveau, und bei 2 Mill. Algen und mehr kam
es zu etwas unregelmäßigen Oszillationen um verschieden hohe Mittelwerte. Beim
ursprünglichen Experiment waren 2 Mill. Algen zugeführt worden. Bei der Simulation mit diesem Wert ergab sich ein Dichteverlauf, der dem Ergebnis der Original-
experimente in mittlerer Dichte, in Amplitude und in Frequenz größenordnungsmäßig gleicht, obwohl diese Größen in der SIMULA-Beschreibung nicht verwendet
wurden.

Bei einer weiteren Serie von Simulationen wurde bei gleichen Algenzugaben ein
physiologischer Faktor variiert, nämlich die Verdauungsdauer (Abb. 4). Bei kurzer
Verdauungsdauer stieg die Populationsdichte zu einem Gleichgewichtswert an, um
den sie nur wenig pendelte. Bei einer Verdauungsdauer von 36 Stunden, die etwa
den tatsächlichen Verhältnissen entspricht, traten starke Oszillationen auf. Bei noch

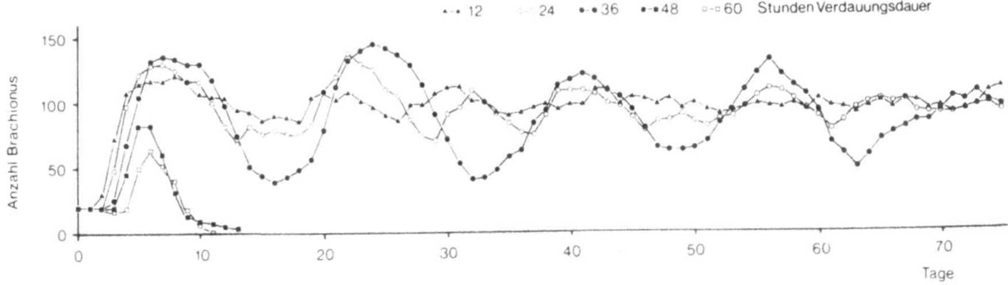

Abb. 4. Simulierter Verlauf der Populationsdichte von Rädertieren. Die einzelnen Simulationen unterscheiden sich in der Verdauungsdauer der Rädertiere. Die alle 12 Stunden zugeführte
Algenmenge betrug jeweils 2 Mill. Algenzellen (pro ml).

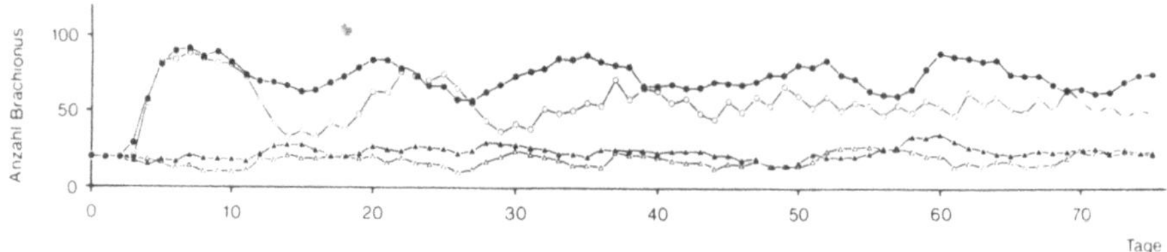

Abb. 5. Simulierter Verlauf der Populationsdichte von Rädertieren bei regelmäßiger und bei unregelmäßiger Zufuhr von Algen. Bei unregelmäßiger Zufuhr fiel jeden 5. Tag die Zufuhr aus, dafür wurden an den übrigen Tagen entsprechend mehr Algen zugegeben.

längerer Verdauungsdauer starb die simulierte Population nach einmaligem Anstieg aus.

Bei unregelmäßiger Nahrungszufuhr erreichte die simulierte Rädertierpopulation nur einen niedrigeren Durchschnittswert als bei regelmäßiger Zufuhr, obwohl die insgesamt zugegebene Algenmenge in beiden Fällen gleich groß war (Abb. 5).

Bei dieser Beschreibung wurden also nur Größen verwendet, die am einzelnen Rädertier gemessen werden konnten oder die von den Rädertieren unabhängige Umweltfaktoren waren wie die Menge der zugefügten Algen. Von diesen Größen konnte dann mit Hilfe der Simulation der Verlauf der Populationsdichte abgeleitet werden.

Verhalten einzelner Individuen und Regelung der Dichte am Paarungsplatz bei Libellen

Die Beschreibung der Rädertierpopulation im Versuchsgefäß ist verhältnismäßig einfach, weil die Rädertiere kein differenziertes Verhalten haben und weil die Versuchssituation besonders einfach war. Am Beispiel der Libellen will ich zeigen, daß eine Beschreibung mit SIMULA auch für solche Tiere möglich ist, die ein differenziertes Verhalten in einer räumlich gegliederten Umwelt zeigen. Es sei ausdrücklich betont, daß es dabei nicht um die Populationsdichte geht, sondern um die Dichte der Männchen am Paarungsplatz.

Die paarungsbereiten Männchen der Libelle Aeschna cyanea besuchen immer wieder kleine Gewässer, an deren Ufer sie entlang fliegen und auf Weibchen warten (KAISER 1974a). Die einzelnen Besuche dauern bis zu einer halben Stunde lang und es findet ein laufender Wechsel der Individuen am Gewässer statt. Obwohl die paarungsbereiten Männchen in unregelmäßiger Folge am Gewässer ankommen, bleibt die Anzahl der jeweils am Gewässer anwesenden Männchen annähernd konstant, weil die einzelnen Männchen bei stärkerem Andrang ihre Besuchsdauer verkürzen. Mit einem systemtheoretischen Ansatz konnten die statischen Eigenschaften dieser Regelleistung quantitativ beschrieben werden (KAISER 1974b). Dabei gelang es zwar, das Gesamtsystem in verschiedene Teilbeziehungen aufzugliedern; es ist jedoch auch bei fortschreitender Analyse nicht möglich, mit diesem Ansatz die Eigenschaften des Gesamtsystems auf die Verhaltenseigenschaften der einzelnen Libellenmännchen zurückzuführen. Diese Möglichkeit bietet nur eine Beschreibung, die vom einzelnen Individuum ausgeht.

30

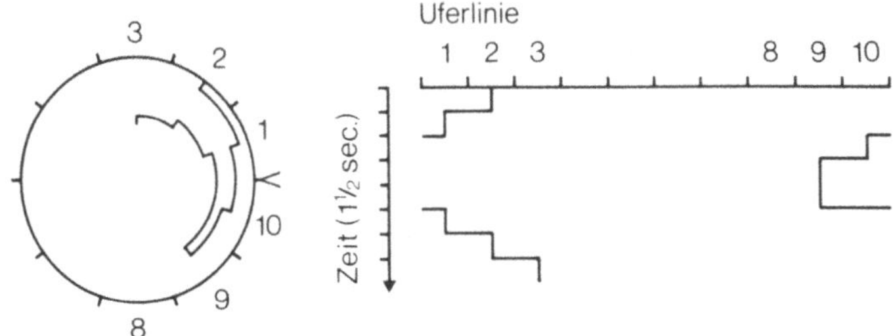

Abb. 6. Registrierung und grafische Darstellung der Flugbahn von Libellenmännchen am Gewässer. Da sich die Libellenmännchen strikt an die Uferlinie halten, kann ihre Ortsveränderung als eindimensionale Bewegung aufgefaßt werden. Links ist schematisch ein Gewässer dargestellt, dessen Uferlinie in Abschnitte von je 1 m Länge eingeteilt ist. Alle 1½ Sekunden wird die Nummer des Uferabschnitts registriert, in dem sich das beobachtete Libellenmännchen aufhält. Die Flugbahn stelle ich grafisch dar, indem ich die Uferlinie als an einer Stelle aufgeschnitten und zur Geraden gestreckt denke. In der Senkrechten werden die Ortsveränderungen des Libellenmännchens im Ablauf der Zeit dargestellt.

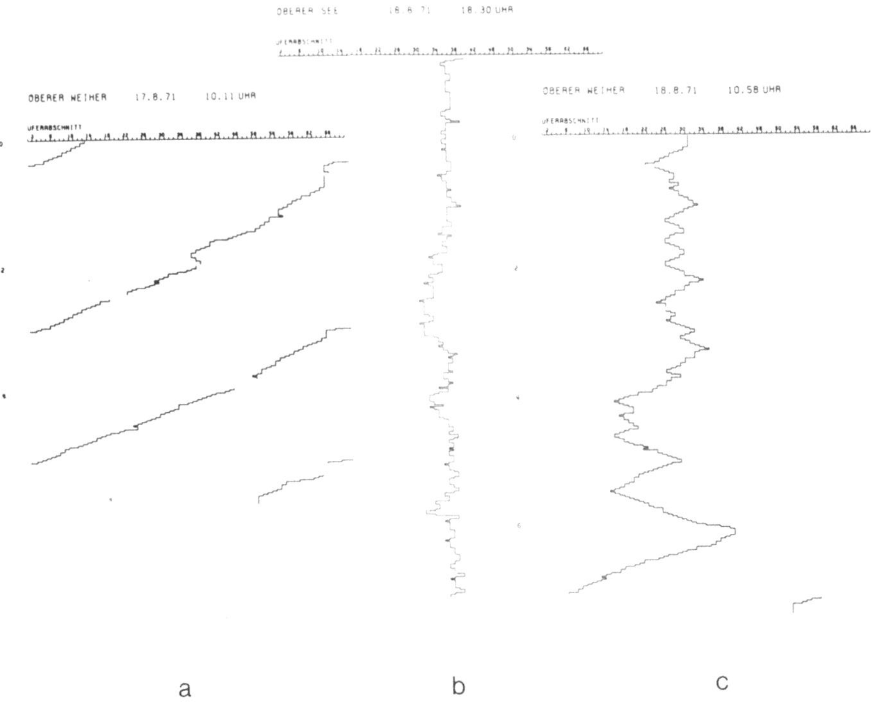

Abb. 7. Beobachtete Flugbahnen an einem Gewässer mit 69 m Umfang und nahezu homogener Uferlinie. a und b: Zwei extreme Flugtypen; c: ein mittlerer, häufiger Flugtyp.

Aus den Verhaltensbeobachtungen ist bekannt, daß die Libellenmännchen am
gesamten Ufer entlangfliegen, ohne Territorien zu gründen, und daß sie miteinander
kämpfen, sobald sie zufällig aufeinander treffen. In Reaktion auf einen Kampf verlassen sie häufig das Gewässer. In einem ersten Schritt will ich vom Flugverhalten
der Männchen ableiten, wie häufig diese bei gegebener Dichte und Ufergestaltung
aufeinander treffen. Dazu habe ich die Flugbahn paarungsbereiter Männchen im
Freiland registriert, indem ich die Uferlinie in numerierte Abschnitte von 1 m Länge
einteilte und alle 1½ Sekunden auf Tonband sprach, in welchem Abschnitt sich die
beobachtete Libelle aufhielt. Die grafische Darstellung der Flugbahn ist in Abb. 6
erklärt. Drei Beispiele beobachteter Flugbahnen zeigen, wie unterschiedlich diese
sein können (Abb. 7), und daß ihnen kein einfaches, direkt erfaßbares Ortsverände-
rungsmuster zugrunde liegt.

Ein Problem, das auch für die Populationsökologie bedeutsam ist, besteht darin,
wie solche unregelmäßigen Verhaltensabläufe quantitativ zu bestimmen sind und
wie man Vorhersagen darüber treffen kann (vgl. KAISER & LEHMÁNN 1975).
Ich fasse die Flugbahn auf als Ergebnis einer forlaufenden Reihe stochastischer Entscheidungen. Bei dieser Modellvorstellung werden alle 1½ Sekunden bestimmten
Wahrscheinlichkeitsgesetzmäßigkeiten folgend konkrete Entscheidungen darüber
getroffen 1. ob das Libellenmännchen seine bisherige Flugrichtung beibehält und
2. wie wieviele Abschnitte es in 1½ Sekunden weiter fliegt (Abb. 8).

Die Wahrscheinlichkeitsverteilungen für diese beiden Entscheidungen ergeben
sich aus den Häufigkeiten, mit denen die entsprechenden Ereignisse bei den beobachteten Flugbahnen auftraten (Abb. 9). Die Auswertung führte ich für jeweils
ähnliche Flugbahnen gemeinsam durch, indem ich die beobachteten Flugbahnen in
7 Typen einteilte.

Die stochastischen Prozesse wurden in SIMULA formuliert. Damit können Flugbahnen simuliert werden, wobei jeweils die für einen bestimmten Flugtyp erhalte-
nen Wahrscheinlichkeitsverteilungen verwendet werden. Die simulierten Flugbahnen
gleichen den Original-Flugbahnen der entsprechenden Typen (Abb. 10).

Bei der bisherigen Beschreibung und Simulation wurde nur das spontane Verhalten der Libellen berücksichtigt und dabei angenommen, daß die Uferlinie homogen
sei. An vielen Gewässern ist jedoch zu beobachten, daß die Libellenmännchen vor
bestimmten Uferstrecken bevorzugt hin und her fliegen; die unterschiedliche Gestal-

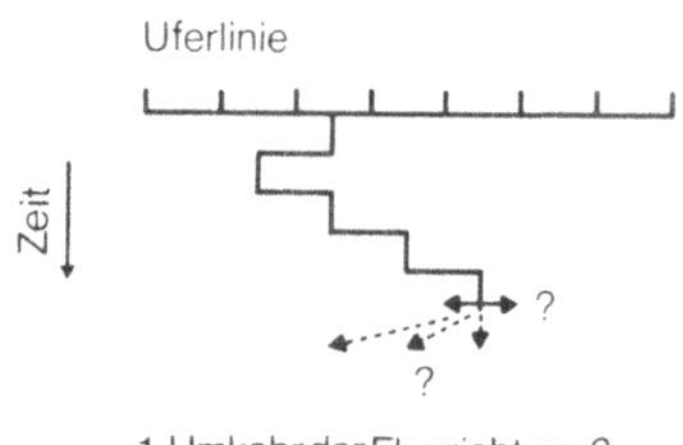

Abb. 8. Schema für die Beschreibung der Flugbahn durch stochastische Prozesse. Alle 1½
Sekunden werden die beiden Fragen nach Umkehr der Flugrichtung und nach der Anzahl der
weitergeflogenen Uferabschnitte (= Schrittweite) konkret beantwortet, wobei aus den Beobach-
tungsdaten gewonnene Wahrscheinlichkeitsverteilungen (s. Abb. 9) verwendet werden.

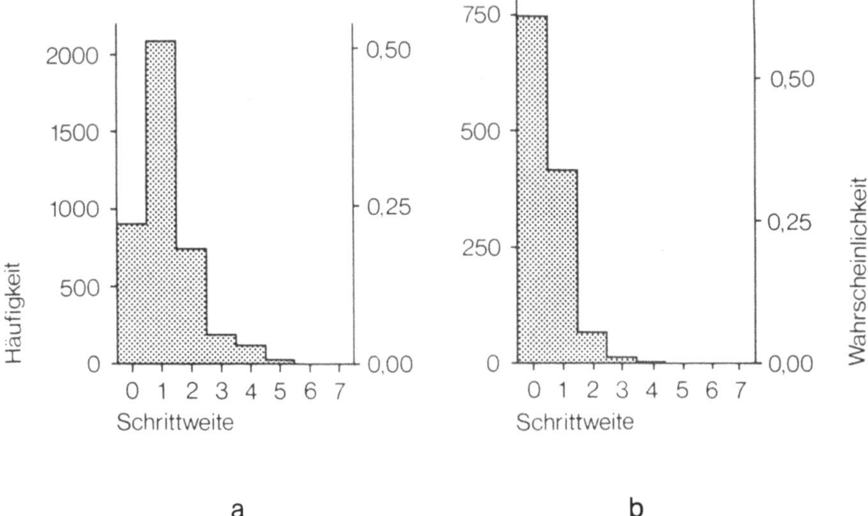

Abb. 9. Zwei Beispiele für ausgezählte Häufigkeitsverteilungen der Schrittweite. a: Flugtyp entsprechend Abb. 7a, b: Flugtyp entsprechend Abb. 7b. Die Häufigkeitsverteilungen können als Wahrscheinlichkeitsverteilungen aufgefaßt werden (rechte Skala).

tung des Ufers beeinflußt offensichtlich die Flugbahn. Dieser Umwelteinfluß auf das Verhalten kann in der Beschreibung repräsentiert werden, indem für jeden Uferabschnitt aus der Häufigkeit, mit der die Libellen ihn angeflogen haben, ein Faktor für seine Attraktivität bestimmt wird. Bei der Simulation werden dann die Wahrscheinlichkeitsverteilungen für das spontane Verhalten vor jeder Entscheidung mit den Faktoren derjenigen Uferabschnitte verrechnet, vor denen sich die Libelle gerade befindet. Bei Simulationen mit heterogenem Ufer ergibt sich eine deutliche Bevorzugung der attraktiveren Uferstrecken; diese Bevorzugung ist umso stärker, je unterschiedlicher die Uferfaktoren sind (Abb. 11).

Damit ist das Flugverhalten der Männchen am Ufer quantitativ erfaßt und beschrieben. Weitere Verhaltenseigenschaften, die in Form von Häufigkeits- bzw. Wahrscheinlichkeitsverteilungen quantitativ erfaßt wurden, sind die Besuchsdauer, die Abwesenheitsdauer, die Entfernung, auf die sich die Männchen sehen und zu kämpfen beginnen, und die Kampfdauer.

Die gesamte Situation am Gewässer ist zu beschreiben, wenn zusätzlich zur quantitativen Beschreibung des Verhaltens einzelner Männchen noch die Länge der Uferlinie und die Werte der einzelnen Uferfaktoren bekannt sind. In der SIMULA-Beschreibung können mehrere Libellenmännchen gleichzeitig am Ufer entlang fliegen; wenn sie zufällig aufeinander treffen, dann kämpfen sie miteinander. Nach abgelaufener Besuchsdauer verlassen sie das Gewässer und halten sich bis zum nächsten Besuch abseits auf (Abb. 12). Zwei Ausschnitte aus solchen Simulationen zeigen, wie unterschiedlich häufig die Kämpfe sein können je nach dem Verhalten der beteiligten Individuen (Abb. 13).

Zur vollständigen Beschreibung muß ich noch die Abhängigkeit der Besuchsdauer von den Kämpfen bestimmen, die ein Libellenmännchen während eines

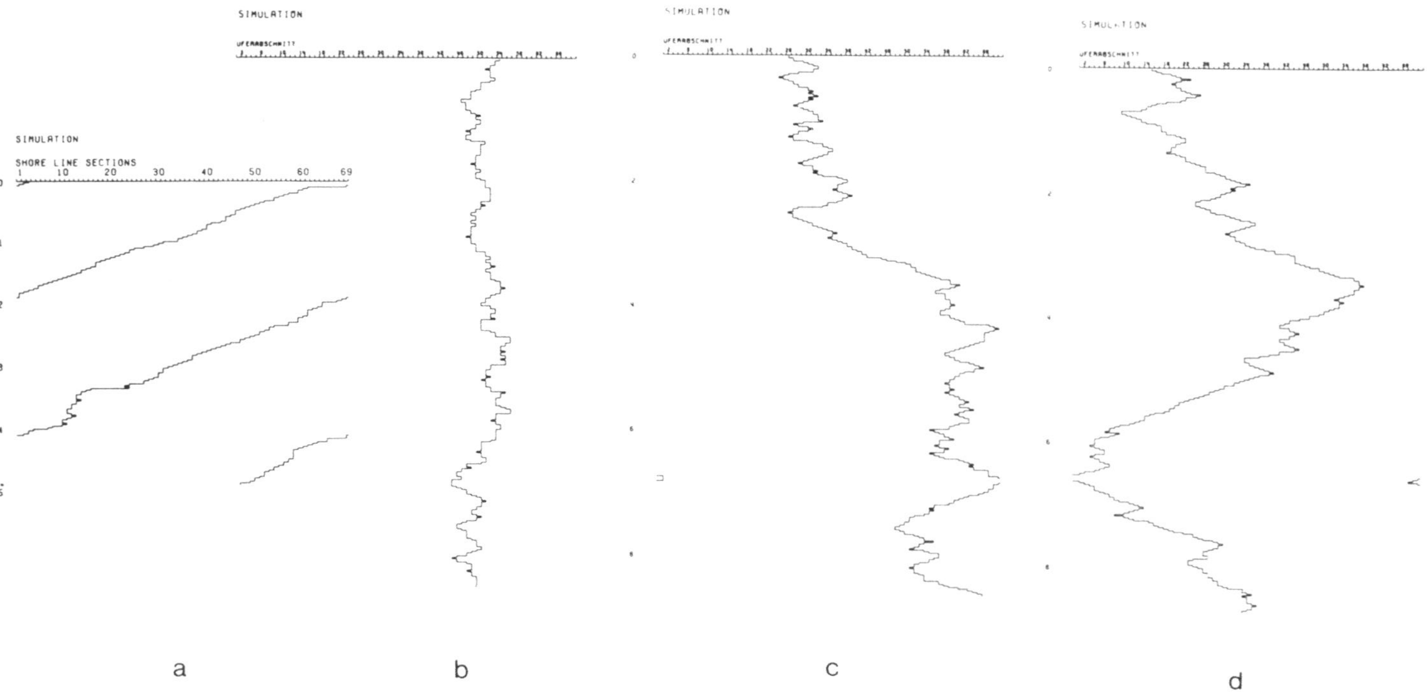

Abb. 10. Simulierte Flugbahnen. Für das Gewässer wurde eine homogene Uferlinie von 69 m Umfang angenommen. a: Simulation mit den Daten des Flugtyps entsprechend Abb. 7a bzw. 9a; b: Simulation mit den Daten des Flugtyps von Abb. 7b bzw. 9b; c und d: Simulationen mit den Daten des Flugtyps von Abb. 7c.

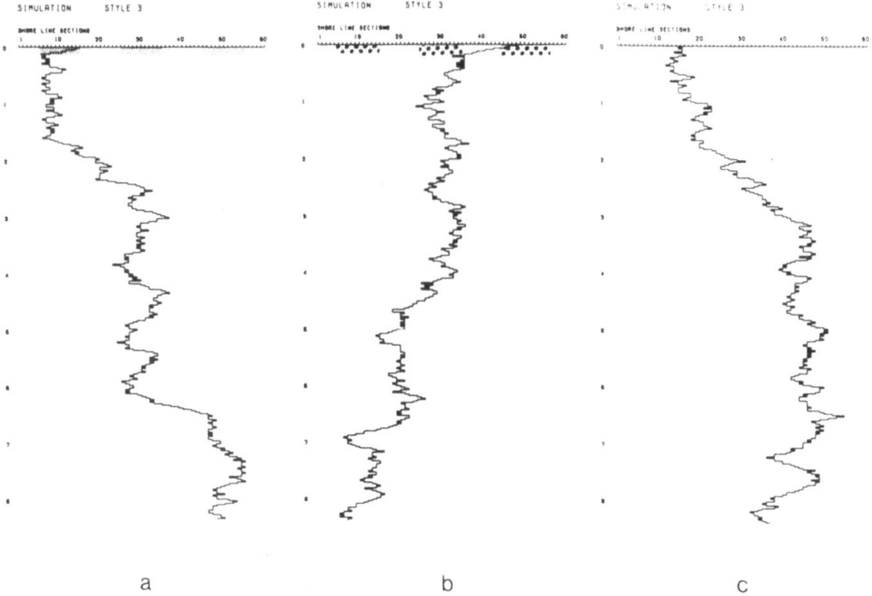

a   b   c

Abb. 11. Simulationen der Flugbahnen mit zusätzlichem Ufereinfluß. Für die Libellen attraktive Uferstrecken sind durch Rasterung gekennzeichnet, die Uferlinie ist 60 m lang. a: starker Ufereinfluß, b: schwacher Ufereinfluß, c: homogene Uferlinie.

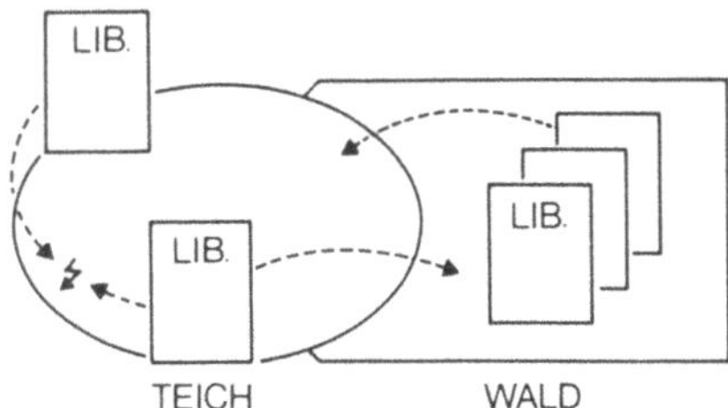

Abb. 12. Schematische Darstellung der Libellenmännchen und ihrer Besuche an einem Teich. Jedes Rechteck symbolisiert ein Libellenmännchen, das sich entweder am Teich aufhält oder abseits davon im Wald. Die Libellenmännchen am Teich bewegen sich am Ufer entlang und kämpfen miteinander, sobald sie aufeinander treffen.

Besuchs zu bestehen hat. Wenn damit dann alle wichtigen Faktoren erfaßt sind, müssen die Simulationen für Bedingungen, wie sie der Beobachtungssituation entsprechen, die gleiche Regelung der Individuendichte ergeben, wie ich sie tatsächlich beobachtete. Die Simulation dient in diesem Fall als Kontrolle, ob die Beschreibung vollständig und richtig ist. Darüber hinaus können mit Hilfe der Simulation auch Vorhersagen getroffen werden für solche Bedingungen, unter denen noch nicht beobachtet wurde.

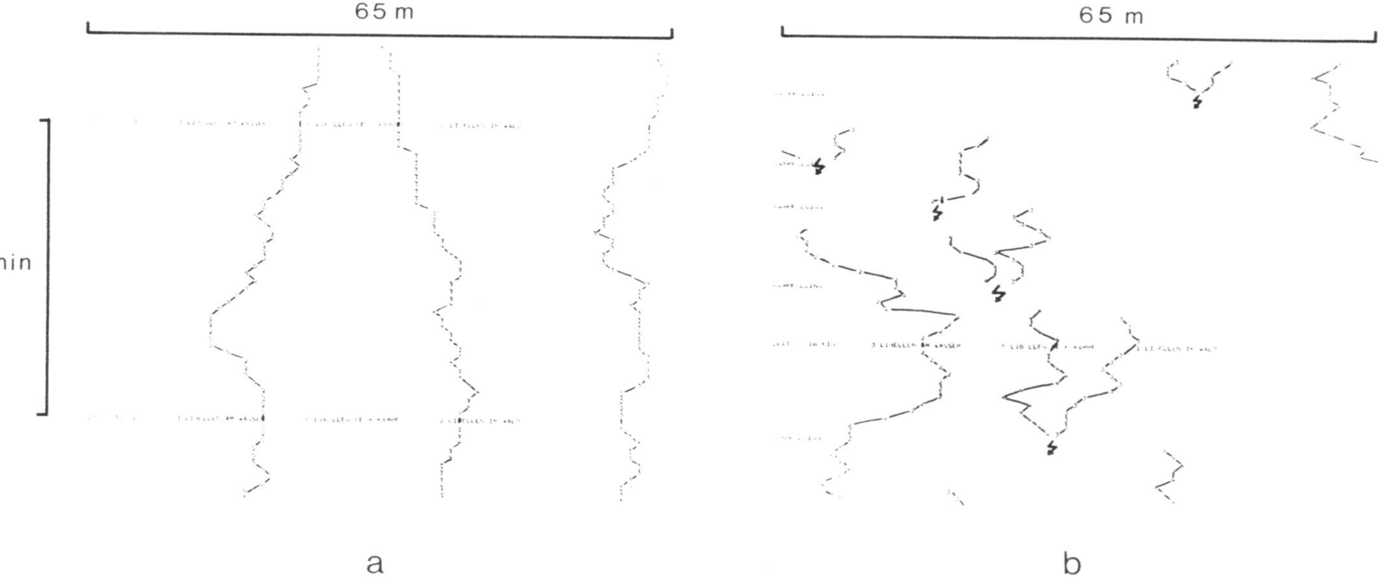

Abb. 13. Simulierte Flugbahnen und Kämpfe von mehreren Libellenmännchen, die sich gleichzeitig am Gewässer aufhalten. Die Uferlinie des angenommenen Gewässers ist 65 m lang, der Zeitmaßstab ist im Vergleich zu den vorigen Abbildungen stark gedehnt. Bei den Kämpfen verlassen die Männchen immer die Uferlinie; anschließend kehren sie zu einer zufällig gewählten Stelle zurück. a: Alle Libellen gehören einem Flugtyp entsprechend Abb. 7b an; sie tendieren dazu, an einer Uferstelle hin und her zu fliegen; es kommt selten zu Kämpfen. b: Alle Libellen tendieren dazu, weit hin und her zu fliegen; sie treffen häufig aufeinander und kämpfen miteinander.

Räuber-Beute-Beziehungen bei Milben

Während sich bei den Libellenmännchen die umweltbeeinflußte Ortsveränderung
nur auf die Dichte am Paarungsplatz auswirkt, ist bei Räubern der vom Suchweg
abhängige Beutefangerfolg dagegen von unmittelbarer Bedeutung für die Repro-
duktionsleistung und damit für die Populationsdichte.

Experimente mit Populationen von pflanzensaugenden Milben und räuberischen
Milben haben gezeigt, daß bei gleichem Nahrungsangebot für die pflanzensaugenden
Milben die Räuber- und die Beutepopulation umso länger koexistieren können, je
räumlich komplexer die Nahrung verteilt ist (HUFFAKER 1958, HUFFAKER et al.
1963). Mit den bisherigen Ansätzen bot sich keine Möglichkeit, den Grad der räumlichen Komplexität als getrennte Größe zu erfassen. Überdies nimmt der Beutefangerfolg der Räuber mit zunehmender Dichte nicht linear zu (HOLLING 1966), wie
dies in den Lotka-Volterra-Gleichungen angenommen wird.

Um die Auswirkung der räumlichen Gliederung auf den Beutefangerfolg quantitativ erfassen zu können, will ich − ähnlich wie bei den Libellenmännchen − den
Laufweg einzelner Milben in verschieden komplizierten Labyrinthen registrieren
und auswerten. Erste Versuche haben gezeigt, daß die Raubmilben eine umso kleinere Fläche pro Zeiteinheit absuchen, je komplizierter das Labyrinth ist (Abb. 14).
Vorversuche, bei denen ein Räuber in ein Labyrinth mit einer kleinen Beutepopulation jeweils gleicher Dichte gesetzt wurde, ergaben im komplizierten Labyrinth
einen geringeren Beutefangerfolg des Räubers. Mein Ziel ist nun, aus der Beschreibung und Simulation des Laufverhaltens abzuleiten, wie häufig Räuber und Beute
aufeinandertreffen. Daran kann sich die Beschreibung der Räuber- und Beutepopu-
lationen in räumlich gegliederter Umgebung anschließen, wenn die reproduktions-
physiologischen Eigenschaften und Lebensdaten der Beute- und Raubmilben bekannt sind.

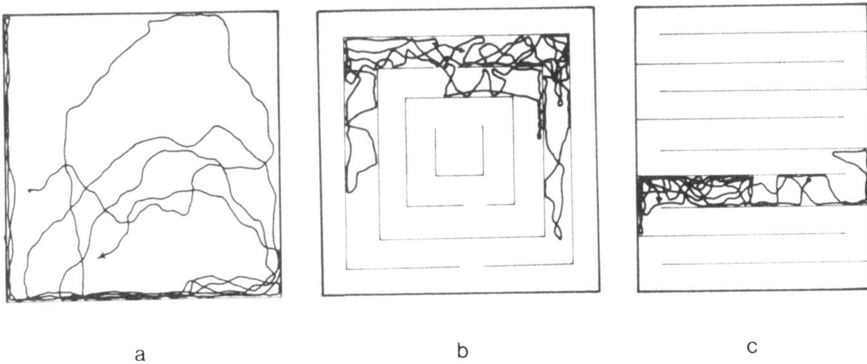

a   b   c

Abb. 14. Laufbahnen von Raubmilben (Phytoseiulus riegeli) auf 10 x 10 cm großen Flächen,
Registrierdauer 10 Minuten. a: einfache Fläche, b: geschachteltes Labyrinth, c: paralleles
Labyrinth.

Ausblick

Während der klassische Ansatz der Populationsdynamik deduktiv ist und allgemein gültige Aussagen anstrebt, geht der hier geschilderte Ansatz aus von an einzelnen Individuen gewonnenen Daten und direkt beobachteten Beziehungen. Er ist damit weitgehend induktiv und auf die Besonderheiten des jeweiligen Einzelfalls ausgerichtet. Die beiden Ansätze verwenden Größen, die sich auf verschieden hohe Integrationsniveaus beziehen, und ergänzen einander deshalb. Der vom Individuum ausgehende Ansatz bietet die Möglichkeit, die Ergebnisse von Physiologie und Verhaltensforschung in die bislang recht isoliert stehende Populationsdynamik mit einzubeziehen und so den Beitrag des einzelnen Individuums zum Geschehen in der Population abzuschätzen.

LITERATUR

BIRTWISTLE, G.M., O.-J. DAHL, B. MYHRHAUG, K. NYGAARD (1973): Simula begin. Studentlitteratur, Lund.

DAHL, O.-J., B. MYHRHAUG, K. NYGAARD (1968): Common base language. Norwegian Computing Centre, Oslo.

DOOHAN, M. (1973): An energy budget for adult Brachionus plicatilis Muller (Rotatoria). *Oecologia (Berl.)* 13, 351−362.

HALBACH, U. (1970): Einfluß der Temperatur auf die Populationsdynamik des planktischen Rädertieres Brachionus calyciflorus Pallas. *Oecologia (Berl.)* 4, 176−207.

HALBACH, U. (1975): Methoden der Populationsökologie. Verhandl. Ges. Ökologie, Erlangen 1974.

HALBACH, U. & H.J. BURKHARDT (1972): Sind einfache Zeitverzögerungen die Ursachen für periodische Populationsschwankungen? *Oecologia (Berl.)* 9, 215−222.

HOLLING, C.S. (1966): The functional response of invertebrate predators to prey density. *Mem. ent. Soc.Can.*, Nr. 48, 1−86.

HUFFAKER, C.B. (1958): Experimental studies on predation: Dispersion factors and predator-prey oscillations. *Hilgardia* 27, 343−383.

HUFFAKER, C.B., K.P. SHEA & S.G. HERMAN (1963): Experimental studies on predation: Complex dispersion and levels of food in an acarine predator-prey interaction. *Hilgardia* 34, 305−330.

KAISER, H. (1974a): Verhaltensgefüge und Temporalverhalten der Libelle Aeschna cyanea (Odonata). *Z. Tierpsychol.* 34, 398−429.

KAISER, H. (1974b): Die Regelung der Individuendichte bei Libellenmännchen (Aeschna cyanea, Odonata). Eine Analyse mit systemtheoretischem Ansatz. *Oecologia (Berl.)* 14,53−74.

KAISER, H. & U. LEHMANN (1975): Tidal and spontaneous activity patterns in fiddler crabs. II. Stochastic models and simulations. *J comp. Physiol.* 96, 1−26.

Anschrift des Verfassers:

Dr. HEINRICH KAISER, Zoologisches Institut der Universität, Lehrstuhl für Physiologische Ökologie, 5 Köln 41, Weyertal 119.

Sonderdruck: Verhandlungen der Gesellschaft für Ökologie, Erlangen 1974.

SYNÖKOLOGISCHE BEGRENZUNGEN BEIM POPULATIONSWACHSTUM PERITRICHER CILIATEN

ERNST A. NUSCH

Abstract

Synecological interactions in population growth of peritrichous ciliates are described: Competition for food by other sessile ciliates and rotifers. Competition for space by filamentous bacteria and algae is mainly set to solitary vorticellids which are bound to form free swimming larvae to find new attachment places, whereas the colonial species can stay after binary fission within the colony.
Populations curves and microphotographs demonstrate that peritrichs are reduced in number due to predation by carnivorous ciliates and rotifers and parasitism by suctoria.

Die peritrichen Ciliaten, deren häufigste Gattung Vorticella allgemein als „Glockentierchen" bekannt ist, spielen eine bedeutende Rolle bei der Besiedlung untergetauchter Gegenstände, wo sie Bestandsdichten von über 5000 Individuen/cm^2 erreichen können. Bei der Abwasserreinigung sind die Peritrichen ein wesentlicher Bestandteil des biologischen Rasens in Tropfkörpern oder der Schlammflocken in Belebungsanlagen. Zahlreiche Peritrichen werden als Indikatororganismen in Saprobiensystemen benutzt. Ihr Indikationswert ist allerdings durch die Tatsache stark eingeschränkt, daß die ökologischen Bedingungen, unter denen diese Organismen vorkommen, bisher nur vage bekannt sind. Daher seien einige aus mehrjährigen Freiland- und Laborversuchen gewonnene Befunde hier mitgeteilt.

Die Peritrichen ernähren sich mit Hilfe des oralen Wimpernkranzes durch Herbeistrudeln von partikulärer organischer Substanz. Die meisten Peritrichen sind wie die polysaprobionte *Vorticella microstoma* Bakterienfresser, einige Arten wie z.B. *Vorticella convallaria. Vorticella picta, Campanella umbellaria* und *Epistylis galea* nehmen auch Algen auf, wie die grün gefärbten Nahrungsvakuolen beweisen. *Carchesium polypinum* entwickelt sich besonders gut, wenne das Wasser, zum Bespiel nach Starkregen, einen hohen Gehalt an organischen Trübstoffen (Detritus) aufweist. Die Tatsache, daß sich Vorticelliden auch in bakterienfreien Nährlösungen kultivieren lassen (FINLEY et al. 1959) zeigt, daß auch gelöste organische Substanz als Nahrung verwertet werden kann. Die Hauptnahrungsquelle scheint jedoch das Bakterienplankton zu sein, da die größten Bestandsdichten nicht in algenreichen eutrophen Gewässern, sondern in bakterienreichen mesosaproben Gewässern festgestellt werden.

Das Vorkommen und die Bestandsdichte der Peritrichen wird in erster Linie durch das Nahrungsangabot bestimmt. In starkem Maße beeinflussen aber such synökologische Beziehungen die Populationsdynamik.

Die Peritrichen müssen um Nahrung und Raum mit anderen sessilen Organismen mit ähnlichen ökologischen Ansprüchen konkurrieren. Als Nahrungskonkurrenten kommen algivore und bakterienfressende Ciliaten (*Stentor*) und Rotatorien (*Collotheca*) in Frage. Ob sich die mehrfach beobachtete Konkurrenzerscheinung vorwie-

gend auf Nahrungserwerb erstreckt oder ob auch der Raumfaktor begrenzend wirkt,
kann im Falle der sessilen Strudler nicht eindeutig entschieden werden. Bei der
Hemmung durch starkes Aufkommen von Fadenalgen, Bakterien (*Sphaerotilus*) und *Anthophysakolonien* ist aber wohl eindeutig Raumkonkurrenz im Spiel. Zu
Beginn der Besiedlung einer leeren Substratfläche (z.B. eingehängter Objektträger)
überwiegen die Peritrichen, werden dann aber nach etwa 2 bis 4 Wochen im eutrophen Gewässer von Fadenalgen, in saproben Gewässern je nach Jahreszeit von
Sphaerotilus oder *Anthophysa* verdrängt. Bemerkenswerterweise erreichten einige
auf dem Objektträger in ein anderes Gewässer verfrachtete Peritrichenkolonien am
neuen Standort, wo sie nicht der Raumkonkurrenz durch *Anthophysa* und *Sphaerotilus* ausgesetzt waren, trotz geringerem Nahrungsangebot höhere Bestandsdichten
als am ursprünglichen Biotop.

Durch die Raumkonkurrenz scheinen in erster Linie die solitären Vorticelliden
betroffen zu sein. Dies ist leicht einsichtig, wenn man bedenkt, daß den neuankom-
menden Schwärmern im Gewirr von bereits vorhandenen Fadenalgen eine Ansied-
lung erschwert oder gar unmöglich gemacht wird. Ein Festwachsen auf Algenfäden,
wie es die gehäusebildenden *Cothurnien* und *Vaginicola*-Arten oft tun, wurde bei
Vorticelliden nicht beobachtet. Die koloniebildenden Formen (*Epistylis, Carchesium, Zoothamnion*) können sich dagegen auch noch dichtem Algenbewuchs in

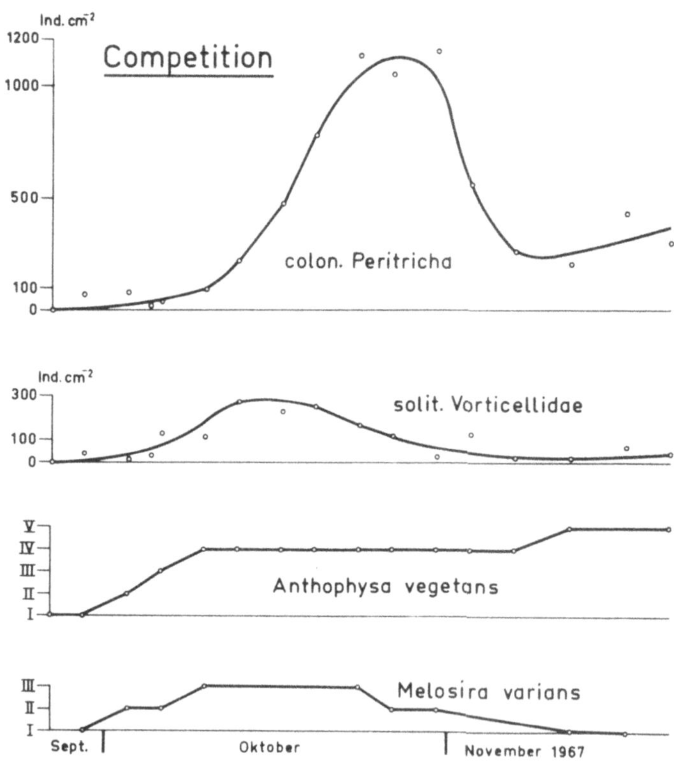

Abb. 1. Raumkonkurrenz.

einzelnen großen Kolonien behaupten, da hier die Zooide nach der Teilung nicht den Verband der Kolonie verlassen müssen, um als Schwärmer neue Ansiedlungsmöglichkeiten zu suchen. Bei den kolonialen Formen können die neugebildeten Zooide auf den bereits festgewachsenen Hauptstielen weiterwachsen und durch neue Verzweigungen die Kolonie vergrößern, ohne mehr Grundfläche zu beanspruchen.

Abbildung 1 zeigt, daß die solitären Vorticelliden in der ersten Besiedlungsphase gegenüber den koloniebildenden Formen noch gut mithalten, nach Aufkommen verstärkten *Anthophysa*- und *Melosira*bewuches nach etwa 2 Wochen jedoch nicht mehr über 300 Individuen/cm^2 hinauskommen, während sich die Kolonien nach etwa 4 Wochen noch bis auf fast 1200 Individuen/cm^2 vergrößern können.

Als weitere synökologische Begrenzung der Peritrichenentwicklung ist das Räuber- Beuteverhältnis (Predation) durch carnivore Rotatorien, Ciliaten und Oligochaeten zu nennen. Es konnte häufig beobachtet werden, daß Rädertiere der Art *Proales petromyzon* EHRBG. (Abb. 4b) — zur Zeit heißt er wohl *Pleurotrocha* — besonders in den älteren Kolonien von *Carchesium* herumstöberten und die Zooide abfraßen. Als besonders wirkungsvolles Mittel der „vorausschauenden" Brutpflege, kann die Tatsache gesehen werden, daß die Eier von *Proales* mit Hilfe einer Klebdrüse im Fuß an den Peritrichenstielen festgeklebt werden und so die nach einigen Tagen ausschlüpfenden Jungtiere in der Carchesiumkolonie bereits einen „gedeckten Tisch" vorfinden.

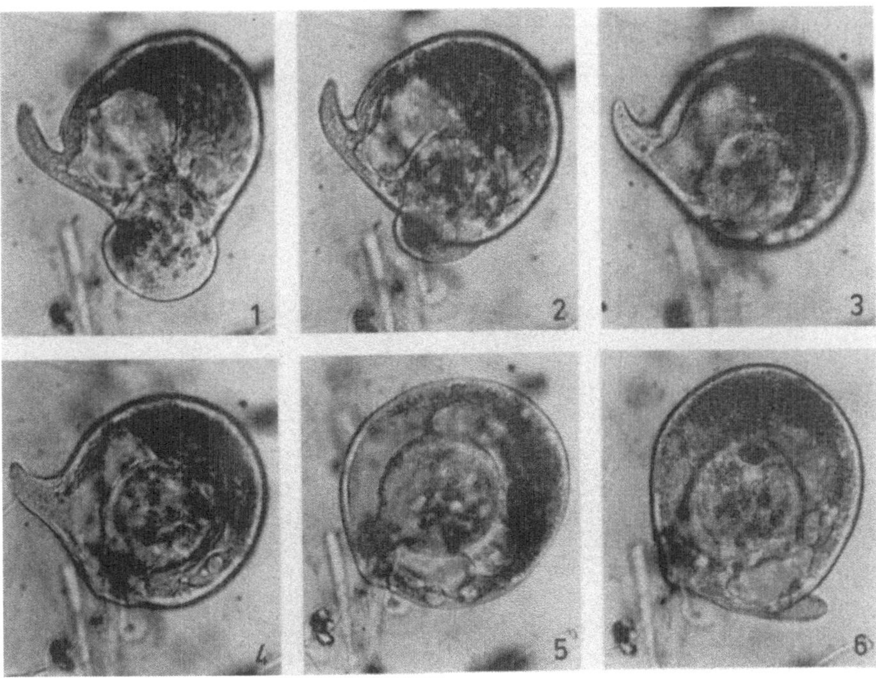

Abb. 2. Trachelius ovum frißt Carchesium-Zooid.

Auch der Freßvorgang von *Trachelius ovum*, einem räuberischen Ciliat (Holotricha, Pleurostomata) konnte mehrfach beobachtet und photographisch festgehalten werden. (Abbildung 2). Das Tier umschwimmt zunächst in engen Kreisen die Peritrichenzooide, stülpt dann seinen Schlund über das Zooid, versetzt sich dann in eine Drehbewegung um die Vertikalachse und dreht so die Peritrichenzooide vom Stiel ab. Auf diese Weise hat ein Exemplar von *Trachelius* hintereinander über 10 Carchesiumzooide gefressen, ehe er sich abkugelte und eine Verdauungs- bezw. Teilungszyste anlegte. *Amphileptus* und die häufig im Aufwuchs vorkommenden Oligochaeten der Gattung *Chaetogaster* konnten ebenfalls beim Fressen von Vorticelliden beobachtet werden.

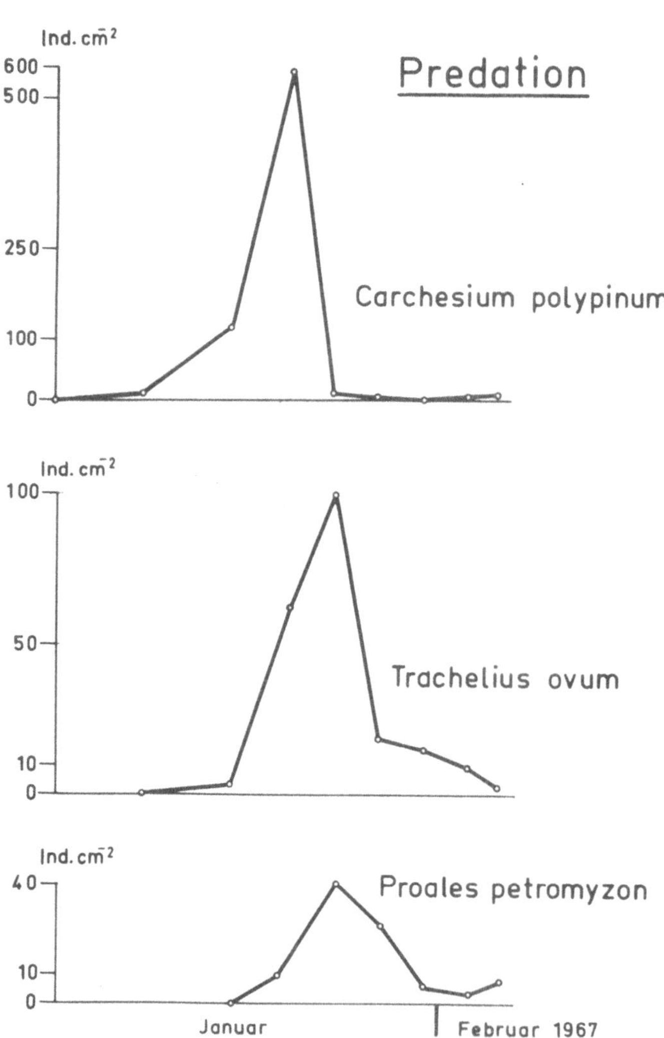

Abb. 3. Räuber – Beuteverhältnis.

Wie stark solche Peritrichenpopulationen durch Predation dezimiert werden, zeigt das Diagramm (Abbildung 3). Nach Aufkommen einer starken *Carchesium*-Population nehmen auch die räuberischen Arten *Trachelius* und *Proales*, die sich in die Beute teilen, stark zu. Dadurch wird ein weiteres Wachstum der Carchesiumkolonien gestoppt und die Population bricht zusammen bis auf ganz geringe Restbestände. Nachdem die Carchesien abgefressen sind (etwa in der 4. Woche) gehen auch die Räuberpopulationen wieder zurück.

Eine weitere Möglichkeit synökologischer Begrenzung stellt der Parasitismus dar. Ich beobachtete, das große Vorticellidenpopulationen häufig durch parasitierende Suktorien dezimiert wurden. Die erst 1952 von HAMMANN beschriebene *Podophrya epizoica* trat bei meinen Untersuchungen im Januar 67 und Januar 68 in einem eutrophen β-mesosaproben Talsperrenvorbecken auf. Bis zu 60% der Zooide einer Kolonie von *Carchesium polypinum* und dichte Pseudokolonien („Nester") von *Vorticella campanula* waren befallen. Bis zu 6 Individuen saßen am Peristomrand eines Zooides, vereinzelt auch im Bereich des Stielansatzes (Abbildung 4c). Die Vermehrung erfolgt offensichtlich durch exogene Knospung. Wenn die Knospe nahezu gleiche Größe erreicht hat, bildet sie einen peripheren Wimperngürtel und löst sich als Schwärmer ab. HAMMANN nimmt an, daß es sich bei *Podophrya epizoica* nicht um eine parasitäre Art handele, da dies die Anheftungsweise nicht zuließe. Im Gegensatz zu *Podophrya parasitica* FAURE – FREMIET 1947 ist das Suktor nicht mit Tentakeln mit dem Wirt verbunden, sondern mit Hilfe einer stielförmig ausgezogenen Ansatzstelle am inneren oder äußeren Peristomrand der Vorticellide angeheftet. Die Tentakeln sind etwa ½-körperlang. Da die Vorticellidenpopulationen kurze Zeit nach dem Podophryabefall zusammenbrachen, liegt die Vermutung nahe, daß es sich doch nicht um Epibiose sondern um echten Parasitismus handelt, zumal auch die befällenen Einzelzooide auffallend schlaff und durchsichtig waren. Ein großer Teil der befallenen Peritrichen zeigte dunkle kuglige Einschlüsse im Inneren des Plasmaleibes. Ich halte es nicht für ausgeschlossen, daß es sich hierbei um Suktorien handelt, die in der Art einer *Endosphaera* in das Vorticellidenzooid hineingeschlüpft sind und sich hier enzystiert haben. MATTHES (1973) fand ein ähnliches Suktor in einer auf Krebsen lebenden *Epistylis*.

Während *Podophrya epizoica* auf verschiedenen Vorticellidenarten anzutreffen ist, also nicht wirtspezifisch ist, wurde *Tokophrya carchesii* ausschließlich auf *Carchesium polypinum* gefunden. Das kurzgestielte Suktor war an den Nebenstielen unterhalb der letzten Verzweigung angeheftet und konnte so mit Hilfe der 5 Saugtentakeln an der Stirnfläche, die „suchend" hin und her bewegt werden, die überhängenden Zooide erreichen. (Abbildung 4d). Die Tentakelverbindung war so fest, daß sie auch bei heftigen Stielkontraktionen der Carchesien zwar gedehnt wurden aber nicht abrissen.

Fassen wir zusammen: Peritriche Ciliaten ernähren sich als sessile Strudler im wesentlichen von Bakterien, nanoplanktischen Algen und organischem Detritus. Sie sind im aquatrischen Bereich ubiquitär verbreitet mit größter Arten- und Individuenzahl in mäßig verschmutzten stehenden und langsam fließenden Gewässern der α–β mesosaproben Zone.

Ihre Bestandsdichte wird primär durch das Nahrungsangebot bestimmt. Durch abiotische Faktoren (z.B. Temperatur, pH, O_2, H_2S) sowie durch biotische Interaktionen kann die Bestandsdichte begrenzt werden.

Synökologische Begrenzungen des Populationswachstums werden ausgeübt

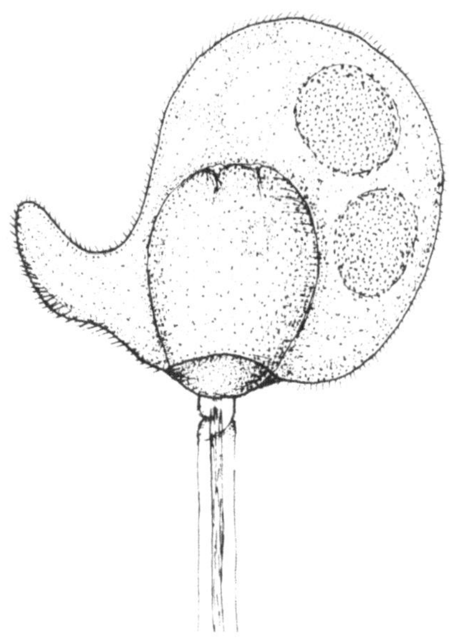

a. *Trachelius ovum* (Ciliata);

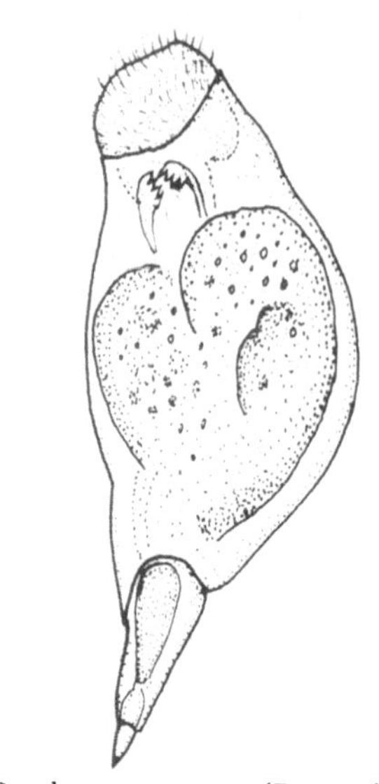

b. *Proales petromyzon* (Rotatoria);

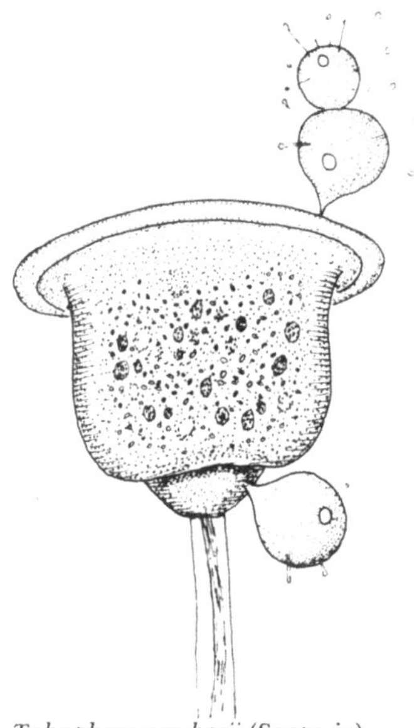

d. *Tokophrya carchesii* (Suctoria).

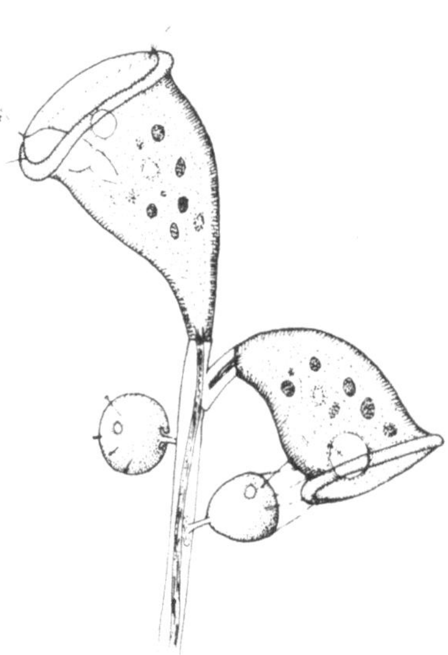

c. *Podophrya epizoica* (Suctoria);

Abb. 4. Feinde der peritrichen Ciliaten;

durch: Nahrungskonkurrenz (durch andere sessile Strudler z.B. *Stentor*); Raumkonkurrenz, von der vor allem die solitären Formen betroffen sind, (durch Bakterienzotten und Algenfäden); Predation (durch räuberische Ciliaten, Rotatorien und Oligochaeten); Parasitismus (durch Suktorien z.B. *Podophrya, Tokophrya, Endosphaera*).

44

LITERATUR

HAMMAN, H. (1952): Ökologische und biologische Untersuchungen an Süßwasser-Peritrichen. *Arch. Hydrobiol.* 47: 177–228.
FINLEY, H.E., D. McLOUGHLIN & D.M. HARRISON, (1959): Non-axenic and axenic growth of Vorticella microstoma. *Journ. Protozool.* 6: 201–205.
MATTHES, D. u. W. GUHL (1973): Sessile Ciliaten der Flußkrebse; *Protistologica* 9 (4): 459–470.
NUSCH, E.A. (1970): Ökologische und systematische Untersuchungen der Peritricha (Protozoa, Ciliata) im Aufwuchs von Talsperren und Flußstauen mit verschiedenem Saprobitätsgrad. *Arch. Hydrobiol. Suppl.* 37: 243–386.

Anschrift des Verfassers:

Dr. ERNST A. NUSCH, Chemisches und Biologisches Laboratorium der Ruhrverbände, Essen.

VERGLEICHENDE UNTERSUCHUNGEN AN ALPINEN UND NICHT-ALPINEN POPULATIONEN VON *LARINUS STURNUS* SCHALL. (COL.: CURCULIONIDAE): DIVERSITÄT UND PRODUKTIVITÄT IM ÖKOLOGISCHEN GRENZBEREICH

H. ZWÖLFER

Abstract

A comparative study of Alpine and non-Alpine populations of the weevil species *Larinus sturnus* Schall. shows a number of morphological (body size, length and width of female rostrum) and biological (larval feeding habits) differences. The pecularities of the Alpine populations can be interpreted as adaptations to the special structure of the capitula of their host plant, the Alpine Thistle (*Cirsium spinosissimum* (L.) SCOP.). The life-system of the Alpine *L. sturnus* populations is characterized by a single host plant species, a single phytophagous competitor and a single entomophagous enemy, whilst the lowland populations of *L. sturnus* form part of a complicated system involving several host plants, phytophagous competitors and entomophagous enemies. There is a clear negative correlation between the general diversity of the *L. sturnus* life-systems, on the one hand, and the frequency and productivity of the weevil species, on the other hand. The biomass production per host plant unit in Alpine *L. sturnus* populations is often considerably higher than the total production of phytophagous biomass by comparable host plants in non-Alpine *L. sturnus* life-systems. The Alpine *L. sturnus* populations demonstrate that an autecologically marginal zone with reduced interspecific competition and enemy pressure may become an optimal zone for ecologically flexible species.

1. Einleitung

Was geschieht dort, wo Populationen einer Tierart in ökologische Grenzbereiche ihres Areals vorstoßen? Da die Annahme nahe liegt, daß solche Populationen immer individuenärmer und lokalisierter auftreten, je weiter sie sich von ihrer autökologischen Optimalzone entfernen, scheint dies zunächst eine triviale Frage. Ein populationsökologischer Vergleich von alpinen und nicht-alpinen Rassen der Rüsselkäferart *Larinus sturnus* Schall, zeigt aber, daß die eingangs gestellte Frage nicht verallgemeinernd beantwortet werden kann. Die Auswirkungen eines ökologischen Grenzbereichs sind nicht zwangsläufig nur negativ, da günstige synökologische Bedingungen ungünstige autökologische Faktoren ausgleichen können.

Der hier erörterte Befund ist Teilergebnis einer 12jährigen, großräumig durchgeführten Bestandesaufnahme der Insektenfauna europäischer Distelarten und verwandter Gattungen aus der Tribus der Cynareae (Familie Compositae), die als Grundlagenuntersuchung zur Biologischen Unkrautbekämpfung (ZWÖLFER, 1965) im Commonwealth Institute of Biological Control (Direktor: Dr. F.J. SIMMONDS, Trinidad) erarbeitet wurde. Für mannigfache Unterstützung und Anregung danke ich meinen Kollegen von der European Station (Delémont, Schweiz) sowie meinem ehemaligen kanadischen Auftraggeber (Dr. P. HARRIS, Regina, Saskatchewan).

2. Morphologische und biologische Eigentümlichkeiten der alpinen *L. sturnus*-Populationen

Die mit der Alpenkratzdistel, *Cirsium spinosissimum* (L.) Scop., vergesellschafteten alpinen *L. sturnus*-Populationen unterscheiden sich in mehreren Merkmalen von den nicht-alpinen Populationen dieser Rüsselkäferart. Da ZWÖLFER (1975) eine ausführliche Beschreibung der alpinen Form von *L. sturnus* bringt, soll hier nur kurz auf einige ihrer morphologischen und biologischen Eigentümlichkeiten hingewiesen werden: a.. Der Körper der Imagines ($\delta\delta$ und $\female\female$) ist länger ($P < 0.1\%$); b. Der Rüssel der $\female\female$ ist kürzer und dicker ($P < 0.1\%$); c. Der Korrelationskoeffizient Rüssellänge $\female\female$/Körperlänge $\female\female$ ist kleiner ($P < 1\%$); d. Der bei den nicht-alpinen *L. sturnus*-Populationen deutliche Sexualdimorphismus ist verwischt; e. Die Larven können während ihrer Entwicklung die Einzelblütenköpfe ihrer Wirtspflanze wechseln und auch an den Blütenstengeln fressen, während die nicht-alpinen Populationen darauf angewiesen sind, ihre ganze Larvalentwicklung in dem vom $\female$ belegten Blütenkopf zu durchlaufen.

Alle hier aufgeführten Besonderheiten können mit der Struktur der *C. spinosissimum*-Blüten (dicht gepackte Konglomerate von Einzelköpfen, die von einem gemeinsamen extrafloralen Schauapparat umgeben sind) in Zusammenhang gebracht werden. Die morphologischen Eigentümlichkeiten der alpinen Populationen zeigen an, daß ihr Genaustausch mit den nicht-alpinen Populationen zumindest stark eingeschränkt ist.

3. Das synökologische Beziehungsgefüge bei alpinen und nicht-alpinen Populationen

Bei der untersuchten *Larinus*-Art und ihren Nahrungskonkurrenten spielen sich Ei-, Larven- und Puppenphase im Nahrungssubstrat ab. Daher kann eine systematische Untersuchung der Blütenköpfe der Wirtspflanzen quantitativ verwertbare Daten über Nahrungs-, Konkurrenz- und Feindbeziehungen liefern. Zwar erfassen diese Beobachtungen lediglich den Zeitraum zwischen der Eiablage und dem Schlüpfen der Imagines, aber diese Einschränkung beeinträchtigt den im folgenden durchgeführten Populationsvergleich (Abb. 1 und 2) nicht.

3.1. Wirtspflanzen

Von den in ihrem Lebensraum (Alpen, 1600—2300 m Meereshöhe) zur Verfügung stehenden Vertretern der Cynareae verwerten die alpinen *L. sturnus*-Populationen praktisch nur *C. spinosissimum*. Nur an einem Fundort (Gletsch, Wallis) wurden vereinzelte *L. sturnus*-Larven auch in den Köpfen von *Cirsium heterophyllum* (L.) Hill festgestellt.

Demgegenüber ist das Wirtspflanzenspektrum der nicht-alpinen Populationen breit gestreut: Eigene Brutnachweise liegen vor für 3 *Arctium*-Arten, 3 *Carduus*-Arten, 4 *Cirsium*-Arten sowie für *Centaurea scabiosa* L. (ZWÖLFER et al., 1971). Allerdings beschränken sich auch hier viele lokale *L. sturnus*-Populationen in der Wirtswahl, aber es werden in der Regel doch jeweils mehrere Wirtspflanzenarten ausgebeutet. Da hierdurch die Abhängigkeit von den einzelnen Wirtsarten gemindert wird, stellt dieses breitere Wirtswahlverhalten vieler nicht-alpiner *L. sturnus*-Populationen eine „ökologische Risikostreuung" dar.

Die Wirtspflanze und die abweichende Lebensweise der alpinen *L. sturnus*-Larven bringen es mit sich, daß sich das Lebendgewicht alpiner Käfer (Mittelwert und Streuung von 87 frisch geschlüpften Tieren: 81.13 ± 12.92 mg) von dem nicht-alpiner Tiere (Werte von 42 aus *Carduus* bzw. *Centaurea* frisch geschlüpften Käfern: 66.32 ± 13.26 mg) unterscheidet (P < 0.1%).

3.2. Phytophage als Konkurrenten

An mehreren Schweizer und Tiroler Fundplätzen wurden die alpinen *L. sturnus*-Larven zusammen mit Puppen der Bohrfliege *Tephritis conura* Loew gefunden. *T. conura* befällt in den Alpen hauptsächlich Köpfe von *Cirsium acaule* (L.) Scop. und *C. heterophyllum*, sie kommt in *C. spinosissimum* meist nur in relativ geringer Dichte vor. Da überdies die Larven der alpinen *L. sturnus*-Populationen innerhalb einer Blütenkopfgruppe befallenen Einzelköpfen ausweichen können, ist hier interspezifische Nahrungs- und Raumkonkurrenz nur wenig ausgeprägt (Abb. 1).

Ganz anders ist die Situation bei den nicht-alpinen *L. sturnus*-Populationen. Hier konnte bei Reihenuntersuchungen befallener Blütenköpfe immer wieder nachgewiesen werden, daß Konkurrenz mit anderen Phytophagenarten bei *L. sturnus* Larvenmortalität hervorrufen kann (ZWÖLFER, 1975a). Tabelle 1 vermittelt einen Eindruck, auf welche Zahl konkurrierender Phytophagenarten L. sturnus-Larven treffen können.

In dieser Tabelle sind nur solche Phytophagenarten aufgeführt, die von mir zumindest in einer Probe der betreffenden Wirtspflanzengruppe zusammen mit *L. sturnus* beobachtet wurden. Gallmückenlarven sind dabei als Konkurrenten nicht berücksichtigt worden. Die Tabelle zeigt, daß in den jeweiligen Phytophagenlisten die alpine Form den ersten Rang, die nicht-alpinen Formen aber lediglich den dritten, vierten und fünften Rang einnehmen. Überdies ergibt sich eine klare negative Korrelationen zwischen der Zahl der in den jeweiligen Wirtspflanzengruppen festgestellten konkurrierenden Phytophagen (1 bis 9 Arten) und der Regelmäßigkeit, mit der *L. sturnus*-Larven in den Proben gefunden wurde (Praesenzwerte von 73.8% bis 25%).

3.3. Entomophage als Feinde

In weniger als 50% der untersuchten alpinen Proben wurden entomophage Feinde angetroffen: Es handelte sich dann immer um die Schlupfwespe *Exeristes roborator* F., einen solitären Larvenparasiten, den wir auch aus anderen *Larinus*-Arten gezogen haben. Im Gebiet von Gletsch habe ich an einem Fundplatz, auf dem im Beobachtungsjahr die alpine *L. sturnus*-Populationen in hoher Dichte auftrat (60%iger Befall der Blütenkopfgruppen von *C. spinosissimum*) eine 85%ige Larvenmortalität durch *E. roborator* festgestellt. In anderen Beobachtungsjahren wurde der Parasit dort entweder gar nicht oder nur in geringer Dichte gefunden.

Die Liste der bei den nicht-alpinen *L. sturnus*-Populationen schmarotzenden Entomophagen ist umfangreicher. Neben *E. roborator* treten hier die Brackwespen *Bracon urinator* F. und B? *variator* Nees sowie die Erzwespen *Entedon* sp., *Eurytoma* (noch nicht beschriebene Art) und *Tetrastichus crassicornis* Erdös auf. Als

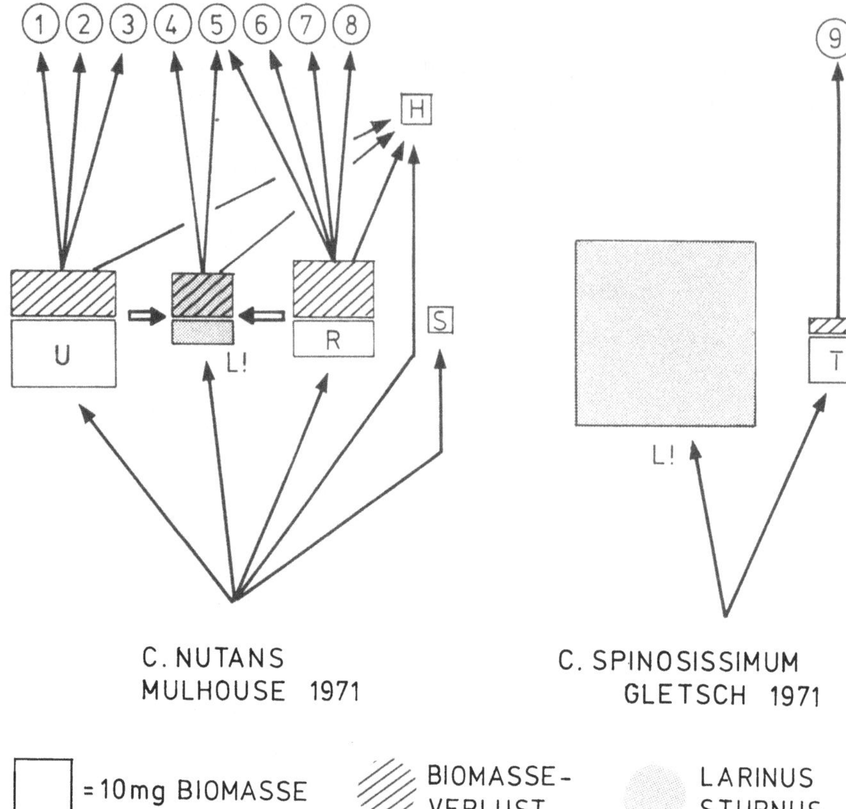

Abb. 1. Schematische Darstellung des Nahrungssystems in einem nicht-alpinen Komplex (Mulhouse, 1971) und einem alpinen Komplex (Gletsch, 1971). Die Pfeile verbinden die Partner der Systeme in Richtung des Energieflusses. Die Größe der Rechtecke gibt die pro g Wirtstrockensubstanz (Blütenköpfe ohne Achänen) erzeugte Phytophagenbiomasse (frisch geschlüpfte Imagines) in mg an (siehe Maßstab unten links im Diagramm). Quer schraffiert ist der durch Entomophage (runde Kreise) entstehende Verlust an Phytophagenbiomasse. Graue Rechtecke = *Larinus sturnus.* Erklärung der Abkürzungen: Rechtecke (Phytophage): U = *Urophora solstitialis* L., L! = *Larinus sturnus,* R = *Rhinocyllus conicus* Froel., S. = weitere Arten, H = *Homoeosoma* spp. (gleichzeitig phytophag und entomophag), T = *Tephritis conura* Loew. Kreise (entomophage Parasitoide): 1 = *Eurytoma tibialis* Boh., 2 = *Eurytoma robusta* Mayr, 3 = *Torymus* sp., 4 = *Tetrastichus crassocirnis* Erdos, 5 = *Bracon urinator* F., 6 = *Bracon* sp., 7 = *Pterandrophysalis levantina* Novicky, 8 = *Habrocytus* sp., 9 = *Habrocytus* sp.

Prädatoren haben wir Larven einer Dipterenart (*Lonchaea* sp.) sowie zweier Kleinschmetterlingsarten (*Homoeosoma* spp.) nachgewiesen.

Eine durch Parasitoide und Räuber verursachte Larvenmortalität (oft über 50%!) haben wir bei praktisch allen eingehender untersuchten nicht-alpinen L. sturnus-Populationen beobachtet. Bemerkenswert ist dabei, daß bestimmte Feinde L. sturnus nur an bestimmten Wirtspflanzen befallen (z.B. *Entedon* sp. nur in den Köpfen von *Centaurea scabiosa*).

Tabelle 1. Nahrungskonkurrenten von *L.sturnus* in verschiedenen Wirtspflanzengruppen. Berücksichtigt wurden nur Arten, die mit *L.sturnus* -Larven zusammen beobachtet worden waren. Die Rangfolge der Phytophagen gibt die Regelmäßigkeit ihres Auftretens in den untersuchten Proben (je 50 − 200 Blütenköpfe) an. Bei *Arctium* spp. wurden nur ostösterreichische Proben ausgewertet, da ein *Arctium*-Befall durch *L.sturnus* nur in diesem Gebiet nachgewiesen ist.

Wirtspflanze	*Cirsium spinosissimum*	*Arctium* spp.	*Centaurea scabiosa*	*Carduus* spp.
Zahl der Proben	42	20	120	152
% Proben mit *Larinus sturnus*	73,8%	40,0%	29,2%	25,0%
Rangfolge und Namen der phytophagen Arten	1. *Larinus sturnus*	1. *Tephritis* spp.	1. *Urophora cuspidata* Mg.	1. *Urophora solstitialis* L.
	2. *Tephritis conura* Loew	2. *Metzneria lappella* L.	2. *Orellia colon* Mg.	2. *Rhinocyllus conicus* Froel.
	3. −	3. *Larinus sturnus*	3. *Chaetorellia loricata* Rond.	3. *Cochylis posterana* Z.
	4. −	4. *Myelois cribrumella* Hb.	4. *Isocolus roggenhoferi* Wcht.	4. *Larinus sturnus*
	5. −	5. −	5. *Larinus sturnus*	5. *Tephritis* spp.
	6. −	6. −	6. *Lasioderma redtenbacheri* Bach.	6. *Chaetostomella onotrophes* Loew
	7. −	7. −	7. *Homoeosoma* spp.	7. *Homoeosoma* spp.
	8. −	8. −	8. *Ceriocera ceratocera* Hd.	8. *Pyroderces argyrogrammos* Z.
	9. −	9. −	9. *Myelois cribrumella* Hb.	9. *Terellia serratulae* L.
	10. −	10. −	10. −	10. *Xyphosia miliaria* Schr.

4. Diversität und Produktivität in alpinen und nicht-alpinen *L. sturnus*-Komplexen

Unsere vergleichende Untersuchung hat ergeben, daß sich die synökologischen Systeme der alpinen und nicht-alpinen *L. sturnus*-Populationen auf allen trophischen Ebenen unterscheiden: Der einzigen Wirtspflanze der alpinen Populationen stehen im Mittel 2−5 Wirtspflanzenarten bei den nicht-alpinen Formen gegenüber; einem einzigen Nahrungskonkurrenten stehen bis zu 9 verschiedene Nahrungskonkurrenten gegenüber; und einem einzigen Parasitoiden stehen 6 Parasitoidenarten und 3 Prädatorenarten gegenüber. Nimmt man die Zahl der in den betreffenden Proben gefundenen Nahrungsbeziehungen („Energieflußkanäle" im Sinne MARGALEFs (1970)) zwischen der jeweiligen Wirtspflanzenpopulation (= Produzenten), den Phytophagen (= Primärkonsumenten) und den Entomophagen (= Sekundärkonsumenten) als Maß für die Diversität der Komplexe, so finden sich etwa 3 trophische Beziehungen bei der in Abb. 1 dargestellten alpinen *L. sturnus*-Population (Gletsch 1971), aber 18 trophische Beziehungen bei der nicht-alpinen, an *Carduus nutans* L. lebenden Vergleichspopulation (Mulhouse, 1971). Die Mannigfaltigkeit der Energieflußmöglichkeiten ist also bei den nicht-alpinen Populationen wesentlich größer. Auch wenn man nur die Primärkonsumentenebene herausgreift und beispielsweise mit Hilfe der SHANNON-WIENER-Funktion die allgemeine Diversität der von den Phytophagenarten produzierten Biomasse (Abb. 2) errechnet, so erhält man deut-

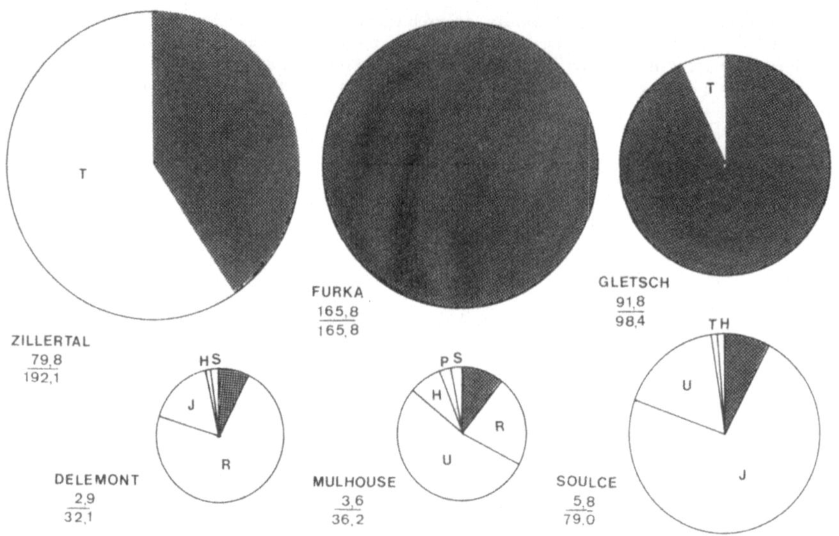

Abb. 2. Vergleichende Darstellung der Produktion an Phytophagen-Biomasse in 6 im Jahr 1971 untersuchten *L. sturnus*-Komplexen. Obere Reihe: alpine Populationen an *Cirsium spinosissimum*, untere Reihe: nicht-alpine Populationen an *Carduus nutans*. Zahlen über dem Bruchstrich = *Larinus sturnus*-Biomasse (in mg) pro g Wirtstrockensubstanz. Zahlen unter dem Bruchstrich = gesamte Phytophagen-Biomasse (in mg) pro g Wirtstrockensubstanz. Schraffiert = Anteil von *L. sturnus* an der Gesamtbionasse. T = *Tephritis conura* Loew, U = *Urophora solstitialis* L., R = *Rhinocyllus conicus* Froel., J. = *L. jaceae* F., H = *Homoesoma* spp., P = *Phaloma posterana* Z., S = sonstige Arten.

liche Unterschiede in der Diversität der alpinen und nicht-alpinen Komplexe: Die Indices (H̄) betragen für die nicht-alpinen Populationen von Mulhouse (1971) = 1.78, von Delémont (1971) = 1.37 und von Soulce (1971) = 1.37; aber für die alpinen Populationen am Furka-Paß (1971) = 0.0, bei Gletsch (1971) = 0.43 und im Zillertal (1971) = 0.98. Die Diversität der einzelnen synökologischen Systeme verhält sich umgekehrt proportional zur Praesenz (Tab. 1) und zur Produktivität (Abb. 1, 2) der *L. sturnus*-Populationen. Im ökologischen Grenzbereich des Hochgebirges, wo *L. sturnus* in einen biozönotischen Konnex von minimaler Diversität eingegliedert ist, treten die Populationen des Rüsselkäfers nicht nur in größter Häufigkeit auf, sondern sie vermögen ihre Nahrung auch am erfolgreichsten in Populations-Biomasse umzusetzen. Auffallend ist, daß dabei vielfach in den einfachen alpinen Systemen die Biomasseproduktivität von *L. sturnus* die ges mte Produktivität der Phytophagen komplexer, nicht-alpiner Systeme deutlich übertrifft (In Abb. 2 kommt dies durch die Größenunterschiede der Kreisdiagramma zum Ausdruck). Da die Biomasseproduktion ein Maß des Energieflusses ist, heißt das: Bei Produzenten vergleichbarer Größenordnung kann in einem wenig gegliederten trophischen System im ökologischen Grenzbereich der Energiefluß beträchtlich höher sein als in komplexen, durch zahlreiche Nahrungsbeziehungen und entsprechende Redundanz gekennzeichneten Systemen im ökologischen Optimalbereich.

Voraussetzung hierfür ist allerdings ein Konsument, der eine breite ökologische

Valenz besitzt und genügend flexibel ist, um sich den veränderten Bedingungen im ökologischen Grenzbereich anzupassen. Unter allen von uns (ZWÖLFER et al., 1971) untersuchten europäischen *Larinus*-Arten besitzt gerade *L. sturnus* diese Voraussetzungen: Sein Verbreitungsareal (vom Mittelmeer bis nach Finnland) zeigt die weiteste Nord-Süd-Ausdehnung, sein Wirtspflanzenspektrum ist am breitesten und die innerartliche Differenzierung (ökologische Rassenbildung) ist bei dieser *Larinus*-Art nach unsern Befunden am stärksten ausgebildet. Dieser ökologisch-biologische Spielraum hat *L. sturnus* zum erfolgreichen Vorstoß in die Hochgebirgsregionen praeadaptiert.

LITERATUR

MARGALEF, R. (1970): Perspectives in ecological theory. Univ. Chicago Press, Chicago — London. *

ZWÖLFER, H. (1965): Preliminary list of phytophagous insects attacking wild Cynareae (Compositae) species in Europe. *Technical Bull. Commonwealth Inst. Biological Control,* 6:81—154.

ZWÖLFER, H. (1975): Biosystematische und ökologische Untersuchungen an alpinen Populationen von *Larinus sturnus* Schall. (Col. Curculionidae). Stuttgarter Beitr. Naturkunde, Ser.A (im Druck).

ZWÖLFER, H. (1975a): Competitive co-existence of phytophagous insects in the flower heads of *Carduus nutans* L. Proc. 2nd Int. Symposion biol. control weeds (Rome, 1971). Im Druck.

ZWÖLFER, H., K.E. FRICK & L.A. ANDRES (1971): A study of the host plant relationships of European members of the genus *Larinus* (Col.: Curculionidae). *Technical Bull. Commonwealth Inst. Biological Control,* 14:97—143.

Anschrift des Verfassers

Dr. H. ZWÖLFER, Staatliches Museum für Naturkunde in Stuttgart, Zweigstelle 714 Ludwigsburg, Arsenalplatz 3.

ZUR POPULATIONSDYNAMIK UND ÖKOLOGIE DES ORTOLANS (AVES: EMBERIZA HORTULANA)

H.-W. HELB

Abstract

In the years of 1973 and 1974 the total population of the Ortolan Bunting (Aves: *Emberiza hortulana*) in the southern part of Germany was controlled.

Comparisons with relevant literature show an exponential population decrease of E.h. of 73% since 1953. The existence of nearly 142 breeding pairs today is confined almost exclusively to the Regnitz-Aisch-Main area of northern Bavaria where a relatively favourable climate is to be found.

The inquiries made of the total population allowed to design ecological criteria of distribution and habitat quality. The population decrease of E.h. is being discussed with evidential reasons such as unfavourable weather during the breeding season, changing of the habitats and possible factors such as effects of biocides, climate changes.

1.   Einleitung, Material und Methoden

In den letzten Jahren hat sich die quantitative Bestandsaufnahme von Pflanzen- und Tierarten immer mehr einen festen Platz in der Erfassung und Beurteilung von Umwelteinflüssen und Lebensraumqualitäten gesichert. Dabei finden zunehmend auch Vögel als Bioindikatoren Verwendung. Ziel von Analysen, wie sie in vorstehender Untersuchung am Ortolan (*Emberiza hortulana*) in Süddeutschland durchgeführt wurde, ist neben der möglichst großräumigen Bestandserfassung vor allem die weitestgehende Klärung ökologischer Ansprüche und Einflüsse.

Der Ortolan erreicht im Rhein-Main-Neckar-Gebiet mit inselartigen Beständen die westliche Grenze seines westpalaearktischen Verbreitungsgebietes. 1973 und 1974 wurde während der Brutzeit (Mai-Juni) der gesamte süddeutsche Raum auf Grund eigener Beobachtungen, Literaturangaben und durch Kontakte zu regionalen Sachbearbeitern auf Vorkommen des Ortolans kontrolliert. Der quantitativen Erfassung kommt die Biotopspezifität und die dadurch gegebene große Ortstreue des Ortolans entgegen. Ob Biotope besetzt waren oder nicht, wurde durch Registrieren singender ♂♂ festgestellt. Durch Tonbandvorspiel von arteigenen Gesangsstrophen konnten dabei eventuell schweigende Individuen zu Lautäußerungen veranlaßt und damit erkennbar gemacht werden. Die Zusammenstellung der Bestandsentwicklung von etwa 1950 bis 1972 erfolgte durch Auswertung der Literatur, durch Hinweise von Sachbearbeitern und eigene Kontrollgebiete (ab 1968).

2. Ergebnisse

2.1. Bestandsentwicklung 1950-1974

In Baden-Württemberg betrugen die Ortolanvorkommen um 1953 etwa 44 Brutpaare (=Bp.) (LABUS 1970). Nach einem Maximalstand von ca. 57 Bp. um 1959 sank der Bestand bis 1969 auf 38 Bp. ab. In den folgenden 5 Jahren reduzierte sich die Populatio um 79%, denn bei Kontrollen 1974 konnte nur noch ein Gruppenvorkommen mit 8 Bp. (Raum Heilbronn) gefunden werden. Rückgang von 1959 bis 1974: 86%.

Nach BERG-SCHLOSSER (1968) verzeichnete der nur im südlichen Teil von Hessen vorkommende Ortolan Anfang der 50er Jahre mit etwa 43 Bp. sein Bestandsmaximum. Nach kontinuierlich rückläufiger Bestandstendenz dürfte das Vorkommen zwischen 1967 und 1969 erloschen sein. Kontrollen 1973 und 1974 verliefen negativ. Rückgang von 1953 bis 1969: 100%.

Westlich des Rheins beschränkt sich die Ortolanverbreitung in Süddeutschland auf einen schmalen Streifen des Rheintals in der Vorderpfalz. Mindestens ein Teil des um 1958 etwa 45 Bp. betragenden Gesamtbestands (KÖLSCH 1959) war noch bis Mitte der 60er Jahre anzutreffen, wahrscheinlich sogar mit einem Bestandsmaximum (GROH 1965). Danach fehlen Beobachtungen, und die Kontrollen von 1973/ 1974 blieben ohne Nachweis. Rückgang von 1963 bis etwa 1970: 100%.

In Bayern ist nach SCHULTHEISS (1956 und mdl.) für etwa 1953 ein Bestandsmaximum von etwa 380 Bp. anzunehmen. Nach 1965 sank das Vorkommen rapid ab und erreichte 1968/69 etwa 249 Bp. (MATTERN 1969 und eig. Beob.), 1973/74 nur noch etwa 134 Bp. Bestandsrückgang von 1953 bis 1974: 66%.

Die Gesamtpopulation des Ortolans in Süddeutschland hat sich von 1953 bis 1974 um etwa 73% verringert (Abb. 1) und wird heute mit Ausnahme eines Gruppenvorkommens in Baden-Württemberg nur noch von dem nordbayerischen Bestand im Regnitz-Aisch-Main-Gebiet gebildet. Sie umfaßt ca. 142 Bp. (Abb. 2).

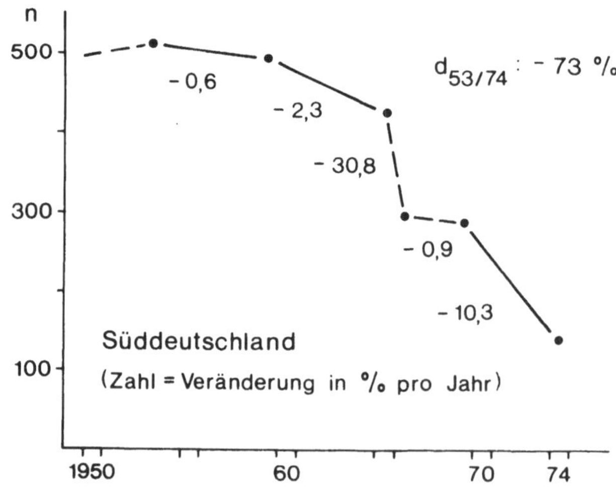

Abb. 1. Bestandsentwicklung des Ortolans in Süddeutschland in den Jahren 1950-1974. (n = Zahl der Brutpaare, d = Bestandsveränderung im Zeitraum 1953-1974).

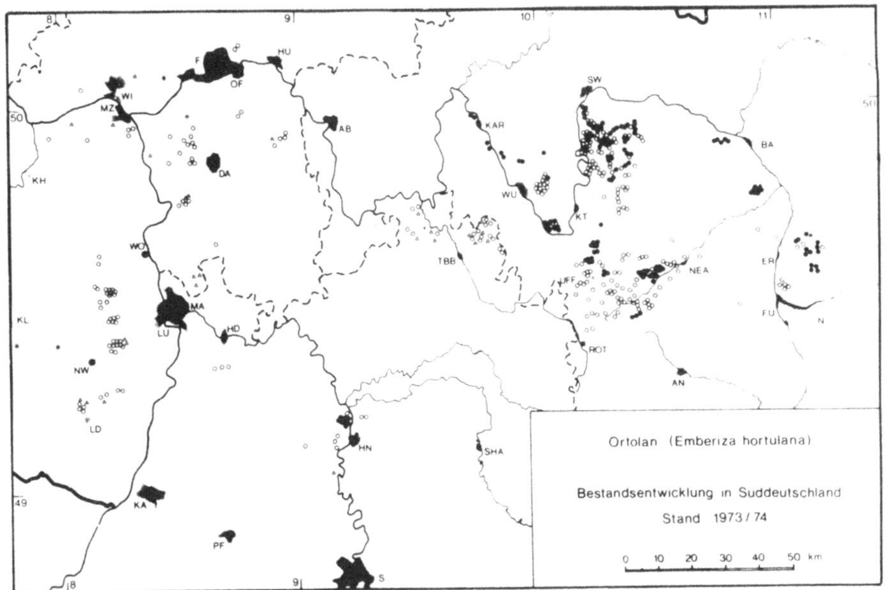

Abb. 2.   Verteilung der Ortolan-Vorkommen in Süddeutschland. Offene Zeichen: In den Jahren zwischen 1950 und 1974 erloschene Vorkommen. Geschlossene Zeichen: 1973/74 besetzt vorgefundene Standorte. (Kreis: 1 Brutpaar; Dreieck: 1 singendes ♂ ohne Paarbildung; Stern: Beobachtung von Durchzüglern).

2.2. Ökologische Faktoren der Verbreitung

Die Ortolanvorkommen decken sich mit Gebieten klimatischer Begünstigung (Klima-Atlas von Bayern 1952). So liegt z.B. die Lufttemperatur der Monate Mai-Juli bei 15—16 °C, und die Niederschläge erreichen im Juni nur 60—70 mm, in günstigen Lagen des Maintals auch weniger.

In den Biotopen ist das Vorhandensein eines Obstbaumbestandes von entscheidender Wichtigkeit. Die Bäume werden z.B. als Singwarten benutzt.

In bestimmten Verbreitungsgebieten (CONRADS 1968) wird für die Vorkommen die Bindung an bestimmte Bodenarten postuliert. In Süddeutschland kann ich nach den vorliegenden Untersuchungsergebnissen dem nicht zustimmen. Hier scheint der bisher meist nicht weiter beachteten Strukturierung der Vegetation im Biotop speziell zur Zeit der Rückkehr aus dem Winter-quartier eine wichtige Rolle in der Reizwirkungsfolge eines Biotops (TISCHLER 1965, SVÄRDSON 1949) zuzukommen: Kultivierungsflächen mit einem kleinräumigen Wechsel des Deckungsgrades, also zwischen Getreidefeldern und Feldern offeneren Bewuchses (Rüben, Kartoffeln, Mais, Spargel, Wein). Weitere Kriterien des Biotops sind Wald- und Siedlungsferne sowie Bevorzugung wärmemäßig begünstigter Aufenthaltsplätze (Biotopexposition, Singwarte, Nistplatz).

2.3. Gründe der Bestandsreduzierung

Entgegen der bisher regelmäßig vertretenen Ansicht (z.B. VOOUS 1962), daß der Ortolan eine Vogelart mit besonders ausgeprägter Tendenz zur Bestandsschwankung sei, ergibt die großräumige und langzeitige Erfassung in Süddeutschland eine relative Kontinuität der Bestandsentwicklung, in diesem Fall des Rückgangs (vgl. Abb. 1).

Sicher belegbare Gründe für den Rückgang sind vollständige Brutverluste oder erfolgsärmere Spätbruten bei anhaltenden und hohen Niederschlägen (z.B. 1955 und 1965) und bei niedrigen Temperaturen. Die Umstrukturierung der Landschaft durch Flurbereinigung, moderne Straßenbaukonzeption, Sozialbrachen und Siedlungsexpansion dezimiert außerdem die Zahl der Biotope.

Zu den sehr wahrscheinlichen Gründen der rückläufigen Bestandsentwicklung gehört der Einfluß von Insektiziden und anderen Chemikalien auf dem Nahrungswege, und zwar sowohl im Brutgebiet wie auch auf dem Zugweg und im Überwinterungsgebiet (vgl. BERTHOLD 1972). Ein Faktor unbekannter Größe ist die Verlustquote durch Vogelfang.

In ihrem konkreten Einfluß relativ schwer belegbar sind Gründe wie großklimatische Änderungen (KALELA 1950, NIETHAMMER 1951, PEITZMEIER 1956) und Faktoren im insgesamt noch zu wenig bekannten Zugablauf und -verhalten.

Vielleicht stellt das Zurückweichen der Population auf die östlichen Vorkommen in Bayern auch eine langfristige Zurücknahme der Arealgrenze in Richtung auf das Verbreitungszentrum (s. VOOUS 1962) dar.

LITERATUR

BERG-SCHLOSSER, G., (1968): Die Vögel Hessens. Ergänzungsband. Verlag W. Kramer, Frankfurt-M.

BERTHOLD, P., (1972): Über Rückgangserscheinungen und deren mögliche Ursachen bei Singvögeln. *Vogelwelt* 93: 216–226.

CONRADS, K., (1968): Zur Ökologie des Ortolans (*Emberiza hortulana*) am Rande der Westfälischen Bucht. Vogelwelt, 2. Beiheft, 7–21.

GROH, G., (1965): Vogelfauna von Neustadt/Weinstraße und Umgebung. *Mitt. Pollichia III. Reihe*, 12: 69–129.

KALELA, O., (1950): Zur säkularen Rhythmik der Arealveränderungen europäischer Vögel und Säugetiere, mit besonderer Berücksichtigung der Überwinterungsverhältnisse als Kausalfaktor. *Orn. fenn.* 27: 1–30.

KLIMA-ATLAS VON BAYERN (1952). Deutscher Wetterdienst, Bad Kissingen.

KÖLSCH, E., (1959): Verbreitung und Ökologie des Ortolans (*Emberiza hortulana*) in der Vorderpfalz. *Vogelwelt* 80: 74–83.

LABUS, B., (1970): Ortolan – *Emberiza hortulana*. Ornithologischer Sammelbericht für Baden-Württemberg. *Anz. orn. Ges. Bayern* 9: 218–219.

MATTERN, U., (1969): Zu Brutvorkommen und Ökologie des Ortolans (*Emberiza hortulana*) in Bayern. *Anz. orn. Ges. Bayern* 8: 593–603.

NIETHAMMER, G., (1951): Arealveränderungen und Bestandsschwankungen mitteleuropäischer Vögel. *Bonn. zool. Beitr.* 2: 17–54.

PEITZMEIER, J., (1956): Neue Beobachtungen über Klimaschwankungen und Bestandsschwankungen einiger Vogelarten. *Vogelwelt* 77: 181–185.

SCHULTHEISS, H., (1956): Der Ortolan um Windsheim. Windsheimer Zeitung in „Rund um den Petersberg" (im Manuskript vorgelegen).

SVÄRDSON, G., (1949): Competition and habitat selection in birds. *Oikos* 1: 157–174.

TISCHLER, W., (1965): Agrarökologie. G. Fischer Verlag, Jena.

VOOUS, K.H., (1962): Die Vogelwelt Europas und ihre Verbreitung. Parey Verlag, Hamburg u. Berlin.

Anschrift des Verfassers:

Dr. HANS–WOLFGANG HELB, Fachbereich Biologie der Universität, 6750 Kaiserslautern, Postfach 3049.

WILDDICHTE, ERNÄHRUNG UND VERMEHRUNG BEIM REH

H. ELLENBERG

Abstract

1. Density of roe deer populations is difficult to find out. Nevertheless it is the basis of wildlife management in Germany. Density should be related to ecologically defined minimum areas where populations overcome winter. There seems to be an upper limit at about 70 animals per 100 ha of wooded area. This has been found in many localities of Schleswig-Holstein and by different authors in other countries.
2. There is a great variety of food intake per deer and day depending upon the season of the year and social activity. The least food intake occurs in winter (300 - 350 g dry weight) and the highest for milk-producing females (up to more than 1000 g dry weight) in summer. In late autumn, hyperphagia helps to build up fat depots; and a marked peak of food intake before the beginning of spring is related with fights for social rank and territories.

Roe deer of 20 kg life weight need a minimum of 1250 Kcal of digestible energy to maintain body weight in winter. In wooded areas of W-Germany in winter, roe deer have access to about 7 - 8 Kcal (digestible energy) per square meter. (This is net production of woody plants within one meter above ground level. – From RUNGE 1973). So 70 animals may overcome 95 winter days, using every available net plant production on 100 ha of woodland.
3. Only very little social interaction occurs in winter (compared with spring), there seems to be very little if any „social stress" then. – In two fenced populations of total individually marked roe deer it can be shown for several years that high reproduction rates (1,86 young per doe, birth rate; 1,70 young per doe, alive 1. December; minimum figures) occur in spite of very high population densities (up to 300 roe deer per 100 ha) which had access to artificial feeding. – Reproduction success is related with body size (life weights, 8 and 20 months old) at least in (individually known) does giving birth for the first time. Density-dependent 'social stress' per se seems to be of much less importance in population dynamics of roe deer than shortage of food at times of the year. – Population density of roe deer in W-Germany is controlled by malnutrition rather than by 'social stress' or by hunting.

Einführung

Beim Rehwild (*Capreolus capreolus* L. 1758) handelt es sich um einen in Deutschland fast überall gegenwärtigen freilebenden Wiederkäuer mit dem relativ geringen Körpergewicht von lebend – etwa 20 bis 30 kg. Es wohnt im Sommerhalbjahr vorwiegend einzelgängerisch-territorial und schließt sich im Winterhalbjahr zu „Sprüngen" von wenigen Individuen zusammen (KURT 1968). Ansammlungen von einigen Dutzend Tieren auf einer Fläche von weniger als einem Quadratkilometer sind dann gewöhnlich.

Rehwild bewohnt normalerweise deckungsreiche Landschaftsteile wie Waldränder oder Gebüschgruppen, wo es die ihm zusagende Nahrung in erreichbarer Höhe über dem Erdboden vorfindet, und wo es bei Gefahr rasch verschwinden kann. Es wird also durch die heutige Landschaftsstruktur – die vom Menschen gestaltet ist – gegenüber den Verhältnissen in einer mitteleuropäischen Naturlandschaft (vergl. ELLENBERG 1963) wohl in seinen Lebensmöglichkeiten entscheidend gefördert. Seine bevorzugte Nahrung sind faserarme, nährstoffreiche Pflanzenteile wie Knos-

pen und krautige Blätter, im Herbst werden Früchte und Samen von Waldbäumen
gern genommen (vergl. KLÖTZLI 1965). Während der Wintermonate lebt es jedoch
nicht nur **im** sondern auch ganz wesentlich **vom** Wald und behindert damit bei
hoher Wilddichte die Verjüngungsmaßnahmen der Forstwirte. — Da es jedoch
andererseits in Deutschland gemessen am Wildpreterlös von jährlich einer runden
halben Million Stück Rehwild, und gemessen an der Wertschätzung des Geweihs als
Trophäe **die** Hauptwildart ist, ergeben sich Interessenkonflikte zwischen Forstwirtschaft und Jagd, für deren Lösung ein geeigneter Kompromiß vonnöten wäre.

Material und Methode

Seit einigen Jahren habe ich Gelegenheit, Rehwild unter relativ kontrollierbaren
Bedingungen zu beobachten.

Ein Versuchsgehege von 130 ha Wald mit — im Herbst 1974 einschließlich
Kitzen — etwa 95 Rehen und ein weiteres von 15 ha Wald mit — im Frühjahr
1974 — 46 Rehen stehen zur Verfügung, dazu eine „Rehfarm" mit z.Zt. 28 Tieren
(ELLENBERG 1974).

Die Anlagen wurden seit 1969 erbaut und unterhalten von Herzog ALBRECHT
von BAYERN und vom Wittelsbacher Ausgleichsfonds, denen ich sehr herzlich
danke für ihre großzügige Unterstützung.

In den genannten Gehegen sind seit 1971/72 praktisch alle Rehe mit Hals-
bändern und Ohrmarken individuell sichtmarkiert. Die Tiere werden in jedem
Winter mit Hilfe automatischer Fallen nahezu quantitativ gefangen, gewogen und
markiert. Während des übrigen Jahres werden die Rehe — vor allem im großen
Gatter — nahezu täglich vom Auto aus beobachtet, denn das Gelände ist außerordentlich gut durch befahrbare Wege erschlossen.

Unsere Versuchsperspektive in Stammham ist, mit wenigen Worten umrissen,
eine Rehpopulation von anfangs „mäßiger" Wilddichte (s.u.) anwachsen zu lassen,
ohne jagdliche Beeinflussung, und dabei die Ernährungsbedingungen so lange wie
möglich durch künstliche Fütterung aus Kraftfutterautomaten günstig zu gestalten.

Mit Hilfe dieser Versuchsanordnung wollen wir die körperliche Entwicklung der
Individuen, die Populationsdynamik, Territorial- und Sozialverhalten und vor allem
Wilddichte-Effekte beobachten, wobei der Einfluß von Unterernährung oder
Hunger zumindest zunächst vernachlässigbar sein sollte. Diese „Rehwild-Verdich-
tung" geschieht seit 1971 in 130-ha-Gehege.

Um Erfahrungen mit sehr hohen Wilddichten zu sammeln, wurden im Oktober
1971 im 15-ha-Gehege eine Anzahl von Wildfängen aus der Umgebung eingesetzt, so
daß die Ausgangs-Wilddichte bereits über 100 Rehe pro 100 ha Fläche betrug.
Dieser Versuch wurde im Frühjahr 1974 abgebrochen (bei einer Wilddichte von 300
pro 100 ha), als eine geregelte forstliche Bewirtschaftung des Geheges trotz Zufütte-
rung aus Automaten nicht länger möglich schien.

Schließlich werden in der „Farm" Rehe in Gruppen und einzeln unter sehr weitgehend kontrollierten Bedingungen (soziale Beziehungen, Futterverzehr, Aktivitätsrhythmus) gehalten. Diese Rehe dienen als Bezugspopulation bei Vergleichen.

Mit Hilfe der geschilderten Einrichtungen und Versuche hoffen wir, exaktes
Datenmaterial beitragen zu können zu einigen Fragen der Bewirtschaftung des
Rehwilds und der Rehwild-Biologie.

Wilddichte

1. *Wilddichte — Begriff*

Die „Wilddichte" misst die durchschnittliche Anzahl Rehe, die eine gegebene Bezugsfläche bewohnt. Die Einheit ist „Stück Wild pro 100 ha".

Die Ermittlung der Wilddichte durch Zählung ist heute die Grundlage der jagdlichen Bewirtschaftung von Schalenwild. Jäger „zählen" ihre Rehwildbestände alljährlich mit großer Akribie im zeitigen Frühjahr. Doch entwickeln sich im März/ April/Mai die sozialen Beziehungen innerhalb der Rehpopulationen sehr dynamisch (KURT 1968, STRANDGAARD 1972, ELLENBERG 1974). Dies führt zu unterschiedlicher Beobachtbarkeit der Geschlechts- und Altersklassen im Laufe weniger Wochen. Eine Graphik mag dies beispielhaft demonstrieren (Abb. 1). Nur mit großem zeitlichem und materiellem (Markierung, s. STRANDGAARD 1972) Aufwand sind im Frühjahr überhaupt realistische Bestandsschätzungen möglich. Aus diesen und weiteren Gründen sind die mit viel gutem Willen durchgeführten Rehwildzählungen mit sehr großen Fehlern belastet (ANDERSEN 1953, STRANDGAARD 1972), so daß sie als Grundlage für Abschußpläne wenig geeignet scheinen. Möglicherweise kommen andere Jahreszeiten für realistischere Schätzungen in Frage (ELLENBERG 1974)

Ebenso problematisch wie die „Zählungen", die die vorhandenen Wildbestände meist deutlich unterschätzen, ist auch die Wahl der Bezugsfläche. Oft wird hier die „bejagbare Fläche" herangezogen, ohne Rücksicht auf ihre Eignung als Reh-Biotop. Dem versucht z.B. UECKERMANN (1969) zu begegnen indem er eine „vom Rehwild besiedelte Fläche" definiert. — Doch auch die vom Rehwild besiedelte Fläche ändert sich erfahrungsgemäß im Jahreslauf: sie ist z.B. im Sommer, wenn Getreide und andere Feldfrüchte hoch stehen und junge Böcke dem sozialen Druck territorialer Böcke weichen, größer als im Winter, wenn die weithin deckungslosen Felder auch kaum Nahrung bieten und die Bildung von „Sprüngen" auf geringere soziale Spannungen weist.

Der Winter ist im Leben des Rehwilds und vieler anderer Pflanzenfresser ein Deckungs- und vor allem Nahrungs-Engpass. Unter naturnahen Bedingungen (ohne Winterfütterung) wird deshalb die Siedlungsdichte einer gegebenen Reh-Population von den winterlichen Biotopverhältnissen bestimmt — wie später ausführlich belegt werden wird (vergl. KLEIN 1964, 1970).

Es scheint deshalb sinnvoll, Wilddichten auf solche Minimalflächen zu beziehen, die im Winter das Überleben der Population gewährleisten, indem sie Nahrung und Deckung bieten.

Ein brauchbares Maß für diese winterlichen Rückzugsflächen für Rehwild dürfte die Holzbodenfläche sein, die aus forstlichen Statistiken zugänglich ist. Ich drücke deshalb Rehwilddichten als „Anzahl überwinternder Rehe pro 100 ha Wald" aus. Solche ökologisch relevante Rehwilddichten sind natürlich höher als die von Jagdbehörden für die Bewirtschaftung zugrunde gelegten von größenordnungsmäßig 5 bis 10 pro 100 ha Jagdfläche.

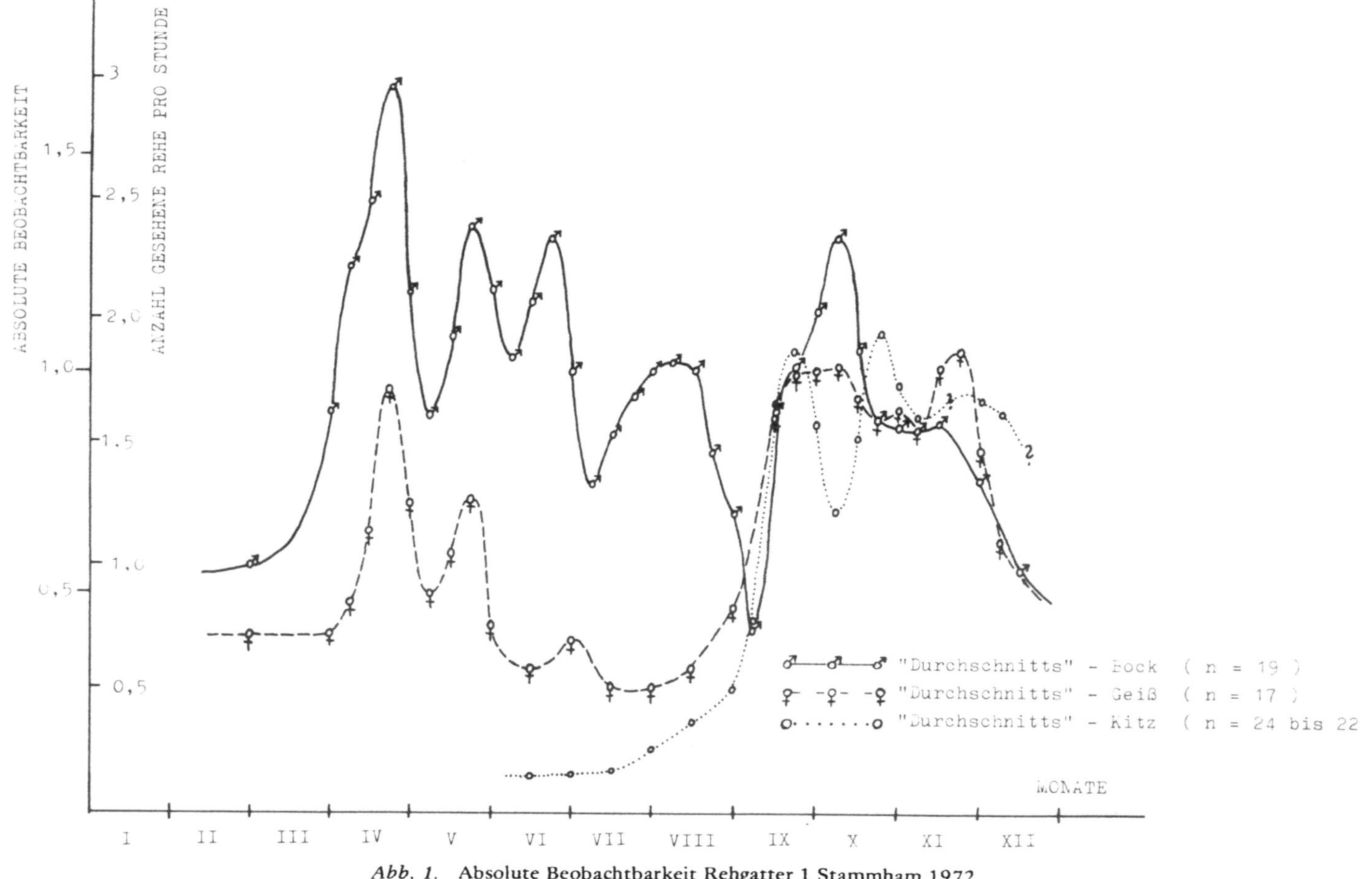

Abb. 1. Absolute Beobachtbarkeit Rehgatter 1 Stammham 1972.

2. Rehwilddichten in freier Wildbahn

Am Beispiel des Landes Schleswig-Holstein sollen die angedeuteten Zusammenhänge demonstriert werden. Die dazu verwendeten Zahlen über Rehwild-Abschluß
und -Fallwild (auf Landkreisebene aus den Jahren 1958-69) erhielt ich 1970 von
BEHNKE. „Tote Rehe" sind ein schlechter Maßstab für Populationsdichten, doch
gibt ihre jährliche Anzahl wohl zumindest den Trend der Populationsentwicklung.
wieder.

Während der Nachkriegs- und frühen Fünfziger Jahre wuchsen die Abschuß-
zahlen rasch an, Fallwild gab es wenig. Ab 1959 scheinen die Lebensräume mit
Rehwild ausgelastet zu sein, denn die Summe aus Abschuß und Fallwild bleibt zehn
Jahre lang praktisch konstant (Abb. 2).

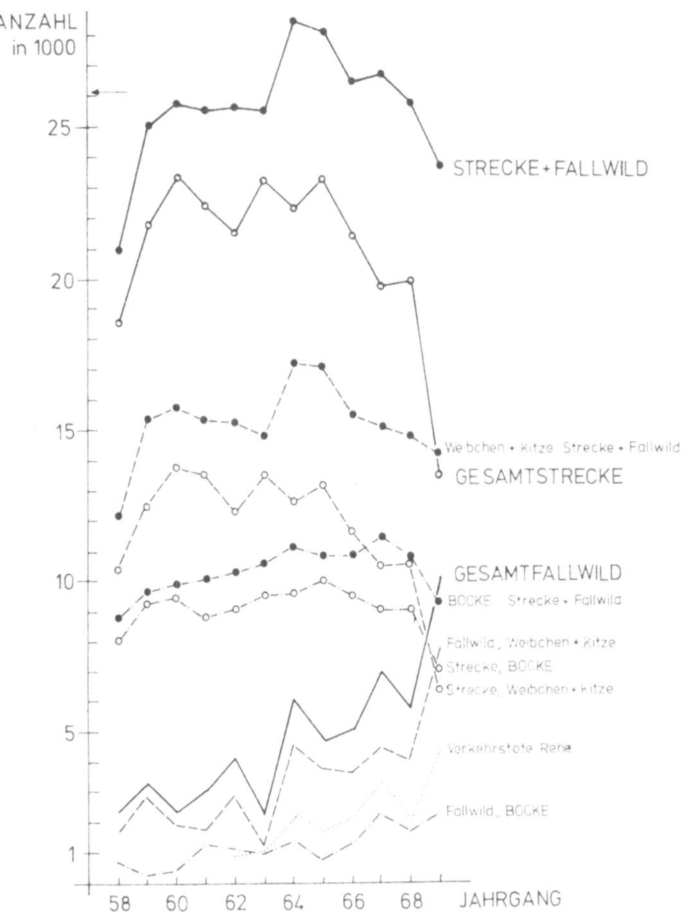

Abb. 2. Rehwild in Schleswig-Holstein, Strecke und Fallwild 1958-1969; ELLENBERG
(1971).

Dies lässt jedoch den Schluß zu, daß es der Jägerschaft in den Fünfziger Jahren
nicht gelungen war, die Populationsentwicklung aufzuhalten: der jährliche Popula-
tionszuwachs wurde durch die Bejagung nicht abgeschöpft. Unterschätzung der
wirklich vorhandenen Rehwildbestände, des Geschlechterverhältnisses und der
Reproduktionsraten sind wohl die wesentlichen Ursachen für diese Fehlentwick-
lung.

In den Sechziger Jahren steigen die Fallwildzahlen. Der Prozentsatz der verkehrs-
toten Rehe am gemeldeten Fallwild hält sich dabei übrigens jahrelang auf gleicher
Höhe. Die Bejagung wirkt weiterhin nicht populationsregulierend: man darf wohl
beim Verhältnis von Jagdstrecke und Fallwild von kompensatorischer Mortalität

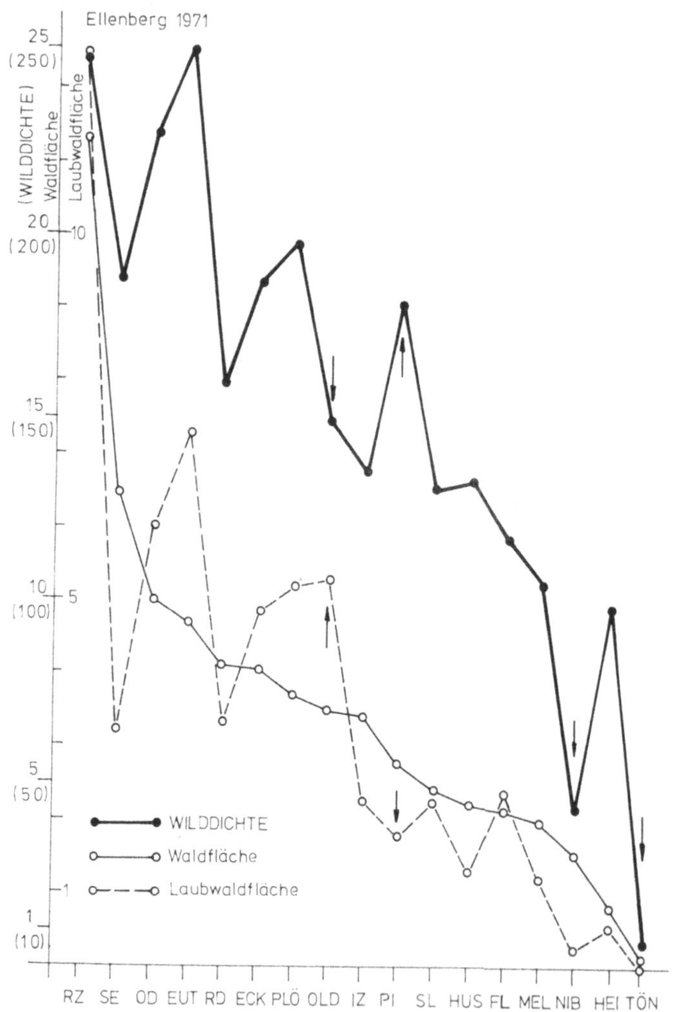

Abb. 3. Rehwilddichte (gemessen als „Tote Rehe pro 10 000 ha und Jahr" im Durchschnitt
der Jahre 1959-1968) und Wald- bzw. Laubwaldfläche (gemessen als Prozent der Gesamtfläche)
in den Landkreisen Schleswig-Holsteins; ELLENBERG (1971).

sprechen. — Statt jedoch den Abschuß effektiver zu gestalten, wird er besonders bei
Weibchen und Jungtieren verringert. Damit wird das Mißverhältnis zwischen Strecke
und Fallwild 1969 katastrophal.

Ich kann an dieser Stelle nicht ausführlicher werden. Die Zusammenhänge wurden früher eingehend diskutiert (ELLENBERG 1971).

Kompensatorische Mortalität tritt dort auf, wo die Kapazität eines Lebensraumes ausgelastet bzw. überschritten wird. Der Wald, als Rückzugsgebiet der Rehpopulationen während des Winters, bedeckt in den Landkreisen Schleswig-Holsteins
zwischen Null und 23 Prozent der Landesfläche, im Mittel 8,6%. Auf 100 km^2
Landesfläche fallen im langjährigen Mittel zwischen 6 und 250 tote Rehe pro Jahr
an, im Mittel 179. Bezieht man diese Zahlen jedoch statt auf die Gesamtfläche auf
den Waldanteil, so erhält man eine wesentlich geringere Schwankungsbreite der
„toten Rehe pro Flächeneinheit“ (Abb. 3). Die entsprechende Korrelation ist mit
r = 0,80 bei den Wertepaaren aus 17 Landkreisen recht deutlich. — Auffällig ist in
der Graphik die Parallelität der „Wilddichte“-Schwankungen mit dem Laubwaldan-
teil an der Gesamtfläche, die Korrelation beträgt r = 0,83 während ein Zusammenhang zwischen „Wilddichte“ und Nadelwaldanteil mit r = 0,13 kaum festzustellen
ist. Damit dürfte der Komponente „Nahrungsangebot im Winter“ gegenüber der
Komponente „Deckung“ in der Bedeutung des Waldes für das Rehwild das Über-
gewicht zufallen.

Tragen wir schließlich die „Rehwilddichte“ (y) in Beziehung zum Waldanteil (x)
graphisch auf, so erhalten wir einen Zusammenhang in Form einer „liegenden Para-
bel“, deren allgemeine Gleichung y = a·$\sqrt{x}$ lautet. „X“ bedeutet hier eine Fläche;
die Quadratwurzel aus einer Fläche hat die Dimension einer Länge (Abb. 4). Was
liegt näher, als sie als „Waldrand-Länge“ zu interpretieren?

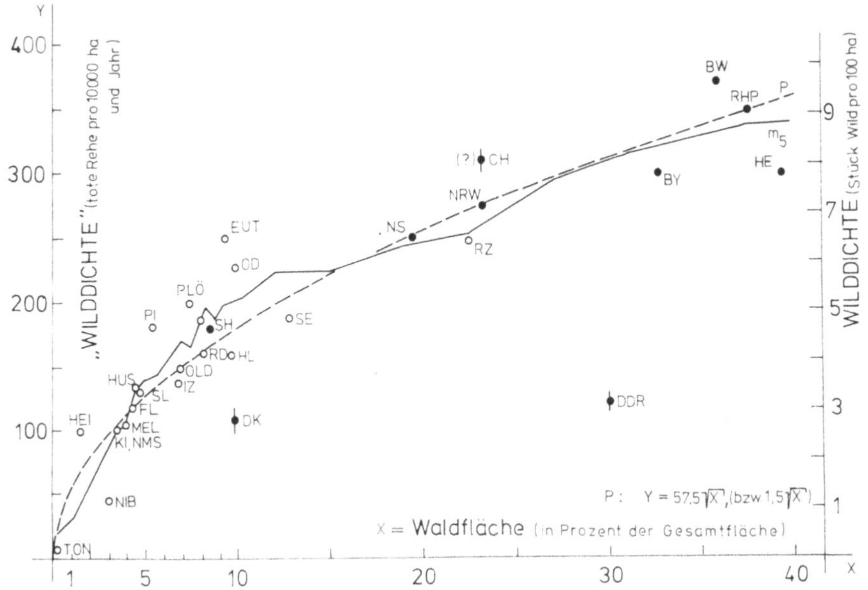

Abb. 4. Rehwilddichte, bezogen auf den Waldanteil an der Gesamtfläche, in der Bundesrepublik
Deutschland. Durchschnitt der Jahre 1959-1968; ELLENBERG (1971).

Am Waldrand ist das dem Rehwild erreichbare Nahrungsangebot sicher höher als im Waldesinnern, weil mehr Licht den Erdboden erreicht. Kleine, isolierte Wäldchen haben außerdem eine relativ größere Waldrandlänge — und damit ein relativ höheres Nahrungsangebot — als große, zusammenhängende Waldkomplexe. So ist auch verständlich, daß in kleineren Waldstücken relativ mehr Rehwild überwintern kann als in weniger strukturierten großen. SÄGESSER (1966) hat als weiteren Effekt relativ großer Waldrandlängen auch relativ hohe Körpergewichte beim Rehwild festgestellt, die Zusammenhänge jedoch anders beurteilt als hier geschehen.

Wenn wir — mit allem Vorbehalt — von der Anzahl toter Rehe pro Flächeneinheit und Jahr auf den lebenden Bestand schliessen unter der Annahme, daß Reproduktionsrate = Abgang = 40% dieses Bestandes seien (DJV-Handbuch 1973), dann erhalten wir für Schleswig-Holstein im Durchschnitt etwa 52 überwinternde Rehe pro 100 ha Wald. Die Kreise Süderdithmarschen, Flensburg, Schleswig, Plön, Eckernförde, Eutin beherbergen 65 bis 70 Rehe pro 100 ha Wald (nach dieser Rechnung).

Diese Zahlen stimmen mit den wenigen Daten aus bisher auf die Rehwilddichte genau untersuchten Gebieten, die übrigens alle in relativ kleinen, isolierten Waldstücken erarbeitet wurden, recht gut überein: ANDERSEN (1953): 63, BRAMLEY (1970): 54, STRANDGAARD (1972): 56—65 Rehe pro 100 ha Wald. KRÄMER (1973, pers. Mittgl.) hält solche Zahlen auch für seine Schweizerischen Versuchsreviere im Mittelland für realistisch.

70 Rehe pro 100 ha Wald dürften also etwa der oberen Grenze der Wilddichte unter mitteleuropäischen Verhältnissen entsprechen. — In Gebieten mit größeren, zusammenhängenden Wäldern sind diese Wilddichten geringer: im Kreis Lauenburg 28, Südtondern 36, Segeberg 37; in Bundesländern mit Waldanteil um 33% etwa 25 Rehe pro 100 ha Wald (Abb. 4). In Mittel-Schweden (Öster Malma, CEDERLUND, 1973, pers. Mittlg.) beträgt die Rehwilddichte 18—20, im Rehgatter Stammham war die im Dezember 1969 eingezäunte Zahl 29 pro 133 (entsprechend 22/100) ha Wald.

Die Wilddichten in Dänemark oder der DDR sind deutlich geringer als in der Bundesrepublik, die Qualitäten (Wildpretgewicht und Trophäe) dagegen auffällig besser.

Alle diese Daten sprechen dafür, daß gegenwärtig die Rehwilddichte in der Bundesrepublik nicht durch jagdliche Bewirtschaftung sondern durch das Nahrungsangebot während der Wintermonate reguliert wird. Damit erweist es sich als sinnvoll, die Ernährung des Rehwilds näher zu untersuchen.

Ernährung

1.   Neuere Erkenntnisse

Rehwild ist als Wiederkäuer in der Lage, Zellulose mit Hilfe von Mikroorganismen in seinem Vormagen (Pansen) aufzuschließen. Öffnet man an einem erlegten Tier den Vormagen, so kann sein Inhalt sehr unterschiedlich strukturiert sein: von einem suppig-fein, makroskopisch nicht mehr zu differenzierenden Brei bis zu einem lang- und grobfaserigen Gefilz oft noch recht gut erkennbarer Pflanzenteile gibt es alle Übergänge. Solche Unterschiede sind jahreszeitlich aber auch individuell bedingt. Es gibt beim Rehwild individuelle Futtervorlieben, die von der Mutter zum Kind traditionell weitergegeben werden können (ELLENBERG 1974). Dies kann zu gegendweise unterschiedlichem Äsungsdruck auf die verschiedensten Pflanzenarten führen, wie teilweise schon nachgewiesen werden konnte (op. cit.). Deshalb sind die Ergebnisse so verdienstvoller Arbeiten über die Nahrungswahl des Rehes wie die von ESSER (1958), KLÖTZLI (1965) oder SIUDA et al. (1969) nicht ohne weiteres auf die Verhältnisse in anderen Gegenden übertragbar. Außerdem sind Änderungen von Nahrungstraditionen im Lauf von Jahrzehnten denkbar — aber noch nicht belegt.

Früher bestand allgemein die Auffassung, daß Rehwild eine Nahrungszusammensetzung mit über 50% Faseranteil benötige (z.B. BUBENIK 1959). In den letzten Jahren mehren sich die Erfahrungen, daß es auch mit sehr geringen Faseranteilen gut gedeiht (EISFELD 1974, ELLENBERG 1974). HOFMANN (1974) bezeichnet Rehe — nach vergleichender Untersuchung der inneren Anatomie einer Anzahl einheimischer und afrikanischen Wiederkäuer — als „Konzentrat-Selektierer", was sich mit unseren Vorstellungen deckt. — Rehwild ist in seinen Nahrungsgewohnheiten und seiner Ernährungsphysiologie deshalb nicht ohne weiteres mit anderen einheimischen Paarhufern zu vergleichen. Es ist zu prüfen, ob nicht im Faseranteil des Panseninhalts beim Reh ein weiterer Weiser Weiser auf Biotopqualität gesehen werden kann, etwa in dem Sinne, daß Faserreichtum im Panseninhalt auf suboptimales Nahrungsangebot schliessen lässt (vergl. KLEIN 1964, 1970).

2. Nahrungsbedarf im Jahreslauf

Das natürliche Nahrungsangebot an grünen Pflanzen durchläuft jahreszeitliche Schwankungen, über die z.B. REMMERT (1973) zusammenfassend referierte. Ein optimales Äsungsangebot ist für Rehwild ein bis zwei Monate nach dem Austreiben des Laubes gegeben, etwa im Juni/Juli. In diese Zeit fällt die größte stoffwechselphysiologische Leistung, die Milchproduktion. Bei ausreichendem Milchverzehr wachsen die Kitze in diesen Wochen um über 200 g täglich. — Am geringsten ist das natürliche Nahrungsangebot in den Wintermonaten, besonders am Ausgang des Winters, nachdem es — ohne die Möglichkeit zur Regeneration — bereits monatelang genutzt worden ist. EISFELD wird über den Eiweiß- und Energiebedarf des Rehes gesondert berichten.

Wir konnten in den Stammhamer Versuchsgehegen den Verbrauch an „Kraftfutter" pro Reh und Tag im Jahreslauf ermitteln. Die Zusammensetzung dieses Futters nach Nährstoffen spielt für unsere Erörterungen im Moment eine untergeordnete Rolle, denn sie war immer gleich. Wir dürfen deshalb mit BLAXTER (1972) annehmen, daß sich in schwankendem Futter**verzehr** ein unterschiedlicher Nahrungs**bedarf** wiederspiegelt.

In der Rehfarm konnten wir bei praktisch konstanten Haltungsbedingungen hohen Futterbedarf im Herbst und Frühling und wesentlich geringeren im Winter feststellen. Die Aussage gilt für beide Geschlechter. — Auffällige relativ kurzfristige Steigerungen des Futterverzehrs bei unseren Farmgruppen fanden wir in den Tagen und Wochen mit starken sozialen Spannungen unter den Gruppenmitgliedern, vor allem bei Kämpfen um die soziale Rangordnung: so während der Fegezeit der Kitzgeweihe Ende November/ Anfang Dezember und während der Fegezeit der Jährlingsgeweihe Anfang April, angedeutet auch zur Abwurfzeit der Kitzgeweihe im Januar (Abb. 5).

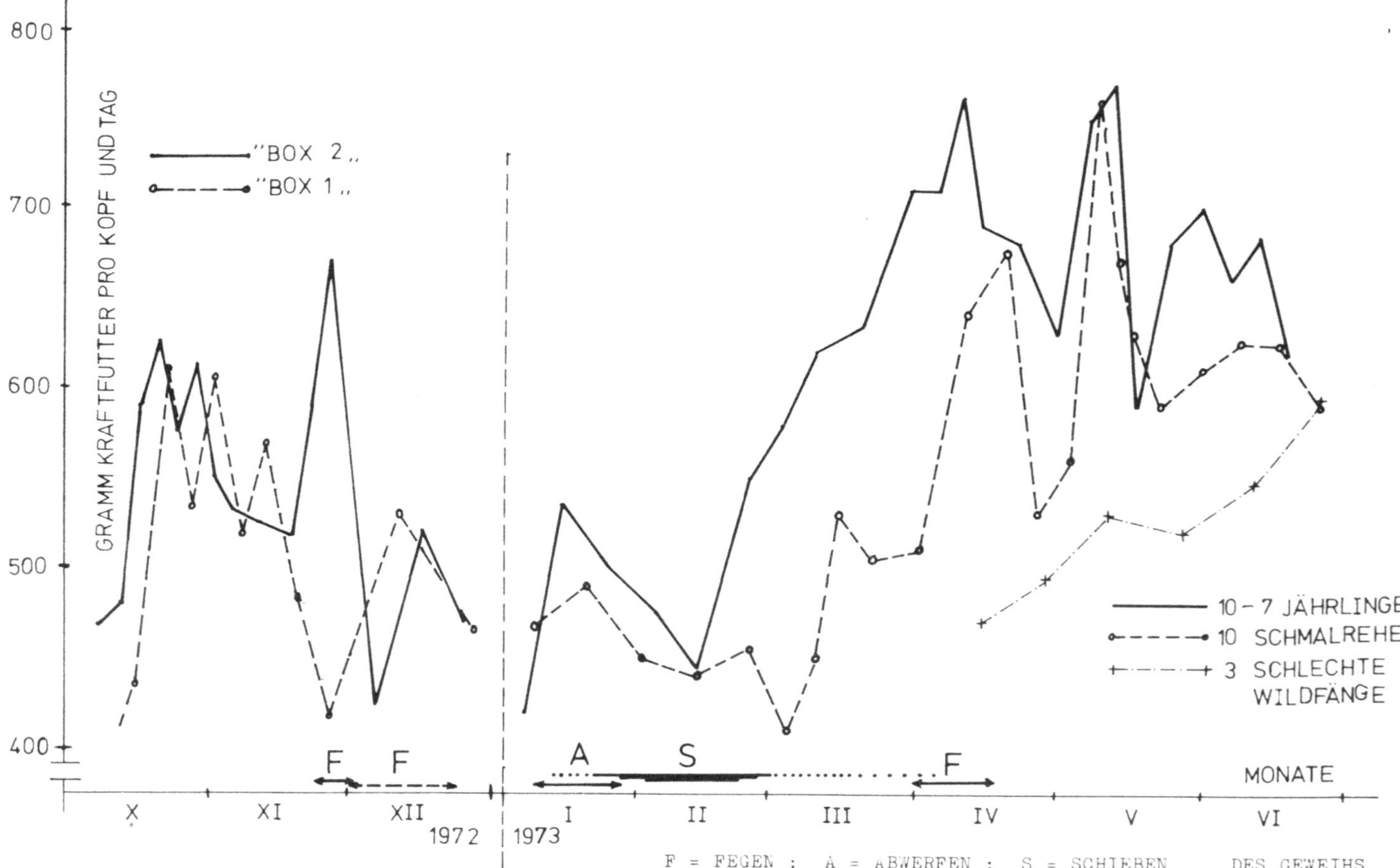

Abb. 5. **Futterverzehr in der Rehfarm; ELLENBERG (1974).**

Auch im Rehgatter 130 ha fanden wir diesen Verlauf der Verzehrskurve: Hyperphagie im Spätherbst, die Grundlage für die Bildung der Fettreserven für den Winter, die beim Reh in guten Umweltbedingungen über 25% des Körpergewichts ausmachen können (WEINER 1973); dann geringen Verbrauch im Winter und wieder fast doppelt so hohen im Vorfrühling, während in den Frühjahrs- und Sommermonaten im Rehgatter relativ geringer Kraftfutterverzehr festzustellen war (Abb. 6). — Besonders deutlich ist die „Unstetigkeitsstelle" der Verzehrskurve Anfang Mai, die mit dem Austreiben der — vom Rehwild als Nahrung bevorzugten — grünen Vegetation zusammenfällt. Andererseits ist der Verzehrsrückgang Ende November nur als physiologische Anpassung an Winterbedingungen zu erklären, was sich ja in der Rehfarm bestätigen ließ.

Auch die Gesamt-Aktivität des Rehwilds und seine Beobachtbarkeit haben im Winter Minimalwerte (ELLENBERG 1974). Zusätzlich sorgt eine gut isolierende Felldecke für geringe Wärmeverluste durch Abstrahlung. Rehwild zeigt also anatomisch, physiologisch und ethologisch Anpassungen an Winterbedingungen mit geringem Nahrungsangebot indem es seinen Energiebedarf stark reduziert. Wenn es nicht gestört wird, dürfte der winterliche Energiebedarf nahe beim Erhaltungsbedarf liegen. — Der Winter als Engpass für das Gedeihen der Population wird somit etwas entschärft, doch führt das Auftreten sozialer Spannungen unter den Böcken nach dem Fegen der Bastgeweihe etwa ab Mitte März und das Einsetzen der Territorialkämpfe während des Ergrünens der Wälder zu einer starken Belastung von Rehpopulation und Vegetation (vergl. REMMERT 1973) in einem empfindlichen Zeitabschnitt. Der oben angedeutete „Engpass" im Leben des Rehes kann somit präzisiert werden.

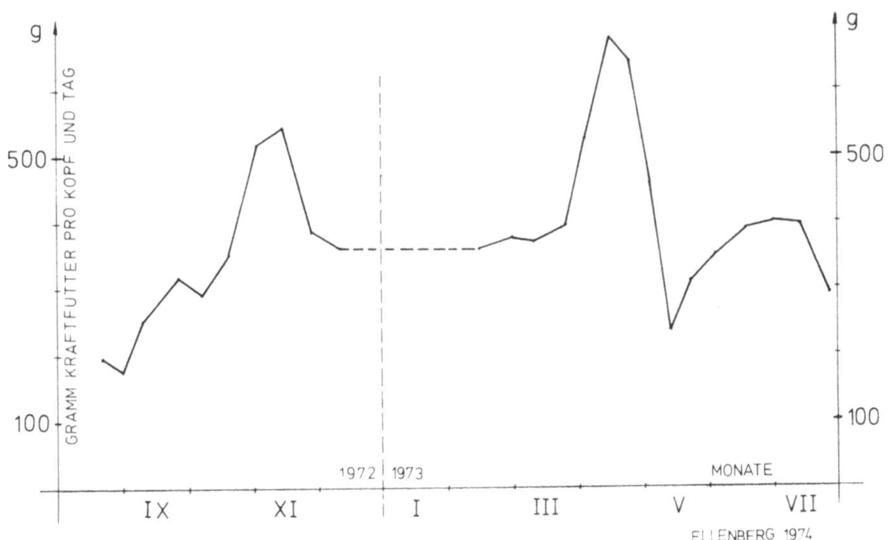

Abb. 6. Futterverzehr im Rehgatter Stammham.

3. Nahrungsangebot und Nutzung – Berechnungsversuch

Wenn ich nun abzuschätzen versuche, wieviel Rehwild pro Waldflächeneinheit sich den Winter über ernähren kann, so darf dies nur als grobe Orientierung gewertet werden.

Nach unseren Erfahrungen mit Farm- und Gatterrehen braucht ein „Durchschnittsreh" von 20 kg Lebendgewicht im Winter minimal 350 g Kraftfutter-Trockensubstanz zur Erhaltung. Diese ist im Falle des in Stammham verwendeten Futters zu etwa 79% verdaulich (DLG 1968, EISFELD 1974 c). Ein Gramm Trockensubstanz hat einen ungefähren Brennwert von 4,5 Kcal, die aufgenommene verdauliche Energiemenge zur Erhaltung beträgt also ca. 1250 Kcal pro Kopf und Tag (bei Temperaturen um oder unter Null Grad Celsius).

BOBEK (1972) gibt den Grundumsatz von Rehen mit 777 bis 956 Kcal pro Tag an.

Wenn wir nun einerseits mit RUNGE (1973) eine Netto-Primärproduktion (NPP) an Holz und Rinde von 400 Kcal pro Quadratmeter weitgehend unabhängig von Holzart und Alter des Bestandes (vergl. ELLENBERG 1973) annehmen, davon sei jedoch nur 6% für Rehwild erreichbar[1]. Andererseits sind Holz und Rinde nur zu etwa 30% verdaulich (BOBEK 1972, 1973; SNIDER & ASPLUND 1974). Dann dürfen wir mit einem Nahrungsangebot von 7–8 Kcal verdaulicher NPP an Holz und Rinde pro Quadratmeter Wald rechnen.

100 ha Winterwald erhalten also – bei vollständiger Nutzung dieser NPP – 70 Rehe maximal 95 Tage lang (50 Rehe: 134 Tage, 25 Rehe: 268 Tage). Anders ausgedrückt: bei einer angenommenen Dauer des Winters von drei Monaten würde das erreichbare Nahrungsangebot an Holz und Rinde (6% der Gesamt-NPP an Holz und Rinde) durch 70 Rehe praktisch vollständig genutzt, durch 50 Rehe zu zwei Drittel, durch 25 Rehe zu einem Drittel. – In Wäldern mit einem ausreichenden Angebot an Eicheln und Bucheckern wäre diese Situation jedoch weitgehend entschärft, denn die Verbrennung von ca 3 kg im Herbst angesetzter Fettreserven kann ungefähr 100 Tage lang täglich ca 150 nutzbare Kcal zum Gesamtstoffwechsel beitragen.

Diese Werte sind wie gesagt nur als grobe Orientierung gedacht und bedürfen noch weiterer Abklärung und Verifizierung.

Vermehrung

1. „Wilddichte – Stress" und Vermehrung

Es ist, glaube ich durch die Graphiken und den Berechnungsversuch deutlich geworden, daß die Ernährungssituation des Rehwilds bei den genannten hohen Wilddichten in weiten Teilen der Bundesrepublik den größeren Teil des Jahres über zu wünschen übrig lässt. Bei Unterernährung ist die körperliche Entwicklung der Kitze nicht optimal, viele gehen in schlechter Kondition in den Winter und holen den Rückstand – falls sie den Winter überleben – im Laufe ihres weiteren Daseins nicht

---

* Für die Erhaltung eines Wirtschaftswaldes mit 100 Jahren Umtriebzeit ist Verjüngung auf jährlich 1% der Fläche erforderlich. Dieser Jungwuchs ist als Äsungsfläche ca 5 Jahre lang attraktiv. Auf den übrigen 95% der Fläche sei nur 1% der NPP für Rehwild zugänglich.

wieder auf. − Ich werde auf diese Zusammenhänge in meinem zweiten Vortrag
ausführlich zu sprechen kommen. −

Körperlich unterentwickelte Wiederkäuerpopulationen leben „langsamer" und
haben geringere Reproduktionsraten als in optimaler Umwelt lebende. Dies wird
besonders deutlich, wenn man nicht nur die Ovulations- oder Trächtigkeitsraten
(die den Effekt zwar auch schon deutlich zeigen, vergl. STRANDGAARD 1972)
sondern vor allem die Zahl der überlebenden Jungtiere pro Weibchen betrachtet,
wie dies z.B. NIEVERGELT (1966) fürAlpensteinböcke oder GEIST (1971) für
Nordamerikanische Dickhornschafe eindrucksvoll zeigen konnten (vergl. auch
MORTON & CHEATUM 1946, CHEATUM & SERVINGHAUS 1950).

Andere Autoren haben für die beobachtbaren Tatsachen: geringe körperliche
Entwicklung und geringe Reproduktionsraten beim Rehwild die Wilddichte selbst,
die zum sogenannten „sozialen Stress" führen soll, in Anlehnung an Erkenntnisse
aus der Biologie von Nagetieren und Tupaias (CHRISTIAN 1950, CLARKE 1953,
1955; FRANK 1954, 1957; CHITTY 1960, 1964; CALHOUN 1963; FRENCH et
al. 1965; V.HOLST 1969, 1973) verantwortlich zu machen versucht (BUBENIK
1959, 1966, 1971; SCHMID 1961, 1962; teilweise auch KURT 1970, SCHÄFER
1974).

Ich glaube jedoch kaum, daß diese bemerkenswerten Ergebnisse ohne weiteres
auf Rehwild übertragbar sind, denn vorher gilt es abzuklären, ob eine gegebene
Situation − z.B. Wilddichte − tatsächlich „stressierend" wirkt, wann, auf wen,
unter welchen Umständen; und wie und ob sich das Einzeltier stressierenden Situationen entziehen kann bzw. tatsächlich entzieht.

Wir haben für Rehe eine Reihe von Wilddichte-Effekten, Auswirkungen von
sozialen Spannungen, in Stammham im Frühjahr und Sommer nachweisen können
und auch bereits darüber berichtet (ELLENBERG 1973, 1974). Während der Früh-
jahrs- und Sommermonate stehen aber in unserer Kulturlandschaft genügend Aus-
weichbiotope für unterlegene Jungböcke oder abgedrängte Schmalrehe zur Verfügung. − Solche sozialen Spannungen schlafen jedoch nach der Paarungszeit der
Rehe („Blattzeit") etwa ab Ende August langsam ein und sind vom Spätherbst bis
in den Vorfrühling praktisch nicht mehr nachweisbar. (Daß eine etablierte soziale
Rangordnung auch im Winter weiterbesteht, ist kein Widerspruch zu dieser Feststellung). − Es scheint mir wenig sinnvoll, daß sich Tiere, die den Winter überleben
müssen, durch soziale Spannungen in dieser Notzeit mit einem zusätzlichen
Energiebedarf belasten sollten.

2. Ergebnisse aus Stammham

In den Stammhamer Rehgehegen konnten wir stattdessen hohe Reproduktionsraten
− sowohl Trächtigkeits- als auch Geburten- und Kitzraten − nachweisen (Abb. 7),
auch bei sehr hohen Rehwilddichten von rechnerisch über 300 Stück auf 100 ha,
sofern ausreichende Ernährung im Herbst, Winter und Vorfrühling sichergestellt
war: Die Geburtenraten liegen im Durchschnitt von acht Jahren bei mindestens
186% (bezogen auf die gebärfähigen Weibchen), die Kitzraten (überlebende Kitze
bis 1. Dezember, bezogen auf die gebärfähigen Weibchen) liegen im Mittel von
sieben Werten bei mindestens 170%. Diese hohen Reproduktionsraten verzeich-
neten wir, obwohl im großen Rehgatter mit dem Einsatz einer „Sammelkammer"

bei der Fangaktion — in der die gefangenen Tiere aufbewahrt wurden, bis auch die letzten Stücke gefangen waren — ein unbeabsichtigter Nebeneffekt wirksam wurde: Wir hatten das Gros der einjährigen und älteren Rehe in weniger als 10 tagen fest, mussten uns dann aber wochenlang plagen, die führungslosen Kitze zu erwischen. — Die Zeit ohne Mutter und ohne Zugang zur Fütterung war ihrer körperlichen Entwicklung nicht förderlich.

	Weibchen primipara/älter	Mindestzahl der Kitze bei der Geburt	aufgewachsene Kitze (bis 1. XII) $\male$	$\female$	$\male+\female$	Weibchen > 24 Mon. 100 %	Geburten- rate (%)	Kitz- rate (%)	Wilddichte pro 100ha am vorhergehenden 1. Dezember
Rehgatter 133 ha									
1970	? ?	> 33	≥16	≥17	≥33	22	>150	>150	33
1971	2 15	36	20	16	36	17	212	212	55
1972	7 6	26	10–11	13–14	23–25	13	200	185	28
1973[b]	5 13	32	≥8	≥11	22	18	>178	122[a]	45
1974[b][c][d]	11(8) 15(14)	38	?	?	37(?)	26(22)	146(173)	142(168)	58
Umgriff 15 ha									
1972	1 5	11	8	3	11	6	183	183	120
1973	1 11	22	13	8–9	21–22	12	183	>175	185
1974[e]	1 12	≤ 27	—	—	—	13	≤208	—	307

(a) Wildschweine im Rehgatter
(b) „Sammelkammer" im Einsatz, Kitze großenteils wochenlang ohne Mutter
(c) Stichtag 1. Oktober
(d) in Klammern: Anzahl der trächtigen Geißen
(e) Sonderabschuß Febr.–Mai, Trächtigkeitsraten

Abb. 7.   Reproduktionsraten (Geburtsraten und Kitzraten zum 1.XII.) und Wilddichten (im vorhergehenden Winter) in den Stammhamer Rehgehegen; ELLENBERG (1974).

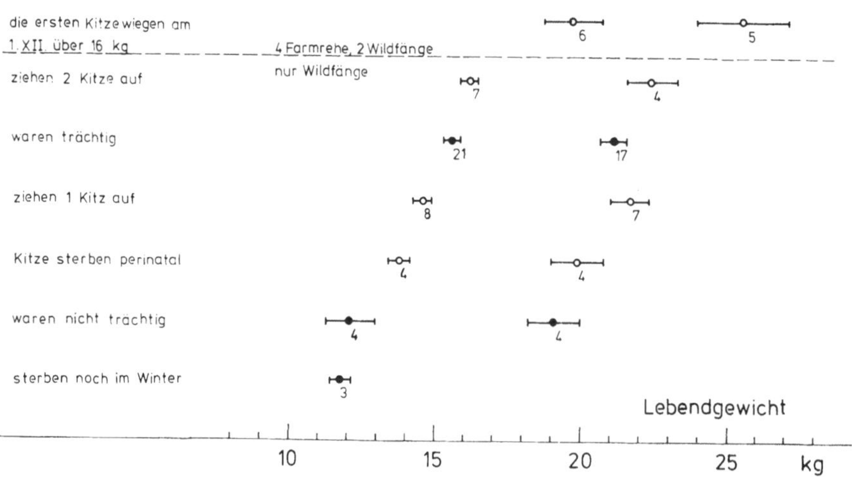

Abb. 8.   Reproduktionsraten erstmals gebärender Rehgeißen (24 Monate alt) in Beziehung zu ihrem Lebendgewicht als Kitz und als Schmalreh (7 bzw. 19 Monate alt) bei 35 individuell bekannten Tieren aus Stammham (Angegeben: Anzahl und Mittelwert mit Fehler); ELLENBERG (1974).

Doch konnte auf diese Weise der Zusammenhang zwischen körperlicher Entwicklung der Individuen und Vermehrungsrate der Population besonderes deutlich werden (Abb. 8). Weibliche Rehe, die normalerweise mit 24 Monaten ihre ersten Kitze zur Welt bringen, überleben auch in Stammham ihren ersten Winter nicht, wenn sie im Dezember unter 12 kg lebend wiegen. Die als Kitze etwas schwereren Tiere werden im Alter von 19 bis 20 Monaten nicht trächtig, obwohl zwei von ihnen nachweislich im August von einem Bock „getrieben" und „beschlagen" worden waren. Dagegen wiegen die Tiere, die trächtig werden, im Mittel als Kitz im Dezember 15,6 kg.

Auch wenn man mehr ins Einzelne geht, bleibt der Zusammenhang deutlich: Geißen, deren erste Kitze kurz nach der Geburt — wohl aus Mangel an Milch — sterben, sind als Kitze und als Schmalrehe leichter als Tiere, die mindestens ein Kitz aufziehen. Geißen, die gleich das erste Mal zwei Kitze hochbringen, sind abermals schwerer und am größten sind diejenigen Tiere, deren erste Kitze bereits gute Qualität erreichen.

Damit erweisen sich Reproduktionsraten bei Rehen in erster Linie als abhängig von der Kondition, der körperlichen Entwicklung der Populationsmitglieder, und diese ist wesentlich bestimmt von der Entwicklung der Kitze in ihrem ersten Lebensherbst und -winter.

Nimmt man die Reproduktionsraten als Gradmesser für den „Wohlstand" einer Rehpopulation, so darf man wohl sagen, daß mitteleuropäisches Rehwild weithin suboptimal lebt (vergl. STRANDGAARD 1972 a,b; BORG 1970; GEORGII 1973; VAN HAAFTEN 1968). — Würden durch kontrollierte, rechtzeitige Verringerung des überwinternden Bestandes der restlichen Population günstigere Ernährungsverhältnisse im Winter geschaffen — auf die „künstliche" Winterfütterung will ich hier nicht mehr eingehen — so bräuchte der jagdliche Ertrag einer optimalen Population mit höheren Reproduktionsraten bei effektiver Bejagung weder an Wildpret noch an echten Trophäen geringer zu sein als er zur Zeit ist.

LITERATUR

ANDERSEN, N.J. (1953): Analysis of a Danish Roe-Deer Population. *Dan.Rev.Game Biol.* 2: 121–155.

ANDERSEN, N.J. (1962): Roe-deer census and population analysis by means of modified marking release technique. — The exploitation of natural animal populations. Ed.: E.D. LE CREN, M.W. HOLDGATE, Blackwell Scient.Publ.Oxford. 72–82.

BEHNKE, H. Geschäftsführer des Landesjagdverbandes Schleswig-Holstein.

BLAXTER, K.L. (1972): Bioenergetics of ruminant animals. — Proceedings Internat.Symp.Environmental Physiology (Bioenergetics). FASEB 1972. USA.

BOBEK, B., J. WEINER & J. ZIELINSKI (1971): Food supply for deers in the deciduous forests of Southern Poland. — IUGB, Actes du Xe Congr.Paris, 271–274.

BOBEK, B., J. WEINER & J. ZIELINSKI (1972): Food supply and its consumption by deer in a deciduous Forest of Southern Poland. *Acta theriol.* 17 (15): 187–202.

BOBEK, B., A. DROZDZ, W. GRODZINSKY & J. WEINER (1973): Studies of the productivity of the Roe-deer population in Poland. — Vortrag: XIth Internat.Congr.Game Biol.Stockholm.

BORG, K. (1970): On morality and reproduction of Roe-deer in Sweden during the Period 1948–1969. — *Viltrevy* 7: 121–149.

BRAMLEY, P.S. (1970): Territoriality and reproductive behaviour of Roe deer. — *J.Reprod. Fertil.Suppl.* 11: 43–70.

BUBENIK, A.B. (1959): Grundlagen der Wildernährung — Deutscher Bauernverlag, Berlin, 299 pp.

BUBENIK, A.B. (1966): Das Geweih. — Verlag P. Parey, Hamburg.

BUBENIK, A.B. (1970): Rehwildhege und Rehwildbiologie. — *Der Deutsche Jäger*, 5—8/1970, 109—112, 137—141, 168—172, 193—196, 389—394. — BLV, München, 1971.

CALHOUN, J.B. (1963): The social use of space. In 'Physiological Mammalogy', ed. W.V. MAYER & R.G. VAN GELDER, pp. 2—187. New York: Academic Press.

CEDERLUND, G., Universität Stockholm, Zoolog.Inst.

CHEATUM, E.L. & SERVINGHAUS, C.W. (1950): Variations in fertility of White-tailed deer related to range conditions. — *Trans.N.Amer.Wildlife Conf.* 15: 170—189.

CHITTY, D. (1960): Population processes in the vole and their relevance to general theory. — *Can.J.Zool.* 38: 99—113.

CHITTY, D. (1964): Animal numbers and behaviour. — In: Fish and Wildlife. Ed.: J.R. DYMOND. Toronto. 41—53.

CHRISTIAN, J.J. (1950): The adreno pituitary system and population cycles in mammals. — *J.Mammalogy* 31: 247—259.

CLARKE, J.R. (1953): The effect of fighting on the adrenals, thymus, and spleen of the vole (*Microtus agrestis*). — *J.Endocrinol.* 9: 114—126.

CLARKE, J.R. (1955): Influence of numbers on reproduction and survival in two experimental vole populations. — *Proc.Roy,Soc.B.* 144: 68—85.

DJV-HANDBUCH (1973): Selbstverlag Deutscher Jagdschutz-Verband e.V., p 138.

DLG (1968): Deutsche Landwirtschafts-Gesellschaft. Futterwerttabelle für Wiederkäuer. Frankfurt.

DROZDZ, A. & OSIECKI, A. (1973): Intake and digestibility of natural feeds by Roe-deer. — *Acta theriol.* 18 (3): 81—91.

EISFELD, D. (1974): Protein requirements of roe deer (Capreolus capreolus) for maintenance. — *Z.Jagdwiss.* 20.

EISFELD, D. (1974): Haltung von Rehen für Versuchszwecke. — *Z.Säugetierkunde* 39 (3): 190—199.

EISFELD, D. (1974): Zum Eiweißbedarf des Rehes. — Vortrag: Österreich. Wildgehegeverein, Fuschl.

EISFELD, D. (1975): Der Eiweiß- und Energiebedarf des Rehes anhand von Laborversuchen. — Verhdl.Ges.Ökologie, Erlangen, Junk, The Hague.

ELLENBERG, H. (1963): Die Vegetation Mitteleuropas mit den Alpen. — Einführung in die Phytologie, Ed. H. WALTER, Bd. 4, Teil 2. — Ulmer-Verlag, Stuttgart, 943 pp.

ELLENBERG, H. (1973): Ziele und Stand der Ökosystemforschung. — In: Ökosystemforschung (Ed. H. ELLENBERG). Springer, Heidelberg/Berlin/New York. 280 pp.

ELLENBERG, H. (1971): Zur Biologie des Rehwilds in Schleswig-Holstein. — Staatsexamensarbeit, Inst.f.Haustierkunde, Kiel.

ELLENBERG, H. (1973): Aktivitätsrhythmen im Tages- und Jahresverlauf, Futterverbrauch und Beobachtbarkeit beim Reh. — Vortrag: Deutsche Ges.Säugetierkde., Erlangen.

ELLENBERG, H. (1974): Überlebensraten von Rehkitzen im Rehgatter Stammham. — Autoref.Vortrag IUGB, Stockholm, Sept. 1973. — *Z.Jagdwiss.* 20 (1): 48—50.

ELLENBERG, H. (1974): Beiträge zur Ökologie des Rehes (*Capreolus capreolus* L. 1758). Daten aus den Stammhamer Versuchsgehegen. — Dissertation, Kiel. Selbstverlag.

ELLENBERG, H. (1974): Beobachtbarkeit und Zählbarkeit von Rehen. BJV — Mitteilungen „Jagd in Bayern", Juni 1974, München.

ELLENBERG, H. (1975): Die Körpergröße des Rehes als Bioindikator. Verhdl. Ges. Ökologie, Erlangen, Junk, The Hague.

ESSER, W. (1958): Beitrag zur Untersuchung der Asung des Rehwildes. — *Z.Jagdwiss.* 4: 1—41.

FRANK, F. (1954): Die Kausalität der Nagetierzyklen im Lichte neuer populationsdynamischer Untersuchungen an deutschen Microtinen. — *Z.Morph.u.Ökol.d.Tiere* 43: 321—356.

FRANK, F. (1957): The causality of microtine cycles in Germany. — *J.Wildl.Manage.* 21: 113—121.

FRENCH, N.R., R. McBRIDE, & J. DETMER (1965): Fertility and population density of the Black-tailed Jack Rabbit. — *J.Wildl.Manage.* 29: 14—26.

GEIST, V. (1971): Mountain Sheep. A study in Behaviour and Evolution. — Univ.Chicago Press. Chicago, London. 383 pp.

GEORGII, B. (1974): Corpora lutea and adrenal weight in Roe deer. Vortrag: IUGB, XIth Cong. Stockholm. — Autoref. *Z.Jagdwiss.* 20 (1).

GRAHAM, N.M. (1964): Energy costs of feeding activities and energy expenditure of grazing sheep. — *Austr.J.Ag.Res.* 15: 969—973.

GOLLEY, F.B. & H.K. BUECHNER (1968): A practical Guide to the study of the productivity of large herbivores. — IBP Handbook No. 7. Blackwell Scient.Publ. Oxford, Edinburgh.

VAN HAAFTEN, J.L. (1968): Das Rehwild in verschiedenen Standorten der Niederlande und Sloweniens. ITBON-Mittlg. Nr. 76 Arnhem, NL.

HOFMANN, R.R. & G. GEIGER (1974): Zur topographischen und funktionellen Anatomie der Viscera abdominis des Rehes (*Capreolus capreolus* L.). — *Anat., Histol., Embryol.*, 3: 63—84.

VON HOLST, D. (1969): Sozialer Stress bei Tupaias (*Tupaia belangeri*). Die Aktivierung des sympathischen Nervensystems und ihre Beziehung zu hormonal ausgelösten ethologischen und physiologischen Veränderungen. — *Z.Vergl.Physiol.* 63: 1—58.

VON HOLST, D. (1973): Sozialverhalten und sozialer Stress bei Tupaias. — *Umschau* 1973 (1): 8—12.

VON HOLST, D. (1974): Sozialer Stress bei Tier und Mensch. — Verhandl.Ges.Ökologie Saarbrücken 1973/Dr. W. Junk Publishers, The Hague.

KLEIBER, M. (1967): Der Energiehaushalt von Mensch und Haustier. Parey, Hamburg/Berlin.

KLEIN, D.R. (1964): Range-related differences in growth of deer reflected in skeletal ratios. *J.Mammalogy* 45: 226—235.

KLEIN, D.R. (1965): Ecology of deer range in Alaska. — *Ecol.Monog.* 35: 259—284.

KLEIN, D.R. (1970): Food selection by North American deer and their response to over-utilisation of preferred plant species. — In: Animal populations in relation to their food resources. British Ecolog.Soc.Symp. No. 10. Ed. A. WATSON. — Blackwell Scient.Publ.Oxford, Edinburgh.

KLÖTZLI, F. (1965): Qualität und Quantität der Rehäsung. Veröff.Geobot.Inst.ETH, Zürich, 38; Verlag H. Huber, Bern.

KRÄMER, A., Arbeitsgruppe für Wildforschung, Zoolog.Inst. der Universität Zürich.

KURT, F. (1968): Das Sozialverhalten des Rehes (Capreolus capreolus, L.). — Mammalia depicta, 3. Parey, Hamburg/Berlin.

KURT, F. (1970): Rehwild. — BLV Jagdbiologie, München. 174 pp.

MORTON, G.H. & CHEATUM, E.L. (1946): Regional differences in breeding potential of white-tailed deer in New York. — *J.Wildl.Manage.* 10: 242—248.

NIEVERGELT, B. (1966): Der Alpensteinbock. — Mammalia depicta. Parey, Hamburg/Berlin.

NIEVERGELT, B. (1966): Unterschiede in der Setzzeit beim Alpensteinbock. — *Rev.Suisse de Zool.* 73 (3): 446—454.

REMMERT, H. (1973): Über die Bedeutung warmblütiger Pflanzenfresser für den Energiefluß in terrestrischen Ökosystemen. *J.Ornithol.* 114: 227—249.

REMMERT, H. (1973): Über die Bedeutung der Nahrung für Wachstum und Entwicklung von Tieren. — Verhandl.Ges.Ökologie, Saarbrücken 1973/Junk, The Hague, 1974: 55—64.

RUNGE, M. (1973): Der biologische Energieumsatz in Land-Ökosystemen unter dem Einfluß des Menschen. — In: Ökosystemforschung (Ed. H. ELLENBERG). Springer, Heidelberg/Berlin/New York. 280 pp.

SÄGESSER, H. (1966): Über den Einfluß des Standortes auf das Gewicht des Rehwildes. — *Z.Jagdwiss.* 12 (2): 54—62.

SCHÄFER, E. (1973): Hegen und Ansprechen von Rehwild. — BLV Jagdbuch München.

SCHMID, E. (1961): Wildschaden als Krankheitsgeschehen. — *Schweiz Z.Forstwes.* 1961: 481—491.

SCHMID, E. (1962): Die Problematik der Wilddichte. — *Schweiz.Z.f.Forstwesen.* 1962: 643—659.

SIUDA, A. W. ZUROWSKI & H. SIUDA (1969): The food of the Roe deer. — *Acta theriol.* 14: 247—262.

SNIDER, C.C. & J.M. ASPLUND (1974): In vitro digestibility of deer foods from the Missouri Ozarks. — *J.Wildl.Manage.* 38: 20—31.

STRANDGAARD, H. (1967): Reliability of the Peterson method tested on a roe deer population. — *J.Wildl.Manage.* 31: 643—651.

STRANDGAARD, H. (1972): An investigation of corpora lutea, embryonic development, and time of birth in roe deer. — *Danish Rev.Game Biol.* 6 (7): 1—22.
STRANDGAARD, H. (1972): The roe deer (*Capreolus capreolus*) population at Kalö and the factors regulating its size. — *Danish Rev.Game Biol.* 7 (1): 1—205.
UECKERMANN, E. (1969): Der Rehwildabschuß. — Parey, Hamburg/Berlin.
WEINER, J. (1973): Dressing percentage, gross body composition and caloric value of the roe deer. — Acta Theriol. 18: 209—22.

Anschrift des Verfassers:

Dr. HERMANN ELLENBERG, Priv. 807 Ingolstadt, Bachstr. 2.
Institut für Tierphysiologie (Vorstand: Prof. Dr. Dr. Dr. h.c. mult. J. BRÜGGE-MANN), München, Veterinärstr. 13.

Sonderdruck: Verhandlungen der Gesellschaft für Ökologie, Erlangen 1974.

MINIMALPROGRAMM ZUR ÖKOSYSTEMANALYSE: UNTERSUCHUNGEN AN TIERPOPULATIONEN IN WALD–ÖKOSYSTEMEN*

R. GRIMM, W. FUNKE, J. SCHAUERMANN

Abstract

Normally the structure and functioning of an ecosystem are so complex and variable that their analysis often remains unsatisfactory even if a lot of apparatus and labour is applied. This holds true especially for terrestrial ecosystems. Therefore procedures must be found which can yield comprehensive and comparable data in the simplest possible way. A programme is suggested, by which, at comparatively low costs, one can arrive at basic statements concerning the list of species, the structure and dynamics of populations, at least in the case of one animal group, important in many respects, the arthropods. The most important apparatuses are pitfall trap, ground photo-eclector, and arboreal photo-eclector. With holometabolic insects the emergence abundance of imagines is a central point of departure for further investigations and calculations in the field of ecosystem analysis. On the basis of a beech forest it is described how density values, typical of the ecosystem, are obtained. In comparing different beech stands of the same type (*Luzulo-Fagetum*) and age (diameter of trunks etc.) weevils with soil-dwelling larval stages seem to indicate equivalences or differences respectively between biocoenoses.

1. Einleitung

Ökosystemanalysen sollen eine Antwort auf die Frage nach dem Funktionieren von Ökosystemen, der Steuerung von außen, ihrer inneren Regelung und ihrer Leistung geben. Abiotische und biotische Faktoren müssen dabei in ihren Wirkungen erfaßt und beschrieben werden. Am Beginn solcher Untersuchungen muß die Analyse der Struktur aller Komponenten des Ökosystems stehen, der unbelebten Bestandteile, der Pflanzen- und Tiergesellschaften. Bei den Tieren geht es zunächst einmal um das Arteninventar der verschiedenen systematischen und trophischen Gruppen, ferner um Dominanzgefüge, Phänologie und Abundanz. Mit den hierfür erforderlichen populationsökologischen Untersuchungen werden die Grundlagen geschaffen für weiterführende Arbeiten z.B. über Biomasse, Produktion und Energieumsatz.

Aus den Erfahrungen, die uns das Solling-Projekt der DFG (ELLENBERG, 1971) gebracht hat, sollen Möglichkeiten aufgezeigt werden, wie man bei minimalem Aufwand ein Maximum an Informationen über Tierpopulationen erhalten kann. Wir beschränken uns hierbei vor allem auf die Tiergruppe, der in unseren Wäldern eine vielseitig dominierende Rolle zukommt, die Arthropoden. Unsere Arbeitsgeräte waren in erster Linie „Fangautomaten", der Boden-Photoeklektor (FUNKE, 1971), die Bodenfalle (WEIDEMANN, 1971) und der neuentwickelte Baum-Photoeklektor (FUNKE, 1971).

---

* Ergebnisse des Solling-Projekts der DFG (IBP), Mitteilung Nr. 132.

2. Ergebnisse

2.1 Arteninventar

Boden-Photoeklektoren erfassen auf den Versuchsflächen des Solling im Laufe eines
Jahres bis zu 10 000 Arthropoden von einem m² Bodenfläche. In den Fichtenforsten des Solling, für die die taxonomische Aufarbeitung am weitesten gediehen
ist, umfaßt die „Eklektorfauna" allein bei den Insekten ca. 870 Arten (THIEDE, in
Vorber.). Ähnlich hohe Zahlen sind auch in den Buchenwäldern des Solling zu
erwarten.

Die hohe Effektivität der Eklektoren bei der Erfassung des Arteninventars wird
besonders deutlich, wenn wir für eine Arthropodengruppe, der vorwiegend Arten
der Bodenoberfläche angehören, verschiedene Fangmethoden miteinander vergleichen (Abb. 1). In einem Altbuchenbestand, der 120jährigen Hauptversuchs-
fläche B 1a, wurden bisher 94 Staphyliniden-Arten nachgewiesen (HARTMANN,
1974). 83% des Arteninventars dieser Gruppe wurden mit Bodeneklektoren, 26%
mit Bodenfallen, 27% mit Baumeklektoren und 34% durch Extraktion von Streu-
quadratproben nach KEMPSON et al. (1963) erfaßt. 42% wurden ausschließlich mit
Bodeneklektoren gefangen, demgegenüber nur je 7% in Baumeklektoren und mit
Streuprobenextraktion und sogar nur 2% ausschließlich in Bodenfallen.[1] – Bodenfallen liefern in Wäldern nur für wenige Gruppen bessere, d.h. vollständigere Aussagen zum Arteninventar, z.B. für Pseudoskorpione, Chilopoden und Carabiden. –
Baumeklektoren erfassen mit dem sogen. Stammauflauf vor allem das gesamte
Arteninventar von Stamm- und Kronenraum (z.T. in verschiedenen Entwicklungs-
stadien), darunter auch solche Arten, die so selten sind bzw. in so geringer Anzahl
am Boden schlüpfen, daß sie auf anderem Wege höchstens zufällig nachzuweisen
sind. Die Baumeklektoren geben — mehr als andere Geräte — Hinweise auf
Bewohner von Kleinhabitaten, über Durchzügler und Einwanderer aus anderen
Biotopen (FUNKE, 1972). – Einen überraschend hohen Beitrag lieferten die Baumeklektoren bei Untersuchungen zum Arteninventar der Spinnenfauna (Abb. 1). Im
Altbuchenbestand leben nach derzeit vorliegenden Ergebnissen 97 Arten (ALBERT,
1973). 69% des Arteninventars wurden mit Baumeklektoren nachgewiesen, 54% mit
Bodenfallen. 44% der Arten wurden nur mit Baumeklektoren, 29% nur mit Boden-
fallen gefangen. Das Ergebnis ist vor allem deshalb bemerkenswert und für die
Effektivität der Baumeklektoren bei der Erfassung des Artenspektrums bezeich-
nend, als bisher nur die Baumeklektorfänge eines einzigen Jahres (je 2 Bäume) den
Bodenfallenfängen aus 5 Jahren (je 12 Fallen) gegenüberstehen.

Für eine weitgehend vollständige Erfassung des Artenspektrums ist selbstver-
ständlich ein kombinierter Einsatz von Bodeneklektoren, Baumeklektoren und
Bodenfallen erforderlich. Das wird recht deutlich am Beispiel einiger Rüsselkäfer
(Abb. 2). *Rhinomias forticornis* lebt ausschließlich am Boden und wird nur mit der
Bodenfalle erbeutet. *Polydrosus atomarius* wandert regelmäßig aus Fichtenforsten
ein und wird ausschließlich mit Baumeklektoren gefangen. Die häufigste Art, *Phyllobius argentatus*, wird trotz Schlüpfens und Eiablage am Boden nur selten von
Bodenfallen erfaßt. Der flugunfähige *Strophosomus* sp. wird in allen Fallentypen
erbeutet[1].

---

[1] Das gesamte Material aus Bodenfallen und Streuproben wurde dankenswerterweise von
Herrn Dr. Weidemann, Göttingen, bereitgestellt.

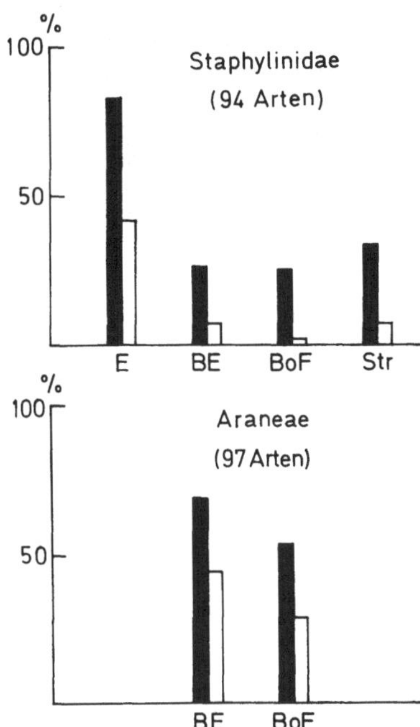

Abb. 1. Effektivität verschiedener Fangmethoden zur Erfassung des Arteninventars (Staphylinidae, Arancaee) in einem ca. 120jährigen Buchenbestand (Solling B 1a). Schwarze Säulen — Anzahl insgesamt nachgewiesener Arten (%), weiße Säulen — Anzahl ausschließlich nachgewiesener Arten (%). E — Bodenphotoeklektor, BE — Baumphotoeklektor, BoF — Bodenfalle, Str — Streuprobenextraktion.

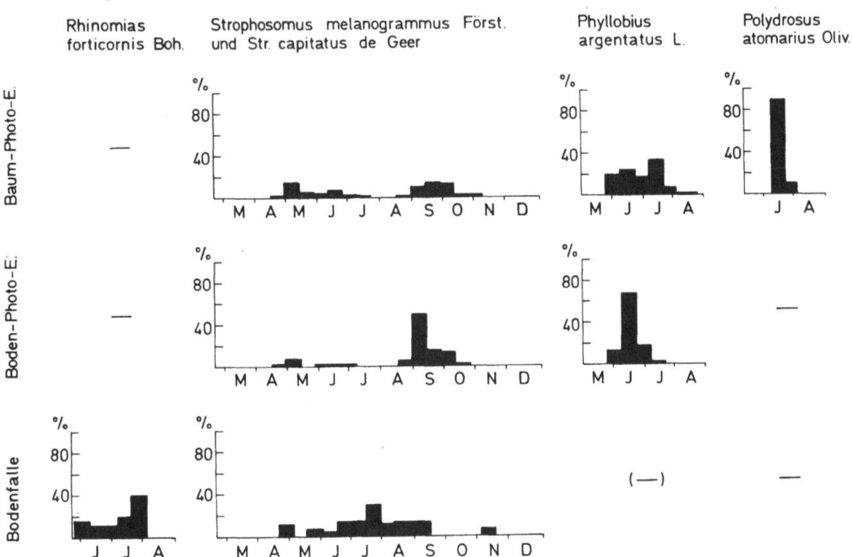

Abb. 2. Curculioniden (Imagines) im Buchenwald (B 1a 1969) — kombinierter Einsatz verschiedener Fangmethoden; Aktivität, Schlüpfperiode, Immigration im Jahreslauf; Fangergebnisse in % des Jahresfanges.

Bodeneklektor, Bodenfalle und Baumeklektor liefern bei häufiger und regelmäßiger Leerung
der Fanggefäße zusätzlich umfassende Aussagen über Lebenszyklen, charakteristische Phäno-
phasen, die Jahresperiodik der Aktivität und den zeitlichen Verlauf von Immigrationen. Für die
4 Rüsselkäfer-Arten (in Abb. 2) ist dieser Sachverhalt durch ein grobes Zeitraster stark vereinfacht dargestellt. Wir erkennen die Schlüpfperiode bei *Strophosomus* sp. und bei *Phyllobius
argentatus* in Beginn, Dauer, Maximum, die Aktivitätsperiodik am Boden bei *Rhinomias forticornis, Strophosomus* sp. und am Stamm bei *Strophosomus* sp., *Phyllobius argentatus* und
Polydrosus atomarius.

2.2 Abundanz

Bodeneklektoren eignen sich auch zur Gewinnung quantitativer Aussagen über die
Populationsdichte (FUNKE, 1971) und schaffen damit Grundlagen z.B. für die
Berechnung der Energieumsätze von Populationen (GRIMM, 1973; SCHAUER-
MANN, 1973). Nahezu vollständig erfassen sie die Arten, die sich unmittelbar nach
dem Schlüpfen am Boden positiv phototaktisch verhalten. Das sind vor allem
Species, die auf einen Stratenwechsel angewiesen sind, also Stamm- und Kronen-
bewohner. Auch Tiere mit hoher Aktivität im bodennahen Luftraum, z.B. zahl-
reiche Dipteren und Hymenopteren, werden quantitativ abgefangen, ferner solche
Arten, die erst durch die speziellen kleinklimatischen Bedingungen im Eklektor
phototaktisch stimuliert werden. So erbringt der Eklektor — wie kein anderes
Gerät — für zahlreiche Insektenarten verschiedener trophic level das Material zur
Berechnung der sogen. Schlüpfabundanz, d.i. die Anzahl an Insekten-Imagines, die
innerhalb einer definierten Zeit von einer definierten Flächeneinheit abgefangen.
wird.

Keine Art schlüpft gleichmäßig verteilt, d.h. die lokalen Schlüpfabundanzen
der einzelnen Eklektoren divergieren. Damit stellt sich die Frage nach der Anzahl von
Eklektoren, die zur Gewinnung repräsentativer Schlüpfwerte (Ind./ha) in einem Unter-
suchungsareal mindestens eingesetzt werden muß. Nach unseren Untersuchungen im
Buchenwald (Versuchsfläche B 1a) reichen für die meisten dominanten Arten oder
Gruppen oft 6 Geräte mit je 1 m^2 Fläche aus, wenn bei der Abundanzbestimmung
noch Abweichungen bis max. 25% vom arithmetischen Mittel aus 12 Eklektoren
akzeptiert werden. Wir gehen davon aus, daß dieses Mittel einem Endwert — in einem
begrenzten Areal — zumindest recht nahekommt. In Abb. 3 wurden aus einer zufäl-
ligen Anordnung der Reihenfolge von Eklektoren die lokalen Schlüpfabundanzen
fortlaufend arithmetisch gemittelt; der Verlauf dieser Mittel wurden in Abhängigkeit von der Zahl der Eklektoren aufgetragen (s. auch SCHAUERMANN, 1973).
Nur bei Arten mit geringer Häufigkeit (z.B. *Otiorrhynchus singularis*) reichen 12
Eklektoren nicht aus. Das gleiche für Gruppen, die vermutlich infolge spezifischer
Ansprüche ihrer Larvenstadien stark geklumpt auftreten, z.B. die Tanzfliegen
Rhamphomyia erythrophthalma und *hirsutipes* und die Campylomyciden. Bei Verwendung von trichterförmigen Kleineklektoren aus Fiberglas, die nur je 0,2 m^2
Grundfläche umgrenzen, genügten für verschiedene Arten mit größerer Dichte
25 Geräte, d.i. eine Fangfläche von 5 m^2. Am Beispiel des Schnellkäfers *Athous
subfuscus* wird deutlich, daß ungefähr die gleiche Fläche auch von den großen
Eklektoren besetzt werden muß, um zu weitgehend genauen Schlüpfabundanz-
werten zu gelangen (Abb. 4).

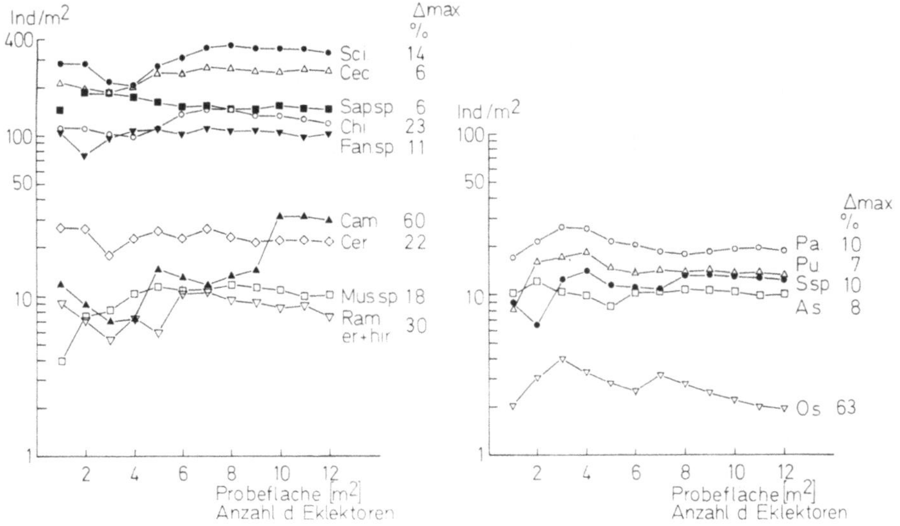

Abb. 3. Mittlere Schlüpfabundanz von Insekten-Imagines bei Berücksichtigung von 1–12 Eklektoren (Solling B 1a). Δ max % = max. Abweichung der Schlüpfabundanzen aus 6, 7 ... 11 Eklektoren von der aus 12 Eklektoren. Nematocera: Sci. – Sciaridae (einige Gattungen unberücksichtigt), Cec. – Cecidomyiidae, Chi. – Chironomidae, Cam. – Campylomycidae, Cer. – Ceratopogonidae. Brachycera: Sap.sp. – *Sapromyza* sp., Fan.sp. – *Fannia* sp., Mus.sp. – *Musidora* sp., Ram.er.+hir. – *Rhamphomyia erythrophthalma* und *hirsutipes*. Curculionidae: P.a. – *Phyllobius argentatus*, P.u. – *Polydrosus undatus*, S.sp. – *Strophosomus* sp., O.s. – *Otiorrhynchus singularis*. Elateridae: A.s. – *Athous subfuscus*.

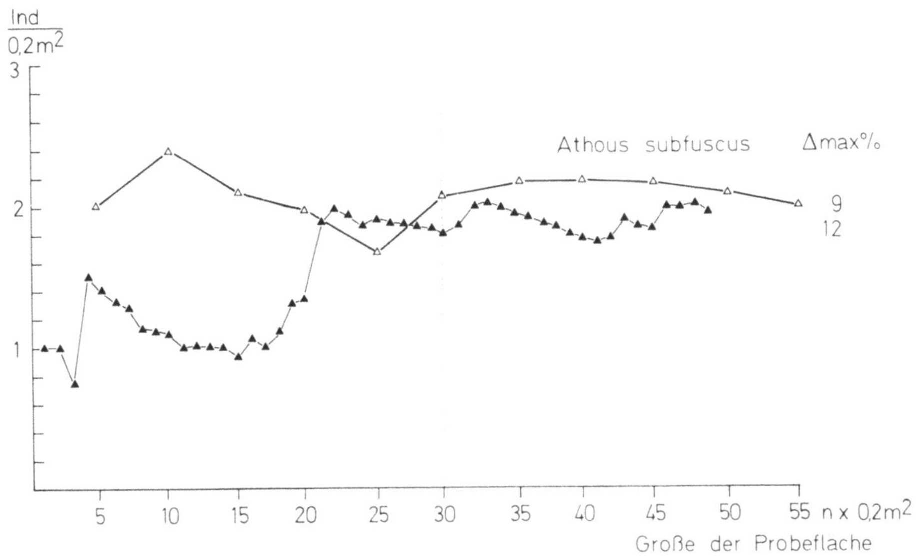

Abb. 4. Mittlere Schlüpfabundanz von *Athous subfuscus* im Buchenwald (Solling B 1a) nach 1 m² (Δ)- und 0,2 m² (▲)-Eklektoren. Δ max % = max. Abweichung der Schlüpfabundanzen aus 6, 7 ... 10 1 m² – bzw. 30, 31 ... 48 0,2 m²-Eklektoren von der aus allen Eklektoren.

Für Arten mit zeitlich begrenzter Schlüpfperiode ist der Einsatz der Kleineklektoren zweifellos von Vorteil. Will man jedoch die Schlüpfabundanz möglichst vieler Arten über das Jahr hinweg verfolgen, so ist — aufgrund sehr ungünstiger oder zumindest sehr unnatürlicher klein-klimatischer Bedingungen unter dem Eklektor — mehrmaliges Umsetzen im Jahr erforderlich. Damit wird insgesamt mehr Fläche benötigt als bei den 1 m²-Eklektoren. Von Vorteil sind bei den Kleineklektoren einfache Konstruktion, niedriger Preis und fast unbegrenzte Haltbarkeit.

2.3 Fluktuation, „ökosystemtypische Dichte", Vergleich verschiedener Bestände

Die Schlüpfabundanz ist eine geeignete Größe zur Bestimmung von Fluktuationen über Jahre hinweg. Daran knüpft sich für ein Minimalprogramm die Frage nach der Zahl der Untersuchungsjahre, die zur Feststellung einer „ökosystemtypischen Dichte" ausreichen. Die Bestimmung dieser Größe ist sicher sehr problematisch. Das gilt besonders für Wälder, die vom Menschen angelegt und in Abständen immer neu beeinflußt werden und deren „Umweltkapazität" (SCHWERDTFEGER, 1968) auch durch das normale Sukzessionsgeschehen ständig verändert wird. Nehmen wir ein-mal an, daß im untersuchten Buchenbestand für einen Zeitraum von 5 bis 10 Jahren ein einreguliertes Gleichgewicht als „ökosystemtypisch" beschrieben werden kann. In Abb. 5 sind für eine kleine Zahl von Populationen nach Daten von GRIMM

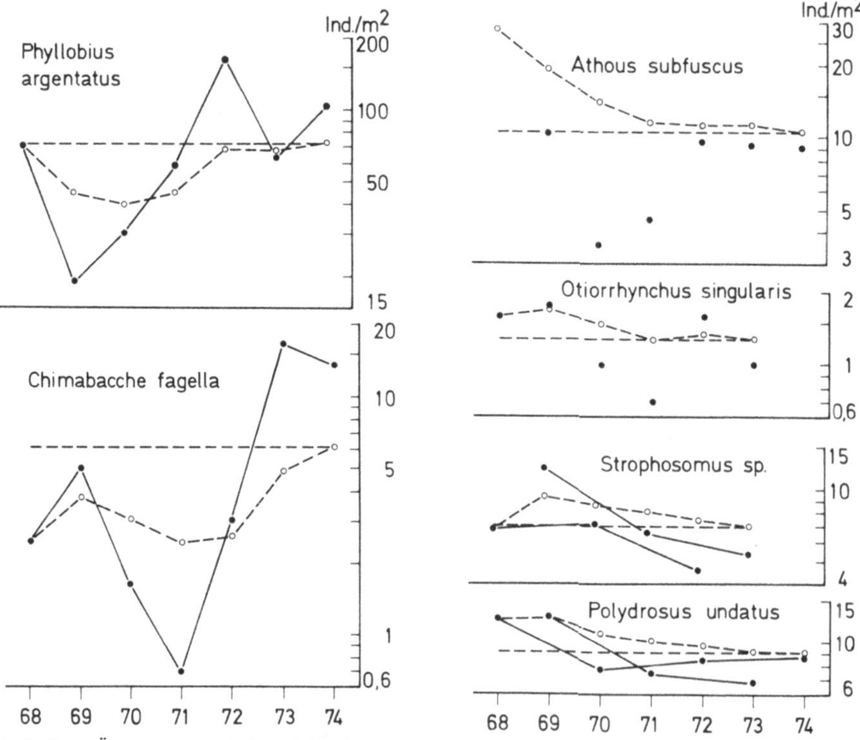

Abb. 5. „Ökosystemtypische Dichte" (horizontal gestrichelt) als arithmetisches Mittel nach 6 bzw. 7 Untersuchungsjahren in einem Buchenwald (Solling B 1a). Schlüpfabundanz (●) einzelner Jahre; nur aufeinanderfolgende Generationen miteinander verbunden. ○ —— ○ o ———— o Verlauf der Mittelwertkurve (arithm. Mittel) zur Einstellung der „ökosystemtypischen" Dichte".

(1973), SCHAUERMANN (1973), STREY (in Vorber.), WINTER (in Vorber.) und nach neueren Untersuchungen bis zum Jahr 1974 die Fluktuationen nach Schlüpfabundanzen und deren arithmetische Mittel aus 6 bzw. 7 Jahren eingezeichnet. Zusätzlich ist eine Mittelwertkurve aufgetragen, auf der jeder Punkt das Mittel der bis zum jeweiligen Zeitpunkt bestimmten Schlüpfabundanzen darstellt. Wir stellen dann fest, daß sich die einzelnen Arten unterschiedlich schnell und mit verschiedener Schwankungsbreite in eine „ökosystemtypische Dichte" einpendeln. *Chimabacche fagella* und *Phyllobius argentatus*, beides Phytophage mit unmittelbar aufeinander folgenden Generationen, weisen die größten Schwankungen der Abundanzen auf. Aus Abb. 5 geht hervor, daß für eine Ermittlung der „ökosystemtypischen Dichte" 5 Jahre z.B. nicht ausreichen. Es könnte aber sein, daß für eine größere Zahl von Populationen 10 Jahre eine angemessenere Zeitspanne darstellen. Entscheidend sind hierfür die Amplitude der Fluktuationen und ihr Zyklus.

Wie sicher die nach 6 bis 7 Jahren ermittelte „Enddichte" ist, wollen wir an einem Beispiel prüfen. Wir stellen hier die Frage: Wie stark verändert ein im bisherigen Untersuchungszeitraum ermitteltes Maximum oder Minimum die in Abb. 5 ersichtliche Enddichte? Bei *Chimabacche fagella* würde ein Extremwert, Maximum bzw. Minimum, nach 7 Untersuchungsjahren das 7 jährige Mittel um 21% bzw. 11%, bei *P. argentatus* um 15% bzw. 9% verändern. Bei allen anderen Objekten würde sich die mittlere Dichte maximal um 10%, meist nur um 5% nach oben oder unten verschieben.

Bodeneklektoren sind für eine genaue Berechnung von Schlüpfabundanz und Fluktuationen hervorragend geeignet. Will man den Gültigkeitsbereich der Ergebnisse testen, so müßten gleichzeitig an verschiedenen Stellen weitere Eklektorengruppen aufgestellt werden. Das bedeutete neue Kosten und außerdem einen höheren personellen Aufwand bei der Auswertung der Fänge. Speziell für Wälder bieten sich Möglichkeiten für ein vereinfachtes Vorgehen. Diese beschränken sich allerdings nur auf Kronenbewohner, in den Buchenwäldern des Solling vor allem auf Rüsselkäfer (*Rhynchaenus fagi* ausgenommen). Da bei diesen Tieren zwischen Baumeklektorfang (Zahl der während eines Jahres in einem Baumeklektor gefangenen Tiere) und Bodeneklektorfang (aus den lokalen Schlüpfabundanzen vieler Eklektoren gemittelte Schlüpfabundanz eines Jahres) Beziehungen bestehen, lassen sich „Flächenwerte" festlegen (BE/E in Abb. 6; FUNKE in Vorber.). Diese „Flachenwerte" (aus 5 bis 6 Jahren gemittelt) sind artspezifisch verschieden. Trotz gewisser Abweichungen der BE/E-Relationen (in einzelnen Jahren bis zu 50%) kann man für die Curculioniden allein aus den Fangzahlen eines Baumeklektors mit der in den Tabellenspalten der Abb. 6 angegebenen Genauigkeit jährliche Schlüpfabundanzen größenordungsmäßig abschätzen, indem man den Baumeklektorfang durch den Flächenwert dividiert. So bietet sich für die Überprüfung der Übertragbarkeit der an einem Ort (B 1a) gewonnenen Ergebnisse die Baumeklektormethode zum Vergleich verschiedener Waldbestände an. Voraussetzungen hierfür sind allerdings gleiche Dichte und Dicke der Stämme. — Wir verglichen verschiedene gleich alte Buchenbestände im Hochsolling und in tieferen Lagen (Abb. 7). Es ergab sich folgendes Bild (Abb. 8): Alle Bestände stimmen qualitativ, d.h. im Inventar der dominanten Arten, weitgehend überein. Quantitativ waren die Fänge im Hochsolling jedoch deutlich umfangreicher als in tieferen Lagen. Auf allen Flächen dominierten, nach Zahl und Biomasse der gefangenen Tiere zu urteilen, neben den Curculioniden Lepidopteren (Imagines und Raupen), Elateriden, Tipuliden und

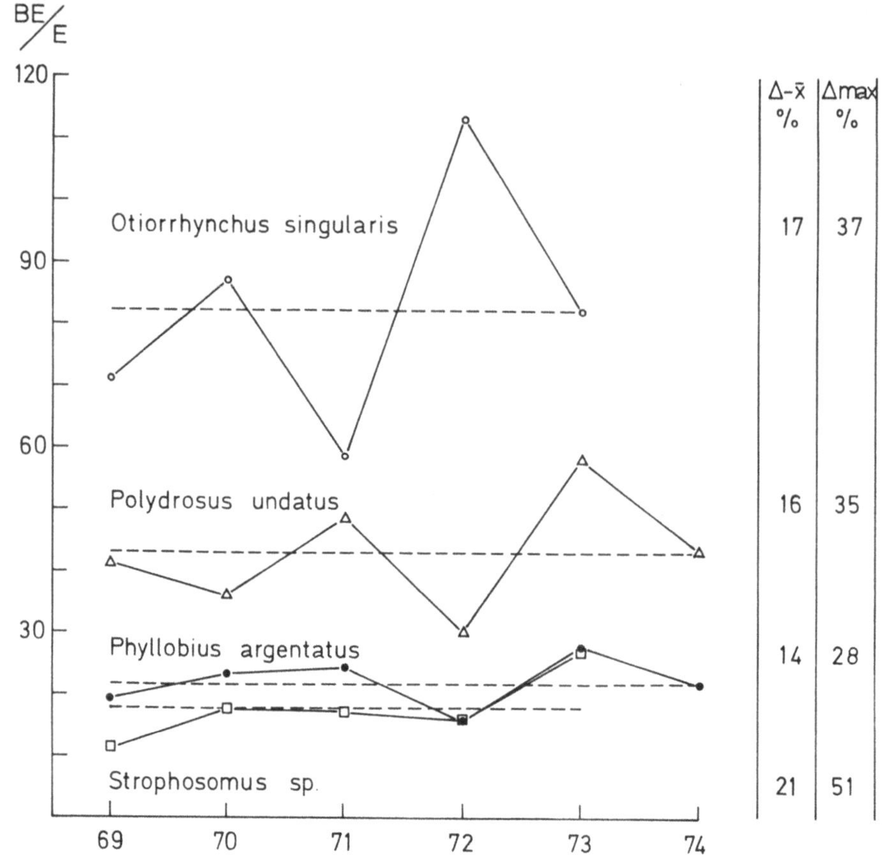

Abb. 6. „Flächenwerte" (BE/E) häufiger Curculioniden in 5 bzw. 6 Jahren im Buchenbestand B 1a. ––––– mittlerer Flächenwert; $\Delta-\bar{x}$ % – durchschnittliche Abweichung,
Δ max % – max. Abweichung der Flächenwerte vom mittleren Flächenwert.

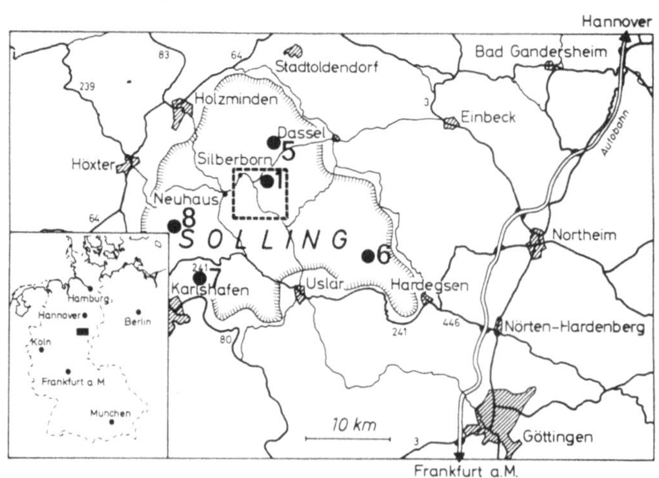

Abb. 7. Lage der mit Baumeklektoren untersuchten Buchenflächen im Solling (nach ELLEN-
BERG, 1971, verändert). 1 und 5 Hochsolling (ca. 500 m üb. N.N.), 6, 7 u. 8 Randlagen
(300 – 400 m üb. N.N.)

Spinnen. In Abb. 8 sind einige besonders wichtige Arten sowie die Schmetterlingsraupen als Gruppe zusammengestellt. Eine gute Übereinstimmung in Individuenzahlen (Höhe der Säule) und Rangpositionen 1–6 (Erläut. s. Legende Abb. 8) besteht nur im Hochsolling bei B 1a und B 5. Alle anderen Flächen weichen deutlich von diesen beiden ab. (Unterschiede der Rangpositionen von nur einer Stufe werden aufgrund des in Abb. 6 ersichtlichen Schwankungsbereichs der Flächenwerte noch nicht als sicher verschieden angesehen). Die Unterschiede in den Fangwerten, die Unterschiede in der Schlüpfabundanz, z.T. auch nur der Häufigkeit (bei den Raupen), widerspiegeln, haben möglicherweise eine tiefere Bedeutung. Sie zeigen wahrscheinlich — aufgrund der komplexen Nahrungsbeziehungen im Ökosystem — Unterschiede der gesamten Biozönosen an. Die gute Übereinstimmung der Rangpositionen der untersuchten Tiere in 2 aufeinanderfolgenden Jahren (auf jeder Fläche) bestärkt diesen Schluß. Eine einfache Methode kann somit wertvolle Hinweise auf die Variabilität des gleichen Ökosystemtyps „Sauerhumusbuchenwald" geben. Rüsselkäfer sind hier als ökologische Indikatoren besonders geeignet, zumal für diese Tiere die Fänge der Baumeklektoren unter gewissen Voraussetzungen Flächenbezug haben (s.o.).

3. Ausblick

Das skizzierte Minimalprogramm galt neben der Ermittlung des Arteninventars vor allem der Gewinnung quantitativer flächen- und zeitbezogener Daten. Damit liefert es wichtige Grundlagen zur Klärung größerer Zusammenhänge.

Das bei Fallenfängen verschiedener Methoden anfallende Material erlaubt weiterführende Untersuchungen. Die Schlüpfabundanz an Imagines war eine der wichtigsten Größen in unserem Untersuchungsprogramm. Sie läßt sich vor allem in Wäldern für zahlreiche Populationen verschiedenster systematischer und trophischer Zugehörigkeit gut ermitteln. Über Trockengewichtsbestimmungen und die Abschätzung der Brennwerte erhalten wir durch sie eine Teilgröße im Energieumsatz von Populationen, nach FUNKE (1971, 1973) die „Produktion an Imagines". Diese Größe erlaubt Vergleiche auf verschiedenen Ebenen: zwischen Populationen, zwischen trophischen Gruppen und Ökosystemen. Wenn zwischen der „Produktion an Imagines" und dem Energieumsatz von Populationen gesicherte Korrelationen gefunden werden — so wie diese z.B. zwischen Produktion und Respiration tierischer Populationen bestehen (McNEILL & LAWTON, 1970) — läßt sich der Energieumsatz ganzer Populationen allein aus dieser „Produktion an Imagines" annähernd berechnen (FUNKE, 1973; THIEDE, 1973). Wir erhalten so Werte, die auf einfachstem Wege gewonnen, in der Größenordnung korrekt, zur Darstellung des Energieflusses im Ökosystem beitragen können. — Damit sind die Möglichkeiten, die in einem Minimalprogramm von der Schlüpfabundanz an Insekten-Imagines ausgehen, bestimmt nicht erschöpft. So eignete sich z.B. auch der „standing crop" an Bioelementen zum Zeitpunkt des Schlüpfens für Vergleiche.

Für ein Minimalprogramm sind einige Ziele und Ergebnisse bei Untersuchungen an Tierpopulationen in Waldökosystemen aufgezeigt worden. Für das Endziel von Ökosystemanalysen, einer genauen Beschreibung von Steuerung und Regelung, muß gerade bei Untersuchungen an Tiergesellschaften noch sehr viel Detailarbeit geleistet werden.

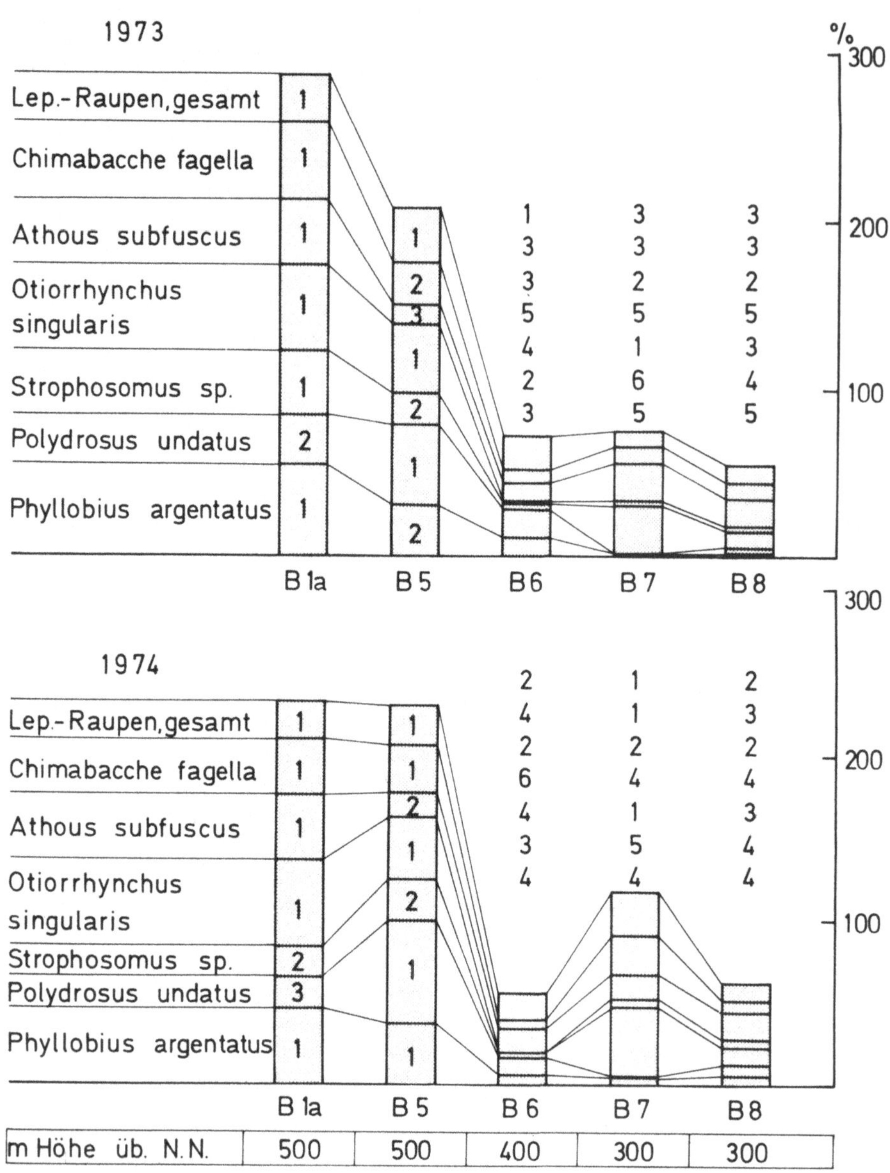

Abb. 8. Vergleich der Kronenfauna von 5 Buchenflächen gleichen Alters (B 1a — B 8) 1973 und 1974. Für jede Art (Gruppe) wurde die Summe der auf allen Flächen/Jahr gefangenen Tiere 100% gesetzt. Die prozentualen Anteile der verschiedenen Arten (Gruppe) sind in den Säulen für jede Fläche additiv aufgetragen. Die Ziffern kennzeichnen für jede einzelne Art (Gruppe) die Rangposition der relativen Häufigkeit beim Vergleich der Flächen. Die höchste Individuenzahl/Art wurde 100% gesetzt. Rangposition 1 umfaßt bis 70,1 % dieses Wertes, 270 bis 35,1 %, 335 bis 15,1 %, 415 bis 5,1 %, 5 $\leq$ 5 %, 60 % (Art fehlt).

LITERATUR

ALBERT, R., (1973): Die Spinnenfauna zweier Buchenflächen des Solling. Diplomarbeit Göttingen.

ELLENBERG, H., (1971): Introductory Survey. In: H. ELLENBERG, Hrsg. Integrated Experimental Ecology. *Ecol. Studies* 2: 1–15. Berlin: Springer.

FUNKE, W., (1971): Food and energy turnover of leaf-eating insects and their influence on primary production. In: H. ELLENBERG, Hrsg. Integrated Experimental Ecology. *Ecol. Studies* 2: 81–93. Berlin: Springer.

FUNKE, W., (1972): Energieumsatz von Tierpopulationen in Landökosystemen. *Verh. Deut. Zool. Ges. Helgoland*, 65. Jahresversammlung 1971, 95–106.

FUNKE, W., (1973): Rolle der Tiere in Wald-Ökosystemen des Solling. In: H. ELLENBERG, Hrsg. Ökosystemforschung, 143–174. Berlin: Springer.

GRIMM, R., (1973): Zum Energieumsatz phytophager Insekten im Buchenwald. I. Untersuchungen an Populationen der Rüsselkäfer (Curculionidae) *Rhynchaenus fagi* L., *Strophosomus* (Schönherr) und *Otiorrhynchus singularis* L.. Oecologia (Berl.) 11: 187–262.

HARTMANN, P., (1974): Die Staphylinidenfauna verschiedener Waldbestände und einer Wiese des Solling. Diplomarbeit Göttingen.

KEMPSON, D., M. LLOYD & R. GHELARDI, (1963): A new extractor for woodland litter. *Pedobiologia* 3: 1–21.

McNEILL, S. & J.H. LAWTON (1970): Annual production and respiration in animal populations. *Nature* 225: 472–474.

SCHAUERMANN, J., (1973): Zum Energieumsatz phytophager Insekten im Buchenwald. II. Die produktionsbiologische Stellung der Rüsselkäfer (Curculionidae) mit rhizophagen Larvenstadien. *Oecologia* (Berl.) 13: 313–350.

SCHWERDTFEGER, F., (1968): Demökologie. Hamburg: Parey.

STREY, G. (in Vorber.): Ökoenergetische Untersuchungen an *Athous subfuscus* Müll. und *Athous vittatus* Fbr. (Elateridae, Coleoptera) in Buchenwäldern. Dissertation Göttingen (1972).

THIEDE, U., (1973): Zur Produktion an Insekten-Imagines in Land-Ökosystemen. Tagungsbericht der Gesellschaft für Ökologie, Gießen 1972, 71–76.

THIEDE, U., (in Vorber.): Untersuchungen über die Anthropodenfauna in Fichtenforsten (Populationsökologie, Energieumsatz). Dissertation Göttingen (1975).

WEIDEMANN, G., (1971): Food and energy turnover of predatory arthropods of the soil surface. In: H. ELLENBERG, Hrsg. Integrated Experimental Ecology. *Ecol. Studies* 2: 110–118. Berlin: Springer.

WINTER, K., (in Vorber.): Zum Energieumsatz phytophager Insekten im Buchenwald. Untersuchungen an Lepidopterenpopulationen. Dissertation Göttingen (1972).

Anschrift der Verfasser:

Dr. R. GRIMM, Prof. Dr. W. FUNKE & Dr. J. SCHAUERMANN
II. Zoologisches Institut und Museum der Universität, Abt. Ökologie
D–3400 Göttingen, Berliner Str. 28.

Sonderdruck: Verhandlungen der Gesellschaft für Ökologie, Erlangen 1974.

DYNAMIK EINES DÜNE-MOOR-BIOTOPS IN IHRER BEDEUTUNG FÜR DIE BIOZÖNOSE

H.-P. BLUME, F. FRIEDRICH, F. NEUMANN & H. SCHWIEBERT

Abstract

In an ecotope (a dune-to-fen-landscape) of the Grunewald in Berlin in an area of sandy wuerm-moraines some researches were done on soilphysical and soilchemical aspects as well as trophical and thermodynamical researches.

Special attention was paid to the seasonal changing of water conditions and air-content in the soil. The results permit a provisional interpretation of the zonal changing vegetation.

The thermodynamical measurements lead to the fact of an existing distinct micorclimate for each profile. Concerning the dynamic of nutrients and the trophical aspects, that landscape must be estimated as oligotrophe to mesotrophe.

An einem Düne-Moor-Ökotop der Berliner Forsten wurde mehrere Jahre hindurch die Wasser-, Luft-, Wärme- und Nährstoffdynamik durch wöchentliche Messungen verfolgt, um daraus die Genese der vergesellschafteten Böden abzuleiten und um gleichzeitig die vorhandene Vegetationszonierung ursächlich zu deuten. Über letzteres soll im folgenden berichtet werden.

Struktur des Ökotops

Die untersuchte Landschaft gehört zum Bereich sandiger Würm-Moränen, auf denen von Natur aus ein Eichen-Kiefern-Wald stockt. Berlin weist ein ozeanisch-kontinentales Übergangsklima mit 580 mm Jahresniederschlag und 8.8°C mittlerer Jahrestemperatur auf (Abb. 1).

Im untersuchten Landschaftsausschnitt — einem Südwesthang — steht jungpleistozäner Sandrsand an, der von holozänem Flugsand überdeckt ist. Die Senke ist vermoort: Seggentorfe lagern hier über einer Sand-Mudde. Auf den podsoligen Braunerden am Hang stockt heute ein von Eichen und Birken durchsetzter Drahtschmielen-Astmoos-Kiefernforst mit mäßiger Krautschicht, und zwar am Mittelhang mit *Calluna* in der Krautschicht.

Am Unterhang stockt bei einem mittleren Grundwasserstand von 1—2 m unter Flur ein feuchter Eichen-Birken-Wald mit üppiger Krautvegetation auf einem Gley. Die Senke wird von einem Fadenseggenmoor eingenommen und ist insbesondere am Rand mit *Molinia* bestanden. Die heutige Vegetation weicht nur wenig von der potentiellen natürlichen Vegetation ab.

Fossile Bodenhorizonte zeigen, daß die Landschaft im Holozän teilweise und zeitweilig vegetationsfrei war und dann Flugsande am Hang und im Moor sedimentiert wurden. Die Landschaft war jedoch stets Waldland und wurde auch als Forst nicht gedüngt.

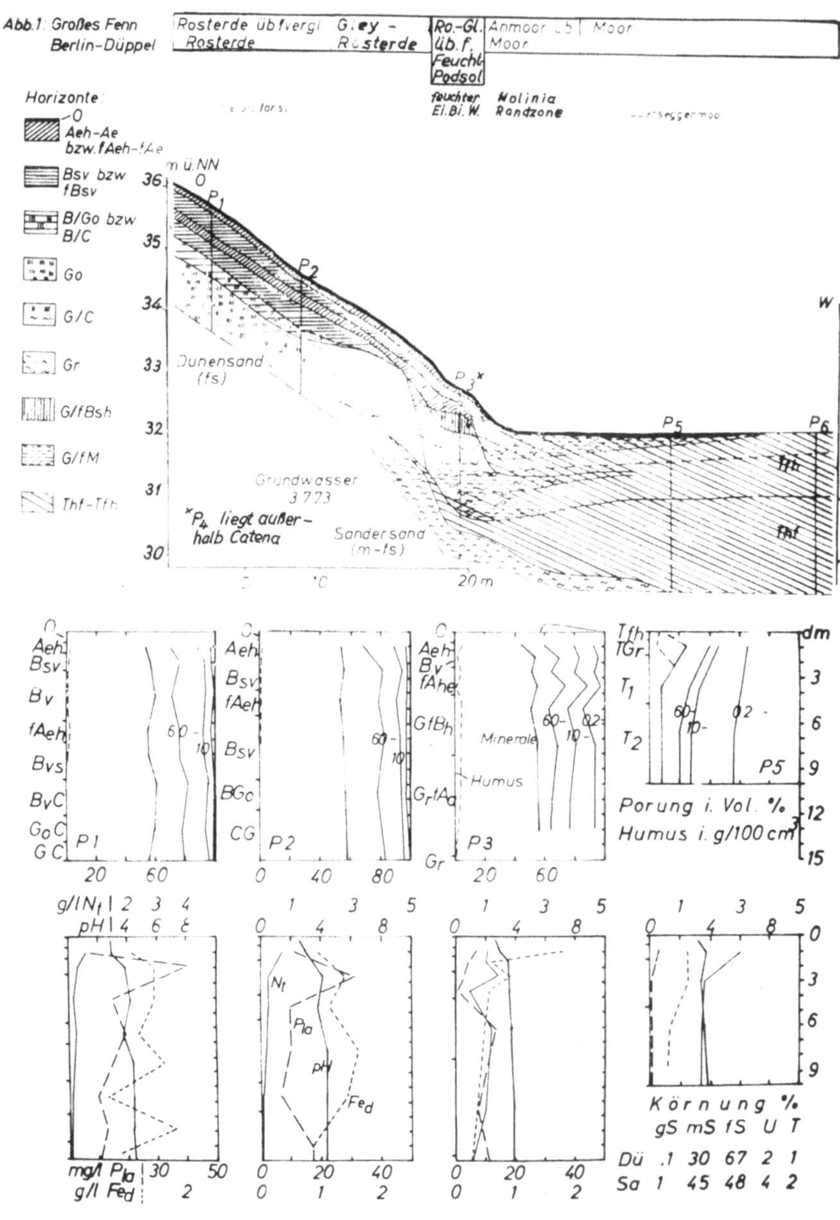

Abb. 1. Landschaftsschnitt einer Bodencatena des Großen Fenn im Düppeler Forst Berlins sowie Porung und chemische Eigenschaften der Böden.

90

Die Mineralböden bestehen überwiegend aus Sand, wobei Feinsand dominiert.
Diese einseitige Korngrößenzusammensetzung hat dazu geführt, daß in den Mineralhorizonten Grobporen dominieren, demzufolge einer geringen Wasserkapazität eine
hohe Luftkapazität gegenübersteht. Am Unterhang und im Moor liegt als Folge
hoher Gehalte an organischer Substanz die nutzbare Wasserkapazität wesentlich
höher.

Der mittlere Grundwasserstand liegt in den Mineralböden bei 31.0 m NN. Der
ökologisch wirksame Kapillarhub beträgt 1 m und kann damit selbst am Oberhang
zur Versorgung tief wurzelnder Bäume beitragen. Die flacher wurzelnde Krautschicht wird am Ober- und Mittelhang hingegen allein auf Niederschlagswasser angewiesen sein (HACKENTHAL 1973).

Alle Standorte weisen einen so hohen Anteil an Gröbstporen $> 60\ \mu$ auf, daß in
den grundwasserfreien Bereichen eine ausreichende O_2-Versorgung zu erwarten ist.

Alle Böden sind bis in größere Tiefe stark versauert. Die niedrigen pH-Werte
führen wir auch auf die Niederschläge zurück, deren pH in Dahlem zur Zeit 3 beträgt. Die Nährstoffgehalte sind — dargestellt wurden nur die P-Gehalte — allgemein
gering.

Wasser- und Luftdynamik

Die Wasser- und Luftdynamik des Biotops werden seit Sommer 1971 durch wöchentliche Messungen verfolgt: Niederschläge mit Kleinregenmessern (15 cm über
dem Erdboden) und mit Regenschreibern, Bodenwassergehalte mit der Neutronen-
sonde alle 10 cm bis in 3 m Tiefe. Bodenfeuchte mit Tensiometern bis in 1,50 m Tiefe.
Stammabfluß wurde mit Auffangmanschetten 1 m über dem Boden und -gefäßen
bestimmt.

Die Ergebnisse werden beispielhaft für den Meßzeitraum Mai 1973 bis April
1974 einschließlich dargestellt und interpretiert.

Das langjährige Mittel einer etwa 500 m von unserer Meßstelle entfernt gelege-
nen meteorologischen Station beträgt 624 mm. Seit 1971 waren die Niederschläge
jedoch weit geringer. Im genannten Meßzeitraum fielen bei der meteorologischen
Station nur 560 mm, allerdings auf einer Freifläche des Düne-Moor-Biotops
615 mm. Unter Wald fielen dort gleichzeitig 470 mm (s. Abb. 2). Das beziffert den
Interzeptionsverlust auf 24%. Mit einem durchschnittlichen Stammabfluß von 5%
des Niederschlags wird dem Boden zusätzlich Wasser zugeführt, doch dürfte dieser
Gewinn durch die Interzeption der Krautschicht weitgehend kompensiert werden.
Eine Klimaindizierung nach de Martone klassifiziert die Hälfte des Meßzeitraumes
als arid (s. Abb. 2).

Der Bodenwassergehalt der Landschaft nimmt von der Kuppe zur Senke zu, weil
von der Kuppe zur Senke das Bodenmaterial feinkörniger und humoser wird, der
Mittel- und Feinporenanteil zunimmt und der Grundwasserspiegel zur Bodenoberfläche höher ansteht, wie die Jahresgänge der Wassergehalte von 3 Meßstellen in
Abb. 3 und der Zustand der Wasser- und Luftverhältnisse in der Catena zu 2 Termi-
nen in Abb. 4 zeigen. Der Luftgehalt nimmt entsprechend ab.

Im Kuppenprofil bewegt sich der Wassergehalt im Jahreslauf zwischen 5 und
18 vol. %, je nach Jahreszeit und Witterung. Beide Extreme treten jedoch nur kurz-
fristig auf. Dabei geht im Spätsommer der Gehalt an nutzbarem Wasser bis auf etwa

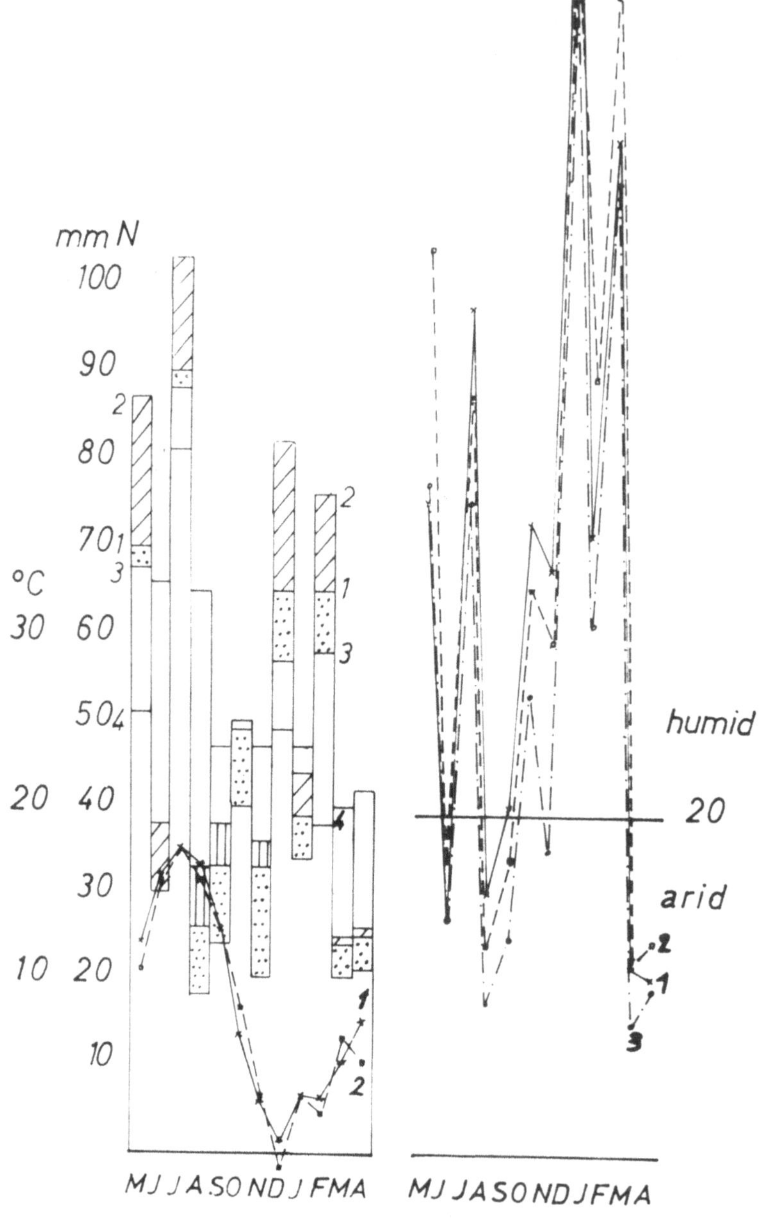

Abb. 2. Monatliche Niederschläge und Temperaturmittel (1) des Jahres 1973/1974 der öffentlichen meteorologischen Station Berlin-Kohlhasenbrück; (4) der ökologischen Meßstation Großes Fenn; (2) Moorfreifläche; (3) Waldbestand; sowie eine Klima-Indizierung nach de Martone für 1973/1974.

2,5 Vol. % zurück (Abb. 4), doch selbst dann übersteigt die Wasserbindung kaum
1000 cm WS (Abb. 3 u. 4). Am unteren Hang bewegt sich der Wassergehalt im oberen Profilteil zwischen 9 und über 40 Vol. %, im unteren Profilteil zwischen 12 und
über 50 Vol. % (Grundwasser). Dadurch tritt zeitweise Luftmagel auf, doch sind
während des insgesamt zu trockenen Jahres bis in 1 m Tiefe stets über 10 Vol. % Poren
luftgefüllt. Die Tensionen steigen trotz des höheren Verbrauchs durch die Vegeta-

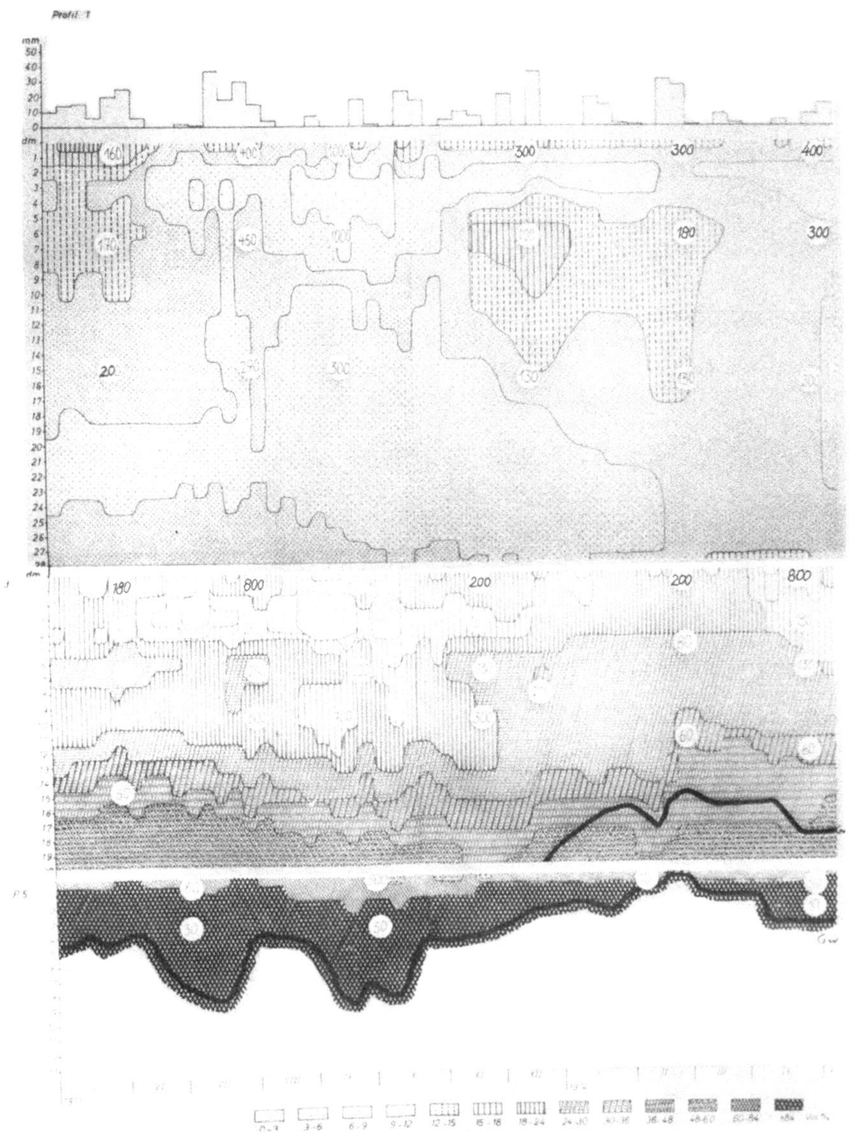

Abb. 3. Jahresgang der Wassergehalte der Grundwasserstände und Tensionen (Zahlenangabe in
cm WS) einer Rosterde am Oberhang (P 1), eines Rosterde-Gley am Unterhang (P 3) und eines
Moores (P 5).

tion im Oberboden bis auf über pF 3.5 (>3000 cm WS) an. Der Gehalt an nutzbarem Wasser liegt durchweg über 10 Vol. % (Abb. 3 u. 4). Im Moor das sein eigenes Wasserregime hat, sinkt der Wassergehalt nur in den obersten 10 cm unter 60 Vol. %. Dort sind in dem relativ trockenen Meßjahr die Tensionen zeitweilig auch bis auf über 500 cm WS angestiegen. Obwohl das freie Moorwasser in Zeiten starker Evapotranspiration bis in 1 m Tiefe absinkt, liegt der Wassergehalt ab 60 cm Tiefe stets

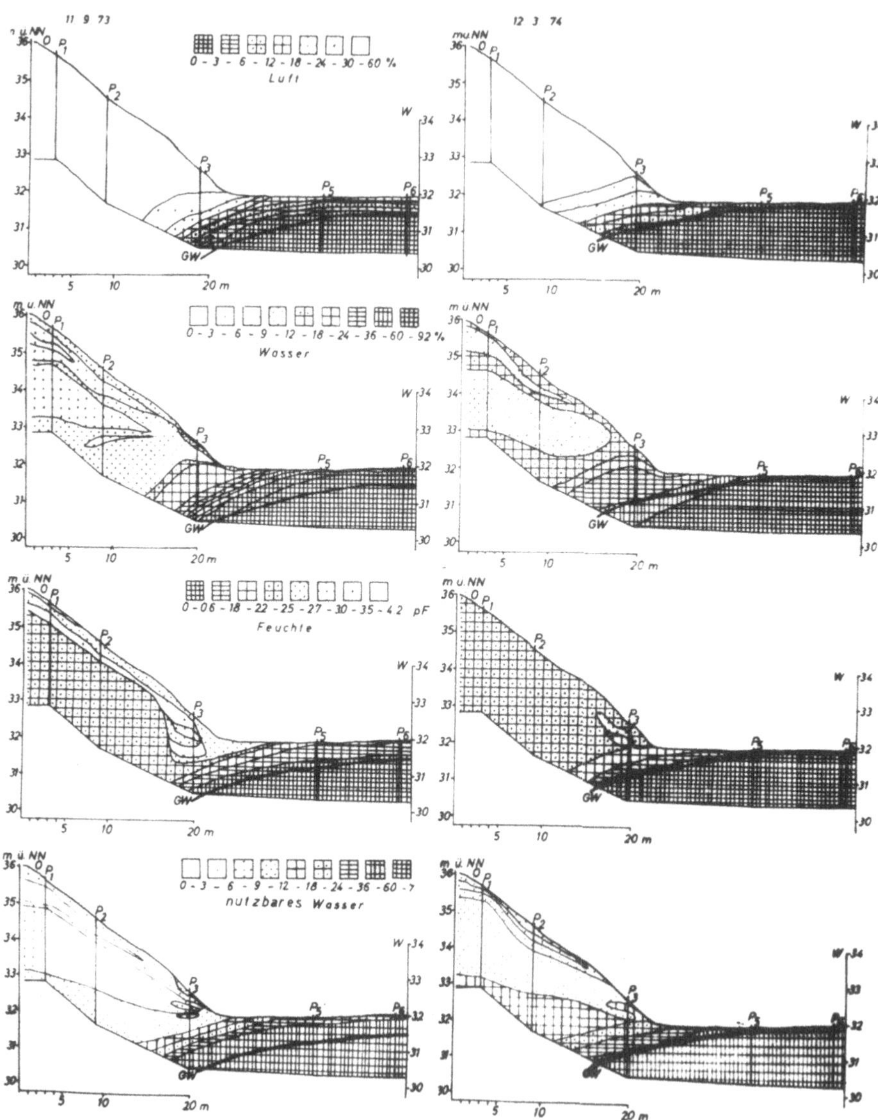

Abb. 4. Wasser- und Luftverhältnisse einer Boden-Catena des Düppeler Forstes im Herbst 1973 und Frühjahr 1974; GW = Grundwasserstand.

über 80 Vol. %, der Gehalt an nutzbarem Wasser ständig über 20 vol. %. Da der Moorwasserspiegel höher als der Landschaftsgrundwasserspiegel steht, entwässert das Moor zum Mineralboden hin (Abb. 4).

Wärmedynamik

Längerfristige Unterschiede der Temperaturverhältnisse der einzelnen Catenaglieder wurden mit der Invertzuckermethode nach PALLMANN, (1940) ermittelt. Die Meßpunkte lagen in 20 cm Höhe über dem Boden und in den Bodentiefen von 2 cm, 5 cm, 15 cm, 40 cm.

Die Darstellung (s. Abb. 5) zeigt eine klare Abhängigkeit der Mittel-Temperaturen von Bodentiefe und Bodenlage in der Catena.

— Im Sommer ergaben sich — neben einer Temperaturabnahme mit der Tiefe — talwärts abnehmende Temperaturen als Folge von Kaltluftabflüssen zur Senke sowie besonders starker Abkühlung durch Wasserverdunstung über dem Moorkörper.

— Im Herbst erfolgte ein Temperaturausgleich im einzelnen Profil wie auch entlang der Catena. Relativ stark kühlte das Moor ab, weil die organische Substanz isolierend wirkte und damit zu Energieverlusten führte, die Strahlungsfröste zur Folge hatten.

— Der Winteraspekt zeigte auch im Bestand relativ hohe Temperaturen aufgrund eines sehr milden Witterungsverlaufes. Demzufolge hat auch keine starke Abkühlung der tieferen Schichten stattgefunden.

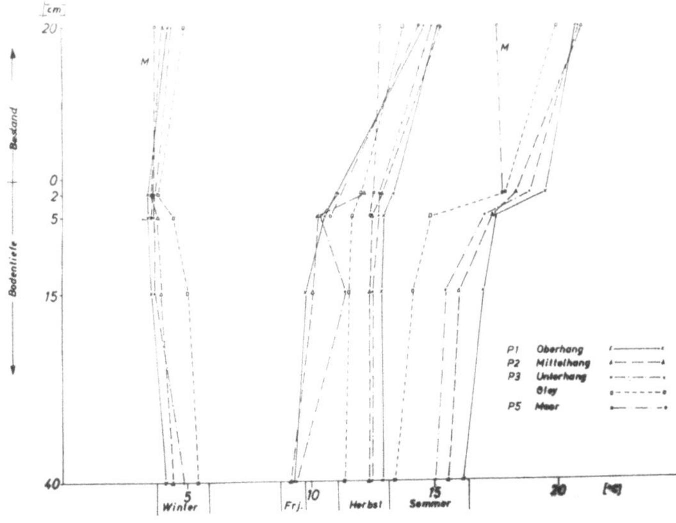

Abb. 5.   Tiefenfunktion der exponentiellen Mittel-Temperatur einer Boden-Catena des Düppeler Forstes im Jahr 1972/1973.

Die schnelle Erwärmung der Luft im Frühjahr teilte sich auch den tieferen
Schichten mit. Eine Vorzugsstellung des SW-exponierten Unterhangprofils ist
auf stärkere Sonneneinstrahlung zurückzuführen.

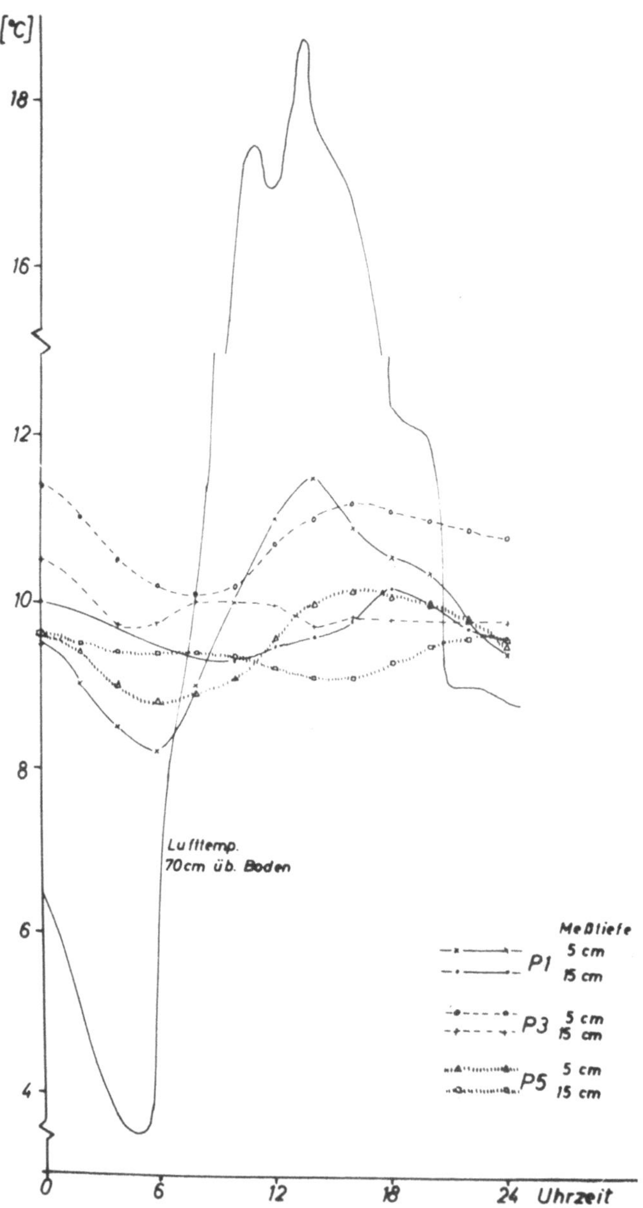

Abb. 6. Tagesgang der Luft- und Bodentemperatur am 7.5.1973 einer Boden-Catena des Düppeler Forstes.

Die kontinuierliche Messung der Luft- und Bodentemperatur (Thermohygrograph und Widerstandsthermograph) ergab im Winter 1973/1974 keine Minustemperaturen in 5 cm Bodentiefe, selbst bei stärkeren Nachtfrösten nicht.

Die Tagesamplitude der Temperatur nahm (wie in Abb. 6 dargestellt) erwartungsgemäß mit zunehmender Bodentiefe ab; dabei war die Phasenverschiebung der Temperaturmaxima im Moor wesentlich stärker als in den Mineralböden. Das bedeutet ökologisch u.a., daß das Zersetzungsmaximum (CO_2-Entbindung) nicht mit dem vollen Lichtgenuß zusammenfällt und damit keine optimale Fotosynthese mehr gewährleistet ist.

Stickstoffdynamik

Die Stickstoffdynamik wurde durch wiederholte Bestimmung des verfügbaren Stickstoffes in Humusauflage und oberem Mineralhorizont des Bodens gekennzeichnet (3) (NO_3- und NH_4-Extraktion mit $KAl(SO_4)_2$). Die dreidimensionale Darstellung (s. Abb. 7) läßt erkennen, daß im Winter NH_4 angereichert wurde, welches mit Beginn der Vegetationsperiode durch verstärkten Entzug eine deutliche Abnahme erfuhr.

Entsprechend der mächtiger werdenden Humusauflage ergaben sich hangabwärts steigende NH_4-Werte, die wir darauf zurückführen, daß eine leichter zersetzbare Streu vorliegt. Allerdings wäre der Anstieg geringer, wenn man das NH_4 auf den Wurzelraum bezieht, weil mit zunehmendem Humusgehalt das Substanzvolumen

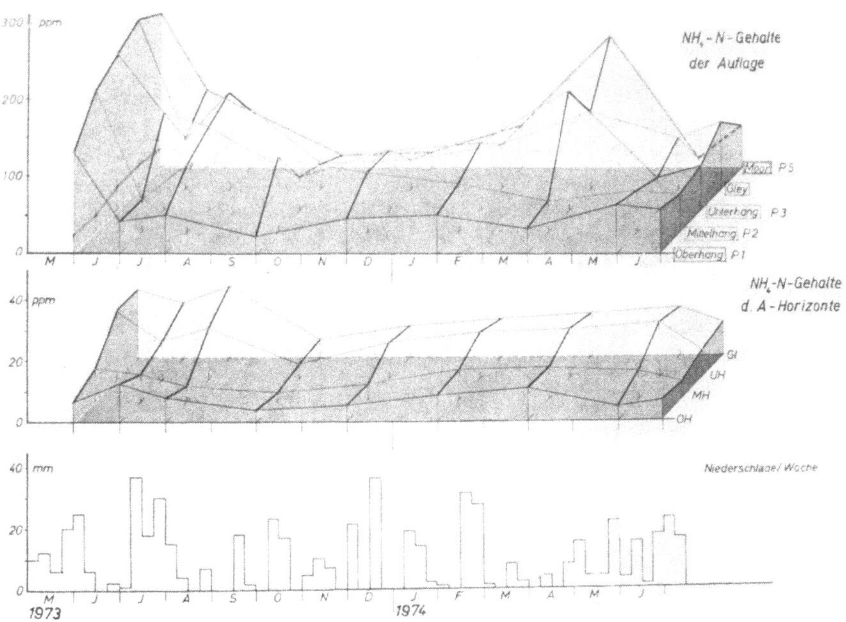

Abb. 7. Jahresgang der Gehalte an austauschbarem NH_4-N in ppm der Humusauflage und der humosen Oberböden einer Boden-Catena und Jahresgang der Niederschläge.

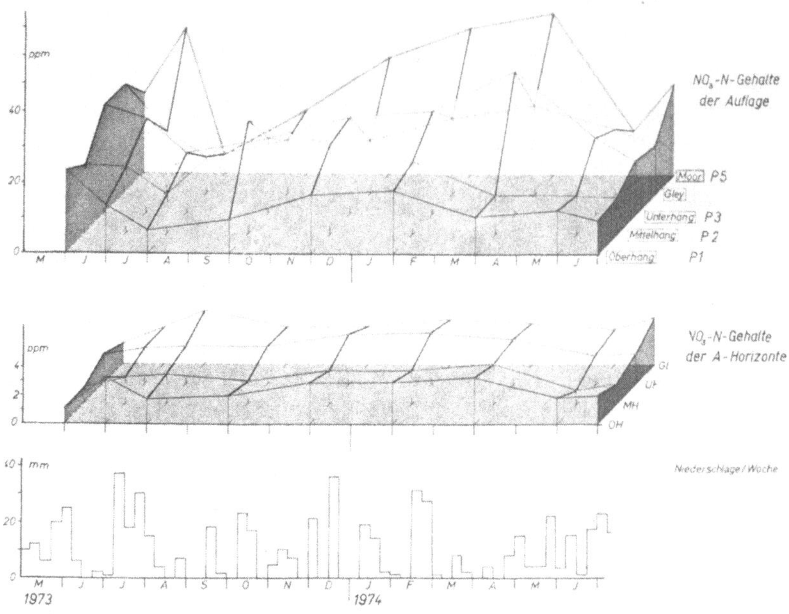

Abb. 8.   Gehalte an NO_3-N der Humusauflage und der humosen Oberböden einer Boden-Catena des Düppeler Forstes und Jahresgang der Niederschläge.

abnimmt. Die vorübergehende Zunahme im Juli hat ihre Ursache in den Niederschlagsereignissen dieses Monats (dem unteren Diagramm zu entnehmen).

Ein analoges Bild ergibt sich für die Nitratgehalte (s. Abb. 8). Der während des Winters entstandene „Vorrat" wird von Pflanzen und Organismen schnell verbraucht. Wohl aufgrund der schlechten Nitrifizierungsbedingungen bei den vorliegenden niedrigen pH-Werten sind die Nitratgehalte jeweils eine Zehnerpotenz niedriger als die des Ammoniums (vgl. Maßstäbe Abb. 7 und Abb. 8). Die unerwartete Junispitze für das Moor ist wohl auf gute Nitrifizierungsbedingungen infolge Austrocknung zurückzuführen (vgl. Tensionswerte in Abb. 3). Im folgenden Monat führten erhebliche Niederschläge zu einer starken Nitratauswaschung aus dem oberen Humuskörper (siehe erhöhte NO_3-Gehalte in den Mineralhorizonten).

Standortsleistung

Die Standortsleistung wurde nicht direkt ermittelt, etwa durch Bestimmung der Produktion an Biomasse, sondern indirekt charakterisiert, und zwar durch 1. wiederholte Messung der CO_2-Entbindung als Maß für Wurzelatmung und Mikrobentätigkeit, 2. über den Abbau eingebrachter Cellulose als Maß für die Mikrobentätigkeit.

Da wir die Leistungen nicht absolut erfassen wollten, es nur darauf ankam, relative Unterschiede zwischen den einzelnen Standorten zu ermitteln, erscheint uns das geschilderte Vorgehen statthaft.

Die Messung der Bodenatmung erfolgte nach LUNDEGARD (1923, 1924) in 24-stündigen Einzelmessungen bei unterschiedlicher Witterung (s. Abb. 9). Die Catena weist überraschenderweise talwärts eine steigende CO_2-Atmungstendenz auf. Die Kopplung des jahreszeitlichen Verlaufes an die Temperatur ist ebenso ersichtlich, wie die Korrelation zur Niederschlagstätigkeit während der Vegetationsperiode.

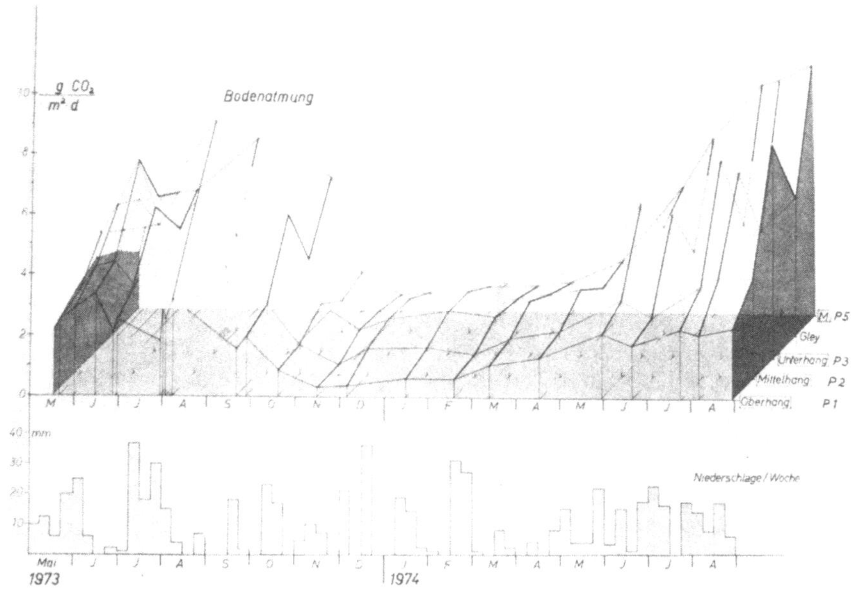

Abb. 9. Boden-Atmung [g CO_2 . m^{-2} . d^{-1}] einer Boden-Catena des Düppeler Forstes und Jahresgang der Niederschläge.

Hohe Atmungsraten am Unterhang sind, wie bereits gesagt, auf leichter zersetzbare Streu zurückzuführen. Das Auftreten der höchsten CO_2-Werte, ausgerechnet im Moor, ist erstaunlich. Die Erklärung ist in der Austrocknung der Mooroberfläche zu suchen, die zu einer besseren Durchlüftung führte und somit bessere Zersatzbedingungen gegenüber feuchteren Jahren gebracht hat.

Tabelle 1 Cellulose-Abbauraten einer Bodencatena des Düppeler Forstes (Angaben in mg/Tag im Zeitraum Mai 1972 − März 1973 bei Vorgabe von 5 g Cellulosewatte nach BRUNS).

cm Bodentiefe	Ober-Hang	Mittel-	Hangfuß	Tal
	P 1	P 2	P 3	P 5
5	20	8	13	1.6
15	18	9	11	0
40	3	1.5	2.7	0

99

Es handelt sich um Jahresmittelwerte mehrfach gewechselter Proben. Der Cellulosetest. (Die Ergebnisse des Cellulosetest nach UNGER (1960) sind Tab. 1 zu entnehmen) ergab für Humusauflage und humosen Mineralboden hohe Zersatzraten, im wenig belebten Unterboden geringe Raten; der geringe Abbau im Moor widerspricht den Ergebnissen der Bodenatmung. Offenbar sind bereits in 5 cm Tiefe die Sauerstoffverhältnisse ungünstiger als darüber, sowie die Lebensbedingungen speziell der Cellulosezersetzer allgemein schlechter. Schlechte Zersatzergebnisse an den Hangpositionen sind wohl Kennzeichen eines geringen Nährstoffangebotes und Wassermangels im Sommer.

Ökologische Wertung

Die Biozönose der untersuchten Catena weist insgesamt ein anspruchsloses Artenspektrum auf, was die Nährstoffbedürfnisse anbelangt. So dominieren am Hang Kiefer, Eiche, *Caluna*, *Deschampsia* und etwa 9 weitere, zum Teil xeromorphe Arten in der Krautschicht. Die Vegetation ist dann aber in Abhängigkeit vom Relief deutlich zoniert, was, wie unsere Ergebnisse bestätigen, vorwiegend Folge unterschiedlicher Wasser- und Luftverhältnisse ist. Hinzu treten Unterschiede im Mikroklima und Nährstoffdynamik (z.B. Stickstoffdynamik), die teilweise ebenfalls durch unterschiedliche Wasserverhältnisse induziert wurden.

Mittel- und Oberhang erwiesen sich auch im Jahreslauf als trockene Standorte. Trotzdem trockneten die Böden ab 20 cm Tiefe kaum über Tensionen von 1000 cm WS hinaus aus, weil hier mit den Eichen und Kiefern Baumarten stocken, die sich auch aus dem tieferen Unterboden mit Wasser versorgen können. In den obersten cm hat allerdings auch zeitweiliger Wassermangel neben geringer Belichtung dazu beigetragen, daß keine geschlossene Krautschicht vorhanden ist und ein periodisches Wasserdefizit hat zusätzlich den Streuabbau gehemmt.

Am Unterhang ist hingegen eine geschlossene Krautschicht vorhanden, was nicht nur Folge etwas stärkerer Belichtung ist, sondern auch Folge besserer Wasserversorgung in Normaljahren. Wegen des hier höher anstehenden Grundwassers handelt es sich auch um eine anspruchsvollere Vegetation, was die Wasserversorgung anbelangt. Da aber am Unterhang auch die Bäume wegen Sauerstoffmangels im Unterboden nur flach wurzeln, mithin verstärkt dem Oberboden Wasser entziehen, ergab sich hier in Trockenperioden ein stärkerer Anstieg der Wassertensionen selbst in 1 m Tiefe als am Oberhang. Trotzdem ist die Wasserversorgung am Unterhang stets besser, was u.a. die Produktion von mehr Biomasse, damit auch von mehr leichter zersetzlicher Streu und letztlich auch von mehr mineralisiertem Stickstoff zur Folge hat. Aus diesem Grunde wird die Unterhangvegetation besser mit Stickstoff versorgt als die Oberhangvegetation.

Die im Moor ermittelten Ergebnisse der Bodenatmung und der Stickstoffmineralisation zeigen, daß hier Trockenjahre zu einer starken Organismentätigkeit im Boden führen, daß mithin ein Moor-Ökotop außerordentlich empfindlich auf geringe Wasserstandsunterschiede reagiert.

LITERATUR

HACKENTHAL, H., (1973): Beilage z. Berliner Wetterkarte. Wetteramt. Berlin.
LUNDEGARD, H., (1923): Über die Kohlensäureproduktion und die Gaspermeabilität des Bodens. *Arkiv för Botanik* 18: 1—36.
——, (1924) Der Kreislauf der Kohlensäure in der Natur. Gustav Fischer, Jena, 1924.
PALLMANN, H., E. EICHENBERGER & A. HASLER, (1940): Berichte der Schweizerischen Botanischen Gesellschaft, 50.
SCHLICHTING, E. & H.-P. BLUME (1966): Bodenkundliches Praktikum, Verlag Paul Parey.
UNGER, H., (1960): *Zeitschr. Pflanzenernährung, Düngung und Bodenkunde* 91: 44—52.

Anschrift der Verfasser:

Institut für Okologie der Technischen Universität Berlin, Fachbereich 14, Landschaftsbau, 1 Berlin 33, Englerallee 19—21.

Sonderdruck: Verhandlungen der Gesellschaft für Ökologie, Erlangen 1974.

VOGELBESTANDSAUFNAHMEN IN DER LANDSCHAFTSPLANUNG

EINHARD BEZZEL

Abstract

Bird census as a contribution for countryside planning.

The results of bird census work carried out in different parts of Central Europe offer plenty of detailed informations on density and population levels of the different species. For practical management, however, it is necessary to give clear and short recommendations. Furthermore datas of bird communities have to be interpreted under synecological aspects.

Birds can be very useful bio-indicators for changes in complexe ecosystems: they contain the most vertebrate species of Europe; they are usually not extremely specialised; many of them cover top positions in food chaines; they occupy a remarcable part of the biomass of the consuments in some ecosystems; they show variable behaviour combined with high mobility; last not least the ecology of most species is better known than that of their prey animals.

There are, however, many difficulties to interprete the results of counts, number of individuals and species. The number of individuals in bird populations, especially in migration and winter quarters, often changes remarkably. Increasing numbers can be as critical as a rapid decrease (e.g. eutrophication of inland waters). The long term development of a summer population of waterfowl (moult migration + breeding population) and the possibilities of interpretation are shown in fig. 1.

The number of species can be also used to characterize a habitat or a cutout of the countryside, especially, if the quality of species is checked by a 'Red List' of endangered species and the selection is completed by species which are typical for the habitats investigated. Fig. 3 shows the strain on the ecosystems if further economic development leads to destruction of special habitats.

Diversity and species evenness offer further possibilities to quantify bird communities. In typical man made habitats the species evenness is low despite of high density of individuals or number of species (fig. 4 and 5). In this way the quality of different habitats with different numbers of species and individuals can be compared by simple figures.

1. Vorbemerkungen

Quantitative Bestandsaufnahmen werden in der Feldornithologie seit vielen Jahren unter verschiedenen Gesichtspunkten betrieben. Das Ergebnis der Fülle von Publikationen bildet eine Vielzahl von mehr oder minder genauen und detaillierten Angaben über den Vogelbestand kleiner oder größerer Teilausschnitte der Landschaft. Zwei sehr wesentliche Hindernisse stehen aber einer zusammenfassenden und vergleichenden Auswertung solcher ornithologischen Bestandsaufnahmen im Wege: a. Die Erfassung der Landschaftsräume Mitteleuropas ist sehr ungleichmäßig und teilweise nicht nach übergeordneten Gesichtspunkten durchgeführt worden. Ferner wissen wir vielfach noch zu wenig über systematische und zufällige Fehler der einzelnen Erfassungsmethoden; außerdem sind die praktizierten Methoden unterschiedlich. Damit sind einer zusammenfassenden Auswertung und Vergleichbarkeit derartiger Untersuchungen noch enge Grenzen gesetzt. b. Das Ergebnis ornithologischer Bestandsaufnahmen ist in der Regel eine Fülle von Einzeldaten über Abundanz und Dominanz der verschiedenen Arten. Mit derartigen vielen Spezialwerten kann der Praktiker des Naturschutzes und der Landschaftspflege in der Regel wenig anfangen, sofern er nicht zufällig selbst ornithologische Fachkenntnisse besitzt.

Sinn der Bestandsaufnahmen im Rahmen der Arbeit der Staatlichen Vogelschutzwarte Garmisch-Partenkirchen ist daher vor allem das Problem zu bewältigen, detaillierte ornithologische Bestandsaufnahmen für die Praxis der Landschaftspflege auswertbar und nutzbar zu machen. Insbesondere ist wichtig, für den Praktiker komplizierte Zusammenhänge möglichst einfach und klar darzustellen. Mit solchen Vereinfachungen wächst allerdings das Maß der Ungenauigkeit. Hinzu kommt, daß versucht werden muß, die Fülle von Unterlagen zur Ökologie und zum Bestand einzelner Vogelarten unter synökologischen Gesichtspunkten zusammenzufassen und dafür einfache Kennwerte zu erarbeiten, die dann zur Beurteilung der Situation in einem Ökosystem führen können.

2. Die Vogelwelt als möglicher „Bioindikator"

Die Dynamik von Tierpopulationen als Indikator für Vorgänge und Veränderungen in Ökosystemen zu benutzen, wird immer wieder versucht. Entscheidend ist hierbei, in wieweit Veränderungen im Bestand einzelner Arten, systematischer Artengruppen oder Artengesellschaften für Vorgänge in komplexeren Ökosystemen oder gar in ganzen Landschaftsräumen als Hinweise herangezogen werden können. In Landschaftsräumen, gewissermaßen Ökosysteme höheren Grades, scheinen Veränderungen in der Vogelwelt besonders interessante und geeignete Hinweise für das Management zu geben. Die besondere Bedeutung von Vogelbestandsaufnahmen in diesem Zusammenhang läßt sich durch eine Reihe von Gründen belegen. Hier die wichtigsten in Kürze: a. Die Vögel bilden in unseren Breiten die artenreichste Wirbeltierklasse. Das bedeutet, daß Vögel in allen wichtigen Ökosystemen unserer Landschaft vertreten und dort z.T. in sehr vielfacher Weise eingenischt sind. Wir können nebeneinander sehr unterschiedliche Bandbreiten der Einnischung beobachten, also Spezialisten neben weniger spezialisierten Arten. b. In der Ernährung geht in der Regel die Spezialisierung der meisten Vogelarten nicht so weit wie bei Arten anderer Wirbeltiergruppen. Gerade bei den meisten Singvögeln ist das Nahrungsspektrum relativ breit; es lassen sich nicht in dem Maße scharf Carnivoren von Herbivoren unterscheiden wie z.B. bei den Säugern. Das bedeutet, daß kleine Veränderungen in Ökosystemen, z.B. Ausfall einer einzigen Futterpflanze bzw. weniger Insektenarten, durch Ersatznahrung ausgeglichen werden können und daher solche kleinen Erschütterungen des dynamischen Gleichgewichtes gewissermaßen gebremst und abgepuffert in Veränderungen der Vogelwelt resultieren. Wir finden z.B. als Folge davon bei Vogelpopulationen mittlerer Breiten nicht derart starke Fluktuationen wie bei vielen Insektenpopulationen oder auch Kleinnagern (z.B. Feldmaus) und können daher leichter langfristige Trends von kurzfristigen Schwankungen trennen. Ausnahme bei Spezialisten (z.B. Kreuzschnäbel) bestätigen die Regel. c. Auf der anderen Seite tritt hinzu, daß viele Vogelgruppen, wie Greifvögel, Eulen, aber auch viele Sing- oder Wasservögel Spitzenpositionen in den Nahrungsketten und — netzen einnehmen. Damit besteht die Möglichkeit, daß sich Veränderungen in den Biocönosen summieren und potenzieren. Dies hat wiederum zur Folge, daß sich gravierende Veränderungen entsprechend deutlicher auswirken als auf den niedrigeren Ebenen der Pro-

duzenten oder der primären Konsumenten. Man muß in diesem Zusammenhang
auch bedenken, daß extreme Spitzenpositionen in Nahrungsketten individuenarm
sind und gerade die große Zahl der von Natur aus seltenen Vogelarten das Erkennen
von Bestandsänderungen erleichtert (z.B. REICHHOLF 1974 a). d. In einer Reihe
von Ökosystemen, speziell solchen, die für unsere Kulturlandschaft typisch sind,
wie Produktionsflächen der Agrarwirtschaft oder nährstoffreiche Binnengewässer,
machen Vögel durch ihre hohe Individuenzahl auch einen nennenswerten Teil der
Biomasse der Konsumenten aus (z.B. REICHHOLF 1973 a, b). e. Bei viele kleineren
Vogelarten ist die jährliche Zuwachsrate groß genug, um gegebenenfalls in relativ
kurzer Zeit sichtbare Bestandsänderungen herbeizuführen. f. Das ausreichend komplizierte und mit entsprechender Variationsbreite versehene Verhaltensinventar
gestattet rasche Anpassung und längerlebigen Formen die Traditionsbildung, die
häufig zu langanhaltender und für den Bestand einer Vogelart sehr effektvollen
Ausnützung oder Besiedlung neugeschaffener bzw. veränderter Lebensräume führt
(z.B. BEZZEL 1964; WÜST 1970, 1973). g. Die hohe Beweglichkeit der Vögel
erlaubt in einem gegebenen Landschaftsraum eine sehr verschiedenartige Nutzung
der Nahrungsquellen und Lebensräume im Laufe der Jahreszeiten, ist aber gleichzeitig auch eine der Voraussetzung für erfolgreiche Traditionsbildung. h. Schließlich
ist noch zu erwähnen, daß die Ökologie der meisten Vogelarten wesentlich besser
bekannt ist als die ihrer Beutetiere, ein Umstand, der für die Praxis der Landschaftsplanung, bei der meistens keine umfangreichen Systemanalysen durchgeführt werden können, besonders wichtig ist.

3. Auswertungsmöglichkeiten von ornithologischen Bestandsaufnahmen

Man hätte also in der Vogelwelt einen außerordentlich vielseitig anwendbaren, genügend empfindlichen, aber doch wiederum nicht überempfindlichen Indikator zur
Hand, bei dessen Auswertung ein guter Fundus an ökologischen Detailkenntnis-
sen bereits zur Verfügung steht (vgl. BEZZEL & RANFTL 1974). Dies darf jedoch
nicht darüber hinwegtäuschen, daß demgegenüber eine Reihe grundsätzlicher
Schwierigkeiten auftritt. Die Kenngrößen Individuendichte und Artenzahl sind
allein für sich genommen nicht immer ausreichend, um einen Biotop bzw. einen
Landschaftsraum zu beschreiben bzw. Änderungen dieser Größen mit Änderungen
des Lebensraumes in Verbindung zu bringen.

3.1. *Individuenzahl*

Bei den sehr beweglichen Vögeln können bei der Ermittlung der Individuenzahl
Fehler unterlaufen. Sehr häufig sind ferner Individuenansammlungen nur für den
Augenblick gültig. Dies gilt weniger für Brutbestände, doch ist hier vor allem das
sichere Erfassen versteckt lebender Arten nicht einfach. Die Individuenzahl ist außerdem diejenige Größe, die am stärksten von kurzzeitigen Schwankungen betroffen
wird. Langfristige Trends und kurzfristige Schwankungen der Abundanzdynamik
müssen also hier genau voneinander unterschieden werden. Aber auch langfristige
Trends bieten Schwierigkeiten der Interpretation, da bei vielen Vogelarten infolge
des großen Aktionsradiusses für Änderungen sehr häufig Ursachen auch außerhalb
der untersuchten Landschaft maßgebend sein können. Für die Praxis der Bewertung

von Veränderungen der Landschaft oder von Eingegriffen und von landschaftsplanerischen Vorgängen wird häufig auch der Fehler gemacht, in guter Absicht hohe
Individuenkonzentrationen und Zunahme als besonders erfreuliche Ergebnisse des
Naturschutzes zu betrachten. Dabei aber ist zu bedenken, daß sich z.B. die zunehmende Eutrophierung eines Binnengewässers durch u.U. explosive Zunahme der
Biomasse an Wasservögeln äußerst (z.B. BEZZEL & RANFTL 1974, BEZZEL im
Druck). Ebenso sind hohe Individuenzahlen für intensiv genutzte und stark veränderte Kulturlandschaftsräume charakteristisch.

Am besten und mit den geringsten Fehlerquellen zu ermitteln sind Individuenzahlen z.B. bei rastenden Wasservogelschwärmen. Die Auswertung von Zählreihen
ergibt jedoch häufig sehr stark kurzfristige Fluktuationen (z.B. BEZZEL 1972,
EBER 1973), die durch vielseitige Kombination verschiedener Ursachen zustande
kommen (z.B. BEZZEL im Druck). Für die Interpretation einer langfristigen Zählreihe gibt Abb. 1 ein Beispiel. Durch Zunehmen ortsfremder Enten, Bläßhühner
und Taucher, die z.T. zum Zweck der Großgefiedermauser (mit vorübergehender
Flugunfähigkeit verbunden) ein Teichgebiet aufsuchen, entsteht eine außerordentlich hohe lokale Konzentration im Juli, die durch die Jungenproduktion der ansässigen Brutpopulation noch erhöht wird. Beide Vorgänge führen mit einer charakteristischen Zeitverzögerung nach einer einschneidenden Veränderung zu einem
steilen Anstieg des Gesamtbestandes, der sich auf ein neues Niveau einpendelt. Ab
1970 wurde dieses Niveau überschritten, ohne daß eine entsprechende ökologische
Veränderung zu registrieren war. Dies ist möglicherweise als Konzentrationseffekt
zu deuten, ausgelöst durch die in den letzten Jahren im Sommer gewaltig angestie-

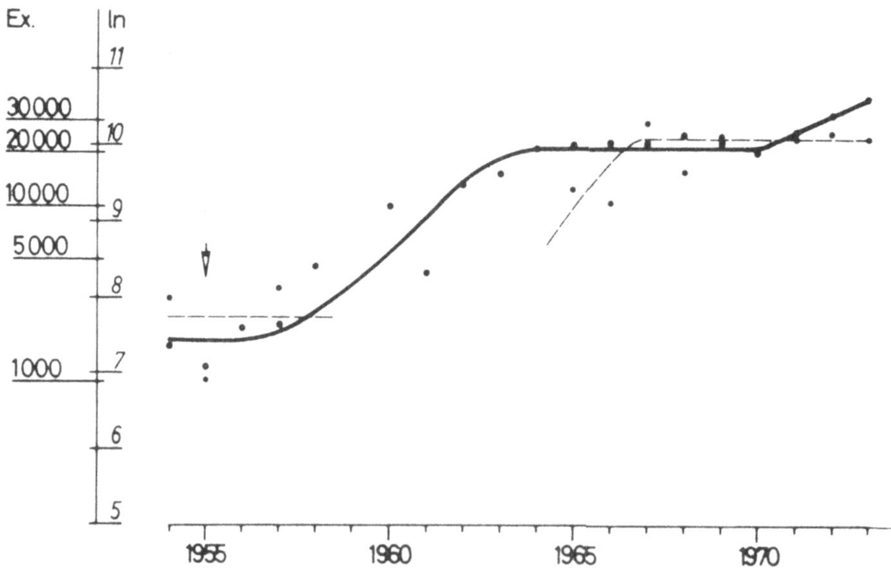

Abb. 1. Entwicklung des Juli (ausgezogen) − bzw. Augustbestandes (gestrichelt) an Schwimmvögeln (Enten, Taucher, Bläßhühner) im Ismaninger Teichgebiet bei München (zuwandernde
Mauservögel + Brutbestand bzw. Jungenproduktion). Pfeil = Höherstau des Wasserspiegels im
Speichersee, der vor allem für Tauchenten neue Nutzungsmöglichkeiten erschloss. Näheres
s. Text.

gener Spitzenbelastung süddeutscher Binnengewässer durch „Erschließung" und
Erholungsbetrieb. Ein Wasservogelsterben 1973, dem rund 10 000 Individien zum
Opfer fielen, ist möglicherweise als Antwort auf eine durch Zwang erfolgte kurzfristige Überschreitung der Grenzkapazität (carrying capacity) zu deuten, da rasche
Dichteregulation durch Abwandern (Flugunfähigkeit!) nicht möglich war (Näheres
s. BEZZEL im Druck). Die Entwicklung der Ismaninger Sommerpopulation zeigt
die Gefährlichkeit des „Konzeptes" einsamer Wasservogelreservate ohne entsprechende Verbindungs- und Ausweichsmöglichkeiten.

Mindestens ebenso wichtig für die Bewertung von Eingriffen ist neben der Diskussion der Abundanzdynamik aber auch die Dispersionsdynamik von Tierpopulationen, die ja auch beim Aufbau der Mausertradition in Abb. 1 eine maßgebende
Rolle spielte. Entscheidend scheinen solche Fragen z.B. bei der Erklärung der Ausbreitung der Türkentaube oder der Wacholderdrossel, aber auch für die Beurteilung
der Populationsdynamik von Graureiher oder Lachmöwe zu sein, um nur einige für
unsere Kulturlandschaft besonders charakteristischen Abundanzdynamiken von
Vogelarten kurz zu streifen. Die Verfolgung und Beurteilung von dispersionsdyna-
mischen Fragen ist im Augenblick hinter der Betrachtung von Abundanzdynamiken
in praktischen Ansätzen unverdient etwas zurückgetreten.

3.2. Artenzahl

Das Artenspektrum ist im allgemeinen ein wesentlich vielseitig anwendbarer Hin-
weis als die Individuenzahl bzw. Biomasse für die Qualität eines Biotopes. Abnah-
men in der Artenzahl der Vögel sind meist eindeutige Hinweise auf Verluste an
Biotopstrukturen oder auf den Ausfall von Gliedern niederer trophischer Ebenen in
Biocoenosen. Reich gegliederte Biotope können sich eine große Artenzahl leisten.
Die Anzahl seltener Arten als Angehörige einer Biocönose kann ein Indiz für deren
Stabilität sein (REICHHOLF 1974 a). Für die Praxis ist jedoch die gute Absicht des
Naturschutzes, Biotope mit möglichst vielen Arten oder möglichst vielen seltenen
Arten unter Schutz zu stellen bzw. in artenarme Biotope durch landschaftspflege-
rische Maßnahmen mehr Reichtum an Strukturen einzubringen, nicht unproblema-
tisch. Bei derartigen Betrachtungsweisen müßte z.B. ein Hochmoor gegenüber
einem Kleingartengelände schlecht abschneiden oder die Erhaltung eines Stadtpar-
kes wichtiger sein als die einer relativ artenarmen Hochgebirgswaldgesellschaft.
Immerhin läßt sich bei einer sinnvollen Bewertung der einzelnen in einer Landschaft
vorkommenden Art die Artenzahl durchaus als Kriterium für den Zustand der
Landschaft herausarbeiten.

Ein derartiger Versuch wurde im Werdenfelser Land durchgeführt (Abb. 2 und
3; BEZZEL & RANFTL 1974). Die Arbeit vollzog sich in 3 Stufen, nämlich Kartierung der Brutvogelarten, Auswahl von „Indikatorarten" und Abschätzung der Belastbarkeit der Vogelcoenosen. Aus rund 120 Rasterkarten der Brutvögel des Untersuchungsgebietes wurden die Verbreitungsmuster aller Arten der „Roten Liste" der
Brutvögel Bayerns sowie solcher Arten ausgewählt, die für das Gebiet besonders
typisch sind, (z.B. Berglaubsänger, Dreizehenspecht). Die Summenkarten dieser
Arten (Abb. 2) läßt nicht nur „ornithologisch" wichtige Flächen der Landschaft
deutlich werden. Unter Berücksichtigung der in Abschnitt 2 angedeuteten Aspekte
weisen die Signaturen in Abb. 2 ganz allgemein ökologische bzw. naturschützerische
wertvolle Gebiete aus. Dabei kann die Abschätzung der möglichen menschlichen

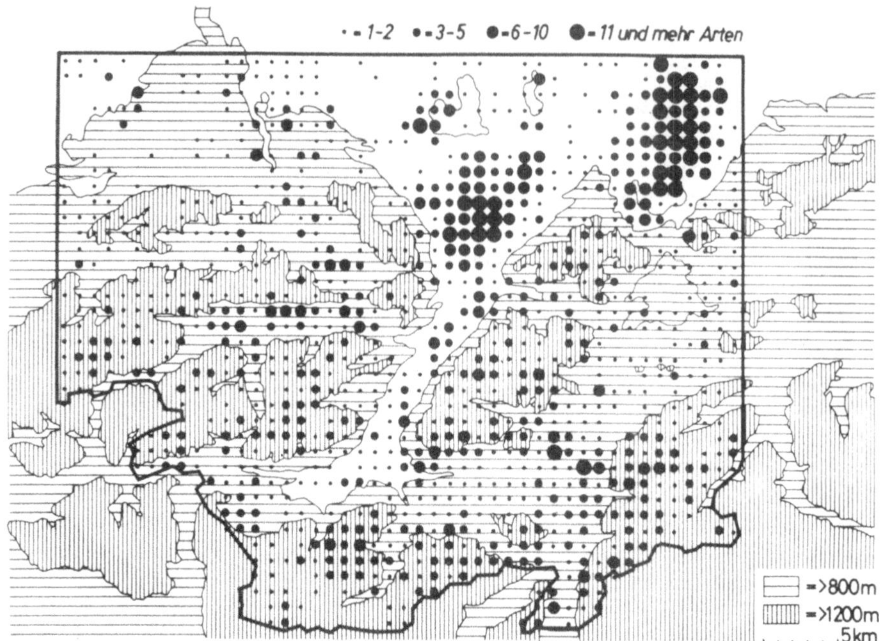

Abb. 2. Rasterkartierung von „Indikatorarten" im Werdenfelser Land (1400 km² Oberbayern). Summendarstellung der Verbreitungsmuster von Arten der „Roten Liste" und für das Gebiet besonders typischer Vogelarten (aus BEZZEL & RANFTL 1974.).

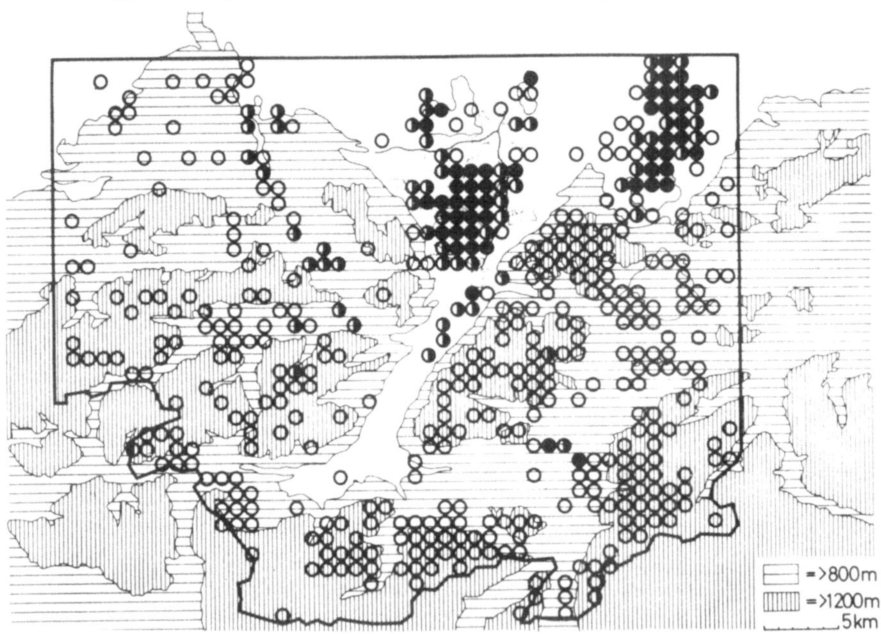

Abb. 3. Vorauszusehendes Ausmaß der Belastung der Vogelgesellschaften bei zukünftiger Erschließung durch den Fremdenverkehr (Grundlage Abb. 2). Ohne Signatur = Belastung gering; ○ = mäßig starke Belastung; ◕ = starke Belastung; ● = sehr starke Belastung, die zur Zerstörung der Lebensgemeinschaft führt (aus BEZZEL & RANFTL 1974).

Nutzung für jede Rastereinheit in ihrer vorzuschenden Wirkung auf die Vogel-
coenose durchaus ein Beitrag zur Ermittlung der Belastbarkeit einer Landschaft
darstellen (Abb. 3). Damit ist es also durchaus möglich, wenn aufgrund ökologischer Vorkenntnisse die Arten qualifiziert werden können, anhand der Artenzahl
Grundlagen für Planungsrichtlinien und Landschaftsplanung zu entwerfen.

3.3. Diversität und species evenness

Individuenzahl und Artenzahl sind jedoch für sich genommen nicht aureichend um
synökologische Aspekte darzustellen (z.B. DARMER, 1974). Außerdem sind in den
einzelnen Biotopen unserer Kulturlandschaft Artenzahl und Individuenzahl der
Vögel dermaßen verschieden, daß sie sich schwer bewerten und miteinander vergleichen lassen (z.B. Hochmoor, Mischwald, Verlandungszone eines Binnengewässers. Großstadtpark usw.). Eine geeignete Möglichkeit, nicht nut einzelne Arten,
sondern ganze Vogelgesellschaften bzw. Angehörige einer Trophie-Ebene des Ökosystems miteinander zu vergleichen, ist die Berechnung der Diversität. Die Diversität
läßt sich in die beiden Komponenten „Artenreichtum" und die Gleichmäßigkeit der
Verteilung der Individuen über die Arten, der sog. species evenness zerlegen. In die
Berechnung der Diversität gehen die relativen Häufigkeiten der einzelnen Arten ein.
Dies hat auch methodisch den Vorteil, daß kleine Zähfehler und vor allem das Übersehen in sehr wenigen Individuen vertretener seltener Arten kaum eine Rolle spielt.
Die Diversität reagiert z.B. auf die in wenigen Individuen vorkommenden Arten so
gut wie gar nicht. Die geringe Fehleranfälligkeit der Diversitätsberechnung etwa
nach der Formel von Shannon und Weaver, bei der eigentlich einzige Voraussetzung
ist, daß alle verglichenen Arten gleiche Wahrnehmungswahrscheinlichkeit besitzen,
ist verschiedentlich für Vogelgesellschaften getestet worden (z.B. JÄRVINEN &
SAMMALISTO 1973). Ferner kann die Auswahl der Stichproben ganz beliebig
erfolgen; es ist für die Diversitätsberechnung gleichgültig, ob Individuen absolut
ausgezählt werden oder ob relative Häufigkeit innerhalb einer bestimmten Zeit und
Flächeneinheit als Antreffhäufigkeit der Berechnung zugrunde liegen. Man kann
auch seltene oder schwer zu entdeckende Arten von vornherein aus der Berechnung
ausschließen. Große Unterschiede im Körpergewicht zu vergleichender Arten können z.B. durch Umrechnung in Biomassediversitäten ausgeglichen werden.

Die Größe des Diversitätswertes hängt einmal entscheidend vom Artenreichtum
ab. Bei der Beurteilung der Struktur von Biocoenosen scheint darüberhinaus vor
allem die Gleichmäßigkeit der Verbreitung der Individuen von Bedeutung, da die
Gesamtdynamik der Ökosysteme, ihre Stabilität und Produktivität zumindest teilweise das Ergebnis von Verschiebungen in relativen Häufigkeiten der Systemkom-
ponenten (Arten) sein dürften (vgl. BEZZEL & REICHHOLF 1974 mit weiterer
Literatur).

Der prozentuale Ausbildungsgrad der species evenness D/D max (wobei $D = -\Sigma p_i \log_e p_i$; p_i = relative Häufigkeit der Arten; $D\ max = -\log_e \frac{1}{n}$; n = Artenzahl)
kann sehr gut verwendet werden, um die verschiedenen Diversitäten, die sich aus
unterschiedlichen Artenspektren errechnen, zu vergleichen. Die unterschiedliche
Entfernung von dem idealen Maximalwert bei vergleichbaren Ökosystemen kann
vielleicht ein Maß für die Stärke der menschlichen Beeinflussung durch Biotopver-
änderungen sein, da natürliche Sukzessionen in Ökosystemen im allgemeinen zur

Erhöhung der Diversität hin tendieren.

Über die Bedeutung der Diversität und der davon abhängigen species evenness
für Wasservogelgesellschaft und die darauf aufbauende Bewertung von Biotopen
s.z.B. HÖSER 1973, BEZZEL & REICHHOLF 1974. Ganz allgemein scheinen z.B.
durch ungeregelte Fremdstoffzufuhr belastete Gewässer geringere evenness-Werte
aufzuweisen (BEZZEL im Druck). Ähnliche Ergebnisse zeichen sich auch beim
Vergleich von Probeflächenuntersuchungen der Siedlungsdichte von Sommervögeln
ab (Abb. 4). Unabhängig von hoher Individuendichte oder Artenzahl ist die evenness in den am stärksten vom Menschen veränderten Stadtbiotopen am niedrigsten.
Schließlich wurde versucht, Diversitäten der Landschaftsstruktur mit der Artendiversität und das species evenness der Singvogelgesellschaft in Beziehung zu setzen.

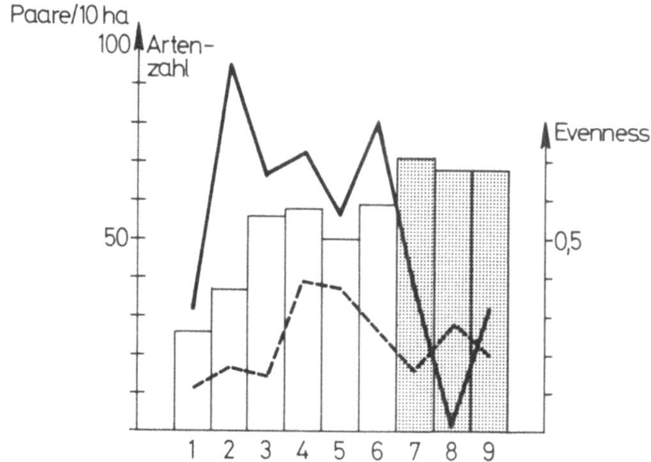

Abb. 4. Species evenness der Biomasse (Säulen) von Landvögeln im Vergleich zu Artenzahl
(gestrichelte Kurve) und Individuendichte (Paar/10 ha; ausgezogene Kurve) nach quantitativen
Bestandsaufnahmen der Sommervögel auf Probeflächen (meist über 20 ha) im Stadtgebiet von
Hamburg (weiß) bzw. in der Umgebung der Stadt (schraffiert). 1 = City, Hafen (Mittel aus
2 Flächen); 2 = Altbauviertel (2 Flächen); 3 = Neubauviertel; 4 = Villenviertel; 5 = Stadtpark;
6 = Kleingartengelände; 7 = kleines Waldstück; 8 = Truppenübungsplatz mit unterschiedlicher
Oberflächenbedeckung; 9 = Wiesen-Feldmarkgebiet mit Knicks (Rohdaten nach MULSOW
1968, 1974; GLITZ 1969; KIRCHHOFF 1972).

Nach bisherigen Ergebnissen scheint die Artendiversität mit der Strukturdiversität
linear zuzunehmen; die evenness blieb in den Vergleichsflächen ± konstant; lediglich
stark vom Menschen beeinflußte Flächen fallen durch niedrige Werte heraus
(Abb. 5). Der Befund, daß Artenzahl bzw. Individuendichte auf zunehmende Strukturdiversität mit einer sigmoiden Kurve reagieren, kann einen wichtigen Beitrag zur
Frage des Minimalareals einer ökologischen Zelle bedeuten. Ab einer bestimmten
Mindestgröße reagieren Individuen- und Artenzahl nicht mehr auf eine Bereicherung
an Strukturen, weil offensichtlich die Mindestfläche als Lebensgrundlage eines
Vogelpaares unterschritten wurden (näheres s. BEZZEL 1974 a).

Damit bieten Berechnungen der Diversität und der species evenness neue Möglichkeiten zur Bewertung von Biotopen bzw. landschaftsverändernder Eingriffe an.

Die bisherigen Ansätze sind allerdings noch keineswegs ausgereift. Sie dürfen vor
allem nicht dazu führen, daß die notwendige individuelle Behandlung von Planungs-
vorgängen und die Beurteilung der Folgewirkung von Eingriffen einer schematischen
Kategorisierung nach „Aktenlage" weicht.

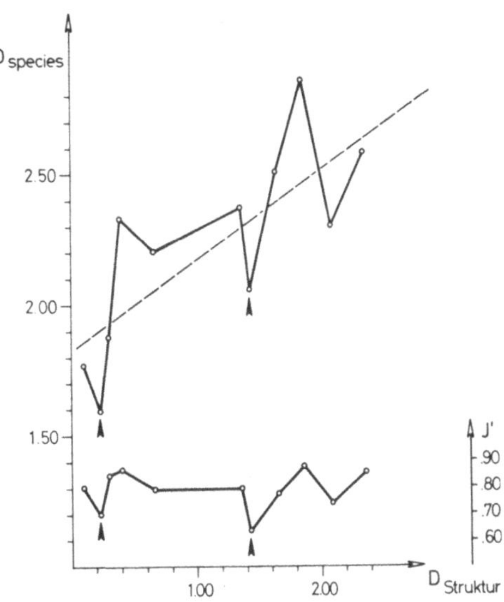

Abb. 5. Artendiversität (Biomasse der Singvögel) und species evenness (J') auf gleichgroßen
quadratischen Probeflächen in bayerischen Alpentälern. Pfeile = Flächen mit starker menschlicher Beeinflussung (intensiv bewirtschaftete Düngewiesen bzw. Siedlungsränder) (aus
BEZZEL 1974 b).

LITERATUR

BEZZEL, E., (1964): Zur Ökologie der Brutmauser bei Enten. *Anz. orn. Ges. Bayern* 7: 43—79.
—, (1972): Ergebnisse der Schwimmvogelzählungen in Bayern von 1966/67 bis 1971/72. *Anz.
orn. Ges. Bayern* 11: 211—247.
—, (1974) a): Die in Bayern gefährdeten Vogelarten („Rote Liste"). Landesbund f. Vogel-
schutz in Bayern, Merkblatt.
—, (1974 b): Untersuchungen zur Siedlungsdichte von Sommervögeln in Talböden der Bayerischen Alpen und Versuch ihrer Interpretation. *Anz. orn. Ges. Bayern* 13: 259—279.
—, (1975): Wasservogelzählungen als Möglichkeit zur Ermittlung von Besiedlungstempo,
Grenzkapazität und Belastbarkeit von Binnengewässern (im Druck)
—— & H. RANFTL (1974): Vogelwelt und Landschaftsplanung. Eine Studie aus dem Werdenfelser Land (Bayern). *Tier und Umwelt*, Heft 11/12
—— & J. REICHHOLF (1974): Die Diversität als Kriterium zur Bewertung der Reichhaltigkeit
von Wasservogel-Lebensräumen. *J. Orn.* 115: 50—61.
DARMER, G., (1974): Feldornithologische Siedlungsdichte-Untersuchungen. Ein Beitrag öko-
logischer Indikation zu Landschaftsplanung. *Landschaft + Stadt* 6: 17—27.
EBER, G., (1973): Dokumentation der 6jährigen Schwimmvogelzählung in Nordrhein-West-
falen von 1966-1972. *Anthus* 10: 49—75.
GLITZ, D., (1969): Die Vogelwelt des Truppenübungsplatzes Höltigbaum. *Hamb. avifaun.
Beitr.* 7: 83—101.

HÖSER, N., (1973): Bestimmung und Interpretation der Artendichte (species — diversity) von Vogelbeständen aus Zählergebnissen unterschiedlichen mathematischen und biologischen Charakters. *Beitr. Vogelk.* 19: 313—328.

JÄRVINEN, O. & L. SAMMALISTO (1973): Indices of community structure in incomplete bird censuses when all species are equally detectable. *Orn. Scand.* 4: 127—143.

KIRCHHOFF, K., (1972): Der Brutvogelbestand eines Wiesen-Feldmarkgebietes mit Knicks in Hamburg-Hummelsbüttel in den Jahren 1968 und 1969. *Hamb. avifaun. Beitr.* 10: 177—192.

MULSOW, R., (1968): Untersuchungen zur Siedlungsdichte der Hamburger Vogelwelt. *Abh. Verh. Naturw. Ver. Hamburg* 12: 123—188.

——, (1974): Der Sommervogelbestand 1971-73 in einem Waldstück zwischen Villenvierteln im Nordosten Hamburgs. *Hamb. avifaun. Beitr.* 12: 151—160.

REICHHOLF, J., (1973 a): Begründung einer ökologischen Strategie der Jagd auf Enten (Anatidae). *Anz. orn. Ges. Bayern* 12: 237—247.

——, (1973 b): Wasservogelschutz auf ökologischer Grundlage. *Natur und Landschaft* 48: 274—278.

REICHHOLF, J. & H. (1974): Ökologische Naturschutz-Strategie. Blätter f. Natur- und Umweltschutz.

——, (1974 b): Artenreichtum, Häufigkeit und Diversität der Greifvögel in einigen Gebieten von Südamerika. *J. Orn.* 115: 381—397.

WÜST, W., (1970): Die Vogelwelt der Landeshauptstadt München. Bund Naturschutz in Bayern, Sonderdruck, 22 S.

——, (1973): Die Vogelwelt des Nymphenburger Parks/München. *Tier und Umwelt*, Heft 9/10

Anschrift des Verfassers:

Dr. EINHARD BEZZEL, Staatliche Vogelschutzwarte, Garmisch-Partenkirchen.

INDIKATORWERT UNTERSCHIEDLICHER BIOTISCHER DIVERSITÄT IM VERDICHTUNGSRAUM VON SAARBRÜCKEN

P. MÜLLER, U. KLOMANN, P. NAGEL, H. REIS & A. SCHÄFER

Abstract

Changes in the number of species and individuals of biocoenoses as well as the reaction norm of biological indicators enable conclusions to be drawn concerning the 'load' of a habitat. Numbers of species and individual quantities can be linked with the diversity using the following relation derived from information theory:

$$Hs = - \Sigma \, pi \, ln \, pi \quad \text{(SHANON-WIENER function)}$$

In examples from terrestrial and limnic ecological systems of the Saar-Moselle region it is found that:
1. H can be used as an indikator for the *anthropogenic load*.
2. higher diversity and thus higher specific stability do not necessarily mean that the zoo-coenosis is closer to its climax state than a community with lower H.

Unterschiedliche Faktoren bewirken in urbanen Ökosystemen nicht nur eine Selektion von Arten und Biozönosen (vgl. KÜHNELT 1970, GREENBERG 1971, SUKOPP et al. 1974, MÜLLER 1974), sondern zugleich mannigfache Veränderungen der Diversität mosaikartig verbreiteter Lebensgemeinschaften. Deshalb läßt sich sowohl die Reaktionsnorm des einzelnen in seiner ökologischen Valenz bekannten Organismus, als auch die Veränderung der Diversität von Lebensgemeinschaften als Bewertungskriterium verwenden. Beide beinhalten jedoch als Untersuchungsgegenstand eine Fülle spezifischer Probleme (FRÄNZLE 1975, GRETSCHY 1952, HILL 1973, HURLBERT 1971, INGER, HASLER, BORMANN & BLAIR 1972, MACARTHUR 1969, MARGALEF 1961, 1968, 1969, MCINTOSH 1967, MONK 1967, NAGEL 1975, PIANKA 1966, 1974, PIELOU 1966, 1969, RICOU 1967, SCHÄFER 1975, TRIBUS & MCIRVINE 1971). Die im Stadtgebiet von Saarbrücken vorhandene Flechtenwüste läßt sich korrelieren mit dem Verlauf der Defolationskurve von *Ilex aquifolium* var. J.C. van Tol (Tabelle 1: Belaubungsgefälle vom Stadtrand zur Stadtmitte und zu verkehrsreichen Ausfallstraßen; STEINHÜBEL 1967, KONRAD 1974), mit der Verbreitung und Populationszusammensetzung

Tabelle 1.

Belaubungsgruppe	Flechtenwüste		Innere Kampfzone		Mittlere Kampfzone	
	Ilex	%	Ilex	%	Ilex	%
schlechteste	18	69%	19	45%	1	10%
mittlere	6	23%	14	33%	4	40%
beste	2	8%	9	22%	5	50%
	26	100%	42	100%	10	100%

(Bänderpolymorphismus) von *Cepaea hortensis* und mit SO_2-Konzentrationen von über 0,13 mg SO_2/m^3 Luft.

Nicht allein die Reaktionsnorm solcher Organismen, sondern ebenso Veränderungen in der Arten- und Individuenzahl von Biozönosen erlauben Rückschlüsse auf die Belastung. Artenzahl und Individuenmenge lassen sich mit der aus der Informationstheorie stammenden Beziehung

$$H_s = -\sum_{i=1}^{S} pi \log pi$$

(SHANNON-WIENER-Funktion) zur Diversität verknüpfen. (Eine ausführliche Diskussion der hiermit verbundenen Probleme findet sich bei NAGEL 1975 und SCHÄFER 1975). Generell lassen sich jedoch für unsere folgenden Ausführungen einige allgemeine Prinzipien und Zusammenhänge aufzeigen, die hier nur kurz diskutiert werden können.

1. H kann als Maß für die Eigenstabilität einer Lebensgemeinschaft angesehen werden (vgl. u.a. BEZZEL & REICHHOLF 1974, MAURER 1974, PIANKA 1974, MACARTHUR 1972, NAGEL 1975). Anthropogene Belastung verringert die Artendiversität in stärkerem Maße als z.B. extremes Mikroklima.

Beispiele

1.1 Auf 16 Langzeituntersuchungsflächen im Verdichtungsraum von Saarbrücken (Abb. 1) wurden mit der Barberfallenmethode von Mai bis Dezember 1973 45 039 Bodenarthropoden gefangen (Formicidae 19 367, Coleoptera 12 257, Aranea 5478, Isopoda 2 445, Diplopoda 1 336, Opiliones 1 259; Diptera 1 055, Orthoptera 714, Collembola 521, Chilopoda 231, Homoptera 202, Heteroptera 104, andere Hymenoptera 79), die sich quantitativ jedoch sehr unterschiedlich auf die einzelnen Flächen verteilen (Abb. 2). Die Coleopteren waren mit 12 257 nach den Formiciden die individuenreichste Gruppe. Die Familie Carabidae war durch 9 003 Individuen in 64 Arten vertreten (Tabelle 2). 10 der Untersuchungsflächen (Gruppe 1 und 3) liegen im Buntsandstein, 6 auf Muschelkalk. Korreliert zu den Bodenarthropoden wurde die Vegetation pflanzensoziologisch erfaßt, Tagesgang der Temperatur und Evaporation, pH-Wert, Staub- und SO_2-Belastung analysiert. Durch das Fehlen oder Vorhandensein einzelner Arten unterscheiden sich die einzelnen Flächen teilweise auffallend. Abax ater, eine euryöke „Waldart", kommt auf den Wiesenflächen der Standortgruppe 1 mit Ausnahme von 1.6 als dominante Art vor, während er auf den Flächen 3.2 bis 3.4 völlig fehlt (Abb. 3). Eine Fülle vergleichbarer Fälle läßt sich bei anderen Arten ebenfalls erkennen. Erst bei Bildung der flächenspezifischen Diversitätswerte ergibt sich eine direkte Beziehung zwischen Carabiden-Population und Standortbelastung (Abb. 4).

1.2 Die Ergebnisse der Diversitätsberechnungen von 4 Mesobrometen im Saar-Mosel-Raum fügen sich sehr gut in das bei den stadtnahen Untersuchungsflächen aufgezeigte Bild ein (Abb. 5). Die bei Winningen (Wi; Mosel), Montenach (Mo), Perl (Ha; Hammelsberg) und Mimbach (Mi; Badstube) liegenden Langzeituntersuchungsflächen (je Standort drei) lassen sich aufgrund ihrer Mikroklima-Verhältnisse in der

Reihenfolge $Wi_1/Wi_2 - Wi_3 - Ha_3 - Mo_3/Mi_3 - Mo_2 - Ha_2 - Mi_1/Mi_2$ ordnen.
Die pH-Werte der Böden schwanken zwischen 7,7 und 9,1 (Wi = 7,7; 8,0; 8,5;
Mi = 8,7; 8,6; 8,7; Ha = 8,6; 8,3; 8,5; Mo = 8,9; 9,1; 9,0). 338 Käferarten (3 778
Individuen) wurden mit Barberfallen gefangen. Unter ihnen waren die Staphylini-
den mit 79 Arten (1 359 Individuen), die Carabidae mit 49 (1 028 Individuen), die
Chrysomeliden mit 36 und die Curculioniden mit 35 (378 Individuen) am stärksten
vertreten. Die Diversitätswerte der Untersuchungsflächen sind, da nicht nur die

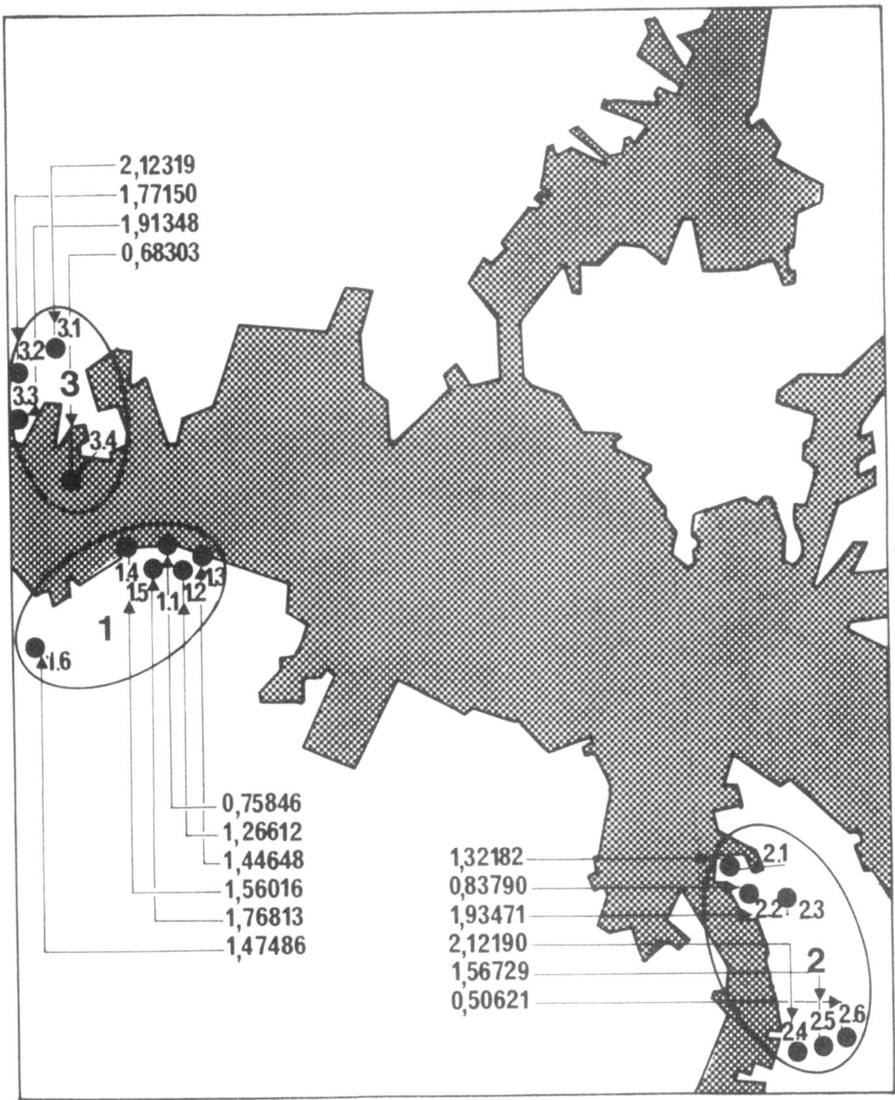

Abb. 1. Lage von 16 Untersuchungsflächen in unmittelbarer Umgebung des Verdichtungsraumes von Saarbrücken. Für jeden Standort wurden die H_S-Werte (nur für Carabiden) dargestellt.

Tabelle 2.

Flächennummer:	1.1	1.2	1.3	1.4	1.5	1.6	2.1	2.2	2.3	2.4	2.5	2.6	3.1	3.2	3.3	3.4	S1	%
Arten						ANZAHLEN												
Pterostichus coerulescens L.	10	—	—	5	—	328	51	—	43	61	—	—	1	37	66	—	3402	37,79
Abax ater Vill.	195	98	160	189	178	15	—	215	30	1	294	46	30	—	—	—	1881	20,89
Pterostichus cupreus L.	1	—	—	—	—	615	—	—	—	8	2	—	—	—	—	—	626	6,95
Pterostichus lepidus Leske.	—	—	—	—	—	357	—	—	—	—	—	—	—	—	—	—	357	3,96
Abax ovalis Dftsch.	—	—	3	8	284	—	—	—	—	—	—	0	—	—	—	—	305	3,38
Pterostichus vulgaris L.	—	—	—	—	22	111	—	—	37	—	1	—	8	—	113	6	298	3,30
Carabus purpurascens F.	5	—	15	2	—	162	25	—	—	1	36	—	—	—	—	—	246	2,73
Abax parallelus Dftsch.	7	19	—	16	93	—	5	—	—	3	7	2	—	—	—	—	207	2,29
Carabus auratus L.	—	—	—	54	—	17	3	—	5	—	25	—	3	10	65	—	182	2,02
Harpalus pubescens Müll.	—	—	—	—	—	163	—	—	4	—	—	—	9	—	2	—	178	1,97
Harpalus rubripes Duft.	7	—	—	13	—	—	5	—	6	8	86	—	6	3	—	—	134	1,48
Calathus fuscipes Gze.	—	—	—	—	—	89	—	—	—	6	—	—	—	3	13	—	111	1,23
Molops piceus Panz.	—	72	1	—	36	—	—	—	—	—	—	—	—	—	—	—	109	1,21
Carabus nemoralis Müll.	7	—	7	10	9	53	—	3	1	17	—	—	—	—	—	—	107	1,18
Pterostichus madidus F.	—	16	24	6	16	1	—	—	—	—	12	7	—	—	—	—	82	0,91
Amara communis Panz.	—	—	—	14	—	30	—	—	23	—	—	—	—	—	13	—	80	0,88
Bembidion lampros Hbst.	—	—	—	—	—	30	—	4	9	2	17	—	2	—	3	—	67	0,74
Amara lunicollis Schiödte	3	—	—	—	—	—	—	12	7	8	2	—	27	—	—	—	57	0,63
Pterostichus oblongopunctatus F.	—	—	—	—	51	6	—	—	—	—	—	—	—	—	—	—	57	0,63
Pterostichus minor Gyll.	—	—	—	—	—	—	8	21	—	5	10	—	—	—	1	—	45	0,49
Agonum dorsale Pont.	—	—	—	—	—	33	—	—	—	6	2	—	2	—	—	—	43	0,47
Harpalus latus L.	—	—	—	1	—	23	—	2	—	—	—	—	9	—	—	—	35	0,38
Agonum mülleri Hbst.	—	—	—	—	—	33	—	—	—	—	—	—	—	—	—	—	33	0,36
Harpalus puncticeps Steph.	—	—	—	—	—	—	3	—	—	—	2	—	26	—	—	—	31	0,34
Harpalus aeneus F.	—	—	—	—	—	6	—	—	—	—	1	—	9	14	—	—	30	0,33
Pterostichus cristatus Dufour	—	—	14	—	2	—	—	—	1	—	—	—	—	12	—	—	29	0,32
Carabus problematicus Th.	—	—	14	—	7	—	—	—	—	—	4	—	—	—	—	—	25	0,27
Carabus arcensis Hbst.	—	7	—	—	16	—	—	—	—	—	—	—	—	—	—	—	23	0,25
Calathus melanocephalus L.	—	—	—	—	—	13	—	—	—	—	—	—	—	7	—	—	20	0,22
Carabus coriaceus L.	—	—	4	1	2	5	—	—	—	2	5	—	3	—	—	—	19	0,21
Amara bifrons Gyll.	—	—	—	—	—	14	—	—	—	—	—	—	3	—	—	—	17	0,18
Agonum sexpunctatum L.	—	—	—	—	—	16	—	—	—	—	—	—	—	—	—	—	16	0,17

Notiophilus palustris Dftsch.	—	—	—	—	—	2	4	4	—	—	—	—	3	—	—	—	13	0,14
Nebria brevicollis F.	—	—	—	—	—	6	—	—	—	—	—	—	—	—	6	—	12	0,13
Trichotichnus laevicollis Dft.	—	1	8	—	1	—	—	—	—	—	—	—	—	2	—	—	12	0,13
Amara eurynota Panz.	—	—	—	4	—	5	—	—	—	—	—	—	—	—	—	—	9	0,09
Bembidion illigeri Net.	—	—	—	—	—	—	—	—	—	—	—	—	—	—	1	8	9	0,09
Panagaeus bipustulatus F.	—	—	—	2	—	—	—	—	—	5	—	—	—	—	—	—	7	0,07
Pterostichus vernalis Panz.	—	—	—	—	—	7	—	—	—	—	—	—	—	—	—	—	7	0,07
Anisodactylus binotatus F.	—	—	—	—	—	—	1	—	—	—	1	—	5	—	—	—	7	0,07
Leistus ferrugineus L.	—	—	—	—	—	—	—	2	—	—	—	—	—	5	—	—	7	0,07
Amara equestris Dftsch.	—	—	—	—	—	—	—	—	—	—	6	—	—	—	—	—	6	0,06
Cychrus attenuatus F.	—	—	5	—	1	—	—	—	—	—	—	—	—	—	—	—	6	0,06
Badister bipustulatus F.	—	—	—	—	—	5	—	—	—	—	—	—	—	—	—	—	5	0,05
Pterostichus niger Schall.	—	—	—	—	5	—	—	—	—	—	—	—	—	—	—	—	5	0,05
Amara aulica Panz.	—	—	—	—	—	—	—	—	—	—	5	—	—	—	—	—	5	0,05
Brachynus crepitans L.	—	—	—	—	—	—	—	—	—	—	—	—	5	—	—	—	5	0,05
Harpalus atratus L.	—	—	—	—	—	—	—	—	—	—	—	2	—	—	2	—	4	0,04
Stomis pumicatus Panz.	—	—	—	—	—	—	—	—	—	—	—	2	—	—	2	—	4	0,04
Amara plebeja Gyll.	—	—	—	3	—	—	—	—	—	—	—	—	—	—	—	—	3	0,03
Amara aenea Deg.	—	—	—	—	—	2	—	—	—	—	—	—	—	—	—	—	2	0,02
Harpalus rufitarsis Dftsch.	—	—	—	—	—	2	—	—	—	—	—	—	—	—	—	—	2	0,02
Leistus rufomarginatus Dftsch.	—	—	—	—	—	2	—	—	—	—	—	—	—	—	—	—	2	0,02
Acupalpus teutonus Schrk.	—	—	—	—	—	—	1	—	1	—	—	—	—	—	—	—	2	0,02
Badister sodalis Dftsch.	—	—	—	—	—	—	—	2	—	—	—	—	—	—	—	—	2	0,02
Asaphidion flavipes L.	—	—	—	1	—	—	—	—	—	—	—	—	—	—	—	—	1	0,01
Carabus convexus F.	—	—	1	—	—	—	—	—	—	—	—	—	—	—	—	—	1	0,01
Harpalus quadripunctatus Dej.	—	—	—	—	1	—	—	—	—	—	—	—	—	—	—	—	1	0,01
Notiophilus aquaticus L.	—	—	—	—	—	1	—	—	—	—	—	—	—	—	—	—	1	0,01
Clivina fossor L.	—	—	—	—	—	1	—	—	—	—	—	—	—	—	—	—	1	0,01
Olisthopus rotundatus Payk.	—	—	—	—	—	1	—	—	—	—	—	—	—	—	—	—	1	0,01
Acupalpus meridianus L.	—	—	—	—	—	—	—	1	—	—	—	—	—	—	—	—	1	0,01
Bembidion guttula F.	—	—	—	—	—	—	—	—	—	—	—	1	—	—	—	—	1	0,01
Calathus erratus Sahlb.	—	—	—	—	—	—	—	—	—	—	—	—	—	1	—	—	1	0,01
S2	235	213	256	329	724	4949	100	267	166	144	515	55	110	101	325	14	9003	
Coleoptera (Gesamtzahl)	586	260	386	714	1124	5840	193	362	247	297	655	57	314	183	471	46	12257	

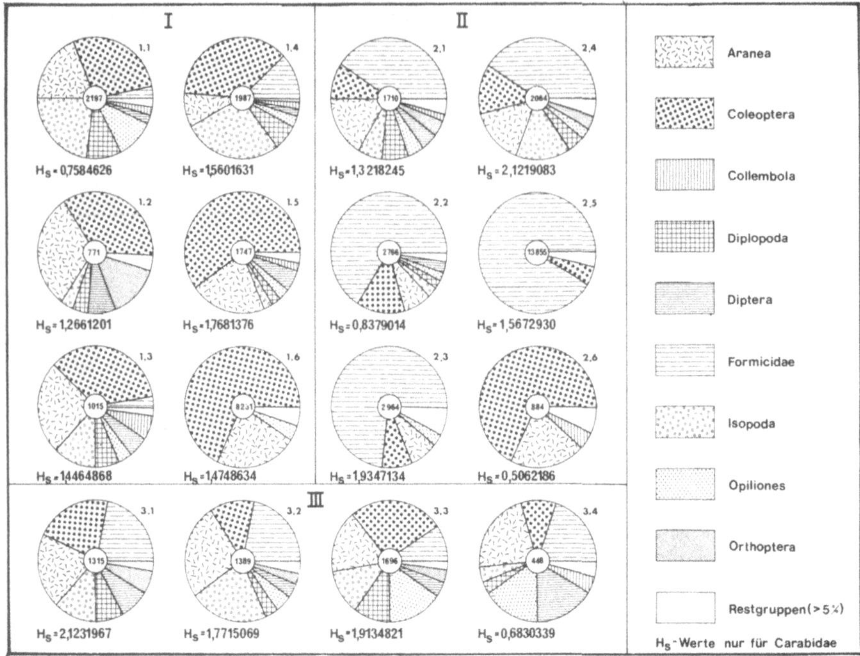

Abb. 2. Quantitative Verteilung von Bodenarthropoden (1973) nach Barberfallenfängen auf die Untersuchungsflächen in Abb. 1.

Carabiden, sondern alle Coleopteren rechnerisch erfaßt wurden, im Vergleich zu den Flächen im Saarbrücker Raum sehr hoch (Mittelwert der drei Untersuchungsflächen von Montenach = 3,2908, von Mimbach = 3,2304, vom Hammelsberg = 3,0774, von Winningen = 1,9060).

Die Fläche „Winningen" besitzt nicht nur den niedrigsten H$_S$-Wert, sondern zugleich die höchsten H$_{diff}$-Werte und hat nur eine Art mit dem Hammelsberg gemeinsam:

H$_{diff}$ (max. möglich = 0,6931; min. möglich = 0)

Mi − Wi	= 0,6928
Mo − Wi	= 0,6550
Ha − Wi	= 0,5966
Mi − Ha	= 0,4173
Mi − Mo	= 0,4099
Ha − Mo	= 0,3742

118

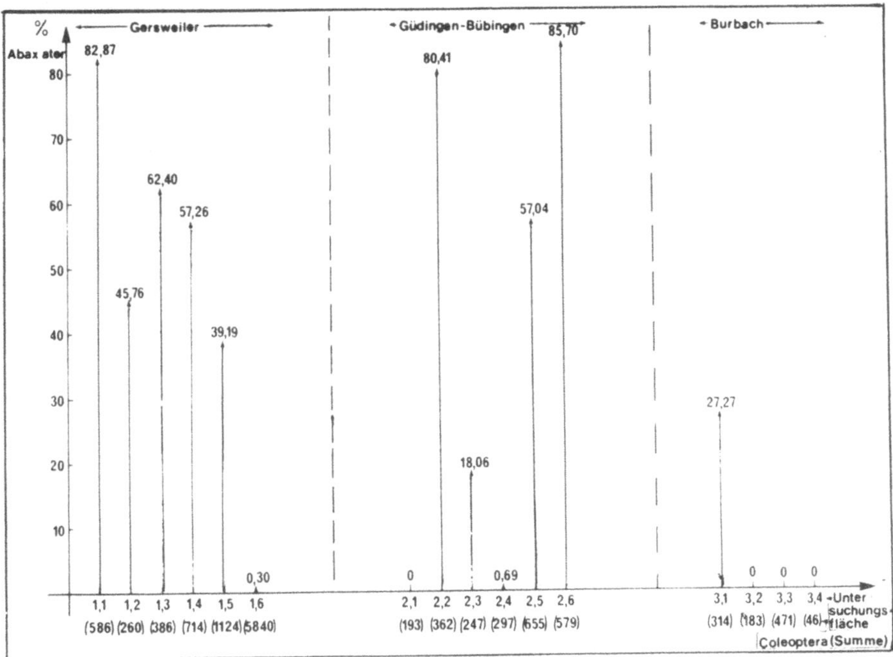

Abb. 3. Prozentuale Verteilung der euryöken Waldart Abax ater auf den 16 Untersuchungsflächen in Abb. 1.

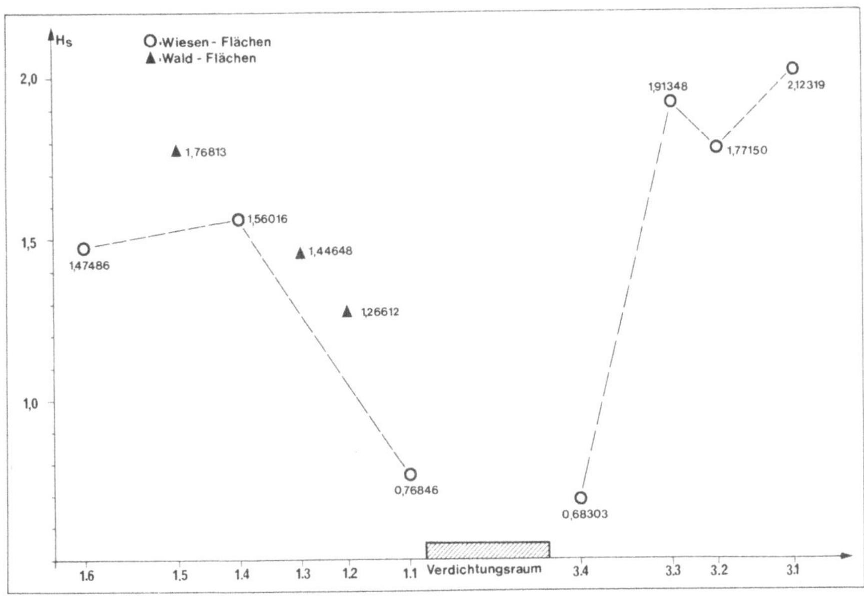

Abb. 4. H_S-Werte von 10 Carabidenpopulationen in der Umgebung des Verdichtungsraumes von Saarbrücken. Zunehmende Beeinflussung der Populationen führt zu einer Verringerung der Speziesdiversität. Die Artenzahl verringert sich dabei nicht immer; sie kann sogar zunehmen.

119

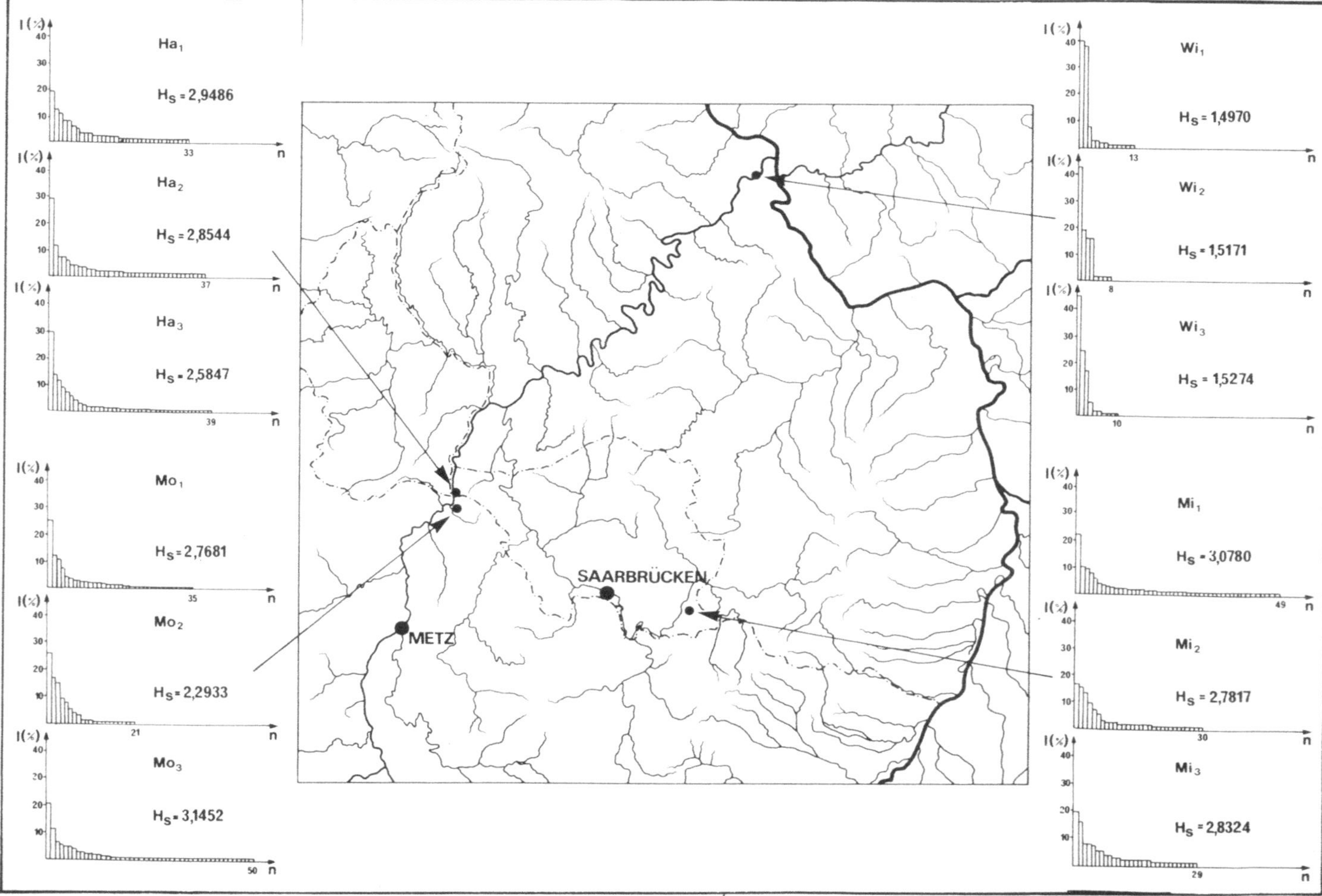

Abb. 5. H_S-Werte von Coleopteren-Populationen (nur Barberfallen-Fangergebnisse) auf 4 Mesobrometen im Saar-Mosel-Raum. Es bedeuten: Wi = Winningen; Mo = Montenach; Ha = Hammelsberg bei Perl; Mi = Badstube bei

Auch die H_{max} — Werte sind am niedrigsten bei Winningen:

H_{max}

Mo	1 — 3	= ln 74	= 4,3041
Mi	1 — 3	= ln 71	= 4,2627
Ha	1 — 3	= ln 71	= 4,2627
Wi	1 — 3	= ln 21	= 3,0445

Gleiches kann für die J — Werte (= H_S/H max) ausgesagt werden:

$J = H_S / H_{max}$

Mo	1 — 3	= 0,7646
Mi	1 — 3	= 0,7578
Ha	1 — 3	= 0,7219
Wi	1 — 3	= 0,6260

Die Diversitätswerte der vier Untersuchungsflächen lassen sich korrelieren mit dem Grad der räumlichen Heterogenität und der anthropogenen Belastung. Die brachliegenden Weinbergterrassen bei Winningen an einem Moselsteilhang beherbergen trotz des extrem warmen und trockenen Mikroklimas keine xerothermophile Art. Die Coleopterenfauna setzt sich hier fast ausschließlich aus euryöken Arten zusammen, unter denen *Tachyporus hypnorum* und *Cryptophagus scanicus* dominieren. Die hier vorkommenden Arten sind primär der Belastung (Hubschrauber-Besprühungen u.a.) angepaßt. Der niedrige H_S-Wert läßt sich als Belastungsindikator verstehen.

1.3 Auch im Ökosystem der Saar läßt sich der Diversitätswert als Belastungsindikator verwenden. Seit 1970 werden die Mollusken und Crustaceen des Flusses von der Quelle bis zur Mündung an 55 Langzeitbeobachtungsstellen untersucht (SCHÄFER 1975, Abb. 6). Die Artenzahlkurven verdeutlichen, daß ab der Fundstelle 29 (Einleitung der Rossel) alle Mollusken verschwinden. Die Berechnung der Diversität nach SHANNON-WIENER basiert auf der vollständigen Erfassung aller Individuen eines Quadratmeters, wobei die Auswahl der Substratfläche so erfolgte, daß sie einen repräsentativen Ausschnitt des Untersuchungsgebietes darstellt. In Abb. 6 sind die Ergebnisse für die Fundorte 13 bis 28 zusammengestellt. Mit Ausnahme von Standort 13 ist eine direkte Korrelation zwischen Artenreichtum und H_S-Wert möglich. Expositionsversuche mit *Gammarus pulex*, *Lebistes reticulatus*, *Lymnea stagnalis* und *Ancylus fluviatilis* in Saarwasser verschiedener Standorte verdeutlichen, daß die H_S-Werte korreliert zur chemisch-physikalischen Belastung des Wasserkörpers verlaufen. Der geringe H_S-Wert an Stelle 13 wird hervorgerufen durch die hohe Dominanz einer Art (*Viviparus viviparus* = 68% aller Individuen). Nach dem Prinzip des Artenfehlbetrages müssen an Stelle 13 die Standortbedingungen besser sein als an Stelle 27, wo nur noch 5 Arten (bei gleichem H_S-Wert) vorkommen. Dieses Problem leitet über zur Frage, ob auch in „Klimax-Ökosystemen" die H_S-Werte den höchsten Ausbildungsgrad erreichen. Unsere Untersuchungen im Verdichtungsraum Saarbrücken lassen hierzu folgende Aussagen zu:

2. Höhere Diversität und damit höhere Eigenstabilität bedeutet nicht unbedingt, daß die Zoozönose ihrem Klimaxzustand näher ist als eine Gemeinschaft mit niedrigerem H.

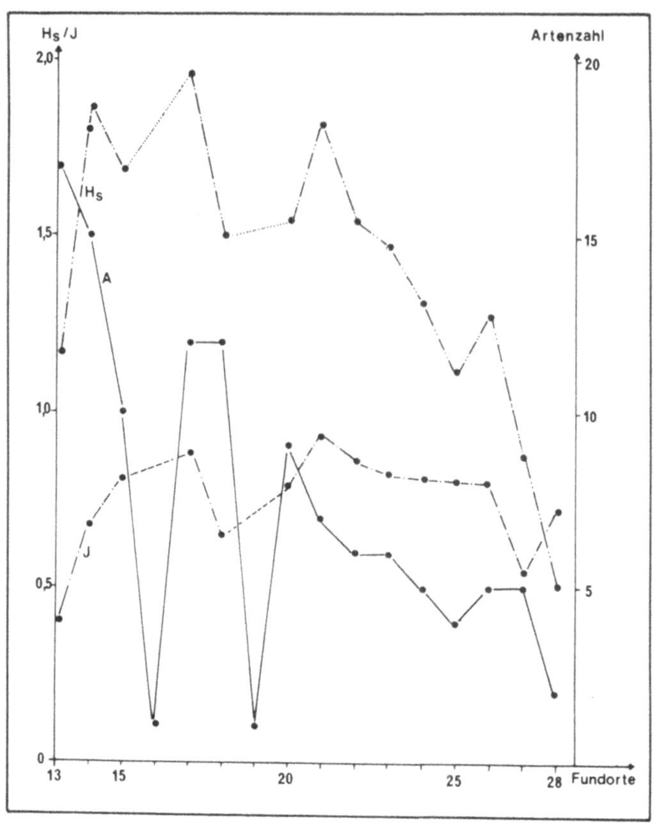

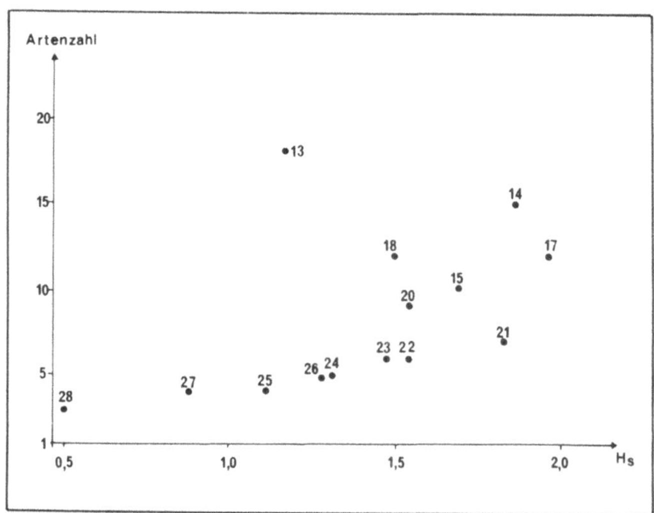

Abb. 6. H$_S$-Wert (H$_S$), Artenzahl (A) und Evenness (J) von Mollusken an 16 Langzeituntersuchungsflächen (Nr. 13 = Saarbrücken-Güdingen; Nr. 28 = Schleuse bei Völklingen, Saarkilometer 19,8). Die Ergebnisse wurden im Rahmen eines von der EWG geförderten Forschungsprojektes erzielt.

Beispiel

2.1 In 6 saarländischen „Naturwaldzellen" (zum Problem und zur Definition vgl.
SCHMITHÜSEN 1973) im kollinen bis submontanen Bereich des Oberkarbons, des
Buntsandsteins und des Muschelkalkes wurden 13 Langzeituntersuchungsflächen
1972 besammelt (Abb. 7). Nach Untersuchungen des Mikroklimas, der Bodenacidi-
tät, Bodenstreu und Phytomasse, lassen sich diese Flächen in trocken-warme,
feuchtkühle und trocken-kühle Standorte trennen und in einem Faktorengefälle
von trocken-warm-hell zu feucht-kühl-dunkel ordnen. Auf ihnen wurden 1972 pro
Fläche 5 Barberfallen von Mai bis Oktober (= 315 Fangeinheiten) exponiert, wodurch insgesamt 22 679 Arthropoden (Coleoptera 5 288, Diptera 4 861, Isopoda
3 885, Collembola 2 743, Aranea 2 712, Opiliones 1 384, Orthoptera 743, Diplopoda 508, Formicidae 208, Homoptera 107, andere Hymenoptera 92, Chilopoda 87,
Heteroptera 61) erfaßt wurden. Die Coleopteren bilden die stärksten Populationen.
Isopoden und Orthopteren zeigen in ihrer Populationsgröße eine direkte Abhängigkeit vom Standortsklima.

Von den gefangenen 38 Carabidenarten (3 291 Individuen) sind 5 dominant
(Abax ater 45%, Carabus problematicus 12%, Pterostichus cristatus 8%, Abax ovalis
6%, Carabus purpurascens 6%). Stenöke Waldcarabiden kommen nur auf den schat-
tig-kühlen Standorten vor, während an lichteren Stellen neben euryöken Waldarten
auch Arten des offenen Geländes auftreten (Tabelle 4). Nach dem Vorkommen der

Tabelle 3.

Untersuchungsflache	Bodenart	Bodentyp	Geol.Schicht
Hölzerbachtal (Hang)	mäßig frischer lehmiger Sand bis Ton	Parabraunerde mit pseudo- vergleytem Unterboden	
Hölzerbachtal (Bachtal)	frischer bis sehr frischer sandiger Lehm	Braunerde, Talgleye	Obere Saarbrücker- Schichten
Emsenbruch	vernässender lehmiger Sand bis lehmiger Ton	Pseudogley	(Westfalien)
Heidhübel	frischer lehmi- ger Sand bis Ton	pseudover- gleyte Para- braunerde	
Weinbrunn	verdichteter, wechseltrockener Sand bis schwach toniger Quarzsand	Podsol- Pseudogley	Mittlerer Buntsandstein
Rheinfels	mäßig frischer lehmiger Sand bis sandiger Lehm	Braunerde und Parabraunerde	Oberer Buntsandstein
Wusterhang	mäßig trockener toniger Lehm	Pelosol- Braunerde	Unterer Muschelkalk

Tabelle 4.

Standorttyp	feucht-kühl				dunkel			trocken-warm			hell		
Untersuchungsflächen	8.2	2.2	8.1	2.1	12.2	9.2	9.1	17.2	17.1	7.1	17.3	12.1	7.2
Stenöke Waldarten													
Patrobus atrorufus	21	5	—	—	—	—	—	—	—	—	—	—	—
Agonum ruficorne	15	6	—	—	—	—	—	—	—	—	—	—	—
Trechus quadristriatus	1	13	—	—	—	—	—	—	—	—	1	—	—
Pterostichus nigrita	6	2	—	—	—	—	—	—	—	—	—	—	—
Bembidion mannerheimi	3	2	—	—	—	—	—	—	—	—	—	—	—
Agonum assimile	5	13	21	1	—	—	—	—	—	—	—	—	—
Pterostichus niger	83	9	1	22	1	—	—	—	—	—	—	—	—
Nebria brevicollis	15	—	12	—	—	—	—	—	—	—	—	—	—
Euryöke Waldarten													
Abax ater	181	55	98	24	228	36	48	27	54	184	123	324	92
Carabus problematicus	82	11	26	25	14	52	6	24	52	—	81	16	3
Carabus purpurascens	6	3	1	15	49	—	—	35	6	—	38	29	1
Carabus nemoralis	3	3	1	—	2	—	—	—	1	2	9	4	3
Cychrus attenuatus	10	2	4	—	4	9	11	6	18	—	27	—	—
Pterostichus niger	83	9	1	22	1	—	—	5	—	—	14	—	—
Pterostichus oblongo-punctatus	6	4	4	—	—	—	5	—	3	—	3	1	—
Pterostichus madidus	1	—	10	—	—	—	—	—	—	23	—	4	4
Differentialarten der Fagetalia													
(LÖSER 1972)													
Abax ovalis	—	2	1	—	14	—	2	—	18	—	—	171	—
Molops piceus	—	1	2	1	4	—	—	—	—	15	—	13	—
Abax parallelus	8	3	17	—	6	2	8	1	21	29	22	13	26
Pterostichus cristatus	47	126	102	3	1	—	—	—	—	—	—	—	—
(Tr. laevicollis)	2	2	1	1	1	1	1	1	1	—	1	4	—
Lichtungsarten													
Carabus coriaceus	—	—	—	—	1	1	—	—	—	1	—	3	21
Harpalus latus	—	—	—	—	—	—	—	1	1	—	1	1	2
Bembidion lampros	—	—	—	—	—	—	—	—	—	—	1	—	6
Carabus arcensis	—	—	—	—	—	—	—	—	—	12	—	—	—
Notiophilus biguttatus	—	—	—	—	—	—	—	—	—	—	—	—	2
Trechus secalis	—	—	—	—	—	—	—	—	—	—	1	—	—
Amara lunicollis	—	—	—	—	—	—	—	—	—	—	1	—	—
Pt. anthracinus	—	—	—	—	—	—	—	—	—	—	—	—	1

Tabelle 5.

	H_S-Wert	Fläche (Naturwaldzellen)
1.	1,0497028	Nr. 9.2 Rheinfels
2.	1,1305958	Nr. 12.2 Heidhübel
3.	1,1622484	Nr. 7.1 Wusterhang
4.	1,2865581	Nr. 12.1 Heidbühel
5.	1,3655135	Nr. 9.1 Rheinfels
6.	1,5469509	Nr. 17.2 Weinbrunn
7.	1,5477049	Nr. 17.1 Weinbrunn
8.	1,7326495	Nr. 2.1 Hölzerbachtal
9.	1,7371361	Nr. 17.3 Weinbrunn
10.	1,7451113	Nr. 7.2 Wusterhang
11.	1,8414108	Nr. 8.1 Emsenbruch
12.	1,8919545	Nr. 2.2 Hölzerbachtal
13.	2,0462375	Nr. 8.2 Emsenbruch

☐ Differentialarten der Fagetalia

⊡ Fehlen von Differentialarten der Fagetalia

mitteleuropäischen Differentialarten der Fagetalia erweisen sich die Flächen 12.1, 12.2, 7.1 und 17.1 als „naturnahe" Systeme, wobei auf drei dieser Standorte die aktuelle der potentiellen natürlichen Vegetation entspricht.

Differentialarten der Fagetalia fehlen dagegen auf den Flächen 2.1, 9.2, 17.2 und 17.3. Vergleichen wir diese Befunde mit den H_S-Werten der entsprechenden Flächen, so stellen wir fest, daß sie sehr niedrige H_S-Werte besitzen. Die höchsten H_S-Werte besitzt der Standort Emsenbruch (Nr. 8.2; vgl. Tabelle 5).

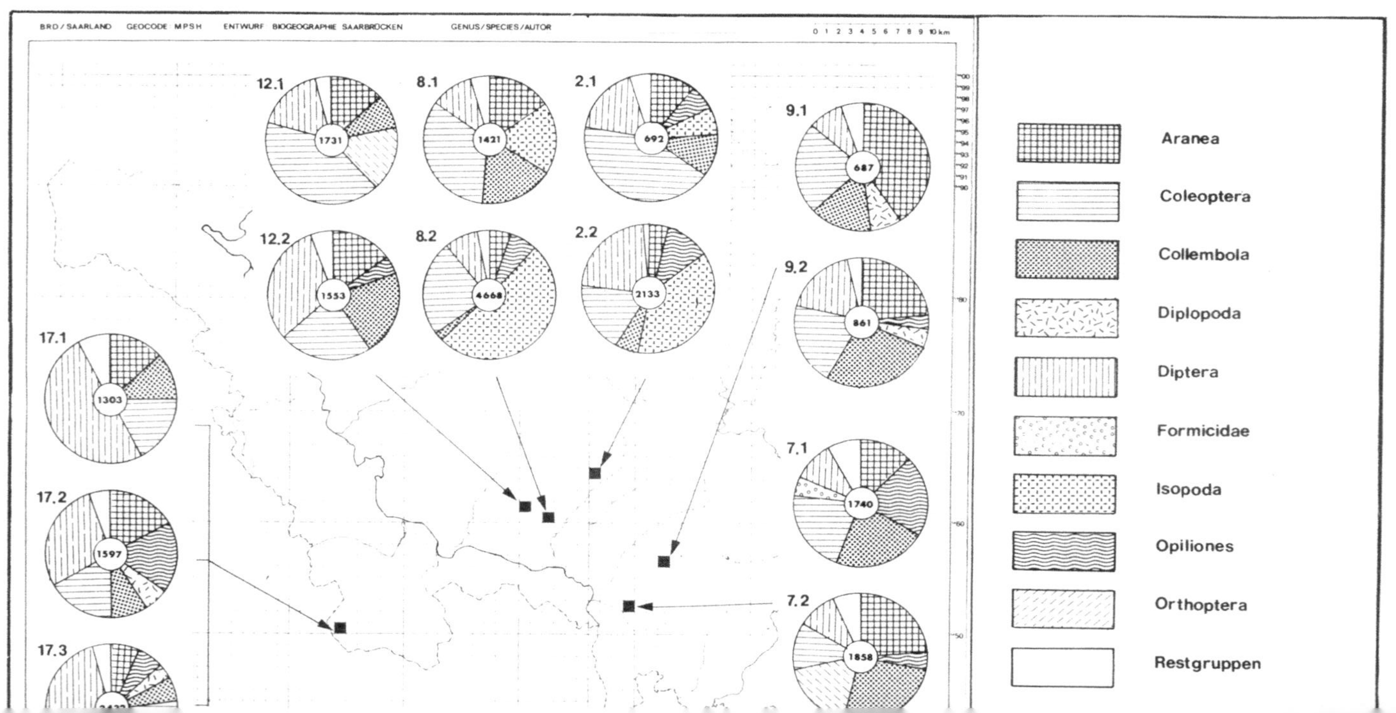

BRD / SAARLAND   GEOCODE MPSH   ENTWURF BIOGEOGRAPHIE SAARBRÜCKEN   GENUS / SPECIES / AUTOR
0 1 2 3 4 5 6 7 8 9 10 km
12.1
8.1
2.1
9.1
12.2
8.2
2.2
9.2
17.1
17.2
17.3
7.1
7.2
1731
1421
692
687
1553
4668
2133
861
1303
1597
1740
1858
Aranea
Coleoptera
Collembola
Diplopoda
Diptera
Formicidae
Isopoda
Opiliones
Orthoptera
Restgruppen

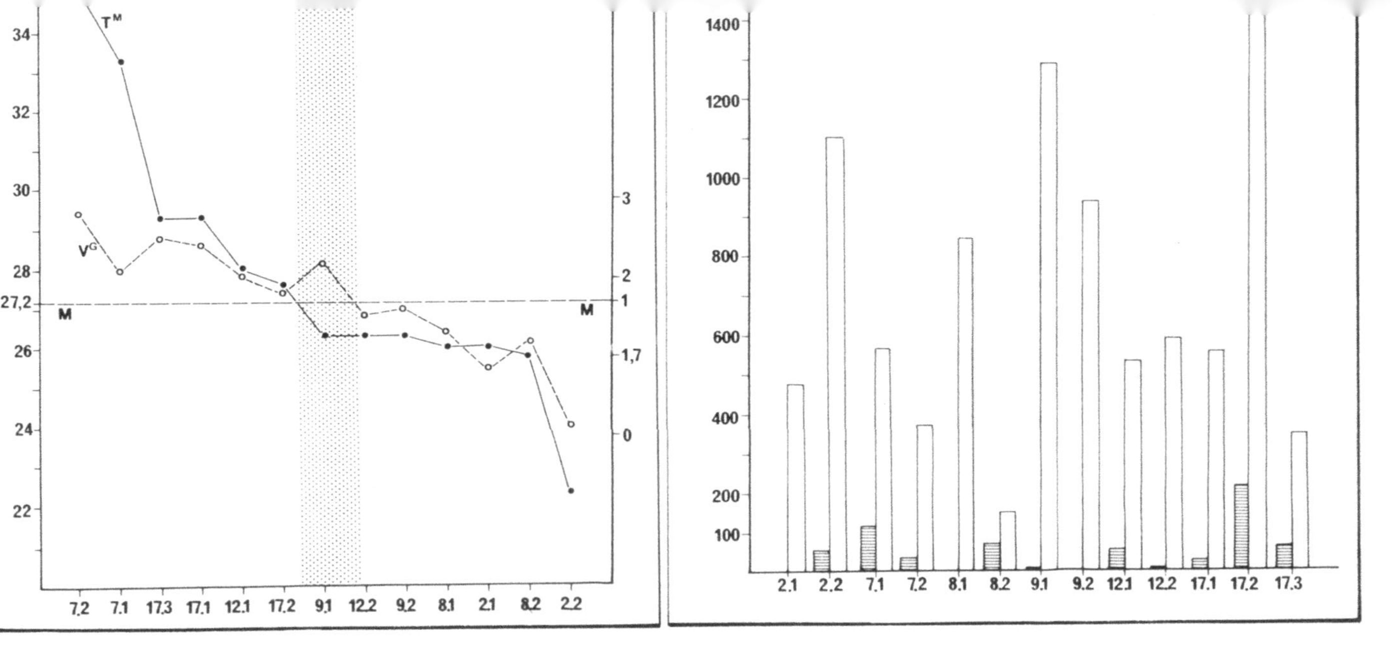

Abb. 7. Geographische Lage (oben) von 13 Langzeituntersuchungsflächen in saarländischen Naturwaldzellen. Unten links wurden die Flächen in einem Temperatur-Evaporation-Gradienten, unten rechts nach dem Anteil der Trockensubstanz der Bodenstreu angeordnet.

LITERATUR

BARTHOLOME, S., (1974): Die Variabilität von *Cepaea nemoralis-* und *Cepaea hortensis-* Populationen in der Umgebung von Saarbrücken. Unveröff. Staatsexamensarbeit, Abt. Abt. Biogeographie, Saarbrücken.

BEZZEL, E. & J. REICHHOLF, (1974): Die Diversität als Kriterium zur Bewertung der Reichhaltigkeit von Wasservogellebensräumen. *J. Orn.* 115 (1): 50—61.

FRÄNZLE, O., (1975): Biophysikalische Aspekte der floristischen Diversität des tropischen Regenwaldes. Biogeographica 5 (im Druck).

GREENBERG, B., (1971): Flies and Disease. Princeton Univ. Press., Princeton, New Jersey.

GRETSCHY, G., (1952): Die Sukzession der Bodentiere auf Fichtenschlägen. Veröff. Bundesanst. Alp. Landwirtsch. *Admont* 6: 25—85.

HILL, M.O., (1973): Diversity and evenness: A unifying notation and its consequences. *Ecology* 54: 427—432.

HURLBERT, S.H., (1971): The nonconcept of species diversity: a critique and alternative parameters. *Ecology* 52: 577—586.

INGER, R.F,., A.D. HASLER, F.H. BORMANN & W-F. BLAIR, (1972): Man in the Living Environment. Wisconsin.

KLOMANN, U., (1974): Bodenarthropoden unter Immissionsbelastung (unter besonderer Berücksichtigung der Familie Carabidae, Coleoptera). Unveröff. Staatsexamensarbeit, Abt. Biogeographie, Saarbrücken.

KONRAD, R., (1974): Verbreitung und Vitalität von *Ilex aquifolium* L. im Stadtgebiet von Saarbrücken. Unveröff. Staatsexamensarbeit, Abt. Biogeographie, Saarbrücken.

KÜHNELT, W., (1970): Grundriß der Ökologie. 2. Aufl., G. Fischer, Jena.

MACARTHUR, R.H., (1969): Patterns of communities in the tropics. *Biol. J. Linn. Soc.* 1: 19—30.

—, (1972): Geographical Ecology. Harper & Row. Publ., New York, Evanston, San Francisco, London.

MARGALEF, R., (1961): Communication of structure in planctonic populations. *Limnol. Oceanogr.* 6: 124—128.

—, (1968): Perspectives in ecological theory. Chicago.

—, (1969): Diversity and Stability: A practical proposal and a model of interdependence. In 'Diversity and Stability in Ecological Systems. Brookhaven Symposium 22: 25—37.

MAURER, R., (1974): Die Vielfalt der Käfer- und Spinnenfauna des Wiesenbodens im Einflußbereich von Verkehrsimmissionen. *Oecol.* 14: 327—351.

McINTOSH, R.P., (1967): An index of diversity and the relation of certain concepts to diversity. *Ecology* 48: 392—404.

MONK, C.D., (1967): Tree species diversity in the eastern decidous forest with particular reference to north central Florida. *Am. Naturalist* 101: 173—187.

MÜLLER, P., (1974): Aspects of Zoogeography. Junk, The Hague, p. 206.

NAGEL, P., (1975): Studien zur Ökologie und Chorologie der Coleopteren (Insecta) xerothermer Standorte des Saar-Mosel-Raumes mit besonderer Berücksichtigung der die Bodenoberfläche besiedelnden Arten. Dissertation, Abt. Biogeographie, Universität des Saarlandes, Saarbrücken.

PIANKA, E.R., (1966): Latitudinal gradients in species diversity: A review of concepts. *Am. Naturalist* 100: 33—46.

—, (1974): Evolutionary Ecology. Harper & Row, Publ., New York, Evanston, San Francisco, London.

PIELOU, E.C., (1966): Species — diversity and pattern-diversity in the study of ecological succession. *J. theor. Biol.* 10: 370—383.

—, (1966): The measurement of diversity in different types of biological collections. *J. Therret. Biol.* 13: 131—144.

—, (1969): An introduction to mathematical ecology. New York, London.

—, (1972): Measurement of structure in animal communities. In: Ecosystem Structure and Function. 113—135, Oregon State University.

POWER, D.M., (1971): Warbler ecology: Diversity, similarity, and seasonal differences in habitat segregation. *Ecology* 52: 434—443.

REIS, H., (1974): Populationsmessungen an bodennahen Arthropoden in saarländischen Natur-
waldzellen unter besonderer Berücksichtigung der Carabidae (Coleoptera). Unveröff. Staats-
examensarbeit, Abt. Biogeographie, Saarbrücken.
RICOU, G., (1967): Etude biocoenotique d'un milieu naturel, la prairie permanente páturée.
Ann. Epiphyties 18: 1–148.
SCHÄFER' A., (1975): Die Bedeutung der Saarbelastung für die Arealdynamik und Struktur
von Molluskenpopulationen. Dissert., Abt. Biogeographie, Saarbrücken.
STEINHÜBEL, G., (1967): Einführung in die „ökologische Physiologie". Bratislava.
SUKOPP, H., W. KUNICK, M. RUNGE & F. ZACHARIAS, (1974): Ökologische Charakteristik
von Großstädten, dargestellt am Beispiel Berlins. Verhandl. Gesellschaft Ökol., Saarbrücken
383–403.
TRIBUS, M. & E.C. McIRVINE, (1971): Energy and information. *Scientific American* 224:
179–188.

Anschrift der Verfasser:

UWE KLOMANN, Prof. Dr. PAUL MÜLLER, Dr. PETER NAGEL, H. REIS &
Dr. ALOIS SCHÄFER, 66 Saarbrücken, Universität des Saarlandes, Fachbereich 6, Abt. Biogeographie.

DER EIWEIß- UND ENERGIEBEDARF DES REHES (C. CAPREOLUS L.), DISKUTIERT ANHAND VON LABORVERSUCHEN.

D. EISFELD[*]

Abstract

Protein and energy requirements of roe deer (C. capreolus L.), discussed on the basis of laboratory experiments.

Nitrogen balance studies with adult roe bucks in metabolism cages were performed to determine nutritional requirements of roe deer. The N requirements for maintenance were 85 mg of apparently digestible N/kg body weight $^{3/4}$/day. When N losses in the faeces equalled the intake (apparently digestible N = O), we measured a nitrogen excretion in the urine of 66 mg/kg weight $^{3/4}$/d. The biological value was 82. The digestibility of N amounted to 93% of the figures given in feed value tables for domestic ruminants. 18 g N/1000 starch equivalents (STE) in the food were necessary for maximal digestibility of the energy, that is more than for maintenance.

Energy requirements were calculated from regressions of weight changes on energy intake. Maintenance requirements per kg weight $^{3/4}$ and day in the metabolism cages were 31 g total digestible nutrients corresponding to 29 STE or 69 kcal net energy. Social activity in spring raised the requirements by about 30%. In spring and fall roe deer build up fat depots. For this purpose they require 2200 g total digestible nutrients (2100 STE or 5000 kcal net energy) per kg of body weight gain. During winter weight changes and energy intake are poorly correlated. Roe deer need food of comparatively high digestibility to satisfy their energy requirements. The applicability of the results to field conditions is discussed.

Eiweißbedarf

a.   Einleitung

Die Kenntnis des Nahrungsbedarfs einer Tierart ist eine der wichtigen Voraussetzungen für die Lösung der entscheidenden ökologischen Fragen, etwa nach der Rolle, die diese Art in ihrer Lebensgemeinschaft spielt, nach der Regulation ihrer Dichte oder nach der Kapazität des Lebensraums für sie.

Wir untersuchen seit einigen Jahren den Nahrungsbedarf des Rehes, unserer häufigsten Schalenwildart, und haben uns dabei zunächst auf den Proteinbedarf konzentriert. Als Vergleichsbasis müssen Literaturwerte von Hauswiederkäuern herangezogen werden, da m.W. genauere Untersuchungen des Proteinbedarfs an anderen Wildwiederkäuern noch nicht vorliegen.

[*]   Die Untersuchungen wurden von der Deutschen Forschungsgemeinschaft unterstützt. Ich danke Herrn Dr. K. OSTERKORN, Institut für Tierzucht an der Universität München, für seinen Rat bei der statistischen Auswertung, und Fräulein Riehl für ihre technische Assistenz.

Wenn man beim Wiederkäuer vom Proteinbedarf spricht, dann ist das fast gleichbe-
deutend mit dem Bedarf an Stickstoff (N) -Verbindungen, da auch sogenannter
Nicht-Protein-Stickstoff über die Pansenbakterien genutzt werden kann. Analytisch
arbeitet man mit der N-Bestimmung nach Kjeldahl und rechnet die Stickstoffwerte
mit dem Faktor 6,25 in Rohprotein (RP) um.

Zur Erläuterung der Methode, über die N-Bilanz den Bedarf zu bestimmen,
möchte ich die Wege des Stickstoffs durch den Verdauungskanal und den Körper
kurz skizzieren. Abbildung 1 zeigt ein stark vereinfachtes Schema. Die N-Verbindungen in der Nahrung unterliegen im Verdauungstrakt u. a. dem Ab- und Umbau
durch Mikroorganismen. Die Gesamtheit der Verdauungsvorgänge bewirkt eine
unvermeidliche N-Ausscheidung im Kot, den sogenannten metabolischen Kot-N. Er
hat einen erheblichen Anteil am gesamten Kot-N, seine Menge ist eng mit der Aufnahme an Futtertrockensubstanz (FTS) korreliert. Die Differenz zwischen Nahrungs-N und Kot-N ergibt den scheinbar verdaulichen Stickstoff (svN). „Scheinbar"
verdaulich deshalb, weil in Wirklichkeit mehr N resorbiert wird, gleichzeitig aber
auch eine entsprechende Menge N aus dem Körper in den Verdauungstrakt eintritt.
Der svN ist also die Nettostickstoffeinfuhr in den Körper. Dieser N wird zunächst
zum Ersatz endogener Verluste aus dem Körper und dann für besondere Leistungen

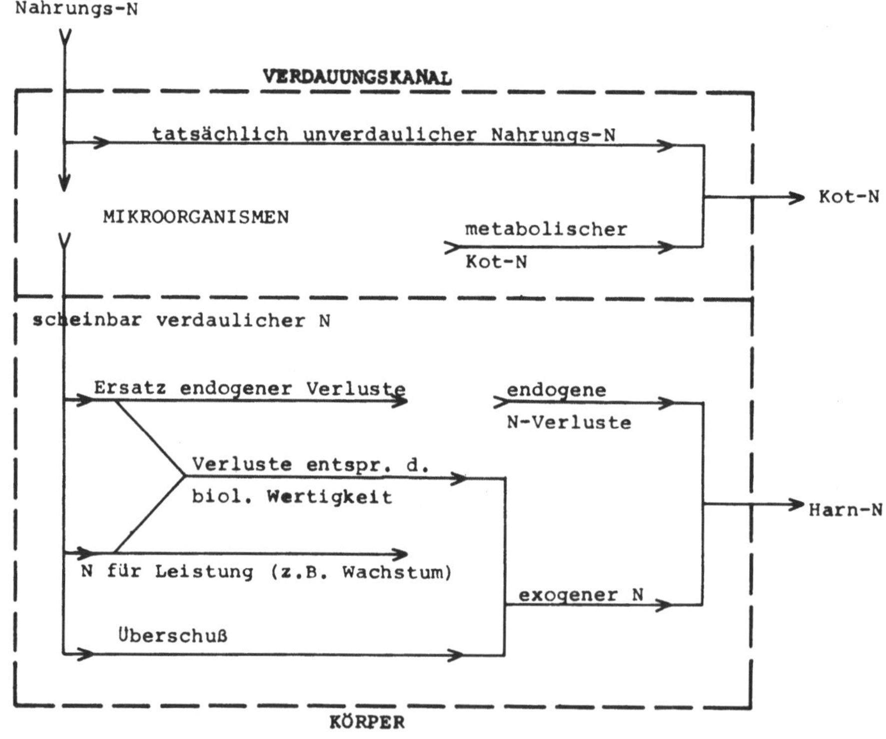

Abb. 1. Stickstoff–Umsatz beim Wiederkäuer (stark vereinfacht)

(z.B. Neubildung von Körpersubstanz beim Wachstum, Milchproduktion) genutzt. Was über diesen Bedarf hinaus aufgenommen wird, muß als Überschuß im Harn ausgeschieden werden. Die Nutzung für den Ersatz endogener Verluste und für Leistungen geschieht nicht verlustlos. Der Prozentsatz des svN, der genutzt werden kann, hängt von der Art der resorbierten N-Verbindungen ab, er wird als biologische Wertigkeit bezeichnet.

Bei der Erstellung einer N-Bilanz werden die N-Einfuhr über die Nahrung und die N-Ausfuhr über den Kot und über den Harn verglichen. Obwohl das eine sehr grobe Methode ist, die Umsetzungen des N zu verfolgen, können bei entsprechender Variation des N-Angebots in der Nahrung aus der N-Bilanz die wichtigsten Schlüsse in Bezug auf den Bedarf abgeleitet werden.

Derartige Versuche können natürlich nicht unter Freilandbedingungen durchgeführt werden, man muß die Rehe dazu in Stoffwechselkäfigen (SWK) halten, in denen die Futteraufnahme genau kontrolliert und die Ausscheidungen (Kot und Harn) getrennt aufgefangen werden können. Angaben zu den Käfigen und zur weiteren Methode sind bereits publiziert (EISFELD 1974 a, 1974 b).

c. *Ergebnisse*

In Abbildung 2 sind die Ergebnisse von 21 N-Bilanzversuchen mit adulten Rehböcken eingetragen, wobei die x-Werte das N-Angebot, die y-Werte den erzielten N-Ansatz darstellen. Jeder Punkt repräsentiert eine meist 10-tägige Sammelperiode. Es wurden nur Versuche berücksichtigt, bei denen das Stickstoffangebot für die Körpergewichtszunahme limitierend war. Das N-Angebot (svN = Nahrungs-N minus

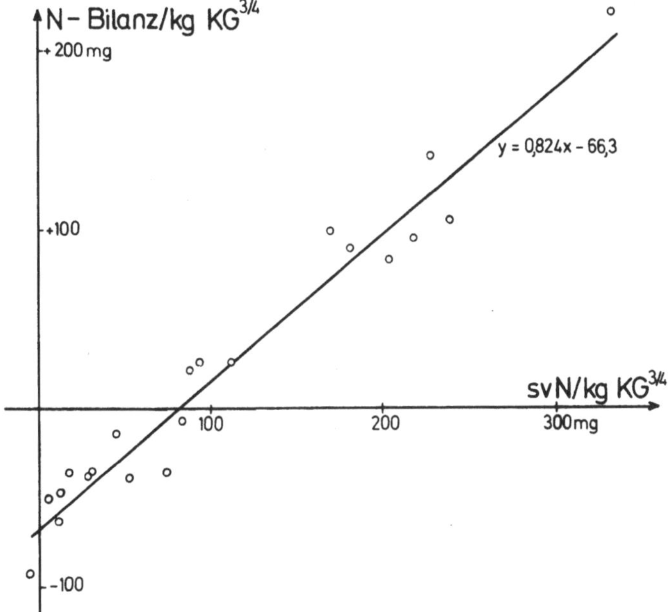

Abb. 2. Stickstoff-Bilanz in Abhängigkeit vom N-Angebot (erwachsene Rehböcke, Proteinmangel)

Kot-N) wurde auf die metabolische Körpergröße (Körpergewicht $^{3/4}$) bezogen, da
der Erhaltungsbedarf *erfahrungsgemäß* entsprechend dieser Größe ansteigt. Der
erzielte N-Ansatz (als N-Bilanz = svN minus Harn-N) wurde ebenfalls auf diese
Größe bezogen, um lineare Zusammenhänge zwischen y und x zu erhalten. Aus den
aufgetragenen Werten errechnet sich folgende Regressionsgleichung:

$$y = - 66,3 + 0,824 \, x \quad (n = 21; r = 0,978)$$

Das absolute Glied von –66,3 mg/kg KG $^{3/4}$ (s = ± 5,6) gibt den täglichen N-Verlust
aus dem Körper bei einer Nettozufuhr von O g N an. Der Regressionskoeffizient
von 0,824 (s = ± 0,04) sagt aus, daß von jedem Gramm svN 0,824 g für den Ansatz
genutzt werden können, die biologische Wertigkeit also 82,4 beträgt. Aus beiden
Werten zusammen ergibt sich die N-Zufuhr, die mindestens notwendig ist, um eine
ausgeglichene N-Bilanz zu gestalten (x-Wert für y = O). Diese Größe ist der Erhaltungsbedarf, er beträgt hiernach 80,5 mg svN/kg KG/ $^{3/4}$ /d. Die Schnittpunkte der
x-Achse mit den Grenzen des Vertrauensbereichs für die y-Werte ergeben einen
Vertrauensbereich für den errechneten N-Erhaltungsbedarf. Er reicht bei einer Irr-
tumswahrscheinlichkeit p = 5% von 70,4 bis 90,1. Bei der Wertung dieses Ergebnis-
ses muß man berücksichtigen, daß ein gewisser systematischer Fehler (N-Verluste
über Haut und Haare, Sammelverluste) in die Werte eingegangen ist. In einer frühe-
ren Auswertung von N-Bilanzen (EISFELD 1974 a) hatte sich ergeben, daß im
Durchschnitt nur 94,5% des svN im Harn oder im Ansatz wiedergefunden werden.
Damit erhöht sich der Wert für den Erhaltungsbedarf auf 85 mg svN/kg KG $^{3/4}$ /d.
Dieser Betrag liegt unter den für Hauswiederkäuer angegebenen Werten (Zusammenfassung bei Agricultural Research Council 1965, SCHULZ et al. 1974). Die weitver-
breitete Vermutung, daß das Reh einen besonders hohen Proteinbedarf hat (z.B.
UECKERMANN 1971), hat sich also nicht bestätigt.
Zur Klärung der Frage, wieviel des in der Nahrung enthaltenen N dem Reh als svN
zur Verfügung steht, muß man die Verdaulichkeit des RP kennen. Sie wurde bei
vier verschiedenen Futtermischungen gemessen und mit der nach Futterwerttabelle für Rinder und Schafe (Deutsche Landwirtschaftsgesellschaft 1968) zu er-
wartenden Verdaulichkeit verglichen (Tabelle 1). Die Ergebnisse zeigen zunächst,
daß mit abnehmendem RP-Gehalt im Futter auch die RP-Verdaulichkeit abnimmt.
Das erklärt sich aus der von der N-Zufuhr unabhängigen Ausscheidung an metabolischem Kot-N. Weiter ergab sich, daß die Verdaulichkeit im Durchschnitt nur 93%
der Erwartung betrug. Die Werte der Futterwerttabelle sind also nur mit Ab-
strichen auf unsere Rehe zu übertragen.

Tabelle 1. Rohproteinverdaulichkeit bei Rehen

RP-Gehalt der Futter-Trockensubstanz (%)	17,8	13,7	10,2	9,9
Herkunft d. RP (%) aus Getreide	42	70	73	94
Soyaschrot	46	15	20	–
Graspellets	12	15	–	–
Haferschalen	–	–	7	6
erwartete RP-Verdaulichkeit (nach DLG-Futterwerttabelle)	78,1	73,4	71,9	63,2
gemessene RP-Verdaulichkeit	72,6	67,6	66,7	59,8
Versuchstage insgesamt	(34)	(30)	(43)	(26)

Auf bisher vorläufige Ergebnisse zum N-Bedarf für Leistungen (Wachstum) soll
hier nicht eingegangen werden. Erwähnt werden muß aber noch, daß bei niedrigem
N-Gehalt im Futter die Rehe zwar noch ihren N-Bedarf zur Erhaltung und für ein
gewisses Wachstum decken können, daß aber gleichzeitig die Verdaulichkeit der
organischen Substanz erniedrigt ist, also die energetische Ausnutzung des Futters
leidet. Bis zu einer Grenze von etwa 18 g N/1000 Stärkeeinheiten im Futter bringt
in diesen Fällen die Erhöhung des N-Gehalts eine Verbesserung der Verdaulichkeit
der organischen Substanz mit sich. Da diese Verbesserung auch mit Harnstoff, der
vom Reh selbst nicht als N-Quelle genutzt werden kann, zu erreichen ist, ist offensichtlich unter dieser Grenze der N-Bedarf der Pansenbakterien nicht gedeckt.

d. Anwendbarkeit der Ergebnisse

Angesichts der unnatürlichen Haltungsbedingungen der Rehe bei den besprochenen
Versuchen erhebt sich die Frage, inwieweit die vorgelegten Ergebnisse auf Freilandbedingungen übertragbar sind. Freilebende Rehe haben durch mehr Bewegung und
härtere Witterungsbedingungen wahrscheinlich einen höheren Energieverbrauch als
unsere Käfigtiere. Das führt zu höherer Futteraufnahme und damit zu höherer
Ausscheidung an metabolischem Kot-N. Ihr Futter muß zwar nicht relativ, aber
absolut mehr N enthalten. Weiterhin können die Verdauungsvorgänge durch die
völlig andere Futterbeschaffenheit anders ablaufen. Aus diesen Gründen ist es sinnvoll, den svN als Bezugsbasis für den Bedarf zu wählen und Schlüsse vom Nahrungs-
N her nur mit entsprechenden Vorbehalten zu ziehen. Es gibt bisher keinen Hinweis
darauf, daß in der Weiterverarbeitung des svN entscheidende Unterschiede zwischen
Käfig- und Wildtiere zu erwarten sind. Die gelegentlich vertretene Meinung, daß
Muskelarbeit zu erhöhter N-Ausscheidung im Harn und damit zu erhöhtem N-Bedarf führt, hat MITCHELL (1962) anhand der Literatur über den Menschen diskutiert und nicht bestätigt gefunden. Der Bedarf freilebender Rehe an svN müßte
deshalb dem unserer Versuchstiere entsprechen. Unsere Ergebnisse können damit
dazu dienen, in einer gegebenen Freilandsituation zu prüfen, ob ein N-Mangel vorliegt oder nicht. In Anbetracht des niedrigen Bedarfs und des Rohproteingehalts der
üblichen Äsungspflanzen von Rehen halte ich einen N-Mangel bei Rehen in unserer
Wildbahn für wenig wahrscheinlich.

Energiebedarf

a. Methode

Die bei uns durchgeführten Bilanzversuche im SWK sind auf die Ermittlung des
Eiweißbedarfs ausgerichtet, sie eignen sich aber auch zur Klärung einiger Aspekte
des Energiebedarfs. An für diesen relevanten Daten wurde die Aufnahme an scheinbar verdaulicher organischer Substanz (svOS) und die Gewichtsentwicklung gemessen. Die Energieaufnahme variierte in einem sehr weiten Bereich, so daß sich trotz
der Unsicherheit, die Körpergewichtsmessungen anhaftet, recht gute Korrelationen
zwischen Energieaufnahme und Gewichtsänderung ergaben. Zum Vergleich wurden
Fütterungsversuche mit Rehen, die in normalen Stallboxen gehalten wurden, herangezogen, wobei nur solche Perioden zur Auswertung kamen, bei denen über längere

Zeit das Futter gleich blieb, die Futteraufnahme nicht allzu sehr schwankte und die Gewichtsentwicklung stetig war. In den Fütterungsversuchen wurde die Futteraufnahme bei bekannter Futterzusammensetzung gemessen, also nur die Brutto-Energieaufnahme. Die Bruttoenergie sagt sehr wenig darüber aus, wieviel Nettoenergie, also Energie zur Aufrechterhaltung der Lebensvorgänge oder zur Einlagerung in den Körper, das Tier daraus ziehen kann. Wenn man aber Futtermittel verwendet, die auch bei Haustieren üblich sind, dann kann man mit Hilfe von Futterwerttabellen den Nettoenergiegehalt der jeweiligen Futtermischung abschätzen. Das übliche Maß ist die Stärkeeinheit (STE), die 2,36 kcal Nettoenergie entspricht. Die Nettoenergieangaben in den Futterwerttabellen basieren auf Messungen an Rindern. Ob die energetische Ausnutzung der Futtermittel durch Rehe der der Rinder entspricht, ist offen. Wenn ich also von der Aufnahme einer bestimmten Zahl von STE spreche, so ist das so zu verstehen, daß die Rehe eine Futtermenge aufgenommen haben, die einem Rind die entsprechende Menge Nettoenergie geliefert hätte. In den Versuchen im SWK wurde die Aufnahme an svOS gemessen, also die Summe der verdaulichen Nährstoffe. Multipliziert man in dieser Summe den Rohfettanteil mit dem Faktor 2,3 (zur Berücksichtigung des höheren Nettoenergiegehalts), dann erhält man den Gesamtnährstoff (GN), ein weiteres Maß für den Nettoenergiegehalt eines Futters. Dieses Maß bildet in Deutschland die Grundlage der Schweinefütterung, wird in Amerika in fast identischer Form (total digestible nutrients) aber auch in der Wiederkäuerfütterung verwendet. Bei rohfaserreichen Rationen ergeben sich deutliche Nachteile gegenüber der Bemessung nach STE, bei relativ rohfaserarmen Rationen, wie sie bei Rehen notwendig sind (s.u.), sind die Unterschiede nur geringfügig. In unseren Versuchen wurde der Anteil des Rohfettes an der svOS nicht analytisch ermittelt, sondern nach der DLG-Futterwerttabelle errechnet. Um Fütterungs- und Bilanzversuche miteinander vergleichen zu können, habe ich auch den GN in STE umgerechnet. Dazu habe ich in 34 Versuchen den gemessenen Gehalt an GN mit dem Gehalt an STE laut Futterwerttabelle verglichen. Danach entsprach 1 g GN = 0,956 STE.

b. Jahresrhythmus in der Stoffwechsellage

Bei der Besprechung des Energiebedarfs möchte ich nicht auf Wachstum, Trächtigkeit oder Laktation eingehen, sondern mich darauf beschränken, was ein ausgewachsener Bock im Stall braucht. Bei Haustieren würde man das den Erhaltungsbedarf nennen. Beim Wildtier Reh liegen die Dinge aber komplizierter. ELLENBERG (1974) hat den ausgeprägten Jahresrhythmus in der Nahrungsaufnahme beschrieben und auf die Zusammenhänge mit der Aktivität hingewiesen. Ein Jahresrhythmus wird auch deutlich, wenn man die Gewichtsentwicklung von Rehböcken über längere Zeit unter wechselnden Fütterungsbedingungen verfolgt. Die Gewichtsentwicklung weist auf eine Periodik der Stoffwechsellage hin, die ich in Abbildung 3 schematisch dargestellt habe. Während der Wintermonate halten die Stallrehe in der Regel ihr Gewicht. Selbst wenn sie deutlich unter ihrem Maximalgewicht liegen, machen sie trotz besten Futters keine Anstalten zuzunehmen. (Diese Aussage gilt allerdings nicht für sehr stark abgemagerte Rehe, sie holen auch im Winter auf). Im zeitigen Frühjahr fangen dieselben Rehe unter identischen Fütterungsbedingungen an, Gewicht zuzulegen. Es setzt eine Periode ein, in der die Rehe bestrebt sind, Energiedepots anzulegen. Der Beginn dieser Periode ist allmählich und nicht bei allen

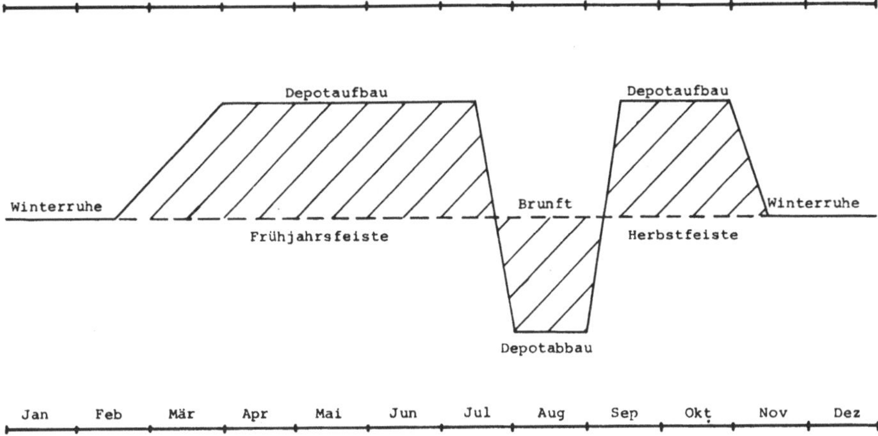

Abb. 3.   Jahresrhythmus der Stoffwechsellage bei Rehböcken

Rehen synchron. Deshalb ist er schräg gezeichnet. Die Höhe der Körpergewichtszunahme in dieser Periode ist, wie auch bei den weiter unten zu besprechenden
Gewichtsänderungen, schwer zu generalisieren, weil sie von mehreren Faktoren, u.a.
der Ausgangslage und der Futterqualität, abhängt. Die Frühjahrsfeistzeit endet wieder nicht synchron, aber für das Einzeltier ziemlich abrupt im Juli, wenn eine gut
vier Wochen dauernde Phase mit teilweise drastischem Gewichtsverlust bei reduzier-
ter Futteraufnahme einsetzt. Es handelt sich hier um eine Periode „freiwilligen"
Depotabbaus, die sicher etwas mit der Brunft zu tun hat, nicht aber an die Anwesenheit von weiblichen Tieren gebunden ist. Ende August schließt sich dann wieder
eine Phase des Depotaufbaus an, die Herbstfeiste. Sie geht im November in die
Winterruhe über, ist also deutlich kürzer als die Feistzeit im Frühjahr. Die Winterruhe ist die Zeit, in der im Freiland normalerweise durch mangelhafte Ernährung
ein Depotabbau von außen erzwungen wird. Wegen der mit der Jahreszeit wechselnden Stoffwechsellage habe ich die Auswertung der Daten zur Ermittlung des Energiebedarfs für die einzelnen Phasen getrennt vorgenommen.

c.   *Ergebnisse*

Die Abbildung 4 zeigt die Regressionsgeraden, die sich bei Bezug der Gewichtsänderung auf die Energieaufnahme errechnen. Die Schnittpunkte der Geraden mit der
x-Achse ergeben den durchschnittlichen Energiebedarf für die Erhaltung (Gewichtsänderung = O), aus der Steigung der Geraden läßt sich ablesen, wieviel Energie auf-
gewendet wurde, um einen bestimmten Gewichtszuwachs zu erzielen. Die numeri-
schen Ergebnisse sind in Tabelle 2 wiedergegeben. Am besten gesichert sind die
Ergebnisse im SWK aus dem Frühjahr (50 Versuche von meist 10 Tagen). Die Böcke
brauchten 30,7 g GN/kg KG $^{3/4}$/d, um ihr Gewicht zu halten. Rechnet man unter
den erwähnten Vorbehalten in die anderen Maßsysteme um, dann ergeben sich 29,3
STE bzw. 69,2 kcal Nettoenergie. Allein für den Grundumsatz rechnet man allgemein bei Säugetieren mit 70 kcal/kg KG $^{3/4}$/d (KLEIBER 1967). SILVER et al.
(1969) fanden beim nahe verwandten Weißwedelhirsch als Bedarf für Grundumsatz

135

Tabelle 2. Energiebedarf adulter Rehböcke

		für Erhaltung (pro kg KG$^{3/4}$ und Tag)		für Ansatz (pro kg Zunahme)
Stoffwechsel-käfig	Frühjahr	30,7 g GN		2220 g GN
		(29,3 STE)		(2120 STE)
		(69,2 kcal	Nettoenergie	5000 kcal)
„	Herbst	33,9 g GN		2000 g GN
„	Winter	keine Korrelation von Energieaufnahme und Gewichtsänderung		
Stallbox	Frühjahr	38,5 STE		2050 STE
„	Winter	31,8 STE		5640 STE

plus geringe Bewegungsaktivität im Winter 97 kcal. BLAXTER (1972) wies aber darauf hin, daß mit erheblichen Artunterschieden zu rechnen ist (Grundumsatz beim Schaf 53 kcal, beim Rind 80 kcal). Um unseren Wert mit anderen Daten von Rehen vergleichbar zu machen, habe ich ihn auf kcal verdauliche Energie (1 g GN entspricht etwa 4,4 kcal, WOLL & HUMPHREY 1910) und auf ein „Normalreh" (20 kg Lebendgewicht) umgerechnet. Dann ergeben sich 135 kcal verdauliche Energie/kg KG $^{3/4}$/d und 280 STE bzw 1280 kcal verdauliche Energie pro Reh und Tag. Diese Werte decken sich mit denen von UECKERMANN (1971), ELLENBERG (1974) und dem Schätzwert von DROZDZ & OSIECKI (1973) für den Erhaltungs-bedarf von Rehen. Dagegen liegt die Angabe von WÖHLBIER (1973) mit umgerech-net 155—190 STE täglich für ein Normalreh deutlich niedriger. Für 1 kg Zunahme brauchten die Böcke 2220 g GN, entsprechend 2120 STE oder 5000 kcal Netto-energie. Das bedeutet eine sehr hohe Energieeinlagerung, sie zeigt, daß Fettdepots gebildet wurden (vergl. hierzu SCHULZ et al. 1974). Als Erhaltungsbedarf im Herbst im SWK oder im Winter unter Box-Bedingungen ergaben sich ähnliche Werte wie für das Frühjahr im SWK (Tab. 2). Dagegen zeigten die Böcke im Frühjahr in den Boxen bei Gewichtskonstanz mit 38,5 STE/kg KG$^{3/4}$/d einen um ca. 30% erhöhten Energieverbrauch. Als Erklärung dafür möchte ich die Erregung und Akti-vität im Zusammenhang mit Rangordnungs- und Territorialverhalten anführen. Während die Tiere im SWK kaum solches Verhalten zeigten, war es bei den Tieren in den Boxen teilweise sehr ausgeprägt. Damit ergibt sich eine Bestätigung zu EL-LENBERGS (1974) Beobachtung, daß die soziale Aktivität im Frühjahr mit einem deutlichen Anstieg im Futterverbrauch verbunden ist. Bezüglich des Energiever-brauchs für die Zunahme (bzw. Energiefreisetzung bei Körpergewichtsverlusten) ergeben sich für die Tiere im SWK im Herbst und für die Frühjahrsversuche in Stall-boxen keine wesentlichen Unterschiede gegenüber den Frühjahrsversuchen im SWK (Tab. 2). Dagegen fällt der Wert für die Boxen im Winter deutlich heraus. Zu beach-ten ist dabei die geringe Korrelation (r = 0,54). Für die SWK ergibt sich für den Winter überhaupt keine Korrelation (r = 0,06). Der Winter eignet sich also nicht dafür, den Energiebedarf anhand der Gewichtsentwicklung zu studieren. Als Grund kann neben der schon erwähnten Stoffwechsellage (kein Bestreben, Depots aufzu-bauen) noch angeführt werden, daß vermutlich beim Abbau von Fettreserven diese

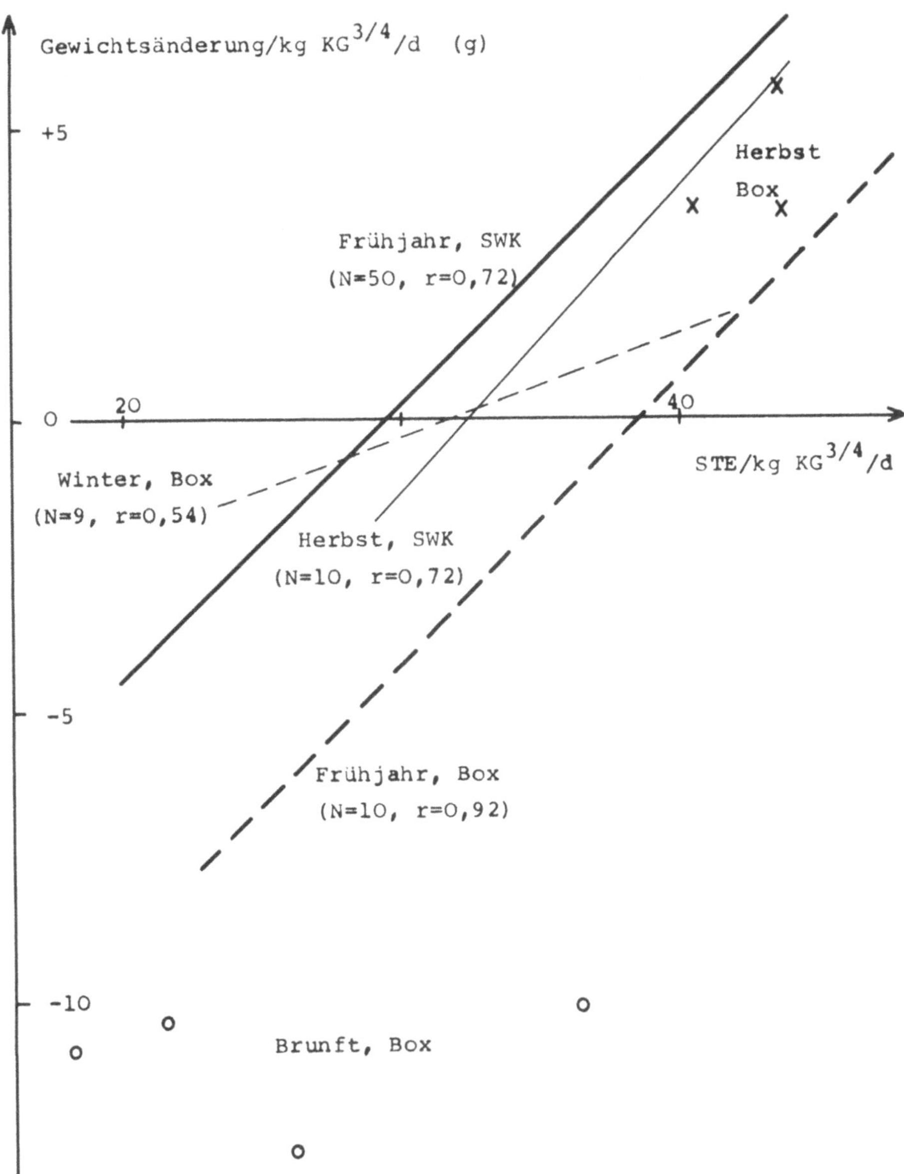

Abb. 4. Körpergewichtsänderung bei Stallrehen in Abhängigkeit von der Energieaufnahme

durch Wasser ersetzt werden können, so daß ein Energiedefizit sich nicht unbedingt in einem Körpergewichtsabfall ausdrücken muß. DAUPHINE (1971) hat derartiges an Caribous in Kanada nachgewiesen. In der Abbildungg 4 sind außer den berechneten Regressionsgeraden noch 7 Einzelwerte von Versuchen in Boxen eingetragen. Drei Werte aus dem Herbst (x) liegen links von der entsprechenden Geraden für das

Frühjahr, zeigen also geringeren zusätzlichen Verbrauch für soziale Aktivität, vier Werte aus der Brunftperiode (o) liegen rechts von dieser Geraden, entsprechend einem noch höheren Verbrauch dafür.

d. Energiebedarf im Freiland

Der ermittelte Erhaltungsbedarf im SWK stellt sicher ein Minimum dessen dar, was ein entsprechendes Reh in freier Wildbahn braucht. Hinzu kommen Aufschläge für die Temperaturregulation unter kalten Witterungsbedingungen und für die größere Bewegungsaktivität, für die beim Reh noch keine Daten vorliegen und für die man entsprechende Angaben von verwandten Tierarten nur mit Vorbehalt heranziehen könnte. Im Frühjahr und im Herbst besteht ein zustätzlicher Bedarf für die Auffüllung der Körperdepots, für dessen Berechnung man die Werte aus unseren Untersuchungen wohl vorbehaltlos übernehmen kann. Weiterhin besteht im Frühjahr ein zusätzlicher Bedarf für Aktivität und Erregung im Zusammenhang mit dem Sozialverhalten, für den unsere Untersuchungen ebenfalls einen Meßwert ergaben. Da aber die soziale Struktur in unseren Ställen völlig von der im Freiland abweicht, möchte ich davor warnen, diesen Wert quantitativ zu übertragen. Es bleiben also noch erhebliche Unsicherheiten, wenn man aus unseren Laborversuchen den Energiebedarf im Freiland herzuleiten versucht.

e. Qualitätsansprüche des Rehes

Bei der Diskussion des Energiebedarfs dürfen die qualitativen Aspekte nicht unberücksichtigt bleiben. Entscheidend für die Aufnahme an Nettoenergie sind neben dem Bruttoenergiegehalt des Futters seine Verdaulichkeit und die maximal mögliche Futteraufnahme. Für andere Wiederkäuer ist gezeigt worden (z.B. CAMPLING 1970), daß mit absinkender Verdaulichkeit auch die mögliche Futteraufnahme absinkt. Die Energieausbeute als Produkt beider Faktoren nimmt mit absinkender Nahrungsqualität also sehr schnell ab. Das spielt besonders beim Reh eine Rolle, das mit einem relativ kleinen Pansen (FEUSTEL 1967) auf leichter verdauliche Nahrung angewiesen ist als etwa Hirsche oder Hauswiederkäuer. So befanden sich Rehe, die ich nur mit Heu oder nur mit jungem Aufwuchs von einer Parkwiese (ohne große Selektionsmöglichkeit) fütterte, auf dem Weg zum Hungertod. Derartiges Futter reicht zur Erhaltung von Schafen oder Rindern gut aus. Aus dem Gesagten wird klar, daß durchaus nicht alles, was draußen in Äserhöhe des Rehes wächst, qualitativ die Ansprüche für Rehnahrung erfüllt. Wenn man das Nahrungsangebot für Rehe im Freiland abschätzen will, dann kommt es nicht auf die absolute Menge an Pflanzenmasse an (irgendetwas zu fressen findet sich immer), sondern darauf, wieviel Energie pro Zeiteinheit Rehe aus dem ziehen können, was ihnen zur Auswahl steht. Daß Rehe überhaupt existieren können, ist nur dem Umstand zuzuschreiben, daß sie sehr stark auf die Nahrungsqualität hinsichtlich des Energiegewinns selektieren.

LITERATUR

AGRICULTURAL RESEARCH CONCIL (1965): The nutrient requirements of farm live-stock. No. 2, Ruminants. London.

BLAXTER K. (1972): Bioenergetics of ruminant animals. Proc. Intern. Symp. Environmental Physiology, FASEB. p. 35—41.

CAMPLING R.C. (1970): Physical regulation of voluntary intake. In: Phillipson A.T.: Physiology of digestion and metabolism in the ruminant. Newcastle, England. p. 226—234.

DAUPHINE T.C. (1971): Physical variables as an index to condition in barren ground caribou. Trans. 28. NE Fish & Wildl. Conf., 91—108.

DEUTSCHE LANDWIRTSCHAFTS-GESELLSCHAFT (1968). DLG-Futterwerttabelle für Wiederkäuer. Frankfurt.

DROZDZ A. & A. OSIECKI (1973): Intake and digestibility of natural feeds by roe deer. *Acta theriol.* 18: 81—91.

EISFELD, D. (1974a): Der Proteinbedarf des Rehes zur Erhaltung. *Z. f. Jagdwiss.* 20: 43—48.

EISFELD, D (1974 b): Haltung von Rehen zu Versuchszwecken. *Z. f. Säugetierkunde* 39: 190—199.

ELLENBERG H. (1974): Wilddichte, Ernährung und Vermehrung beim Reh. Verhandlungen der Gesellschaft f. Ökologie, Erlangen.

FEUSTEL G. (1967): Vergleichende Untersuchungen am Verdauungstrakt von Rothirsch und Reh post mortem unter besonderer Berücksichtigung der Gerüstkohlenhydrate und des Ligningehaltes der Ingesta. Diss. Tierärztliche Fakultät, München.

KLEIBER M. (1967): Der Energiehaushalt von Mensch und Haustier. Hamburg u. Berlin.

MITCHELL H.H. (1962): Comparative nutrition of man and domestic animals, Bd. 1. London.

SCHULZ E., H.J. OSLAGE & R. DAENICKE (1974): Untersuchungen über die Zusammensetzung der Körpersubstanz sowie den Stoff- und Energieansatz bei wachsenden Mastbullen. Fortschr. i. d. Tierernährung 4.

SILVER H., N.F. COLOVOS, J.B. HOLTER & H.H. HAYES (1969): Fasting metabolism of white-tailed deer. *J. Wildl. Mgmt.* 33: 490—498.

UECKERMANN E. (1971): Die Fütterung des Schalenwildes. Hamburg u. Berlin.

WÖHLBIER W. (1973): Ergänzungsfutter für Schalenwild und Wildgeflügel. Wiss. Mitt. Vit. A — Abt., Hoffmann — La Roch AG, Grenzach.

WOLL F.W. & G.C. HUMPHREY (1910): Studies on the protein requirements of dairy cows. Wisc. Agric. Expt. Sta. Res. Bull. 13.

Anschrift des Verfassers:

Dr. D. EISFELD, Institut für Tierphysiologie, 8 München 22, Veterinärstr. 13
Vorstand: Prof. Dr. Dr.h.c.mult. J. BRÜGGEMANN.

DIE KÖRPERGRÖSSE DES REHES ALS BIOINDIKATOR

H. ELLENBERG[1]

Abstract

If young roe deer get enough food in their first 8 months of life, they grow rapidly. Life weights range from below 10 kg to above 23 kg for roe deer kids in November. Under field conditions at Stammham (Bavaria) young roe deer grow as fast as farm animals until August, but slowlier from the time of September. There is nearly no growth from December until the end of May under range conditions, but about 4 kg of penned animals artificially fed, and even more of the young of penned females. — Retarded young animals do not catch up, even when kept in good feeding conditions.

So, mean body size of a population of roe deer is triggered by feeding conditions in the range, mainly from autumn to early spring. — A population of large body size is only possible, if the animals have had enough food of good quality. So they could not have damaged the vegetation. Body size of roe deer may be regarded as an indicator for a population (density), that makes not too much damage on young forest plantations.

A bone length is a better controle of body size than weights are, which differ in the same animal according to the season of the year. Adult roe bucks in W-Germany weigh (mean values in parenthesis) from 12 to 25 kg (about 15 kg) without viscera and organs of the body cavity ("KG"), depending upon range conditions and density. Maximal length of the skull ranges from 180 to 220 mm (187 mm); skull bones of the trophy from 133 to 170 (145 mm); jaw bone from 141 to 172 mm (150 mm). These measures are highly correlated to each other and to body weight.

If skull length (mm) in relation to body weight ($\sqrt[3]{KG}$) is regarded with allometric methods, the allometric exponent for one population (103 adult bucks, a = 0,651) is nearly equal to that of five different populations (n = 116, a = 0,673). That's why skull length (or jaw bone length) is believed to be an indicator for the body sizes of roe deer populations in a very large area.

Range-related, the relative roe deer density in W-Germany must become smaller in many localities. It should be somewhere below carriing capacity — for the benefit of the forests and of the deer. — It is believed to be possible to reach mean body sizes of adult (over 24 months old) roe bucks of 200 mm skull length (18-19 kg "KG") nearly everywhere in Germany by reducing population densities and/or making range conditions more favorable.

Regarding the body size of a roe deer population, management may become independent of the "knowledge" of population density. — Maybe hunters become interested in this project, for trophy quality grows with body size overproportionally.

Die Auswirkungen einer guten, ausreichenden oder mangelhaften Ernährung auf die körperliche Entwicklung von Rehen wurden in meinem Vortrag über Wilddichte, Ernährung und Vermehrung beim Reh nur angedeutet. Sie sind jedoch Angelpunkt für die Zusammenhänge, die heute dargestellt werden sollen.

Am Beispiel der Abbildung 1 sei die Gewichtsentwicklung von Rehen dikutiert, die — im Mai 1972 geboren — in Stammham unter verschiedenen Ernährungsbedingungen aufwuchsen. Sie wird verglichen mit den Lebendgewichten von Rehen wie sie auf der Jura-Hochfläche um Stammham (ca 500 m NN) in freier Wildbahn in

---

1. Die grundlegenden Gedanken zu diesem Vortrag wurden gemeinsam mit Dr. D. EISFELD, Inst.f.Tierphysiol., München, entwickelt.

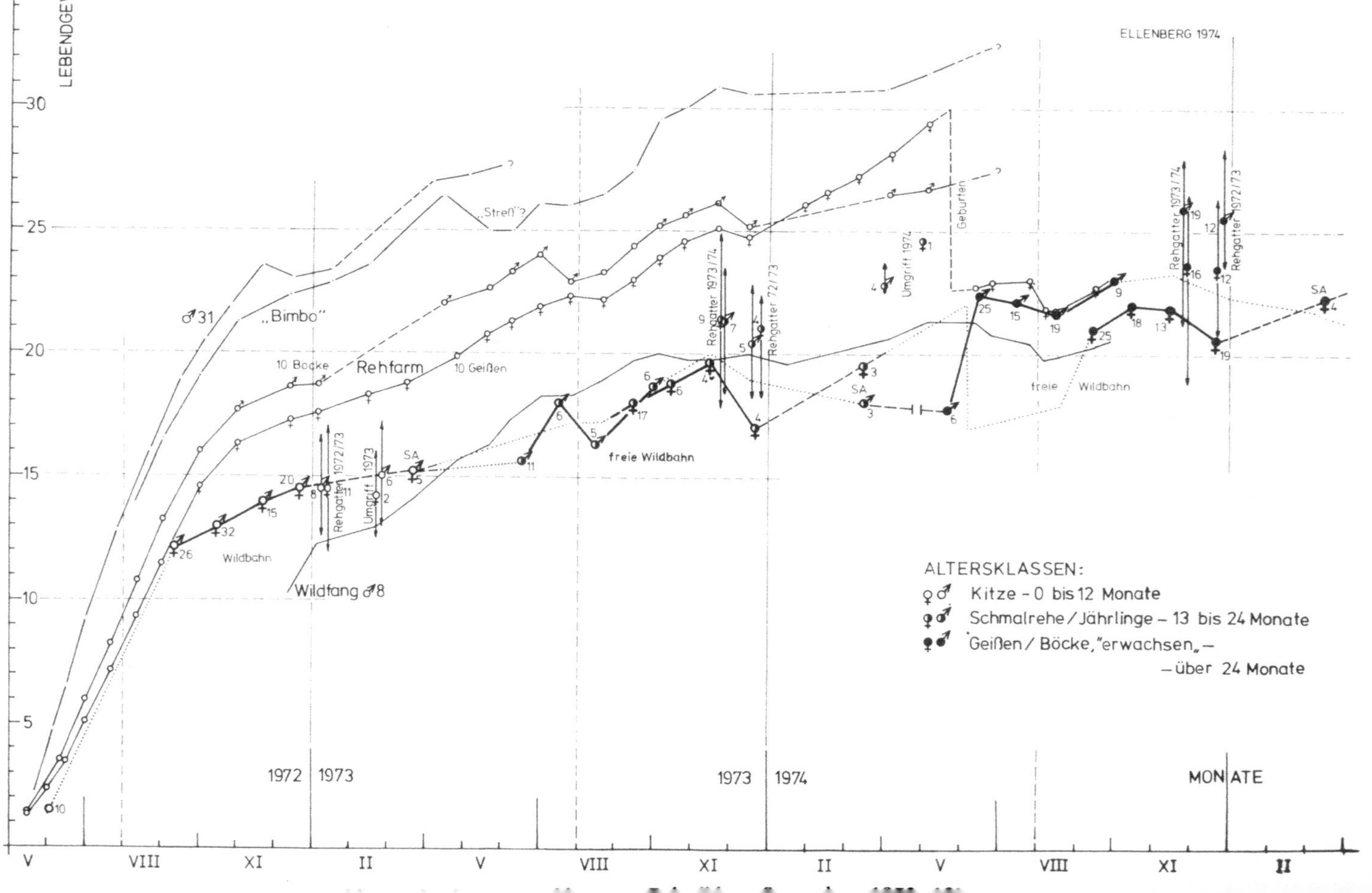

kg
LEBENDGEWICHT
35
30
25
20
15
10
5
ELLENBERG 1974
Streß?
♂ 31
„Bimbo"
10 Böcke
Rehfarm
10 Geißen
Geburten
Umgriff 1974
Rehgatter 1973/74
Rehgatter 72/73
freie Wildbahn
Rehgatter 1973/74
Rehgatter 1972/73
SA
Rehgatter 1972/73
Umgriff 1973
SA
freie Wildbahn
Wildbahn
Wildfang ♂8
ALTERSKLASSEN:
♀♂ Kitze – 0 bis 12 Monate
♀♂ Schmalrehe / Jährlinge – 13 bis 24 Monate
♀♂ Geißen / Böcke „erwachsen" –
– über 24 Monate
1972 1973
1973 1974
MONATE
V VIII XI II V VIII XI II V VIII XI II

den vergangenen acht Jahren normal waren. Bei den angegebenen Werten aus freier Wildbahn handelt es sich um Mittelwerte, die von „aufgebrochen mit" bzw. „ohne Haupt" (s.u.) mit Hilfe geschlechts-, alters- und jahreszeitspezifischer Koeffizienten umgerechnet wurden (A. v. BAYERN, ELLENBERG, unveröffentlicht). Die übrigen Kurven beziehen sich auf Mittelwerte von je zehn männlichen und weiblichen Rehen, die in Stammham mit der Flasche aufgezogen und in der Rehfarm gehalten wurden; die Gewichtskurven von zwei männlichen Kitzen, die sich noch wesentlich besser entwickelten, stammen von Tieren, die ohne unser Zutun von gefangengehaltenen Geißen großgezogen wurden.

Wir erkennen eine weite, ernährungsbedingte Modifikationsbreite, die sich bei Kitzen ab etwa Ende August sehr deutlich manifestiert: Die Entwicklung der Kitze aus freier Wildbahn verlangsamt sich am Ende der Vegetationsperiode deutlich. Sie erreicht in Stammham im Durchschnitt nur etwa drei Fünftel des bisher nachgewiesenen möglichen Körpergewichts und stagniert im Winter praktisch völlig.

Doch zeigt die Gewichtsentwicklung eines — stellvertretend für drei — im Dezember extrem geringen Wildfangkitzes, die dann in die Farm übernommen wurden, daß auch Freilandkitze entsprechend wachsen könnten, wenn sie nicht unter Nahrungsmangel zu leiden hätten. Dies Wachstum wird im Alter von etwa 18 Monaten langsamer. 24 Monate alte Rehe sind körperlich weitgehend ausgewachsen.
Das in freier Wildbahn bei relativ hoher Wilddichte begrenzte Nahrungsangebot im Herbst, Winter und Vorfrühling des ersten Lebensjahres erweist sich damit als entscheidend für die weitere körperliche Entwicklung von Rehkitzen und infolgedessen auch für die Populationsdynamik von Rehpopulationen (vergl. vorigen Vortrag). Doch scheint mir auch der umgekehrte Schluß zulässig. Wenn eine Rehpopulation aus „großen" Individuen besteht, dann hatten diese in der entscheidenden Zeit des körperlichen Wachstums genügend Nahrung von ausreichender Qualität. Falls dies keine vorübergehende Erscheinung ist, darf man wohl annehmen, daß das Nahrungsangebot nicht übernutzt, die Kapazität des Lebensraumes nicht überbeansprucht worden ist, daß also — konkret gesprochen — z.B. der durch eine solche Population verursachte forstliche Schaden nicht übermäßig groß gewesen sein kann.

Zur Entscheidung der Frage, ob ein gegebener Rehwildbestand einen bestimmten Lebensraum auslastet, übernutzt oder unternutzt, könnte also die Beurteilung der Körpergröße einer repräsentativen Stichprobe aus dieser Population wesentlich beitragen. Die Kenntnis der tatsächlichen Wilddichte ist dabei von nebensächlicher Bedeutung.

Selbstverständlich gibt es auch andere Kriterien, um Mißverhältnisse zwischen Wilddichte und Nahrungsangebot festzustellen, z.B. eine Veränderung des pflanzlichen Artenspektrums oder flächig verbreiteter überstarker Wildverbiß (vergl. z.B. MÜLLER 1967, HEIN 1966, MOTTL 1962).

Außerdem lassen sich nach Begutachtung weiterer Konditionskriterien die Aussagen sicher differenzieren und vertiefen. Doch sind für alle solche Untersuchungen spezielle Kenntnisse erforderlich, während gewisse Maße für die Körpergröße von Rehen auch von Laien einfach gewonnen werden können.

Ich habe mich aus praktischen Gründen — vor allem der Datenbeschaffung — auf eine Analyse der Körpergröße erwachsener (älter als 24 Monate) Rehböcke beschränkt und will die Ergebnisse hier vortragen.[1]

Sie sind in den Grundzügen jedem Jäger geläufig, nämlich: große Böcke mit starken Geweihen gibt es in Polen, Schweden, Schottland, Ungarn, während unsere mitteleuropäischen wesentlich geringer sind in Körper und Trophäe. Man hat diese Unterschiede genetisch zu erklären versucht (v. LEHMANN 1957, SZEDERJEI 1971). — Bevor jedoch nicht eine allometrische Untersuchung der verschiedenen Populationen durchgeführt ist, kann diese Frage kaum entschieden werden. Doch mag ich an das Überwiegen genetischer Einflüsse nicht recht glauben, nachdem nämlich sogenannte Blutauffrischungen mit Tieren aus den genannten Ländern, die in mitteleuropäischen Revieren ausgesetzt wurden, zu keinem merklichen Erfolg geführt haben. Und schließlich gibt es auch in Deutschland großwüchsige Populationen.

Das zugänglichste Maß für die Körpergröße von Rehen ist das Körpergewicht: „aufgebrochen (das heißt ohne Innereien) mit" bzw. „ohne Haupt", weil es die Grundlage für den Verkaufswert des Wildprets darstellt und z.B. in Forstämtern in Büchern festgehalten wird. Duchschnittliche Körpergewichte erwachsener Rehböcke (im Sommer) „aufgebrochen mit Haupt" liegen in Deutschland zwischen etwa 12 bis 13 kg (z.B. Nürnberger Reichswald, Lüneburger Heide, Sandergebiete Schleswig-Holsteins) und weit über 20 kg mit Maxima etwa um 25 kg (z.B. vorübergehend auf Fehmarn, Eiderstedt und in Teilen der übrigen Marschen Schleswig-Holsteins). Aus dem Ausland werden ähnlich hohe Gewichte gemeldet vom Südost-Polder im IJssel-Meer (VAN HAAFTEN 1968) in Holland oder aus manchen Gebirgsgegenden der Schweiz und Österreichs.

Alle Gebiete mit hohen Reh-Körpergewichten haben gemeinsam, daß sie erst vor relativ kurzer Zeit von Rehen besiedelt wurden, und daß die Wilddichten offenbar noch gering sind gemessen am Nahrungsangebot. Die besonders hohen Gewichte traten nur vorübergehend auf und wurden mit steigender Wilddichte bald geringer (VAN HAAFTEN 1968, Fehmarn). — Wesentlich ist aber auch, daß z.B. die Neubesiedler der Schleswig-Holsteinischen Marschen, auch des Gotteskooggebietes, mit größter Wahrscheinlichkeit vom bodenständigen gering entwickelten Rehwild aus der unmittelbar benachbarten Geest stammten. — An der jütischen Westküste leben große Rehe in geringer Wilddichte selbst in Dünen-Kiefern-Heiden (KLEIN & STRANDGAARD 1972). Da aber auch Schottland und Schweden weitgehend neues Siedlungsgebiet sind fürs Reh und da in Polen und Ungarn die Wilddichten deutlich geringer sind als in Deutschland üblich, scheinen mir dort im Prinzip ähnliche Verhältnisse vorzuliegen wie in den genannten Gebieten Mitteleuropas.

Die Körpergröße des Rehes scheint also allgemein sehr stark modifikativ beeinflußbar zu sein. Das ist unter wildlebenden Wiederkäuern nichts Besonderes. Ähnliche Verhältnisse sind nachgewiesen für eine ganze Reihe weiterer Wiederkäuer, z.B. Rothirsch, Rentier, Weißwedelhirsch, Schwarzwedelhirsch, Alpensteinbock, Dickhornschaf (BENINDE 1937, KELSALL 1968, CHEATUM & SERVING-

---

1. Den Damen und Herren BAUMANN/Rohrenfeld, Herzog ALBRECHT von BAYERN/Weichselboden, ST.ERL/Stammham, DR. FINSTERER/Münchsmünster, JÄGER/Geisenfeld, KLOTZ/Schönbrunn, Ofd L.MASSAR/Ingolstadt und Fürstin WALDBURG-ZEIL/Zeil danke ich für die Uberlassung von Daten und das Zugänglichmachen von Rehbockschädeln.

HAUS 1950, KLEIN 1964, 1965, NIEVERGELT 1966, GEIST 1971). Der Modifi-
kations-Spielraum des Körpergewichts erwachsener Rehböcke beträgt also etwa 12
bis 25 kg (aufgebrochen mit Haupt). Wenn wir feststellen, daß die meisten mitteleuropäischen Rehböcke unter 16 kg wiegen, dürfen wir annehmen, daß sie nicht gerade unter optimalen Bedingungen aufwuchsen.

Die jagdliche Bewirtschaftung des Rehwilds in Deutschland, mit Wildzählung
und Abschußplan, hat neben dem Pferdefuß der schwierigen Zählbarkeit dieser
Tiere (ELLENBERG 1974) auch den Fehler, daß die Effektivität des Abschusses
kaum je objektiv beurteilt werden konnte. — Falls in Zukunft von den zuständigen
Behörden ein Mindestmaß an Körpergröße vorgeschrieben würde, das nicht unterschritten werden dürfte — andernfalls müsste der Abschuß an Rehwild erhöht werden — könnten beide Schwierigkeiten gelöst werden (EISFELD & ELLENBERG
1974). Dieser Standard sollte deutlich über dem derzeitigen mitteleuropäischen
Durchschnitt liegen, z.B. etwa in der Mitte der Modifikationsbreite oder höher —
darüber müsste noch geforscht und diskutiert werden, denn es sind diverse Interessen hier mit im Spiel. Gelten sollte der Standard jeweils für den Mittelwert einer
definierten Sozialklasse, z.B. für den Durchschnitt der erwachsenen Böcke einer
Landschaft.

Als Größen-Standard eignet sich aber ein Körpergewicht nur bedingt. Abgesehen
davon, daß es bei ein und demselben Individuum jahreszeitlichen Schwankungen
von über zehn Prozent unterworfen sein kann, lässt es sich von Dritten nachträglich
kaum kontrollieren. Zweckmäßiger wäre da ein leicht zugängliches Knochenmaß als
Maß für die Körpergröße, denn ein Knochen lässt sich aufbewahren und wird im
Wechsel der Jahreszeiten nicht kürzer.

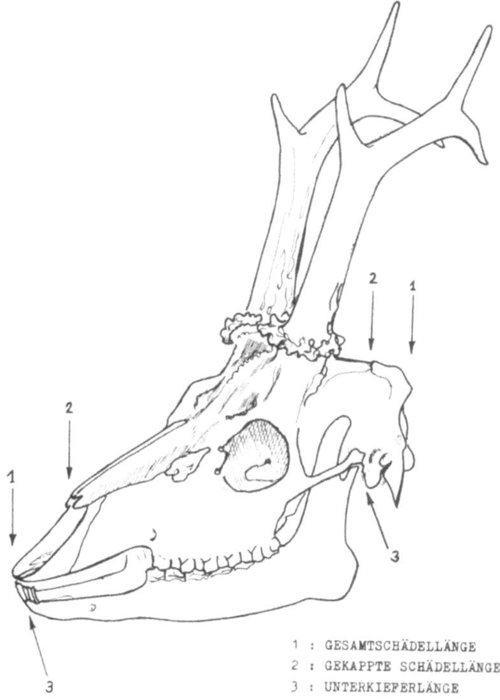

Abb. 2. Meßstrecken am Rehschädel; 1. Gesamtschädellänge; 2. Gekappte Schädellänge; 3.
Unterkieferlänge.

Schädellängen sind unter Zoologen in diesem Zusammenhang allgemein üblich,
aber von Jägern schwer zu erhalten. Doch bewahren Jäger die Trophäen ihrer Böcke
meistens auf und müssen sie auch auf den alljährlichen Trophäenschauen vorweisen.
An diesen sogenannten „gekappten Trophäen" lässt sich von der Nasenbeinspitze
bis zur Naht zwischen Schläfen- und Hinterhauptsbein in der Schädelmedianen ein
Längenmaß nehmen, (siehe Abb. 2), das nach Messungen an 78 Schädeln erwachsener Böcke aus einer einzigen Population mit der Gesamtschädellänge (zwischen der
Spitze des Zwischenkiefers und dem rückwärtigsten Punkt des Hinterhauptes) mit
r = 0,94 sehr eng korreliert ist.

Bei solchen Proportionsanalysen (Abb. 3) ist die allometrische Betrachtungsweise unumgänglich, da nur durch sie größenabhängige und größenunabhängige
(Wuchsformen) Proportionsänderungen richtig beurteilt werden können. Sie stellt
zwischen dem Bezugsmaß für die Körpergröße (hier „Gesamtschädellänge", x) und
dem Vergleichsmaß (hier „gekappte Schädellänge", y) regelhafte Beziehungen her
nach der Formel

$$y = b.x^a \text{ (Allometrieformel)}.$$

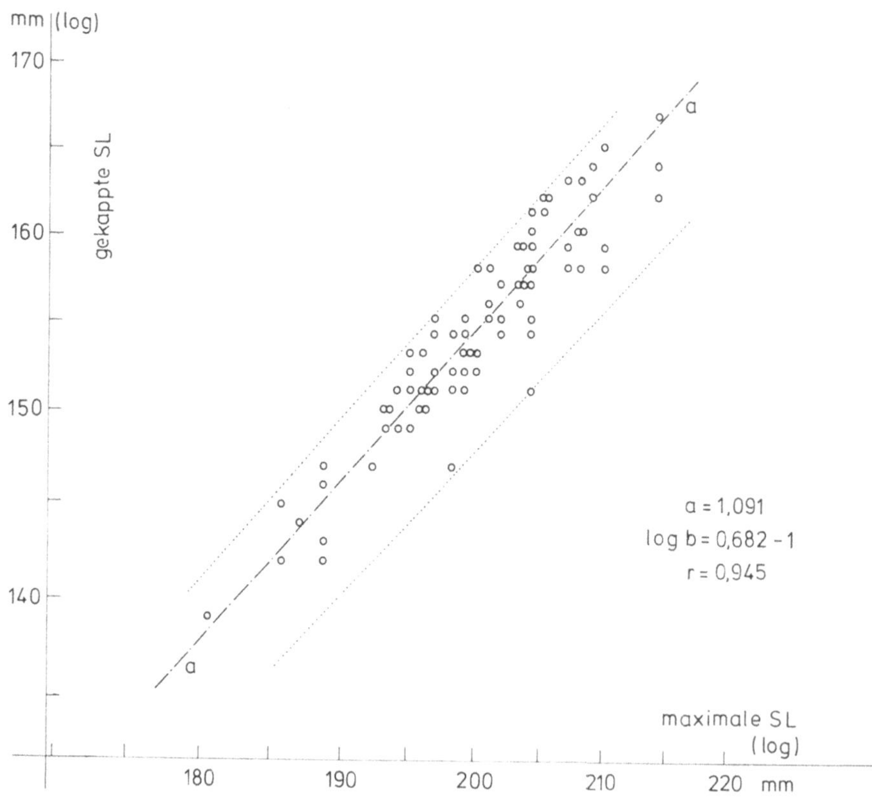

Abb. 3. Allometrie der „gekappten" Schädellänge bezüglich der Gesamtschädellänge bei 78 erwachsenen Rehböcken (ELLENBERG 1974).

Logarithmiert ergibt sich hieraus ein linearer Zusammenhang

log y = log b + a.log x

An der Steigung (a) dieser Geraden, die der sogenannten reduzierten Hauptachse
der Verteilungs-Ellipse der Einzelwerte entspricht, lässt sich ablesen, ob das Ver-

$$\left(a = \sqrt{\frac{\Sigma\,(\log y_i - \log \overline{y})^2}{\Sigma\,(\log x_i - \log \overline{x})^2}} \right)$$

gleichsmaß im Verhältnis zum Bezugsmaß überproportional proportional oder un-
terproportional (positiv allometrisch, a > 1; isometrisch, a = 1; oder negativ allometrisch, a < 1) wächst.

In unserem Fall nimmt die „gekappte Schädellänge" bezogen auf die „Gesamtschädellänge" schwach positiv allometrisch zu (a = 1,091; log b = 0,682 − 1). Das
bedeutet: große Rehschädel wirken im Vergleich zu kleinen leicht etwas langnasig
(vergl. Abb. 2), doch ist die individuelle Variation bei gleicher Schädellänge stärker
als dieser körpergrößenabhängige Proportionsunterschied.

Damit eignet sich die „gekappte Schädellänge" gut als Ersatzmaß für die „Gesamtschädellänge". Sie ist leicht zugänglich auf Trophäenschauen und auch noch
rückwirkend messbar in Trophäensammlungen.

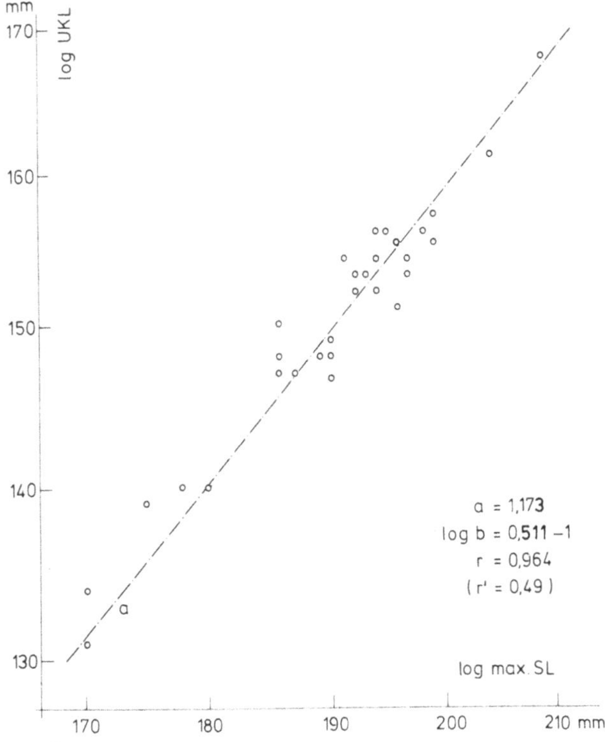

Abb. 4. Allometrie der Unterkieferlänge bezüglich der Gesamtschädellänge bei 30 Rehböcken
(ELLENBERG 1974).

Mindestens ebensogut geeignet ist die Länge des Unterkiefers (Abb. 2), die wegen des größenabhängig unterschiedlichen Neigungswinkels zwischen aufsteigenden und waagrechtem Ast zweckmäßigerweise zwischen dem Gelenkhöcker und dem vorderen Alveolenrand der Schneidezähne gemessen wird (r = 0,96, a = 1,173; log b = 0,511 − 1) (vergl. Abb. 4).

Falls durchzusetzen wäre, daß grundsätzlich eine bestimmte, z.B. die rechte, Unterkieferhälfte von jedem erlegten Reh gesammelt werden müsste, erhielte man neben dem Größenmaß nach Beurteilung der Zahnabnutzung auch einen Überblick über die Populationsstruktur und -dynamik und hätte damit wesentliche Grundlagen über die Lebensdaten einer Rehwildpopulation an der Hand. Außerdem wäre auf diese Weise z.B. mißbräuchlicher wiederholter Vorlage derselben Trophäen zu begegnen.

Doch gilt es, den Zusammenhang zwischen Körpergewicht und Schädellänge zu beschreiben. — Ein wissenschaftlich belegtes Experiment, in dem nur die Wilddichte abgesenkt und gleichzeitig die Winterfütterung zumindest nicht geändert wird, ist mir nicht bekannt. Doch sind solche Fälle in der Praxis vielfältig erwiesen, man denke nur an die Nachkriegsjahre oder z.B. die Erfolge von RODENWALD. Ich kann deshalb zur Zeit nur über die Körpervergrößerung von Rehwild berichten, dessen Ernährungsbedingungen „künstlich" verbessert wurden. — Mir standen dazu die Schädel erwachsener Rehböcke und deren Körpergewichte („aufgebrochen mit

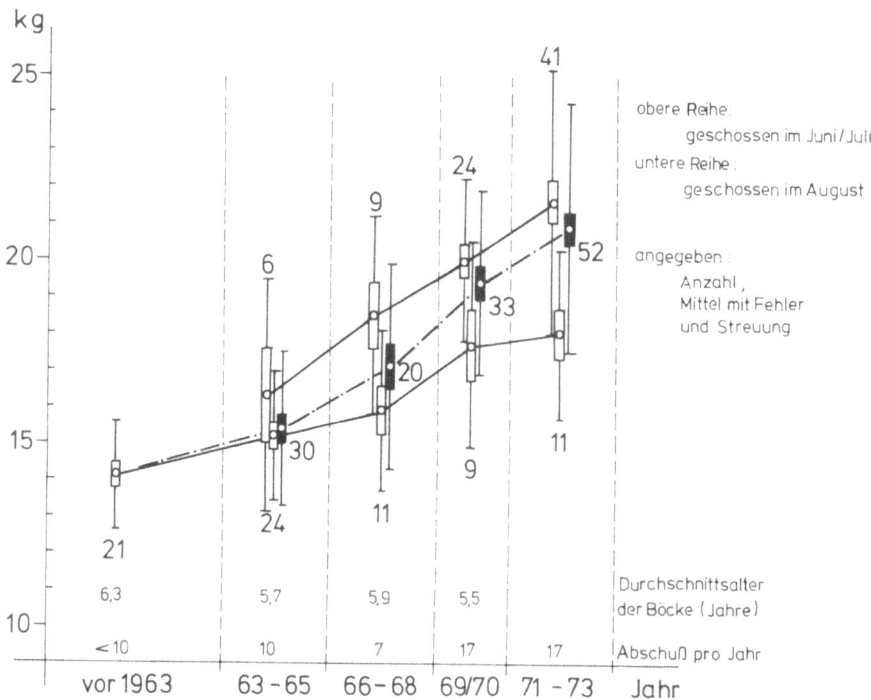

Abb. 5. Körpergewichte erwachsener Rehböcke aus Weichselboden (aufgebrochen, mit Haupt).

Haupt") einer Hochgebirgspopulation (600 bis 2000 m NN) in der Steiermark zur
Verfügung, die seit über zehn Jahren von Herzog ALBRECHT von BAYERN bewirtschaftet wird, dem ich für die Überlassung des Materials bis einschließlich 1971
sehr herzlich danke. Im Hochgebirge liegen insofern besondere Verhältnisse vor, als
„Mast" tragende Laubbäume, wie Eichen oder Buchen, von gewissen Höhenlagen an
fehlen oder nur sehr sporadisch fruchten, und damit das herbstliche Nahrungsangebot von vornherein zu wünschen übrig lässt. Diesem Mangel wurde in Weichselboden durch Fütterung eines eiweiß- und kalorienreichen Kraftfutters aus Automaten ab Herbstbeginn begegnet. Parallel dazu wurde der Rehwildabschuß sinnvoll
gesteigert.

Die Körpergewichte erwachsener Böcke nahmen im Laufe von 10 Jahren um
etwa 50 Prozent zu von früher unter 14 auf ca 21 kg "aufgebrochen mit Haupt",
wobei bemerkenswerte jahreszeitliche Unterschiede bestehen (Abb. 5).

Das drückt sich auch aus in der Allometrie der „gekappten Schädellänge" bezüglich der Kubikwurzel aus dem Körpergewicht (beim Bezug auf das bloße Körpergewicht erhielte man von vornherein eine Beziehung dritten Grades). Sie ist negativ
allometrisch, jedoch für im Juni und Juli geschossene Böcke stärker als für im August
erlegte (Abb. 6). Damit wird der Vorteil der Verwendung eines (Schädel-) Längen-
maßes gegenüber dem Körpergewicht besonders deutlich. — Im August, gegen Ende
und nach der Paarungszeit („Blattzeit") können erwachsene Rehböcke erheblich an
Gewicht verlieren und zwar offenbar größere relativ mehr als kleinere, wie sich aus
der unterschiedlichen Steigung der Allometriegeraden ergibt. (Juni/Juli: a = 0,626;

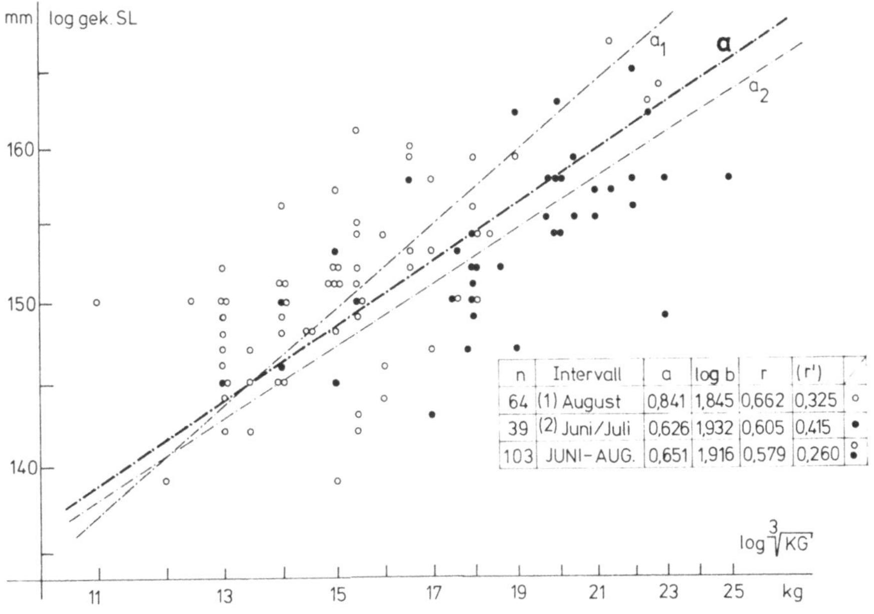

n	Intervall	a	log b	r	(r')	
64	(1) August	0,841	1,845	0,662	0,325	○
39	(2) Juni/Juli	0,626	1,932	0,605	0,415	●
103	JUNI–AUG.	0,651	1,916	0,579	0,260	○●

Abb. 6. Allometrie der (gekappten) Schädellänge bezogen auf das Körpergewicht (aufgebroch-
en mit Haupt) bei erwachsenen Rehböcken aus Weichselboden, gruppiert nach dem Erlegungs-
datum (ELLENBERG 1974).

August: a = 0,841; gesamt: a = 0,651). Sehr kleine Rehböcke haben anscheinend in der Blattzeit kaum Reserven zuzusetzen, denn die Allometriegeraden schneiden sich im Bereich von etwa 12 kg bzw. 140 mm „gekappter Schädellänge". — Außerdem sind die monatlich differenzierten Einzelkorrelationen größer als die Gesamtkorrelation (Juni/Juli: r = 0,605, n = 64; August: r = 0,662, n = 39; gesamt: r = 0,579, n = 103), was den Vorteil bei der Verwendung von Knochenmaßen statt Körpergewichten abermals unterstreicht.

Es handelt sich hier um sogenannte „intraspezifische Allometrien" bei unterschiedlich großen, adulten Individuen derselben Population („Weichselboden"). Bemerkenswert ist die Tatsache, daß sich annähernd der gleiche Allometrieexponent ergibt (a = 0,673) wenn die Einzelwerte aus fünf verschiedenen Populationen Oberbayerns und Österreichs stammen, die als körperlich besondere schlecht (Münchsmünster, 300 m NN, Flußschotter-Kiefernwald-Biotop), mittelmäßig (Stammham, 500 m NN, Jurahochfläche, z.T. gefüttert; Rohrenfeld, 370 m NN, Donau-Auwald, sehr hohe Wilddichte; Zeil/Allgäu, 800 m NN, gute Winterfütterung) und gut entwickelt (Weichselboden, nur 1969 und 1970) ausgewählt wurden (Abb. 7). Die

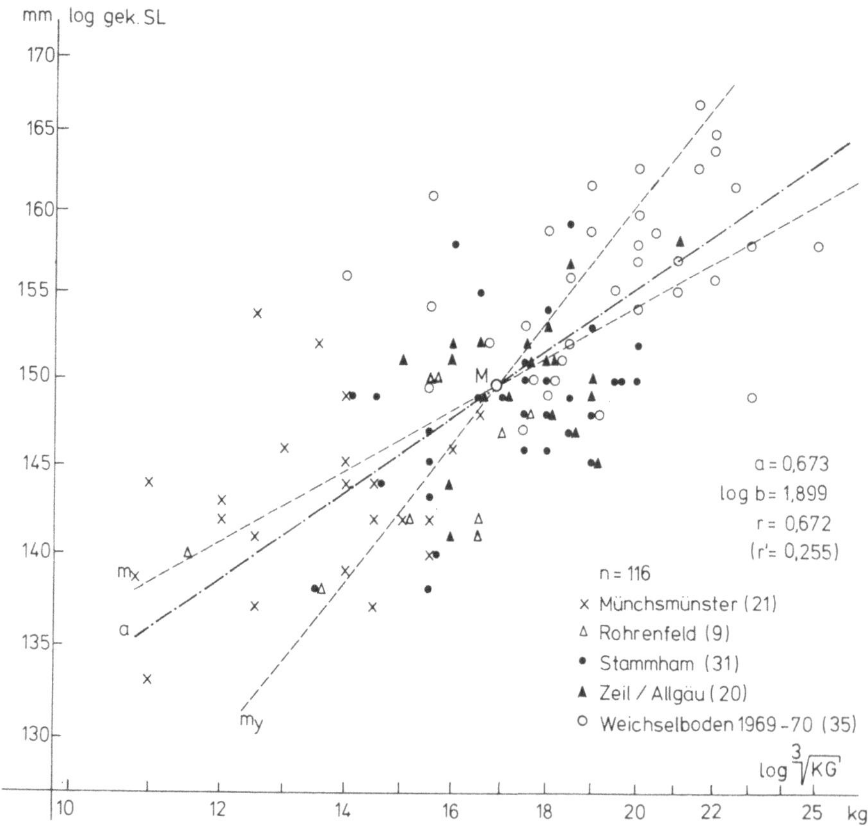

Abb. 7. Allometrie der (gekappten) Schädellänge bezogen auf das Körpergewicht (aufgebrochen, mit Haupt) bei erwachsenen Rehböcken unterschiedlicher Herkunft (ELLENBERG 1974).

150

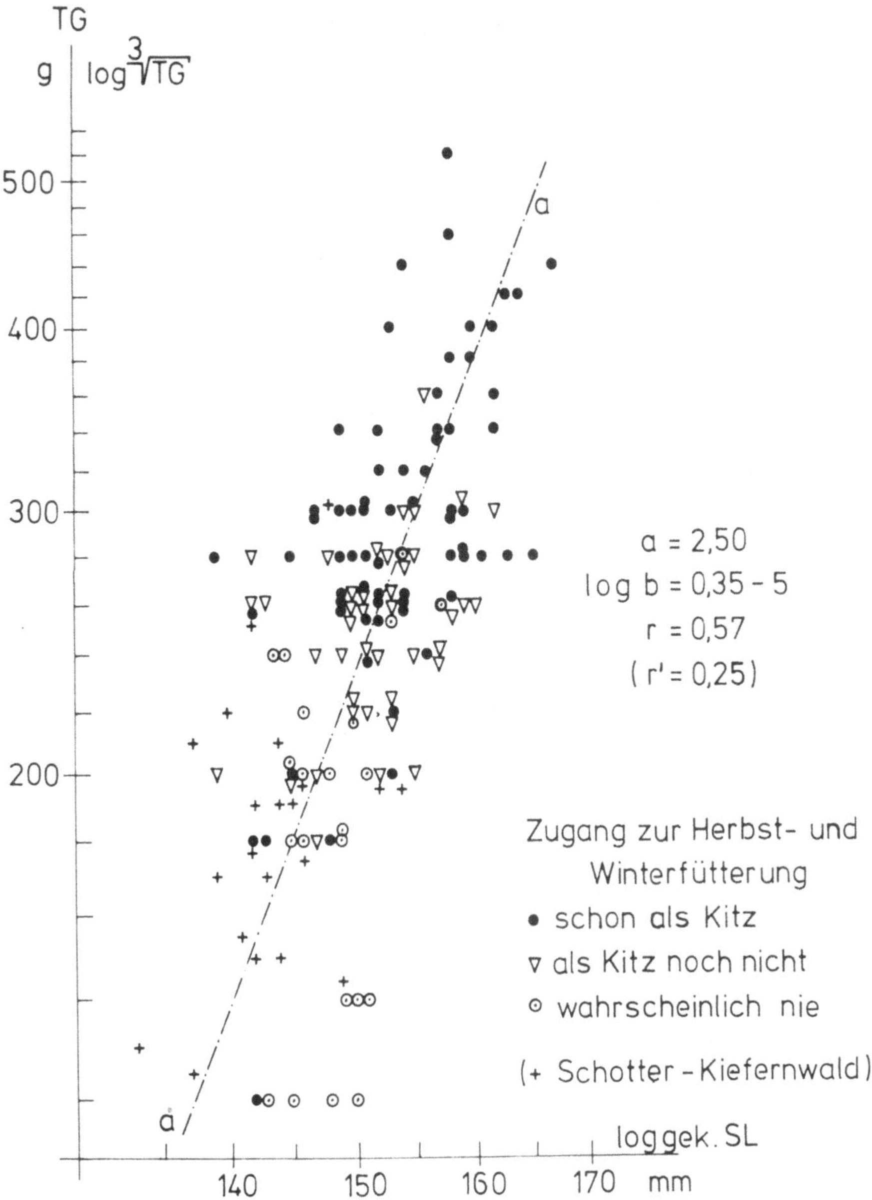

Abb. 8. Allometrie des Trophäengewichts (gekappt) bezüglich der gekappten Schädellänge bei 131 erwachsenen Rehböcken aus Weichselboden (⊙▽•).—21 Böcke aus Münchsmünster (+) zum Vergleich (ELLENBERG 1974).

Korrelation ist in diesem Fall sogar größer (r = 0,672, n = 116) als bei Betrachtung
der Weichselbodener Population allein, da durch Einbeziehen der „schlechten"
Rehböcke aus Münchsmünster der Wertebereich ausgedehnt werden konnte.

Die relativ große individuelle Variation der Schädellänge bei gleichem Körpergewicht, die sich unter anderem in den Korrelationswerten von größenordnungsmäßig
nur 0,6 bis 0,7 ausdrückt, ist sicher mitbedingt durch jahreszeitlich auch individuell
variable Körpergewichte. Trotzdem sind die positiven Korrelationen bei Betrachtung genügend großer und genügend breit gestreuter Stichproben statistisch hoch
gesichert (die "r'"-Werte auf den Graphiken nennen den Korrelationswert, der bei
gegebener Anzahl „n" von Wertepaaren mit 99% Wahrscheinlichkeit nicht überschritten wird, wenn die Beziehung zwischen den Wertepaaren zufällig sein sollte).
Die Allometrien sind überdies auch optisch deutlich.

Solche Aussagen sind jedoch nach isolierter Betrachtung einzelner räumlich und
populationsdynamisch stationärer Populationen nicht ohne weiteres möglich, da die
überwiegende Zahl der Individuen in einer solchen Population die physiologischen
Möglichkeiten nicht ausschöpfen kann und kümmert. Außerdem sind bei einer
willkürlichen Begrenzung der natürlichen Modifikationsbreite von Merkmalen (hier
Schädellänge und Körpergewicht) — wie sie bei einer kümmernden Population gegeben wäre — aus statistischen Gründen die Korrelationen geringer und der Allomé-
trieexponent größer.

Zusammenfassend kann also festgehalten werden, daß sich die Schädellänge
(oder Unterkieferlänge, oder „gekappte Schädellänge") als Maß für die Körpergröße
einer Rehbockpopulation eignet. Schädellänge und Körpergewicht stehen bei Rehböcken verschiedener Populationen in einem gesetzmäßigen allometrischen Zusammenhang.

Eine Einschränkung der Anwendbarkeit dieser Vorstellungen muß hier jedoch
noch erwähnt werden. Sie sind nur dort praktikabel, wo die erreichte, kontrollierte
Entlastung des Lebensraumes von Rehwild nicht durch andere Schalenwildarten,
die die freiwerdenden Kapazitäten beanspruchen würden, zunichte gemacht wird:
also zunächst nur in „reinen Reh-Revieren".

Und eine Erweiterung der Anwendbarkeit sei ebenfalls angedeutet: wer mehr
Rehwild der geforderten Mindestqualität halten will als der gegebene Lebensraum
erlaubt, muß entweder die Biotopkapazität verbessern und „natürliche" Äsungs-
flächen schaffen — oder er muß „künstlich" füttern. Damit würde aber auch beim
Rehwild der Weg zum extensiv gehaltenen Haustier (Definition eines "Haustiers"
bei HERRE & RÖHRS 1973) eingeschlagen, der z.B. mit der Hege des Rotwilds
weithin bereits beschritten wird.

Abschließend sei festgestellt, daß die Trophäengewichte von Rehböcken („gekappt" in Gramm) mit wachsender Körpergröße („gekappter Schädellänge") stark
positiv allometrisch ansteigen (a = 2,50, r = 0,56, n = 131), bei statistisch hoch
gesicherter positiver Korrelation (r' = 0,255) aber großer individueller Streuung.
Dies könnte ein Ansporn sein für die Jägerschaft, die ja die vorgetragenen Gedanken
in die Tat umsetzen müsste. Bei Tieren, die nicht mehr kümmern, lässt sich auch
mit Aussicht auf Erfolg selektieren.

LITERATUR

BENINDE, J. (1937): Naturgeschichte des Rothirsches. — Monographie Wildsäugetiere, IV. Leipzig: P. Schöps.

BOHLKEN, H. (1962): Probleme der Merkmalsbewertung am Säugetierschädel, dargestellt am Beispiel des Bos primigenius Bojanus 1827. — *Gegenbaurs Morph. Jahrb.* 103: 509—661.

CHEATUM, E.L. & C.W. SERVINGHAUS, (1950): Variations in fertility of white-tailed deer related to range conditions. — *Trans.N.Amer.Wildlife Conf.* 15: 170—189.

EISFELD, D. & H. ELLENBERG, (1974): Geht es auch ohne Abschußplan? Vorschlag einer neuen Abschußregelung für Rehwild. — *Die Pirsch — Der Deutsche Jäger*, 26 (18): 858—860.

ELLENBERG, H. (1974): Beiträge zur Ökologie des Rehes (Capreolus capreolus L. 1758). Daten aus den Stammhamer Versuchsgehegen. — Dissertation, Kiel.

ELLENBERG, H. (1975): Wilddichte, Ernährung und Vermehrung beim Reh. Verhandl. Gesellschaft für Ökologie, Erlangen.

GEIST, V. (1971): Mountain Sheep. A study in Behaviour and Evolution. — Univ. Chicago Press, Chicago/London, 383 pp.

HAAFTEN VAN, J.L. (1968): Das Rehwild in verschiedenen Standorten der Niederlande und Sloweniens. — ITBON-Mittlg. 76, Arnhem.

HEIN, J. (1966): Untersuchungen über Wege zur Verbesserung der Qualität eines Rehwildbestandes. — Dissertation, Göttingen/Hann.Münden.

HERRE, W. & M. RÖHRS, (1973): Haustiere — zoologisch gesehen. Gustav Fischer Verlag, Stuttgart.

HUXLEY, J.S. (1932): Problems of relative growth. London.

KLATT, B. (1913): Über den Einfluß der Gesamtgröße auf das Schädelbild nebst Bemerkungen über die Vorgeschichte der Haustiere. *Arch. Entw. mech.* 36: 387—471.

KELSALL, J.P. (1968): The Caribou. Ottawa: The Queen's printer.

KLEIN, D.R. (1964): Range-related differences in growth of deer reflected in skeletal ratios. — *J.Mammalog.* 45: 226.

KLEIN, D.R. (1965): Ecology of deer range in Alaska. — *Ecol. Monog.* 35: 259—284.

KLEIN, D.R. & H. STRANDGAARD, (1972): Factors affecting growth and body size of roe deer. — *J.Wildl.Manage.* 36: 64—79.

LEHMANN VON (1957): Über die Heterogenität des europäischen Rehes. — *Z.Jagdwiss.* 3: 53—63.

MEUNIER, K. (1963): Die Knickungsverhältnisse des Cervidenschädels. Mit Bemerkungen zur Systematik. — *Zool. Anz.* 172: 184—216.

MEUNIER, K. (1965): Der gesetmäßige Polymorphismus funktionell indifferenter Organe bei den Lucaniden (Coleopt. Lamellicorn.). — *Zool. Anz.* 175: 50—92.

MOTTL, S. (1958): Die Nahrung des Rehwildes. — *Z.Jagdwiss.* 4, 228 (Referat).

MOTTL, S. (1962): Zur Frage der Wilddichte und der Qualität des Rehwildes. *Beiträge Jagd- u.Wildforschung* 11: 35—40.

MÜLLER, H.J. (1967): Untersuchungen zur Beurteilung der wirtschaftlich tragbaren Schalenwilddichte im Walde nach Wildschäden am Standort. — *Arch.Forstwes.Berlin* 14: 533—61 (Referat *Z.Jagdwiss.* 13, 86).

NIEVERGELT, B. (1966): Der Alpensteinbock. — Mammalia depicta Parey, Hamburg/Berlin.

PIETSCH, M. (1970): Vergleichende Untersuchungen an Schädeln nord-amerikanischer und europäischer Bisamratten. — *Z. Säugetierkde.* 35: 257—280.

REMPE, U. (1970): Morphometrische Untersuchungen an Iltisschädeln zur Klärung der Verwandschaft von Steppeniltis, Waldiltis und Frettchen. — *Z. wiss. Zool.* 180: 185—360.

RODENWALDT, U. (1970): Waldbau und Jagd. — *Schweiz.Z.Forstwes.* 121: 657—665.

RÖHRS, M. (1959): Neue Ergebnisse und Probleme der Allometrieforschung. — *Z. wiss. Zool* 161: 1—95.

SZEDERJEI, A. & M. SZEDERJEI, (1972): Das Geheimnis des Weltrekords. Das Reh. — Terra, Budapest. 1971.

Anschrift des Verfassers:

Dr. HERMANN ELLENBERG, Institut für Tierphysiologie (Vorstand: Prof.
Dr. Dr. Dr. hc. mult. J. BRÜGGEMANN), München, Veterinärstr. 13. Priv.
807 Ingolstadt, Bachstr. 2.

154

Sonderdruck: Verhandlungen der Gesellschaft für Ökologie, Erlangen 1974.

DER HISTOCHEMISCHE NACHWEIS VON SCHWERMETALLEN IN DEN CHLORIDZELLEN AQUATISCHER INSEKTEN ALS INDIKATOR FÜR DIE GEWÄSSERBELASTUNG.

W. WICHARD & M. SCHMITZ[1]

Abstract

In experiments using the methods of electrolyte histochemistry in combination with microanalysis of x-rays and with radio-active zinc it was shown that the chloride cells of mayfly larvae and other aquatic insects accumulate heavy metals. The chloride cells are suggested as indicators of heavy metal pollution in water.

Einleitung

Die Osmoregulation aquatischer Organismen steht in unmittelbarem Zusammenhang mit den im Wasser gelösten Salzen. Sie bewirken einen osmotischen Druck im Wasser und induzieren in Anhängigkeit von ihrer Konzentration eine osmotische Hyper- oder Hyporegulation. Die Insekten befinden sich meist als Bewohner salzarmer Gewässer im hypotonischen Milieu und sind demzufolge zur hyperosmotischen Regulation befähigt. Zur Aufrechterhaltung der hohen ionalen Hämolymphkonzentration pumpen sie gelöste Salze aus dem wässrigen Milieu in die Hämolymphe. Für diese notwendige Salzaufnahme kommen beispielweise bei Eintagsfliegen die Chloridzellen auf dem Integument der Larven in Frage (WICHARD, KOMNICK & ABEL 1972).

Bei den Chloridzellen ist in einer Initialphase der Ionen-absorption die Akkumulation von Ionen aus dem umgebenden Wasser vorgeschaltet. Nach histochemischen Befunden werden hierbei im Apex der Zellen Kationen (Na^+) und Anionen (Cl^-) unter der wahrscheinlichen Beteiligung von Mucosubstanzen angereichert (WICHARD & KOMNICK, 1971; KOMNICK, RHEES & ABEL, 1972). Es bleibt weiteren Arbeiten die Klärung vorbehalten, ob und in welcher Weise den Strukturen des Apex eine allgemeine Ionenaustauscherfunktion zugeschrieben werden kann. Diese Untersuchung demonstriert allein die Schwermetallakkumulation in den Chloridzellen und will auf die Bedeutung der Chloridzellen als Indikator für die Gewässerbelastung aufmerksam machen.

Freilanduntersuchung

Zum histochemischen Nachweis der Schwermetallakkumulation in den Chloridzellen wurden Larven von Baetis rhodani L. (Ephemeroptera, Baetidae) aus dem nur

1. Wir danken Herrn Prof. Dr. W. KLOFT, Institut für Angewandte Zoologie der Universität Bonn, für einen Arbeitsplatz und die Möglichkeit zu Szintillationsmessungen.

schwach mit Schwermetallen belasteten Pleisbach untersucht. Der Pleisbach
entspringt als Logebach im Siebengebirge und entwässert nach einem ca 30 km
langen Lauf über die Sieg in den Rhein. Bei Uthweiler ist die Probestelle des
Pleisbachs der Güteklasse II - III ($\beta-\alpha$ mesosaprob) zugeordnet. Zur chemischen
Charakterisierung mögen zwei im August und September 1974 ausgeführte
Analysen dienen:

pH		7,8	— 8,0
Leitfähigkeit μS cm^{-1}		330	— 380
O_2	mg/1	8,2	— 8,3
O_2-Zehrung	mg/1	2,0	— 3,2
CO_2	mg/1	5,3	— 6,3
NH_4^+	mg/1	0,5	— 0,7
NO_2^-	mg/1	0,1	— 0,25
NO_3^-	mg/1	22,5	— 31,7
Kalzium	mg/1	43,0	— 44,4
Kalium	mg/1	7,1	— 7,2
Eisen	mg/1	0,03	— 0,11
Zink	mg/1	0,01	— 0,20

Die Larven des Pleisbachs wurden nach gründlichem Baden in aqua bidest. in
10% Ammoniumsulfid-Lösung überführt und nach 10 Minuten wiederum in
aqua bidest. ausgewaschen, um sie anschließend in 70% Alkohol zu konservieren.
Die Behandlung mit Ammoniumsulfid führt am Ort der Schwermetallakkumulation zu topochemischen Reaktionen, deren Reaktionsprodukte aus schwer lös-
lichen Metallsulfidpräzipitaten bestehen. Die qualitative Analyse der so lokalisier-
ten Metallsulfide wurde mit der Röntgenmikroanalyse in Verbindung mit dem
Rasterelektronenmikroskop durchgeführt. Im energiedispersiven Röntgenspektrum zeigt dabei die Flächenanalyse über eine Tracheenkieme, die im respiratori-
schen Epithel mehrere hundert Chloridzellen aufweist, die Metalle Aluminium,
Eisen, Kupfer und Zink an (Abb. 1 oben). Vergleichsweise zeigt die Punktanalyse
innerhalb einer Chloridzelle (Abb. 1 unten) eine deutliche Intensitätsverstärkung
für die metallischen Elemente Eisen und Zink, die in der Kα und Kβ, bzw. Kα und
Lα Linie nachgewiesen werden, während Aluminium und Kupfer im Röntgenspektrum der Punktanalyse keine Intensitätsverstärkungen aufweisen. Der
Nachweis von Aluminium wird auf den Al-Präparateträger und von Kupfer auf
Verschmutzungen bei der Kohlebedampfung zurückgeführt. Abgesehen von
diesen methodischen Fehlern weist jede Intensitätsverstärkung bei der Punktanalyse in den Chloridzellen gegenüber der Flächenanalyse einer Tracheenkieme
darauf hin, daß die Orte Schwermetallakkumulation allein die Chloridzellen auf den
Tracheenkiemen sind.

Laboruntersuchung

Um die Schwermetallakkumulation in den Chloridzellen vorläufig zu charakterisieren, wurden zwei Adsorptionsversuche durchgeführt.
1. Werden die Larven von Baetis rhodani L. (Ephemeroptera, Baetidae) nach
Entnahme aus dem Pleisbach noch zwei Stunden in aqua bidest. gehalten, wird also
die kontinuierliche Zufuhr gelöster Salze mit Sicherheit unterbrochen, so weisen

156

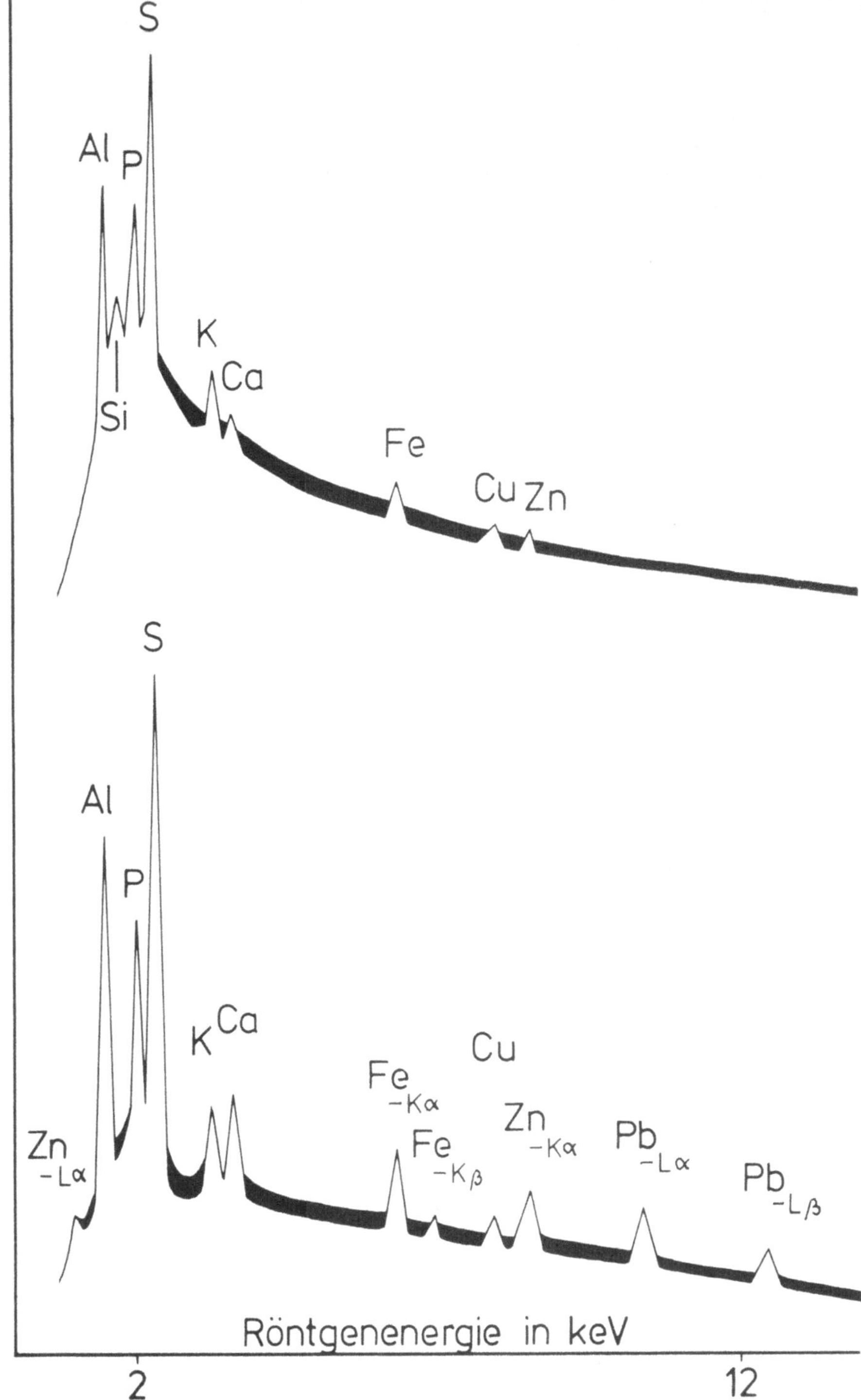

Abb. 1. Energiedispersives Röntgenspektrum einer Flächenanalyse über eine Tracheenkieme (oben) und einer Punktanalyse innerhalb einer Chloridzelle (unten) bei Baetis rhodani L.
(Ephemeroptera, Baetidae).

die Chloridzellen im Röntgenspektrum der Punktanalyse dennoch die metallischen Elemente Eisen und Zink auf (Abb. 1 unten). Werden danach die Larven zwei weitere Stunden in 0,1 ppm Bleinitrat gehalten, so wird die Bleiakkumulation röntgenanalytisch ebenfalls in der Lα und Lβ Linie aufgezeigt (Abb. 1 unten).

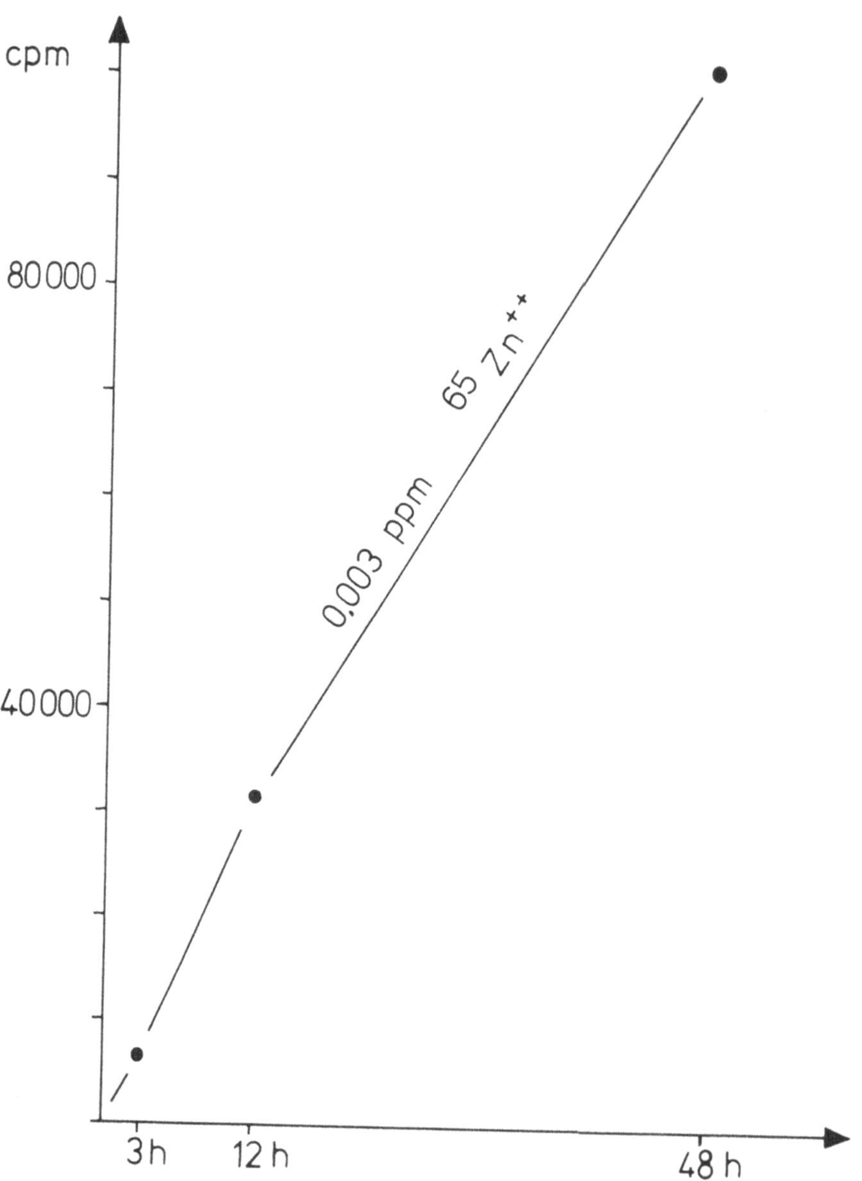

Abb. 2. Akkumulation von ^{65} Zn^{++} in den Chloridzellen von Cloeon dipterum L. (Ephemeroptera, Baetidae) pro Larve.

2. Mit radioaktivem Zink soll die Akkumulation in den Chloridzellen veranschaulicht werden. Dazu wurden Larven von Cloeon dipterum L. (Ephemeroptera, Baetidae) in eine 1 mM NaCl – Lösung mit 0,003 ppm $^{65}Zn^{++}$ exponiert und nach Ablauf der Expositionszeiten zur histochemischen Zinklokalisation mit Ammoniumsulfid behandelt. Nach längerem Auswäschen aller anhaftenden Stoffe und der Hämolymphe wurden bei jeweils fünf Larven die ^{65}ZnS – Präzipitate mit 2 ml einer 1 N HCl wieder gelöst; 1 ml dieser Lösung wurde mit 10 ml Szintillationsflüssigkeit versetzt und anschließend im Flüssigkeitsszintillationszähler gemessen. Die graphische Darstellung dieses Adsorptionsversuchs zeigt, daß die Chloridzellen aus einer Lösung mit nur 0,003 ppm $^{65}Zn^{++}$ bereits nach kurzen Expositionszeiten zu einer steil ansteigenden Akkumulation von Zink befähigt sind (Abb. 2).

Diskussion

Die Ergebnisse der Freiland- und Laboruntersuchungen deuten darauf hin, daß die Chloridzellen in der Initialphase der Ionenabsorption nicht nur physiologisch notwendige Salze wie NaCl zu akkumulieren vermögen, sondern daneben möglicherweise alle im Wasser gelösten Elektrolyte, so auch Schwermetallionen (Eisen, Zink, Blei). Der sich daran anschließende aktive Transmembranentransport ist wahrscheinlich selektiv und dürfte eine Barriere für die meisten Elektrolyte darstellen.

Durch den histochemischen Nachweis von Schwermetallen kommt den Chloridzellen die Bedeutung als Indikator (Monitor) für die Gewässerbelastung zu. Der langfristige Aussagewert dieses Indikators ist durch das Vermögen zur Akkumulation selbst bei äusserst geringen Konzentrationen und bei kurzfristigen Konzentrationsschwankungen der im Wasser gelösten Schwermetallionen prinzipiell garantiert. Darüberhinaus schafft der unmittelbare Zusammenhang mit der Osmoregulation geeignete Voraussetzungen, um mit den Methoden der physiologischen Ökologie zuverlässige Kriterien für die Grenzen und Möglichkeiten dieses Schwermetallindikators zu finden.

LITERATUR

KOMNICK, H., R.W. RHEES & J.H. ABEL, (1972): The function of ephemerid chloride cells. Histochemical, autoradiographic and physiological studies with radioactive chloride on Callibaetis. Cytobiologie 5: 65–82.
WICHARD, W., & H. KOMNICK, (1971): Electron microscopical and histochemical evidence of chloride cells in tracheal gills of mayfly larvae. Cytobiologie 3: 215–228.
WICHARD, W., H. KOMNICK & J.H. ABEL, (1972): Typology of ephemerid chloride cells. Z. Zellforsch. 132: 533–551.

Anschriften der Verfasser:

Dr. W. WICHARD, Dipl. Biol. M. SCHMITZ, Institut für Cytologie und Mikromorphologie der Universität Bonn, 53 Bonn, Gartenstr. 61 a.

Sonderdruck: Verhandlungen der Gesellschaft für Ökologie, Erlangen 1974.

CRENOTHRIX POLYSPORA COHN ALS INDIKATOR FÜR EINE ORGANISCHE BELASTUNG VON GRUNDWASSER

R. SCHWEISFURTH[1]

Abstract

A huge increase in *Crenothrix polyspora* is found at times in wells of drinking water supply systems. Its presence is connected with the mixing of ground water which is organically loaded and has become reducing in action, with a non-loaded ground water.

Direkte Abhängigkeiten zwischen der Chemie eines Standorts und dem Auftreten spezifischer Mikroorganismen sind nur in seltenen Fällen leicht zu finden, auch wenn die Bakterien, Pilze oder Algen in großer Zahl und makroskopisch erkennbar vorliegen. An allen eisenführenden Standorten im Bereich des Wassers sind sogenannte eisenoxydierende Bakterien zu finden, und in Biotopen mit reduzierten anorganischen Schwefelverbindungen werden weiß oder auch rot oder grün gefärbte Massen der entsprechenden schwefelablagernden chemolitho- oder photolithoautotrophen Organismen vorkommen. Während bei den aufgeführten Biotopen eine Substanz für das Auftreten allerdings großer Gruppen von verschiedenartigen Mikroorganismen bedingend und eine Zuordnung einfach ist, fällt es schwer, den Biotop nur einer Gattung oder einer Art zu beschreiben, wie dies hier für *Crenothrix polyspora* versucht werden soll.

Crenothrix polyspora (*Chlamydobacteriales, Crenothrichaceae*) bildet Ketten von Stäbchen, die in einer Scheide liegen. Die Scheiden nehmen meist zur Spitze hin an Dicke zu, eine Fußplatte sorgt auch in stark strömendem Wasser, wie es in Brunnen von Trinkwasserversorgungsanlagen vorkommt, für einen festen Halt. In den Scheiden entstehen durch Längs- und Querteilungen Mikro- und Makrogonidien, die aus den Spitzen der Scheiden in großer Zahl entlassen werden. Von einer großen Zahl von Scheiden werden bis zu 15 mm lange Zotten ausgebildet, die in dichten Rasen nebeneinander vorkommen (Abb. 1, 2, 3). Eisen- und Manganoxide können in die Scheiden und Schleimkapseln der Gonidien eingelagert werden, eine Abhängigkeit von der Oxidation der Metalle besteht nicht.

Das Vorkommen von *Crenothrix polyspora* scheint auf Trinkwasserversorgungsanlagen d.h. speziell Brunnen und auch Rohrleitungen oder Hochbehälter beschränkt zu sein. Ob es auch zu einer Anreicherung in den Filterkiesen von Brunnen kommt, ist nicht bekannt, da dieser Standort für den Untersucher fast nie zugängig ist. Die Menge der gebildeten Mikro- und Makrogonidien bzw. auch der abgerissenen

---

1 Die Analysen wurden von Dipl.Chem.Dr.Ch. RÜBELT, Institut für Hygiene und Mikrobiologie, Medizinische Fakultät der Universität des Saarlandes Homburg/Saar, dem chemischen Laboratorium der Saarbergwerke AG, Neunkirchen-Heinitz und von Chemikern eines Wasserwerkes durchgeführt.

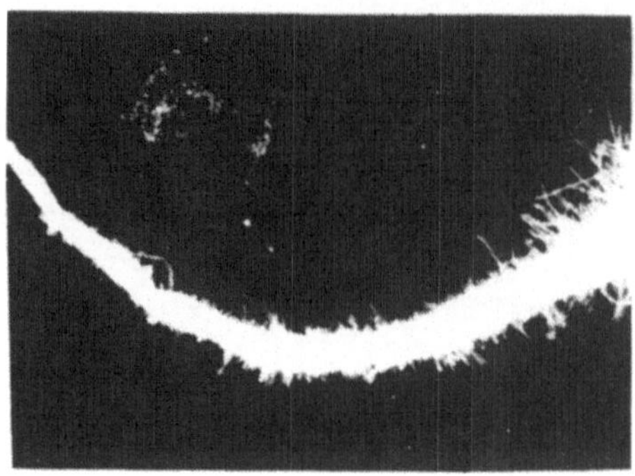

Abb. 1. *Crenothrix polyspora*, Teil einer Zotte (Länge etwa 1 mm). Die abstehenden Ästchen entstammen ausgekeimten Gonidien, die sich am „Stamm" festgesetzt haben. (Dunkelfeld, Vergrößerung 10x10, nachvergrößert).

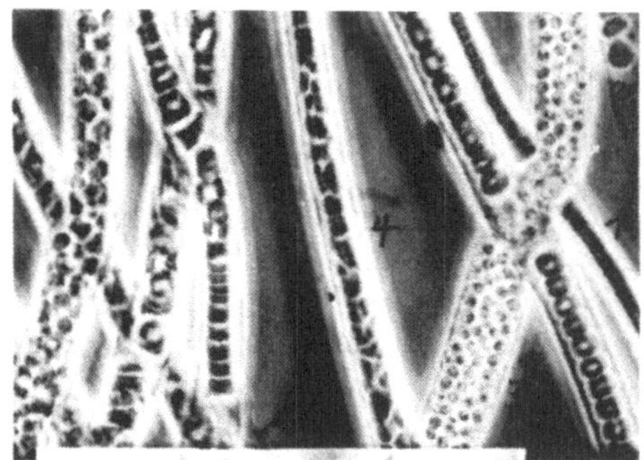

Abb. 2. *Crenothrix polyspora*, 1. Normal Zellkette in Scheide; 2. Fertige Makrogonidien in Scheide; 3. Mikrogonidien in der verdickten Scheide vor dem Austritt; 4. Quer- und Längsteilungen, Vorbereitung zur Gonidienbildung. Maßstab im unteren Bildteil: von Teilstrich zu Teilstrich 10 μ. (Phasenkontrast, 100x10, nachvergrößert).

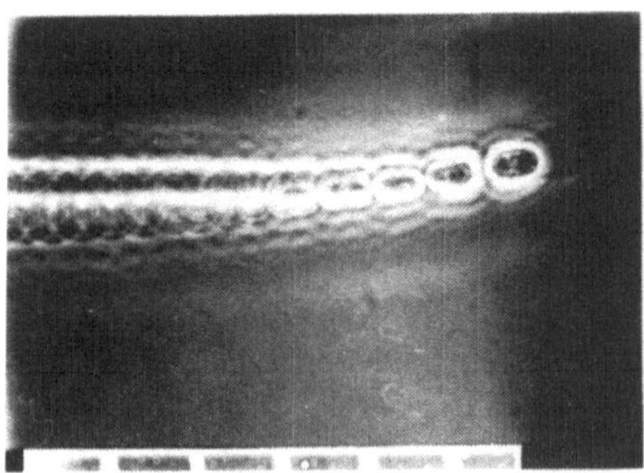

Abb. 3. *Crenothrix polyspora*, Makrogonidien vor dem Austritt aus der bereits offenen Scheide. Maßstab im unteren Bildteil: von Teilstrich zu Teilstrich 10 μ. (Phasenkontrast, 100x10, nachvergrößert).

162

Zotten bzw. Scheiden kann so groß sein, daß bei ihrer Abfilterung durch Nylonnetze — bis auf die Schließung der entsprechenden Brunnen die einzige bekannte Abwehrmaßnahme — bis zu 10 l pro Woche Bakterienmasse aus 6 Brunnen in diesem Beispiel anfallen können.

Das erste Auftreten von *Grenothrix polyspora* in einem Brunnen kündigt sich in chemischen Analysendaten bis auf eine leicht erhöhte Chlorzehrung und eine Verminderung des Sauerstoffgehaltes auf etwa 8 mg/l nicht an. Erst Monate später treten NO_2^- und — je nach Bodenart — Mn(II) auf. Im weiteren Ablauf der im Untergrund stattfindenden mikrobiologischen Prozesse, die durch eine konstante Zufuhr abbaubarer organischer Substanz in Gang gesetzt werden, sinkt bei fortgesetzter Produktion von *Crenothrix*-Material der Sauerstoffgehalt weiter ab, NH_4^+ tritt obligat auf, Fe(II) kann vorliegen (Tab. 1, vgl. auch RÜBELT & SCHWEISFURTH (1972)).

Tabelle 1. Chemische Analysendaten während Crenothrix-Kalamitäten in Brunnen von Trinkwasserversorgungsanlagen

| | Fall 1[1] | Fall 1[1] | Fall 2 | | | | | | |
| | Beginn des Auftretens von *Crenothrix polyspora* | Bei Schließung des betreffenden Brunnens | Bei starker Crenothrix-Vermehrung | | | | | | |
			Brunnen 1	2	3	4	5	6
Temperatur °C	15,0	10,0	10,4	10,5	10,0	10,0	10,3	11,3
O_2 mg/l	4,5	5,0	4,2	0,1	0,4	1,2	0,8	1,6
NH_4^+ mg/l	5,0	0,25	nn	17	1,5	nn	0,2	0,1
Cl^- mg/l	250	236	71	135	128	92	69	59
NO_3^- mg/l	10	10	36	2,5	3,0	5,0	3,0	9,0
Fe mg/l	nn	nn	nn	nn	nn	nn	nn	nn
Mn mg/l	nn	nn	nn	nn	nn	nn	nn	nn
pH	7,1	7,0	7,1	6,9	7,0	6,9	7,1	7,3

1 Siehe Fußnote Seite   . (5)

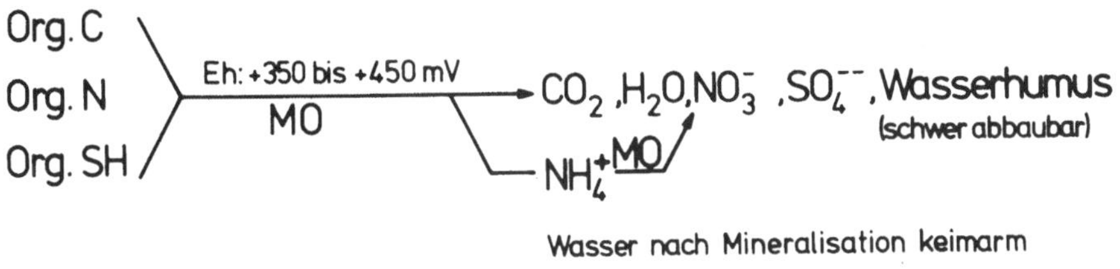

Abb. 4. Mikrobieller Abbau organischer Substanz in Wasser mit genügend Sauerstoff. Anmerkung: MO = Mikroorganismen.

Nachdem in den beschriebenen Fällen im geförderten Wasser auch N_2 (aus der Nitratreduktion) und CH_4 gaschromatographisch nachgewiesen wurden[1]) und unter Berücksichtigung der Tatsache, daß — z.B. im Falle der Förderung von uferfil-

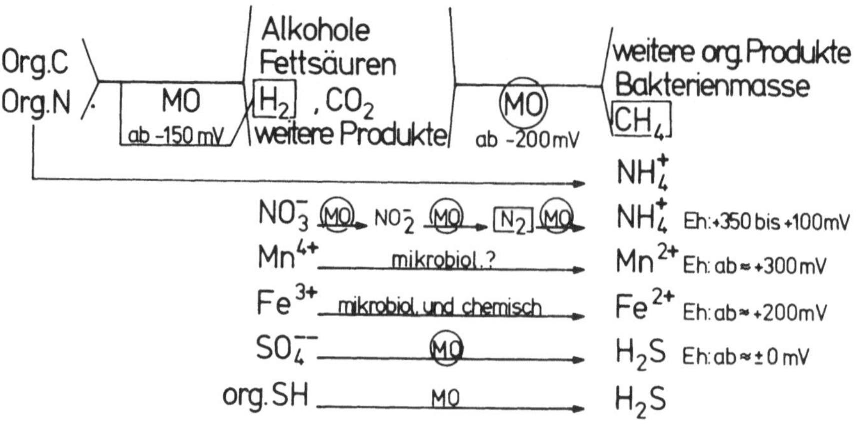

Nach Zutritt von O_2-haltigem Wasser (bzw. NO_3^--haltigem Wasser)

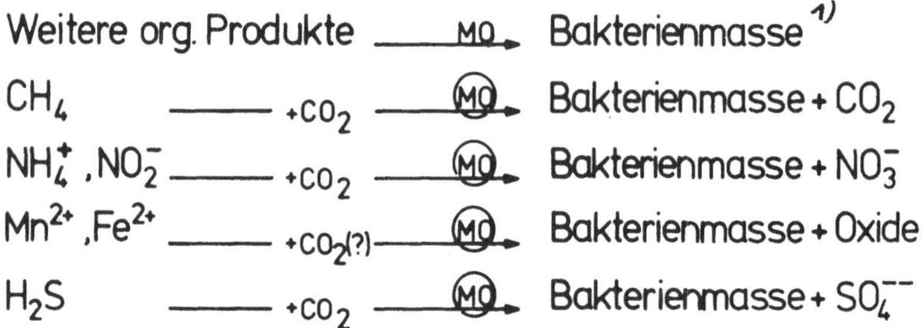

Abb. 5. Mikrobieller Abbau organischer Substanz in Wasser bei Mangel bzw. Fehlen von Sauerstoff und Auftreten von *Crenothrix polyspora* nach Zutritt von sauerstoffhaltigem bzw. nitrathaltigem Wasser. Anmerkung: MO = Mikroorganismen; MO = Durch Kultur nachgewiesene Mikroorganismen; □ = Neben NH_4^+, Mn (II), Fe (II) und H_2S gaschromatographisch nachgewiesen.[1] *Crenothrix polyspora* als leitform.

triertem Wasser — das Hangwasser unbeeinflußt von organischer Substanz ist und somit der Sauerstoffgehalt normal und die sauerstoffabhängigen Verbindungen (NO_2^-, NH_4^+, Mn(II), Fe(II)) fehlen (Abb. 4), ergeben sich die in Abbildung 5 zusammengefaßten Reaktionsabläufe. Die die Tätigkeit der Mikroorganismen bzw. die chemische Reduktion von Mn(IV) bedingenden Eh-Werte (aus PARR (1969), zit. nach KEENEY, HERBERT & HOLDING (1971)) können im gepumpten Wasser verständlicherweise nicht gemessen werden, da dieses bereits mit unbelastetem Hangwasser vermischt ist. Außerdem kann vermutet werden, daß besonders die tiefen Redoxpotentiale nicht gleichmäßig im gesamten Grundwasserleiter vorliegen sondern in einer Vielzahl von Mikrostandorten. Verminderte Eh-Werte (+200 bis +320 mV) werden jedoch in dem die Vermehrung von Crenothrix bedingenden Mischwasser regelmäßig gefunden.

Eine weitere Standortsdefinition für *Crenothrix polyspora* kann derzeit nicht gegeben werden, da weitere Meßdaten (Cl^-, SO_4^{--}, PO_4^{--}, Mg^{++}, Ca^{++}, Na^+, CO_2,

HCO_3^-, CO_3^{--})uncharakteristisch sind, eine Aufschlüsselung der „weiteren organischen Produkte" (entsprechend einem Kaliumpermanganat-Verbrauch von 1,5 bis 4 mg/l), die die Massenvermehrung bedingen dürften, bisher nicht möglich war und außerdem mehrjährige Kulturversuche im Laboratorium ebensowenig gelangen wie in den vergangenen 105 Jahren seit der Erstbeschreibung des Organismus durch COHN (1870).

LITERATUR

COHN, F. (1870): Über den Brunnenfaden (Crenothrix polyspora) mit Bemerkungen über die mikroskopische Analyse des Brunnenwassers. *Beitr.z.Biol.d.Pflanz.*, 1, (1): 108–131.
KEENEY, D.R.; R.R. HERBERT & A.J. HOLDING, (1971): Microbiological Aspects of the Pollution of Fresh Water with Inorganic Nutrients. In: *Microbial Aspects of Pollution*, Ed. G. SYKES & F.A. SKINNER, 181–200, Academic Press, London, New York.
RÜBELT, Ch. & R. SCHWEISFURTH, (1972): Massenvermehrung schleimbildender Mikroorganismen in ufernahen Trinkwasserversorgungsanlagen — aus chemischer Sicht. *Zbl.Bakt. I, Ref.* 230: 394–395.

Anschrift des Verfassers:

Prof. Dr. rer. nat. R. SCHWEISFURTH, Universität des Saarlandes, 665 Homburg.

DER EINFLUSS DES WASSERZUSTANDES UND DES PH-WERTES AUF DIE SO$_2$-SCHÄDIGUNG VON FLECHTEN

R. TÜRK & V. WIRTH[1]

Abstract

The sensitivity of the lichens to SO$_2$ is closely dependent upon the water potential and the pH, both of the thallus and the substrate. When the water potential is lowered the SO$_2$ uptake is reduced and with it the injury. Dried thalli survive high SO$_2$ concentrations in their surroundings without damage. The damage caused to the lichens by the Na$_2$S$_2$O$_5$ solutions and the treatment with buffer solutions and subsequent SO$_2$ fumigation is dependent upon the pH of the medium. At a low pH the damaging effect is much more pronounced than at high pH. This can be interpreted on the one hand as due to the concentration of damaging ions, which changes according to the degree of dissociation of the solution, which is pH dependent. On the other hand SO$_2$ causes a lowering of pH which can damage the lichen, too.

Die SO$_2$-Resistenz von Flechten wird neben physiologischen und morphologischen Eigenschaften des Thallus vom Wasserzustand wesentlich beeinflußt. Denn Flechten sind poikilohydre Organismen, die sich mit dem Wasserpotential der umgebenden Luft und des Substrates ins Gleichgewicht setzen. Damit ist der Quellungsgrad der Flechten großen Schwankungen unterworfen, und es ist für die Flechten von entscheidender Bedeutung, in welchem Quellungszustand sie sich befinden, wenn eine SO$_2$-Belastung vorliegt.

Weiters spielt der pH-Wert (des Thallus und des Substrates) für das Überleben und Wachstum in immissionsbelasteten Zonen eine entscheidende Rolle (vgl. BRIGHTMAN 1959, GILBERT 1970).

Im Experiment wurde der Einfluß des Wasserzustandes folgendermaßen untersucht. Nach der ersten Messung des CO$_2$-Gaswechsels (vgl. LANGE 1965) bei optimaler Einquellung wurden die Flechtenproben von *Hypogymnia physodes* lufttrochen in Exsikkatoren eingebaut, in denen sich Schwefelsäurelösungen mit unterschiedlichen Konzentrationen zur Einstellung der gewünschten Wasserdampfdruckgleichgewichte im Luftraum befanden. Durch kurzzeitige Wägung der Flechtenproben wurde festgestellt, wann sie mit dem Wasserdampfpartialdruck der Schwefelsäurelösungen im Gleichgewicht standen. Die relativen Luftfeuchten betrugen 60; 80; 90; und 95%, der Wassergehalt der Flechtproben 14; 23; 29 und 35% des Trockengewichtes. Nach Erreichen des Sättigungsgleichgewichtes wurden die Flechten im SO$_2$-Gasstrom einer Konzentration von 4 mg SO$_2$/m^3 Luft mit den entsprechenden Luftfeuchtigkeiten 14 Stunden lang begast (vgl. TÜRK et al. 1974).

Vollkommen trockene Flechten nehmen kein SO$_2$ auf und erleiden keinerlei Schädigung (Abb. 1). Mit ansteigendem Wassergehalt steigt auch die SO$_2$-Aufnahme durch den Flechtenthallus und damit auch die Schädigung an. SO$_2$ ist also nur in

---

1   mit Unterstützung der Deutschen Forschungsgemeinschaft.

wäsriger Lösung wirksam. Demnach können artspezifische Eigenschaften des Flechtenthallus oder bestimmte Standortbedingungen, die eine Herabsetzung bzw. eine Erhöhung des Quellungsgrades bewirken, die SO_2-Resistenz wesentlich beeinflussen (vgl. WIRTH & TÜRK in diesem Heft).

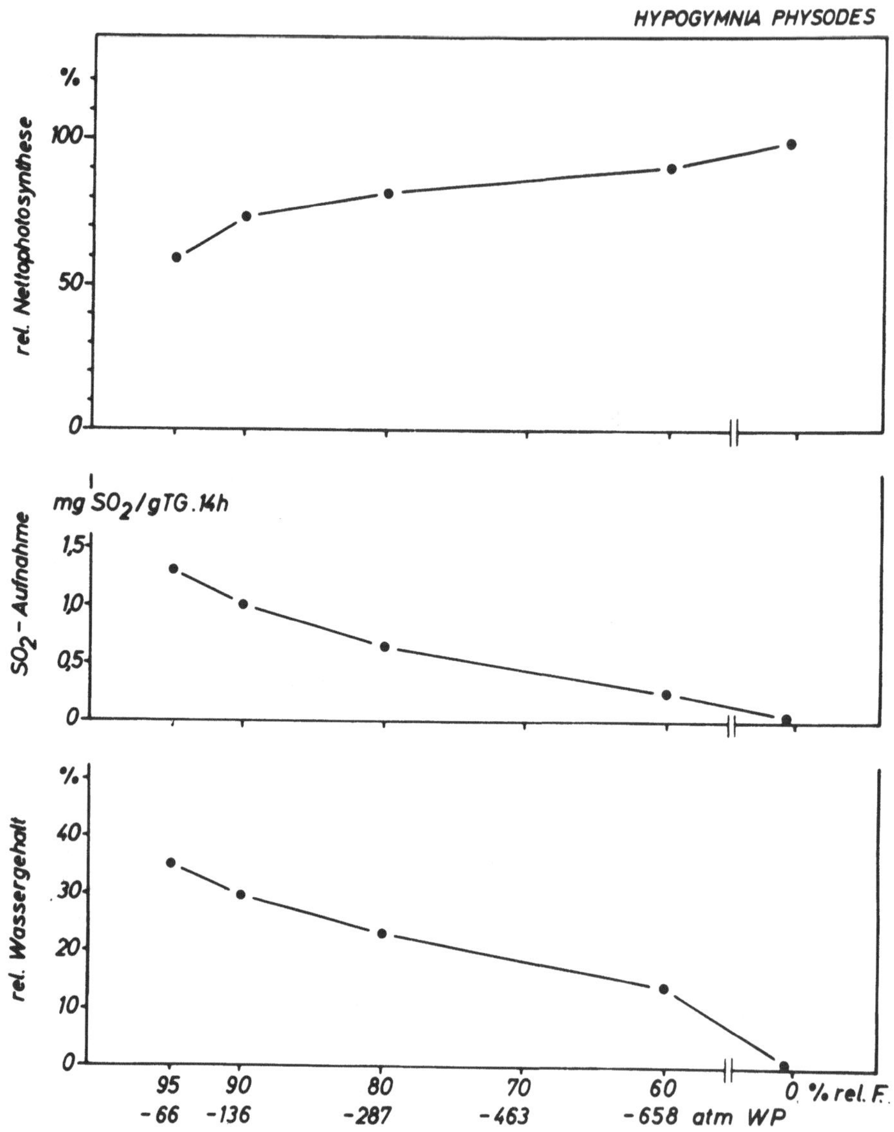

Abb. 1. *Hypogymnia physodes*: Relative Nettophotosynthese (in % der Normalwerte), SO_2-Aufnahme und relativer Wassergehalt (in % des Trockengewichts) in Abhängigkeit von der relativen Luftfeuchtigkeit bzw. dem Wasserpotential der Flechte; 14stündige Begasung mit 4 mg SO_2/m^3 (nach TÜRK, WIRTH & LANGE 1974).

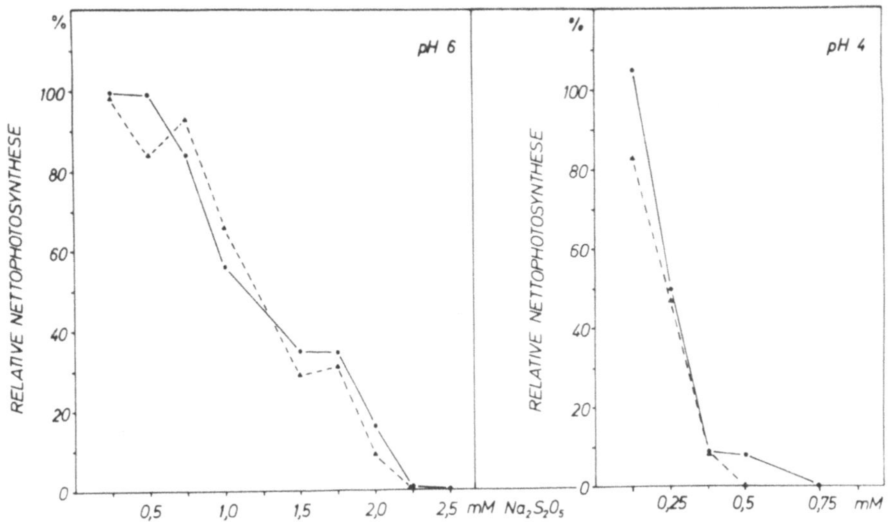

Abb. 2. Hypogymnia physodes: Relative Nettophotosynthese (in % der Normalwerte) im Anschluß an 24stündige Submersion in $Na_2S_2O_5$-Lösungen bei pH 6 und pH 4, in Abhängigkeit von der Konzentration; unmittelbar (———) bzw. eine Woche (– – – –) nach der Behandlung (nach TÜRK, WIRTH & LANGE, 1974).

Der Einfluß des zweiten, sehr wesentlichen Faktors, des pH-Wertes wurde 1. durch 24-stündige Submersion der Flechtenproben in $Na_2S_2O_5$-Lösungen von unterschiedlichen Konzentrationen und pH-Werten und 2. durch volles Aufquellen der Thalli in Pufferlösungen und anschließender SO_2-Begasung verfolgt. Nach Submersion in Natriumdisulfitlösungen von einem pH 6 wird ein völliges Erliegen der Nettophotosynthese erst nach Anwendung von 2,25 mM konzentrierten Lösungen erreicht, bei einem pH 4 werden die gleichen Einschränkungen der CO_2-Aufnahme durch weitaus geringere Konzentrationen der Natriumdisulfitlösungen bewirkt (Abb. 2). Die starke Herabsetzung der Nettophotosynthese bei einem pH 4 ist ab bestimmten Lösungskonzentrationen offensichtlich auf eine Zerstörung des Chlorophylls zurückzuführen (Abb. 3). Nach einer Behandlung mit 0,5 mM $Na_2S_2O_5$-Lösungen ist bei einem pH 4 intaktes Chorophyll nur mehr in Spuren festzustellen. Bei einem pH 6 ist die Chlorophyllzerstörung erheblich geringer.

In der zweiten Versuchsreihe wurden Flechtenthalli von *Hypogymnia physodes* in Pufferlösungen von einem pH 3 bis pH 8 submergiert. Ein Teil der Flechtenproben wurde anschließend bei 10 °C und Dunkelheit begast, die anderen Proben unter entsprechenden Bedingungen gehalten. Als Parallelproben dienten Flechtenthalli, die in destilliertem Wasser submergiert worden waren. Auf sie wurden die Nettophotosyntheseraten der mit den Pufferlösungen behandelten und begasten Proben bezogen. Als Pufferlösungen dienten in einem Bereich von pH 3−5 Kaliumhydrogenphthalat mit HCl bzw. NaOH, von pH 6 Natriumhydrogenphosphat und Natriumdihydrogenphosphat, von pH 7 und 8 Tris-Puffer mit HCl, alle mit einer Konzentration von 20 mM (nähere Einzelheiten über die Methodik siehe TÜRK & WIRTH 1975).

In der folgenden Abb. 4 ist die Wirkung der Wasserstoffionenkonzentration an

sich (weiße Säulen) und der zusätzlichen SO_2-Belastung (schwarze Säulen) von
Hypogymnia physodes wiedergegeben. *Hypogymnia* erleidet bei einem pH 3 eine
erhebliche Schädigung, die SO_2-Belastung bringt die Nettophotosynthese zum Erliegen. Mit zunehmenden pH-Wert nimmt die SO_2-Schädigung ab. Im schwach sauren bzw. neutralen Bereich erleiden die Flechten durch die Behandlung mit Puffer-

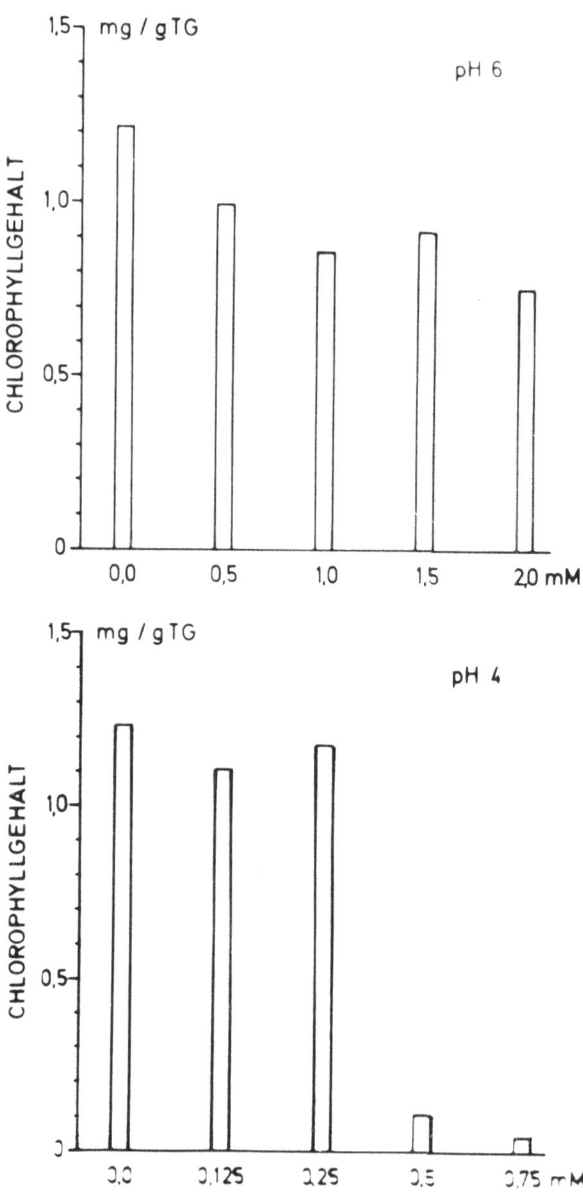

Abb. 3. Chlorophyllgehalt von *Hypogymnia physodes* nach 24stündiger Submersion in
$Na_2S_2O_5$-Lösungen bei pH (oben) und pH 4 (unten) (nach TÜRK, WIRTH & LANGE, 1974).

lösungen keinerlei Schädigung, im basischen dagegen zeigen sie wieder Abbauerscheinungen. Hier wirkt die SO_2-Begasung sogar als Puffer gegen den hohen pH.

Wir haben gesehen, daß eine Verschiebung des pH-Milieus schädigen kann und daß die Wirksamkeit des SO_2 vom pH-Wert des Milieus abhängig ist. Weiters ist SO_2 nur in Verbindung mit Wasser wirksam, sodaß den Folgeprodukten des im Wasser gelösten SO_2 eine zweifache Wirkung zuzuschreiben ist.

1. Bedingen SO_2 und seine Folgeprodukte eine Verschiebung des pH-Wertes der Flechtenthalli und des Substrates in den sauren Bereich (TÜRK et al. 1974; LÖTSCHERT & KÖHM 1973).

2. Entstehen als Folgeprodukte von SO_2 in Wasser H_2SO_3, HSO_3^-, SO_3^{--} und $S_2O_5^{--}$ (SCHMIDT 1972), die in sehr unterschiedlicher Konzentration vorhanden sind und deren Gleichgewichte von der Temperatur und dem pH-Wert abhängen. Besondere Bedeutung kommt dabei der Beziehung $HSO_3^- \rightleftharpoons H^+ + SO_3^{--}$ zu, denn das Konzentrationsverhältnis von HSO_3^-/SO_3^{--}-Ionen ist vom pH-Wert abhängig. Nach SEEL (1967) ist der pK_s-Wert von $HSO_3^- : H^+ + SO_3^{--}$ gleich 7; demnach sind im sauren Bereich HSO_3^--Ionen vorherrschend. Gerade im stark sauren Bereich ist die Schädigung von *Hypogymnia physodes* besonders groß, sodaß die Annahme gerechtfertigt erscheint, daß das HSO_3^--Ion die toxischere Komponente ist. Außerdem werden, wie PUCKETT et al. (1973) ausführten, alle Formen von im Wasser gelösten SO_2 um so stärkere Oxydantien, je stärker der pH-Wert des Mediums abfällt. Das zunehmende Ausbleichen der Thallusloben mit sinkendem pH infolge der Chlorophyllzerstörung weist darauf hin.

Betrachtet man die vorliegenden Versuche mit den Pufferlösungen als Modellversuche für Flechten, die in engem Kontakt mit dem Substrat stehen, so wird die Rolle des Substrat- pH als „avoidance"-Faktor gegenüber SO_2-Einwirkungen deutlich. Dies scheint jedoch hauptsächlich für Krustenflechten, die auf neutralem oder basischem Substrat siedeln, zuzutreffen. Denn Untersuchungen über die Verbreitung

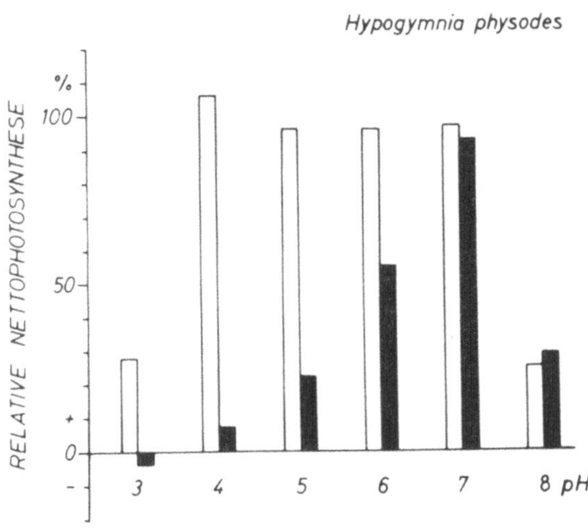

Abb. 4. Mittel der Nettophotosynthese (in % der Normalwerte) nach Abklingen der Primärreaktionen im Anschluß an Submersion in Pufferlösungen (weiße Säulen) und zusätzlicher SO_2-Begasung (schwarze Säulen) von *Hypogymnia physodes*.

von Flechten in SO_2-belasteten Stadt- und Industriezonen, in denen auch gesteins-
bewohnende Flechten miteinbezogen wurden, hatten zum Ergebnis, daß Krustenflechten auf basischen Substraten mit hoher Pufferkapazität (Kalkstein, Mörtel,
Asbest usf.) hohe SO_2-Immissionen ertragen können. Krustenflechten stehen im
engen Kontakt mit dem Substrat, sodaß eine Aufnahme von puffernden Substanzen
in den Flechtenthallus sehr erleichtert ist. Die Untersuchungen von LANGE &
ZIEGLER (1963) über den Schwermetallgehalt von Flechten belegen die große
Ionenaufnahmefähigkeit der Krustenflechten aus dem Substrat. In Hinblick
auf eine SO_2-Belastung spielen die in den Flechtenthallus aufgenommenen Ionen
eine bedeutende Rolle. So konnte auch bei unseren Untersuchungen gezeigt werden, daß die mit Pufferlösungen getränkten Flechtenthalli bei pH-Werten um den
Neutralbereich fast gar nicht auf eine SO_2-Belastung reagierten.

Die Wirkung der hier dargestellten Faktoren Wassergehalt und pH-Wert geben
nur zwei mögliche Mechanismen der „avoidance" wieder. Neben diesen beiden gibt
es noch eine Fülle anderer, interferierender Faktoren, die in eine kausale Deutung
des Überlebens bzw. Absterbens von Flechten in urbanen und industrialisierten
Gebieten herangezogen werden müssen.

LITERATUR

BRIGHTMAN, F.H. (1959): Some factors influencing lichen growth in towns. *Lichenologist* 1:
104–108.
GILBERT, O.L. (1970): Further studies on the effect of sulphur dioxide on lichens and bryo-
phytes. *New Phytol.* 69: 605–627.
LANGE, O.L., (1965): Der CO_2-Gaswechsel von Flechten nach Erwärmung im feuchten Zu-
stand. *Ber. Dtsch. Bot. Ges.* 78: 441–454.
LANGE, O.L. & H. ZIEGLER (1963): Der Schwermetallgehalt von Flechten aus dem Acaro-
sporetum sinopicae auf Erzschlackenhalden des Harzes. I. Eisen und Kupfer. *Mitt. Flor.
Soziol.. Arbeitsgemeinschaft.* (N.F.) 10: 156–183.
LÖTSCHERT, W. & H.J. KÖHM (1973): Baumborke als Anzeiger von Luftverschmutzungen.
Umschau 73, 13: 403–404.
PUCKETT, K.J., NIEBOER, E., FLORA, W.P. & D.H.S. RICHARDSON (1973): Sulphurdi-
oxide: Its effect on photosynthetic ^{14}C fixation in lichens and suggested mechanisms of
phytotoxicity. *New Phytol.* 72: 141–154.
SCHMIDT, M. (1972): Fundamental chemistry of sulfur dioxide removal and subsequent recov-
ery via aqueous scrubbing. *Int. J. Sulfur Chem.* Part B, 7: 11–19.
SEEL, F. (1967): Grundlagen der analytischen Chemie. Weinheim: Verlag Chemie.
TÜRK, R., V. WIRTH & O.L. LANGE (1974): CO_2-Gaswechsel-Untersuchungen zur SO_2-Re-
sistenz von Flechten. *Oecologia* (Berl.) 15: 33–64.
TÜRK, R. & V. WIRTH (1975): Die SO_2-Schädigung von Flechten in ihrer Abhängigkeit vom
pH-Wert. *Oecologia* (in Vorbereitung).
WIRTH, V. & R. TÜRK (1975): Über die SO_2-Resistenz von Flechten und die mit ihr inter-
ferierenden Faktoren. Verh. Ges. Ökologie, Erlangen.

Anschrift der Verfasser:

Dr. R. TÜRK & V. WIRTH, Botanisches Institut II der Universität Würzburg, D
87 Würzburg.

ÜBER DIE SO$_2$-RESISTENZ VON FLECHTEN UND DIE MIT IHR INTERFERIERENDEN FAKTOREN

V. WIRTH & R. TÜRK[1]

Abstract

The SO$_2$ resistance of 23 lichen species was determined by measuring the decrease of the photosynthetic intensity after SO$_2$ gas-exposure. The most resistant species is Lecanora conizaeoides which penetrates deepest into the cities. The sequence of the species arranged according to increasing 'poleophoby' in the cities often differs considerably from that arranged according to increasing sensitivity to SO$_2$ found in the SO$_2$ gas-exposure experiments. The sensitivity to SO$_2$ is rather independent on the growth form. There are sensitive and insensitive species within the fruticose, foliaceous and crustaceous growth form groups. Factors affecting the SO$_2$ resistance are physical and chemical conditions which may cause reduction of the toxicity of SO$_2$ (for inst. a high buffer capacity of thallus and substrate and possibly the content of certain lichen substances), morphological and anatomical properties which may hinder the penetration of SO$_2$ into the thallus (as a thick cortex), and water availability, water content and water capacity of the lichen which influence the absorption of SO$_2$.

Der starke Rückgang von Flechten in urbanisierten und industrialisierten Räumen ist wesentlich auf die hohe Immissionsbelastung, insbesondere auf die Einwirkung von Schwefeldioxid, zurückzuführen. Die bereits aufgrund von Freilandbeobachtungen angenommene Schadwirkung des SO$_2$ auf Flechten konnte experimentell nachgewiesen werden. Die Begasung von Flechtenlagern mit SO$_2$ führt bei vielen Arten zu einer irreversiblen Einschränkung der Nettophotosynthese (BÖRTITZ & RANFT 1972, TÜRK, WIRTH & LANGE 1974, ARZANI 1974). Die Herabsetzung der Nettophotosyntheserate ist um so bedeutender, je höher die Konzentration des einwirkenden SO$_2$ ist.

Die Empfindlichkeit der Flechten gegenüber SO$_2$ ist artspezifisch recht unterschiedlich. In relativ kurzzeitigen Begasungsexperimenten (14 h) von TÜRK & al. (1974) erwiesen sich für die Ermittlung artspezifischer Resistenzunterschiede Begasungskonzentrationen von 4 mg SO$_2$/m^3 Luft als geeignet. Diese Versuche wurden auf eine größere Anzahl von Arten ausgedehnt, wobei Vertreter unterschiedlicher Wuchsformen, unterschiedlicher Ökologie und unterschiedlicher Empfindlichkeit gegenüber anthropogenen Einflüssen — soweit dies von Geländebeobachtungen abgeschätzt werden konnte — herangezogen wurden, um Hinweise auf Faktoren zu erhalten, die mit der SO$_2$-Resistenz interferieren.

Die Begasung der voll gequollenen Flechten erfolgte im Dunkeln bei einer rel. Luftfeuchte von 96% 14 Stunden lang. Als Schädigungskriterium wurde die Beeinflussung der Nettophotosyntheserate durch das SO$_2$ herangezogen (näheres zur Methodik, zum Aufbau der SO$_2$-Begasungsanlage und der CO$_2$-Gaswechselanlage (URAS) s. TÜRK et al. (1974).

1. Diese Arbeit wurde im Rahmen eines Forschungsauftrages an Prof. Dr. O. L. LANGE mit Unterstützung der Deutschen Forschungsgemeinschaft durchgeführt. Herrn Prof. Dr. S. HUNECK, Halle, danken wir für Auskünfte zum Chemismus von Flechtenstoffen.

In Abb. 1 ist die bleibende Einschränkung der Nettophotosyntheserate von 23
Arten nach Begasung mit 4 mg SO_2/m^3 Luft dargestellt. Die Unterschiede in der
SO_2-Empfindlichkeit sind teilweise bedeutend; sie erlauben eine Anordnung der
Flechten nach dem Grad ihrer SO_2-Resistenz.

Für die kausale Deutung der unterschiedlichen Resistenz der Flechtenarten
gegenüber SO_2 ist die Frage nach den mit der SO_2-Resistenz interferierenden Faktoren von grundlegender Bedeutung. Die recht große Zahl getesteter, in vielen
Merkmalen unterschiedener Arten erlaubt bereits gewisse Aussagen über die die
SO_2-Resistenz beeinflussenden Eigenschaften der Flechten.

Abb. 2 gibt eine Übersicht möglicher, die SO_2-Resistenz beeinflussender Mechanismen. Das Schema lehnt sich in den Grundzügen einem von LEVITT (1972) im
wesentlichen für höhere Pflanzen entwickelten Konzept an, wonach sich ein Organismus gegen Schadwirkungen von außen — LEVITT spricht von stress — auf zwei-
erlei Art schützen kann: mit Mechanismen der stress avoidance und mit Mechanismen der stress tolerance. Unter stress avoidance sind diejenigen der Resistenz die-
nenden Mechanismen zu verstehen, welche eine Einstellung des thermodynamischen
Gleichgewichtes mit den einwirkenden stress-Faktoren, etwa Kälte, erschweren,

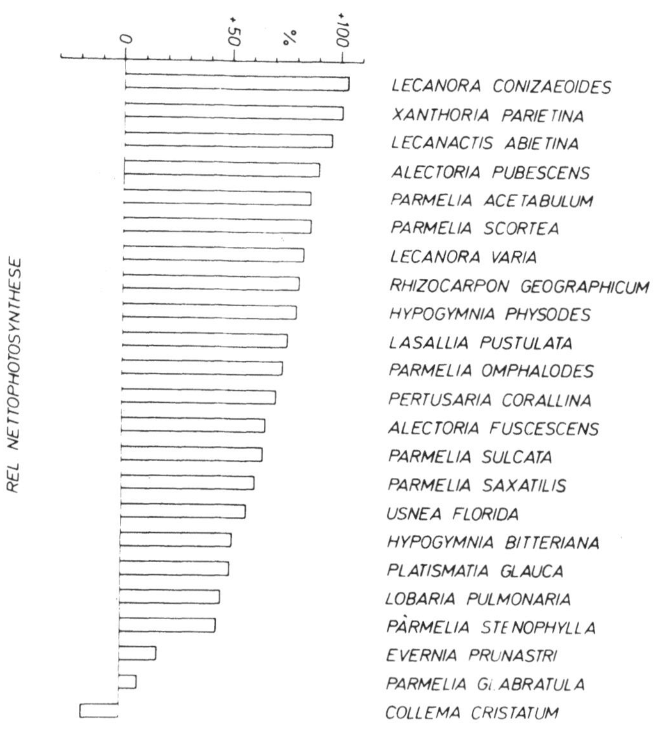

Abb. 1. Nettophotosynthese (in % der Normalwerte) von 23 Flechtenarten nach 14stündiger
Begasung mit 4 mg SO_2/m^3 Luft. Mittel von jeweils 3 in wöchentlichem Abstand vorgenommenen Messungen nach Abklingen eventueller Primärreaktionen.

unter stress tolerance die Resistenzeigenschaften, welche eine Schutzwirkung trotz der Gleichgewichtseinstellung mit den Schadfaktoren gewährleisten.

Im Falle der Einwirkung von SO_2 auf Flechten können als stress-avoidance-Faktoren Eigenschaften angesehen werden, die das Eindringen des SO_2 in stoffwechselaktive Bereiche erschweren oder die Toxizität des SO_2 vermindern, und als stress-tolerance-Faktoren solche, die die rein plasmatische Resistenz gegenüber SO_2-Einwirkung umfassen (vgl. Abb. 2).

Bei den relativ kurzzeitigen Begasungsversuchen wird die Widerstandsfähigkeit der Flechten wesentlich durch avoidance-Mechanismen mitbestimmt. An avoidance-Mechanismen, die das Eindringen des SO_2 in stoffwechselaktive Orte erschweren, dürften anatomisch-morphologische Eigenschaften des Thallus von Bedeutung sein, z.B. Thallusdicke, Cortexdichte, Cortexdicke, Oberflächenbeschaffenheit. Die Ergebnisse mehrerer Versuche machen dies deutlich. Werden z.B. Proben derselben Flechtenart von verschiedenen Standorten begast, die eine jeweils mit relativ dünner Cortex und relativ dünnem Thallus, die andere mit dickerer Cortex und dickerem Thallus, so erweisen sich die dickeren Proben als resistenter gegenüber SO_2 (vgl. TÜRK et al. (1974). *Hypogymnia bitteriana*, deren Cortex durch Flächensorale fleckenweise unterbrochen ist, zeigt eine größere SO_2-Empfindlichkeit als die nahe verwandte *Hypogymnia physodes* mit intakter Oberringe (vgl. Abb. 1).

Wie weit beeinflußt die Wunchsform in der üblichen Abgrenzung (Krusten-, Blatt-, Strauch-, Bartflechten etc.) die SO_2-Resistenz? Von mehreren Autoren ist aufgrund von Geländedaten angenommen worden, daß Krustenflechten resistenter als Blattflechten, diese resistenter als Strauchflechten sind. Abb. 1 zeigt, daß keine **enge** Korrelation zwischen Wuchsform und SO_2-Empfindlichkeit existiert; so sind bereits unter den 4 resistentesten Arten 3 Wuchsformtypen (Krusten-, Blatt- und Bartflechten) vertreten. Allerdings zeigen Krustenflechten im ganzen gesehen doch

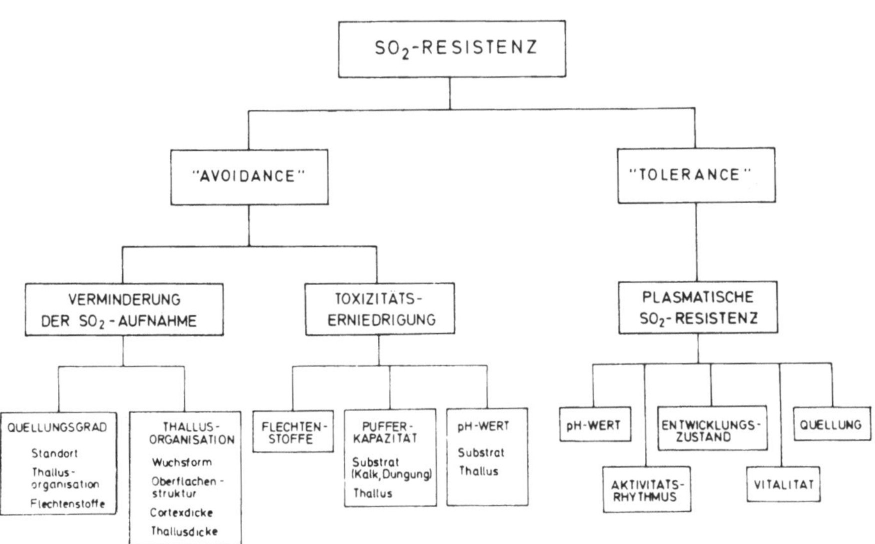

Abb. 2. Mögliche Mechanismen der SO_2-Resistenz bei Flechten

die Tendenz zu erhöhter Resistenz. So liegen sämtliche getesteten Krustenflechtenarten in der vorderen Hälfte des Artenspektrums der Abb. 1. Die experimentellen Ergebnisse bestätigen damit weitgehend die Ansichten BARKMANs (1958 p. 120) und GILBERTs (1970 p. 624). Zweiffellos haben anatomisch-morphologische Eigenschaften Einfluß auf die SO_2-Resistenz, doch sind die Wuchsformgruppen in dieser Hinsicht offenbar noch zu mannigfaltig differenziert, als daß sich eine deutliche Abhängigkeit der SO_2-Resistenz von der Wuchsform ergeben könnte (vgl. WIRTH & TÜRK 1975). Die einzige untersuchte Flechte vom Gallertflechtentyp, *Collema cristatum*, ist außerordentlich wenig resistent. Ob dies am spezifischen Blaualgen-Phykobionten, am Fehlen einer schützenden Cortex bei dieser Flechte oder an der charakteristischen gallertigen Organisation liegt, die ein hohes Wasseraufnahmevermögen bedingt, muß offen bleiben. Unter den getesteten Arten besitzt *Collema cristatum* das größte Wasseraufnahmevermögen.

Der Wasserfaktor ist von ausschlaggebender Bedeutung für die SO_2-Resistenz von Flechten, da die SO_2-Aufnahme und zugleich die Schädigung des Thallus durch SO_2 ganz wesentlich von seinem Wassergehalt bzw. seinem Quellungsgrad abhängt, der seinerseits nicht nur von morphologisch-anatomischen Eigenschaften, sondern auch vom Standort der Flechte bestimmt wird (vgl. Abb. 2). Mit steigendem Wassergehalt des Thallus nimmt auch die Schädigung durch SO_2 zu (vgl. TÜRK & al. 1974). Im Prinzip entsprechende Ergebnisse zeigen Transplantationsversuche von SCHÖNBECK (1969): relativ regengeschützt in SO_2-belasteter Umgebung angebrachte Flechtentransplantate werden weniger geschädigt als regenexponierte. Regengeschützt wachsende Flechten, die ihren Wasserhaushalt über eine Gleichgewichtseinstellung mit dem Wasserdampfdruck der Luft bestreiten und entsprechende anatomisch-morphologische Anpassungen entwickelt haben, besitzen in der Regel eine geringe Wasserkapazität (auf die Fläche bezogen) und nehmen daher geringere Mengen an SO_2 auf als regenexponiert wachsende, was eine relativ geringe Schädigung bei SO_2-Einwirkung zur Folge haben könnte. Die einzige ausgeprägt anombrophytische Flechte der Versuchsreihe, *Lecanactis abietina*, erwies sich im Begasungsexperiment als eine der resistentesten Flechten. Betrachtet man die SO_2-Resistenz der Arten im Hinblick auf die hygrischen Verhältnisse ihrer typischen Standorte, so ergibt sich — mit mehreren Ausnahmen — daß Arten feucht-schattiger, beregneter Standorte empfindlicher sind als Arten besonnter, austrocknungsgefährdeter Habitate.

Avoidance-Mechanismen, die zu einer Verminderung der Toxizität des SO_2 führen, sind in erster Linie in einer hohen Pufferkapazität kombiniert mit einem hohen pH sowohl des Thallus als auch des Substrates zu sehen. Die Acidität s- und Puffereigenschaften des **Substrates** spielen vor allem für Krustenflechten eine Rolle, da sie infolge ihrer dichten Verbindung mit der Unterlage vor allem kleinmolekulare Bestandteile, etwa Calciumkarbonat, z.T. in großen Mengen in den Thallus aufnehmen (SYERS, BIRNIE & MITCHELL 1967) und ihre Thalluseigenschaften somit vom Substrat beeinflußt werden. Besonders eine hohe Pufferkapazität von Thallus und Substrat bewirken, daß der pH des Milieus bei Einwirkung von SO_2 langsamer auf toxische Werte absinkt. Ein niedriger pH ist für viele Flechten bereits per se ungünstig (GILBERT 1970); bei Anwesenheit von SO_2 kommt es zu einer zusätzlichen Schädigung infolge der Einwirkung offenbar toxischer Ionen (vgl. TÜRK & WIRTH 1975). Zahlreiche Feldbeobachtungen unterstreichen die Bedeutung eines puffernden Substrates bzw. einer Unterlage mit hohem pH. In stark immissionsbelasteten Gebieten können Flechten auf Kalkstein, Asbestdächern oder im Bereich von Wundströmen an Baumstämmen noch überdauern, wo andere Habitate längst flechtenfrei geworden sind. Die Kalkstein bewohnende Krustenflechte *Lecanora radiosa* erwies sich im Begasungsexperiment als ziemlich resistent (unveröff.). Ein hoher pH des Thallus bzw. des Substrates ist bei Arten (besonders höheren Flechten) mit enger pH-Standortsamplitude als avoidance-Faktor vermutlich von geringer Bedeutung, wenn gleichzeitig die Pufferkapazität gering ist. Bei ihnen kommt es bei Einwirkung von SO_2 oder auch HF bald zu einer Absenkung des pH in nicht standortsgemäße Bereiche. Subneutrophytische Epiphyten können entsprechend schneller als Acidophyten aus Stadtgebieten verschwinden (KUNZE 1974).

Auch Flechtenstoffen kann avoidance-Funktion zukommen. Durch Reaktion mit Produkten des SO_2 in wässrigem Milieu kann das SO_2 möglicherweise abgefangen und von stoffwechselaktiven Räumen ferngehalten werden. Es ist formal vorstellbar, daß Flechtenstoff-Aldehyde, wie Atranorm, Psoromsäure, mit dem nucleophilen Agens HSO_3^- eine Additionsreaktion eingehen (Abb. 3). Auch eine Addition an C=C-Doppelbindungen, wie sie z.B. in der Fumarprotocetrarsäure vorhanden sind, ist möglich.

$$R-\underset{\underset{H}{|}}{C}\!\!\diagup^{\displaystyle O} \;+\; \underset{\underset{OH}{|}}{\overset{\overset{\displaystyle O}{\|}}{:S}}-O^- \;\rightleftharpoons\; R-\underset{\underset{H}{|}}{\overset{\overset{\displaystyle SO_3H}{|}}{C}}-O^- \;\rightleftharpoons\; R-\underset{\underset{H}{|}}{\overset{\overset{\displaystyle SO_3^-}{|}}{C}}-OH$$

Abb. 3. Reaktion von Flechtenstoff-Aldehyden mit HSO_3^-

In einer zweiten Versuchsserie wurde bei einigen Arten die rein plasmatische SO_2-Resistenz ermittelt. Dazu wurden die Flechten 24 h lang mit einer 0,3 mM Natriumdisulfit-Lösung behandelt, in der im wesentlichen die gleichen Ionen wie bei Absorption von SO_2 in Wasser vorliegen. Unter diesen Bedingungen sind avoidance-Faktoren weitgehend ausgeschaltet, da alle Teile der Flechte gleichen Schadstoff-Konzentrationen ausgesetzt sind. Auch hier zeigten sich artspezifische Resistenzunterschiede, doch war die „Resistenzrangfolge" teilweise eine andere als bei den Begasungsversuchen (vgl. TURK & al. 1974, WIRTH & TÜRK 1975).

Von der plasmatischen SO_2-Resistenz und den sie beeinflussenden Faktoren sind derzeit nur grobe Vorstellungen möglich. Die plasmatische Resistenz wird offenbar vom Entwicklungszustand des Thallus beeinflußt. Das belegen die Schadbilder der Thalli nach Sulfitbehandlung; vorwiegend die jüngsten Loben zeigen durch Farbveränderung Chlorophyllzerstörung an. Geländebeobachtungen deuten darauf hin, daß die ersten Entwicklungsstadien, denen allerdings auch avoidance-Mechanismen noch weitgehend fehlen, gegen SO_2 empfindlicher sein dürften als ausgewachsene Thalli. Auf alten Grabsteinen in London sind zwar noch gut entwickelte ausgewachsene Flechtenlager zu finden, aber keine juvenilen (LAUNDON 1967). Vermutlich wird auch die plasmatische Resistenz durch den pH beeinflußt: bei schwach saurem pH mit Disulfitlösung behandelte Thalli werden wesentlich weniger geschädigt als bei stärker saurem pH behandelte (TÜRK & al. 1974). Zweifelsohne ist der Quellungsgrad des Plasmas für die Widerstandsfähigkeit des poikilohydren Thallus gegenüber

SO$_2$ wesentlich. Von Resistenzversuchen in anderen Bereichen (z.B. Kälte, s. KAPPEN & LANGE 1972) kann angenommen werden, daß möglicherweise Erscheinungen eine Rolle spielen, die in Abb. 2 mit dem Stichwort Aktivitätsrhythmus charakterisiert sind und sich z.B. in saisonalen Veränderungen in der Photosyntheseleistung äußern.

Die Schadwirkung von SO$_2$ kann durch Resistenzmechanismen der Flechte in vielfältiger Weise gemildert werden; naturgemäß ist aber eine hohe SO$_2$-Resistenz kein Ergebnis einer Anpassung in phylogenetischem Sinn, sondern eine zufällige Eigenschaft, die allerdings mit Resistenzmechanismen gegenüber anderen stress-Faktoren gekoppelt sein kann. Lediglich die hochresistente *Lecanora conizaeoides* stellt hier vielleicht eine Ausnahme dar; diese Sippe ist möglicherweise erst im letzten Jahrhundert entstanden und ist heute in stetiger Ausbreitung begriffen.

Die experimentell ermittelte „Rangordnung" hinsichtlich der SO$_2$-Resistenz (Abb. 1) legt einen Vergleich nahe mit der von vielen Autoren auf der Basis von Stadtkartierungen ermittelten relativen „Poleophobie" der Arten gegenüber den in Stadtgebieten einwirkenden Schadfaktoren, gemessen am unterschiedlich weiten Vordringen der Arten in die urbanen Zentren. Allerdings ist ein solcher Vergleich erschwert, weil einerseits die Ergebnisse der Geländeuntersuchungen von Ort zu Ort differieren, anderseits auch die experimentellen Ergebnisse in gewissem Maße von der Herkunft des Materials beeinflußt werden. Legt man dem Vergleich Geländedaten von stärker immissionsbelasteten Gebieten zugrunde — wobei epilithische und epigaeische Arten unberücksichtigt bleiben müssen, da für sie kaum entsprechende Ergebnisse vorliegen —, so stimmen bei einigen Untersuchungen die experimentellen Ergebnisse teilweise mit den Geländedaten recht gut überein, bei anderen ergeben sich aber sehr starke Abweichungen. Während etwa in Frankfurt eine ganz andere „Toxitoleranz"-Reihenfolge der Flechten festgestellt wurde als im Experiment (KIRSCHBAUM, KLEE & STEUBING 1974), zeigen Untersuchungen BARKMANs (1958) in Holland nur relativ wenige bedeutende Verschiebungen gegenüber der Reihenfolge in Abb. 1. In Holland erwiesen sich *Parmelia saxatilis*, *Platismatia glauca*, *Usnea florida* und *Alectoria jubata* (vermutlich *fuscescens*) als die empfindlichsten Arten; sie sind auch im Experiment wenig resistent. *Xanthoria parietina*, *Parmelia acetabulum* und *Hypogymnia physodes*, bei BARKMAN als deutlich weniger poleophob eingestuft, zeigen auch im Begasungsversuch eine wesentlich höhere Resistenz. Stark abweichend verhält sich *Parmelia sulcata*; bei BARKMAN als wenig poleophob beurteilt, wird sie durch SO$_2$-Begasung erheblich geschädigt. *Lecanora conizaeoides*, bekanntermaßen einer der am weitesten in Stadtgebiete eindringenden Epiphyten, ist ganz übereinstimmend damit auch im Experiment die resistenteste Flechte, indem sie als einzige sogar eine geringe Steigerung der Nettophotosynthese nach Begasung erfährt.

Die Tatsache, daß die Ergebnisse der verschiedenen Geländeuntersuchungen über die relative Poleophobie der Arten z.T. erheblich voneinander abweichen und daß die experimentellen Ergebnisse sich häufig nicht in Einklang mit den Resultaten von Kartierungen auch in immissionsgefährdeten Gebieten bringen lassen, weist darauf hin, daß für den Flechtenrückgang oft nicht allein das SO$_2$ als wesentliche Ursache angesehen werden kann. Das Phänomen dürfte in der Regel auf einen Komplex von Ursachen zurückzuführen sein. Daher ist eine Verwendung von Flechten als Bioindikatoren auf bestimmte SO$_2$-Konzentrationen zumindest gebietsweise problematisch.

LITERATUR

ARZANI, G. (1974): Ökophysiologische Untersuchungen über die SO$_2$ -, HCl- und HF- Empfindlichkeit verschiedener Flechtenarten. Diss. Gießen. 136 S.

BARKMAN, J. J. (1958): Phytosociology and ecology of cryptogamic epiphytes. Assen.

BÖRTITZ, S. & H. RANFT (1972): Zur SO$_2$ - und HF-Empfindlichkeit von Flechten und Moosen. *Biol. Zbl.* 91: 613−623.

GILBERT, O. L. (1970): Further studies on the effect of sulphur dioxide on lichens and bryophytes. *New Phytologist* 69: 605−627.

KAPPEN, L. & O. L. LANGE (1972): Die Kälteresistenz einiger Makrolichenen. *Flora* 161: 1−29.

KIRSCHBAUM, U., R. KLEE & L. STEUBING (1974): Luftqualitätsmessungen infolge von Immissionswirkungen auf Flechten − Flechten als Bioindikatoren. Lufthygienisch-meteorol. Modellunters. in der Region Untermain. 5. Arbeitsber.: 116−127.

KUNZE, M. (1974): Die Beeinflussung epiphytischer Flechten durch Luftverunreinigungen. In: Untersuchung der klimatischen und lufthygienischen Verhältnisse der Stadt Freiburg i. Br. Arbeitsber. einer interdisziplinären Arbeitsgruppe. Freiburg. S. 91−107.

LAUNDON, J. R. (1967): A study of the lichen flora of London. *Lichenologist* 3: 277−327.

LEVITT, J. (1972): Responses of plants to environmental stresses. New York-London.

SCHÖNBECK, H. (1969): Eine Methode zur Erfassung der biologischen Wirkung von Luftverunreinigungen durch transplantierte Flechten. *STAUB − Reinhaltung der Luft* 29: 14−18.

SYERS, J. K., A. C. BIRNIE & B. D. MITCHELL (1967): The calcium oxalat content of some lichens growing on limestone. *Lichenologist* 3: 409−414.

TÜRK, R., V. WIRTH & O. L. LANGE (1974): CO$_2$ -Gaswechseluntersuchungen zur SO$_2$ -Resistenz von Flechten. *Oecologia* 15: 33−64.

TÜRK, R. & V. WIRTH (1975): Der Einfluß des Wasserzustandes und des pH-Wertes auf die SO$_2$ -Schädigung von Flechten. Verh. Ges. Ökologie. 1974.

WIRTH, V. & R. TURK (1975): Zur SO$_2$ -Resistenz von Flechten verschiedener Wuchsform. *Flora*. Im Druck.

Anschrift der Verfasser:

Dr. V. WIRTH & Dr. R. TÜRK, Botanisches Institut II, 87 Würzburg, Mittl. Dallenbergweg 64.

ANPASSUNGEN DES LAUFKÄFERS PTEROSTICHUS NIGRITA F. (COLEOPTERA, CARABIDAE) AN SUBARKTISCHE BEDINGUNGEN

H.J. FERENZ

Abstract

Two populations of the carabid beetle *Pterostichus nigrita* are compared: one from the region of Cologne (Germany), the second from the polar circle (North Sweden). According to the subarctic environment the northern population shows some physiological adaptations which can be considered to be essential for survival in that geographic region.

The larval development is accelerated in all temperature regimen used compared with the German population. Sufficent development can even take place at low and high temperatures.

Sexual development in the adults is stimulated by photoperiods. The critical photoperiods inducing previtellogenesis in females and total maturation of males are shifted into long days for about 4 hours. This observation is well in concert with the tendency of critical daylength to increase from 1,0 to 1,5 hours for every 5° increase in the latitude of the insects population's origin.

All experimental datas classify the northern population as a physiological race.

Kurzfassung

Die Entwicklung von *Pterostichus nigrita* wird durch die abiotischen Faktoren Temperatur und Licht jahresrhythmisch gesteuert. Die Fixierung auf die Wirkungsoptima dieser beiden Faktoren, die an einer Population aus dem Kölner Raum ermittelt wurden, steht im Widerspruch zu der Verbreitung dieser Art über weite Teile Europas bis in den hohen Norden Skandinaviens. Zur Klärung möglicher Mechanismen der physiologischen Anpassung an veränderte Umweltbedingungen wurden Exemplare dieser Laufkäferart aus einer Population am Polarkreis (Messaure, Schwedisch-Lappland, 66° 42 'n.B.) vergleichend untersucht.

Die Larven der deutschen Population von *Pterostichus nigrita* entwickeln sich optimal bei Temperaturen von 15 bis 25 °C (niedrige Mortalität, hinreichend schnelle Entwicklung, hohes Puppengewicht). Die lappländischen Exemplare entwickeln sich jedoch auch in niedrigeren und höheren Temperaturen: bei 10 °C ist die Mortalität um mehr als 50% geringer und die Entwicklungsdauer um 27% kürzer als bei deutschen Vertretern, in 25 und 30 °C ist die Wachstumsrate stark erhöht. Diese Anpassungen ermöglichen es den nordskandinavischen Vertretern dieser Laufkäferart, sich bei extremeren Bedingungen zu entwickeln: die Larvalentwicklung kann bei niedrigeren Temperaturen fortgesetzt und bei hohen Temperaturen können Entwicklungsrückstände kompensiert werden.

Die Sexualentwicklung beider Geschlechter wird von Photoperioden gesteuert. Die Weibchen benötigen zunächst Kurztag, in dem die Prävitellogenese stattfinden kann, anschließend aber Langtag zur Induktion der Vitellogenese (photoperiodische Parapause). Die kritischen Photoperioden für diese Prozesse sind bei den lappländischen Exemplaren in den Langtag verschoben, und zwar für die Prävitellogenese um

4 Stunden, für die Vitellogenese um 1 Stunde. Ebenso ist die kritische Photoperiode für Reifung der Männchen, die in Deutschland bei Kurztagbedingungen stattfinden kann, um fast 5 Stunden in den Langtag verschoben.

Die gefundenen Adaptationen ermöglichen es den nordskandinavischen Exemplaren, die gesamte Larval- und Imaginalentwicklung im subarktischen Sommer abzuschließen. In der am Polarkreis um 3 bis 4 Monate kürzeren Aktivitätsperiode können für deutsche Exemplare suboptimale Bedingungen noch genutzt werden.

Trotz der extremen photoperiodischen Verhältnisse am Polarkreis braucht die nordische Population nicht auf die Steuerung der Gonadenreifung durch Tageslängen zu verzichten. Die Verschiebung der kritischen Photoperioden für Prävitellogenese und Reifung der Männchen entspricht der allgemeinen Regel, daß nach Norden hin alle 5 Breitengrade die kritischen Photoperioden um 1,0 bis 1,5 Stunden anwachsen.

Die physiologischen Ansprüche der lappländischen Exemplare unterscheiden sich so stark von denen der deutschen Population, daß sie als eine physiologische Rasse eingestuft werden müssen.

LITERATUR

DANILEVSKIJ, A.S. (1965): Photoperiodism and Seasonal Development of Insects. Oliver & Boyd. London.

FERENZ, J.-H. (1973): Steuerung der Larval- und Imaginalentwicklung von *Pterostichus nigritta* F. (Col. Carabidae) durch Umweltfaktoren und Hormone. Dissertation Köln (Rotaprintdruck, 113 S.).

FERENZ, H.-J. (1974): Photoperiodic and Hormonal Control of Reproduction in Male Beetles, *Pterostichus nigrita. J. Insect Physiol.*, Vol. 20 (in press).

THIELE, H.U. (1971): Die Steuerung der Jahresrhythmik von Carabiden durch exogene und endogene Faktoren. *Zool. Jb. Syst.* 98: 341-371.

Anschrift des Verfassers:

Dr. HANS-JÖRG FERENZ, Technische Hochschule Darmstadt, Fachbereich Biologie (10), Zoologie; 61 Darmstadt, Schnittspahnstr. 3.

Sonderdruck: Verhandlungen der Gesellschaft für Ökologie, Erlangen 1974.

SOME ADAPTATIONS OF THE DESERT WOODLOUSE HEMILEPISTUS REAUMURI. (ISOPODA, ONISCOIDEA) TO DESERT ENVIRONMENT[1]

K. EDUARD LINSENMAIR

Summary[2]

The isopods discussed here live in steppes, semideserts and sporadically (Egypt, Algeria) real deserts of North Africa and Asia Minor. Occasionally too, they inhabit the marginal areas of salt lakes ('chott'). Measurements of population density demonstrate that they often belong to the most successful inhabitants of their biotopes.

Still unpublished experimental data show that *H. reaumuri* tolerates remarkably high temperatures and possesses comparatively effective protection against water loss through the cuticle. For example, one obtains transpiration rates of about 15 μg/cm^2/h/mm Hg from adult *Hemilepistus* kept at 30°C and 10% R.H., as compared with 110 μg in *Porcellio scaber* (EDNEY, 1951). (Our own Measurements in freshly killed animals in which water discharge through the mouth was prevented (cf. LINDQUIST 1971, 1972), indicate only 90 μg.) The only known woodlouse showing comparably effective adaptations to xerie environment is *Venezillo arizonicus* (Armadillidae; WARBURG, 1965).

The physiological and morphological adaptations, however, are not a sufficient protection against the harsh climatic conditions.

The desert woodlice can survive the extreme heat of summer days only in the microclimate of the burrows which they dig themselves. *Hemilepistus* has not, specialized digging equipment; it is not able to excavate a new hole just any time necessity may demand. New burrows are dug only in early spring. The timely acquisition of a place in a burrow and its ensuing defense thus become central problems in the life of *Hemilepistus*.

The first 3—5 cm of a burrow is dug by a single woodlouse, with females digging more readily than males. Then it stops digging and guards its burrow continuously, defending it against every conspecific. Sooner or later the owner admits one single woodlouse of the opposite sex after a ritual which frequently lasts for hours.

The newly formed pair stays together normally until the death of one of the partners. There is a division of all labours between the two, including the uninterrupted guarding of the burrow entrance. In this connection it is surprising that, whichever of the pair happens to be the guard, rejects all strangers. The partner is recognized individually by chemical signals which are perceived by a chemotactic sense organ located on the tips of the second antennae.

Once a year (in North Africa in May) the female gives birth to 50—100 young. The young do not leave the burrow of their parents their first 10—20 days; there

1. Supported bei the Deutsche Forschungsgemeinschaft Li 150/6—150/9
2. I thank DR. R. LOFTUS for his valuable help with translating.

they are fed by the parents. In leaving the burrow for the first time they avoid neighbouring burrows and direct contact with the young and the adults of other families. Adults admit only their own young to their burrow, other young are always driven away. The adults even try to catch and eat the young of their neighbours or feed them to their own offspring. Parents never attack their own young under normal conditions.

Parents recognize their young and the siblings one another by a family-specific chemical badge. Systematic cross tests showed the existence of at least hundreds, most probably thousands of family-badges.

These badges are very stable against environmental influences, as has been demonstrated by isolation experiments, by different feeding regimes, by keeping many families (148 resp. 100) for more than half a year under identical conditions in the laboratory etc. Thus the specificity of the badge is not the result of family differences in feeding, nor does it come from clinging odours picked up from the surroundings.

All findings concerning the family-badges indicate genetically determined secretions which are produced only by the young woodlice. The parents do not contribute by their own secretions to the family-badge. They are recognized by their young individually.

The parents learn the badge of their young soon after their birth. They also remain capable of learning to recognize an entirely different badge when forced, for example, to adopt a group of strange youngsters under experimental conditions.

The secretions of the young belonging to one family are not completely identical. Individual differences exist. The common family-badge is the product of mutual transfer and mixture of all individual secretions.

The behaviour of *Hemilepistus* fails to manifest any active exchange of secretions. The family-badges are transfered passively by direct body contact. Therefore, an exchange between members of different families can not be prevented if they are forced into contact: Mutual contact of two strangers lasting not more than 5 minutes is enough to make both unacceptable to their respective families for about 6 hours. Twenty minutes of enforced contact prolongues the period of unacceptability to 30 hours and more. When two family-badges are mixed, a completely new badge forms: When a mated pair is forced to adopt a group of young originating from two other families, they learn to recognize their foster young by their new mixed badge; siblings of the foster young which were kept separate and unmixed are always treated like complete strangers.

The chemical nature of the badges is being investigated intensively at the moment. From the results to date we conclude that the family-specific badges consist of relatively simple (i.e. not macromolecular), thermostable, strongly polar substances with a very low vapour pressure.

This system of family-specific badges enables a pair and their offspring to occupy a burrow to the exclusion of all conspecifics. The advantages are considerable: 1. A burrow can offer protection only to a limited number of individuals. The family-badge assures the necessary limitation. 2. Food reserves in the vicinity of a burrow are often very meager and the radius of action of the woodlice hardly exceeds 5 meters. Thus the number of isopods the vicinity can support is also limited. 3. Most important, this system enables the parents to concentrate their broodcaring activities on their own young. When the young begin to seek nourish-

ment for themselves they still remain dependent for weeks on the food gathered by
their parents.

If woodlice are to prevent their neighbours' offspring from stealing their own
offsprings' reserves, they must be able to distinguish strangers as such. The enor-
mous variety of badges makes it almost impossible for two neighbouring families to
have the same badge. The low vapour pressure and high stability of the badges
against different influences from the environment guarantees entrance to the
burrow to each member of the family even after prolongued excursions into strange
surroundings and after ingestion of any nourishment, no matter how 'aromatic'.
Two conditions, however, remain to be fulfilled: First, the woodlouse must be able
to find its way home; it must possess effective orientation mechanisms; second, it
must avoid close contact with strange young of another family. For contact would
lead to a mutual exchange of badge substances. The result would be the masking of
both family-badges and their replacement by a new one, a situation acceptable to
neither family. This recognition system as developed by *Hemilepistus* can function
only when the family units remain mutually exclusive. It cannot permit the
integration even of individual strangers.

Along with its ability to dig, the desert woodlouse displays a social behaviour
highly developed for invertebrates. This combination explains how a woodlouse
which is physiologically not match for its environment can become one of the most
successful inhabitants of a hot and dry biotope at the extreme end of the range.
Details are published in LINSENMAIR, K.E. & CH. LINSENMAIR, 1971, and
LINSENMAIR, 1972 or will be published elsewhere.

REFERENCES

EDNEY, E.B. (1951): The evaporation of water from woodlice and the millipede *Glomeris*.
    J. Exp. Biol. 28: 91—115.
LINDQUIST, O.V. (1971): Evaporation in terrestrial isopods is determined by oral and anal
    discharge. *Experientia* 27: 1496—1498.
—— (1972): Components of water loss in terrestrial isopods. *Physiol. Zool.* 45: 316—324.
LINSENMAIR, K.E. & LINSENMAIR, CH. (1971): Paarbildung und Paarzusammenhalt bei der
    monogamen Wüstenassel *Hemilepistus reaumuri* (Crustacea, Isopoda, Oniscoidea).
    Z. Tierpsychol. 29: 134—155.
LINSENMAIR, K.E. (1972): Die Bedeutung familienspezifischer „Abzeichen" für den
    Familienzusammenhalt bei der sozialen Wüstenassel *Hemilepistus reaumuri* AUDOUIN u.
    SAVIGNY (Crustacea, Isopoda, Oniscoidea) *Z. Tierpsychol.* 31: 131—162.
WARBURG, M.R. (1965): Water relations and internal body temperature of isopods from
    mesic and xeric habitats. *Physiol. Zool.* 38: 99—109.

Anschrift des Verfassers:
    Prof. Dr. K. EDUARD LINSENMAIR, Fachbereich Biologie der Universität D — 84
    Regensburg, Universitätsstraße 31.

STOFFWECHSELPHYSIOLOGISCHE ASPEKTE ÖKOLOGISCHER ANPASSUNG IM PFLANZENREICH

H. KINZEL

Zusammenfassung

Es wurde vor allem über die stoffwechselphysiologischen Aspekte der Dürre- und Salzresistenz berichtet. Zur Einsparung von Wasser dienen besonders diejenigen Modifikationen der Photosynthese, die die Öffnungszeiten der Stomata auf ein Mindestmaß reduzieren, so vor allem der Crassulaceen-Säurewechsel (Spaltenöffnung zumeist in der Dunkelphase) und die C_4-Photosynthese (effektivere Photosynthese durch Unterdrückung der Lichtatmung). C_4-Pflanzen sind allerdings nur bei hoher Lichtintensität und hoher Temperatur den C_3-Pflanzen überlegen.

Die Fähigkeit, hohe Salzgehalte des Bodens zu ertragen, kann einerseits dadurch erreicht werden, daß die Salzionen durch besondere Eigenschaften der Wurzel weitgehend ausgeschlossen werden, anderseits durch Verdünnung (Sukkulenz!) oder aktive Ausscheidung (Drüsen!) der aufgenomenen Ionen. Eine echte „Resistenz" würde eine Widerstandsfähigkeit der Strukturen und Funktionen des Cytoplasmas selbst gegen hohe Ionengehalte bedeuten. Eine solche wird mehr und mehr fraglich, nachdem sich herausgestellt hat, daß die meisten Enzyme von Halophyten gegen Alkali-Ionen ebenso emfindlich sind wie die von Glykophyten. Vielleicht beruht die Salzresistenz in diesem engeren Sinne einerseits in einer Überproduktion der betreffenden Enzyme, anderseits in einer besonders ausgeprägten Fähigkeit zur Deponierung der überschüssigen Salz-Ionen in bestimmten Zellkompartimenten (z.B. der Vakuole).

Anschrift des Verfassers:

Prof. Dr. HELMUT KINZEL, Pflanzenphysiologisches Institut der Universität, A-1010 Wien, Lueger-Ring 1.

Sonderdruck: Verhandlungen der Gesellschaft für Ökologie, Erlangen 1974.

MECHANISMEN DER SCHWERMETALLRESISTENZ

WILFRIED ERNST

Abstract

Heavy metal tolerant plants have no mechanism of preventing heavy metal to enter the cell, with the exception of developing a low exchange capacity in the roots. The significant feature of metal tolerance is the prevention of heavy metals from exerting disturbance in the metabolic system of the cells. In roots of some heavy metal tolerant plants the cell wall play an impotant role in acting as a heavy metal accumulator. In leaves and stems, however, the cell vacuole system is the main place of heavy metal deposition. Some microorganisms excepted, angiospermous plants have not developed heavy metal resistant enzymes or specific heavy metal rich metabolites. The physiological basis of tolerance is the increase in the production of malate and oxalate in zinc tolerant plants and of phenolic compounds in copper tolerant populations. It is suggested that these properties fulfil the conditions of the high specifity of heavy metal tolerance, according to the different stability constants. The maintainance of tolerance require so much energy that tolerant plants have a lower biomass production and that they are not able to withstand the competition with non-tolerant populations on normal soils.

Pflanzen, die in einer Anzahl kontrastierender Standorte vorkommen, sind gewöhnlich in eine Reihe verschiedener Populationen differenziert, die besondere Anpassungen an diese Extremstandorte entwickelt haben. Eine solcher hohen Spezialisationen ist die Resistenz von Pflanzenpopulationen gegen hohe Schwermetallkonzentrationen in Böden und Wässern, wie sie natürlicherweise, d.h. primär über anstehenden Erzkörpern oder sekundär auf Halden des Erzbergbaues, in der Nähe von Schwermetallhütten und auf jenen Kulturböden zu finden sind, die durch schwermetallhaltige Pestizide kontaminiert wurden. Die Anpassung an jene Schwermetallkonzentrationen, die normalerweise schon toxisch sind, ist mit Ausnahme der Gymnospermen in allen Pflanzenklassen entwickelt worden, von den Bakterien bis zu den Angiospermen (u.a. UCHIDA et al. 1973 für Bakterien, STOKES et al. 1973 für Algen, ASHIDA et al. 1963 für Pilze, URL 1956 für Moose, DUVIGNEAUD & DENAYER-DE SMET 1963 für Farne, ERNST 1974 für Angiospermen). Die Aufklärung der Mechanismen, die dieser Schwermetallresistenz zugrunde liegen, hat in den letzten Jahren große Fortschritte gemacht und mehr Klarheit in die Physiologie schwermetallresistenter Pflanzen gebracht.

1. Parameter der Schwermetallresistenz.

Die Höhe und die Art der Resistenz ist durch einige Parameter meßbar. Sie läßt sich als Änderung der Stoffproduktion von toleranten und intoleranten Populationen derselben Art bei steigender Schwermetallernährung fassen. Alle unter diesem Aspekt durchgeführten Experimente haben stets eine höhere Schwermetallverträglichkeit der Populationen mit Provenienzen von schwermetallreichen Substraten ergeben. Dabei sind die Pflanzen nur gegen jene Schwermetalle resistent, die im Überschuß des ursprünglichen Wuchsortes vorhanden sind; d. h. es liegt eine schwermetallspezifische Resistenz vor. Darüber hinaus unterscheiden sich die schwermetallresistenten Arten untereinander deutlich in der Höhe der ertragenen Schwermetallmengen (Abb. 1, RÜTHER 1967). Zu demselben Ergebnis führen auch jene Experimente, in denen als Teilaspekt der Stoffproduktion nur die Wachstumsrate der Wurzeln unterschiedlich toleranter Populationen in schwermetallarmen und schwermetallreichen Medien („rooting technique") verglichen wird (WILKINS 1957, JOWETT 1964, BRADSHAW et al. 1965, McNEILLY & BRADSHAW 1968, HOWARD-WILLIAMS 1970, ALLEN & SHEPPARD 1971, MATHYS 1973, REILLY & REILLY 1973). Auch mit Hilfe der Methode der vergleichenden Protoplasmatik wird die spezifische Schwermetalltoleranz oberirdischer Organe von Schwermetallpflanzen manifest (REPP 1963, GRIES 1966, RÜTHER 1967, ERNST 1972). Lediglich für Nickel zeigen zinkresistente Populationen von Gramineen, Caryophyllaceen und Leguminosen eine Kotoleranz, ohne daß dieses Element im Überschuß im Boden vorhanden ist.

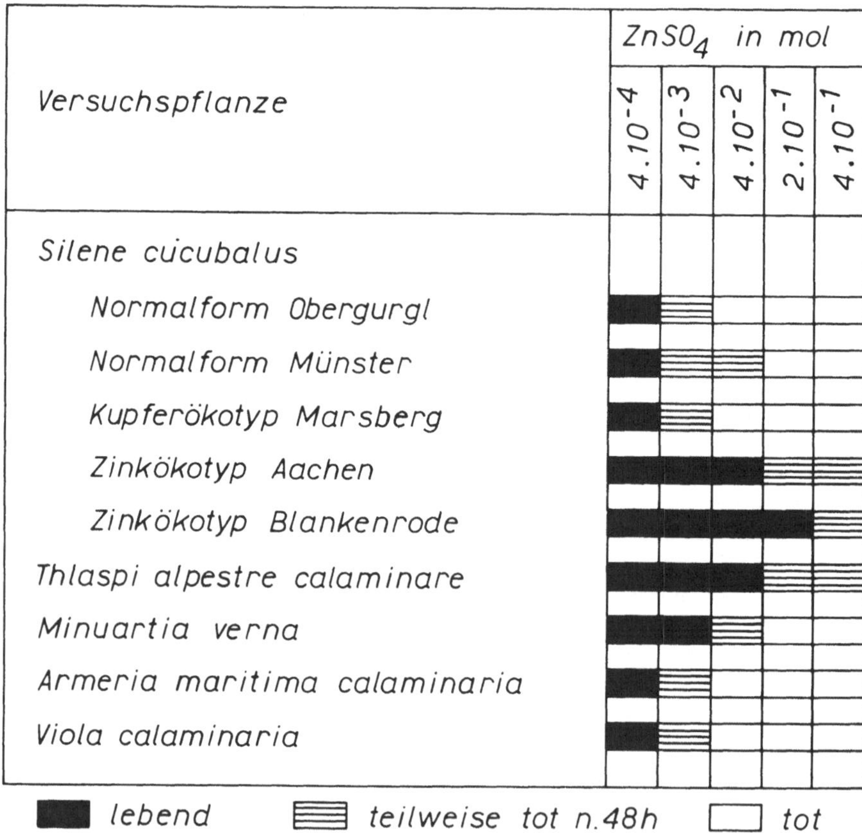

Abb. 1. Zinkresistenz der Epidermiszellen von diversen Populationen von Silene cucubalus und zinktoleranten Populationen von Arten des Violetum calaminariae vom Breiniger Berg Aachen nach 48stündiger Inkubation mit gestaffelten Zinksulfatlösungen (n. GRIES 1966, RÜTHER 1967, ERNST 1974 verändert).

2. Schwermetallresistenz durch Ausschlußmechanismen der Pflanze.

Seit LEVITT (1958) wird bei allen Resistenzen zwischen der eigentlichen Toleranz, d.h. der Auseinandersetzung der Zellen mit dem Extremfaktor, und dem „avoidance", d.h. der Umgehung der Streßwirkung durch zusätzliche Abwehrreaktionen, unterschieden. Ökophysiologisch hoch angepaßte Arten haben häufig beide Formen entwickelt. Die für Schwermetallböden günstige Lösung wäre ein Ausschluß der Schwermetalle von der Ionenaufnahme. Zwar treten bei der Schwermetallaufnahme eine Reihe von Interaktionen auf: So werden z.B. organische Schwermetallverbindungen in geringerem Umfang aufgenommen als ionogene (TURNER & GREGORY 1967, ERNST 1968), reichliche Kalzium- und Phosphatangebote verringern die Aufnahmequote (JOWETT 1964, ERNST 1968) und unter den Schwermetallen kommt es durch Ionenantagonismus zur Konkurrenz um denselben Carrier (BOWEN 1969, EPSTEIN 1972, ERNST 1972, MATHYS 1973, ERNST et al. 1974). Doch scheint es eine allgemeine Regel zu sein, daß Pflanzen toxische bzw. in hohen Dosen toxisch wirkende mineralische Elemente von der Aufnahme nicht ausschliessen können. Darum enthalten Schwermetallpflanzen z.T. erhebliche Mengen dieser Elemente in ihren Organen, wobei die diversen Schwermetalle pflanzenarten- und elementspezifischen Verteilungsmustern unterliegen (Tab. 1).

Tabelle 1. Höchste, ohne Schaden ertragene Schwermetallgehalte in Blättern und Wurzeln einiger Schwermetallpflanzen.

Pflanzenart	Element	Schwermetallgehalt (mg/kg Trockensubstanz)	Organ	Autor(en)
Psychotria douarrei	Ni	45000	Blatt	JAFFRÉ &
		92500	Wurzel	SCHMID (1974)
Minuartia verna	Pb	11400	Blatt	ERNST (1974)
		26300	Wurzel	
Thlaspi alpestre	Zn	25000	Blatt	ERNST
		11300	Wurzel	
Trachypogon spicatus	Cu	8	Blatt	REILLY&
		2745	Wurzel	REILLY (1973)
Pearsonia metallifera	Cr	490	Blatt	ERNST
		1620	Wurzel	
Acrocephalus robertii	Co	1490	Blatt	DUVIGNEAUD & DENAYER-DE SMET (1960)
Minuartia verna	Cd	350	Blatt	ERNST
		380	Wurzel	

Die Ursache der besseren Schwermetallverträglichkeit liegt aber auch nicht in einer Einschränkung der Schwermetallaufnahme, wie EARLEY (1943) für *Vicia faba* gezeigt haben wollte. Denn in allen vergleichenden Untersuchungen haben schwermetalltolerante und -intolerante Populationen höherer Pflanzen identische Mengen an Zink, Kupfer, Blei, Nickel und Kadmium absorbiert (BRADSHAW et al. 1965, TURNER & GREGORY 1967, PETERSON 1969, ERNST 1972b, MATHYS

1973). Lediglich niedrige Kationenumtauschkapazitäten der Wurzeln führen zu
einer Verminderung der Schwermetallaufnahme, wie eigene Experimente an einigen
kupferresistenten Populationen von Silene cucubalus ergeben haben (ERNST
1972). Allerdings ist die Selektion auf niedrige Kationenumtauschkapazität ein von
der Schwermetallresistenz unabhängig mendelndes Merkmal.

3. Schwermetallresistenz durch Stoffwechseländerung.

Es scheint demnach die Schwermetalltoleranz einen speziellen internen Metabolismus zu implizieren. Obgleich einige Schwermetalle essentielle Funktionen in biologischen Systemen, meist als Enzymaktivatoren erfüllen, führt ein Überschuß an
diesen Elementen stets zur Toxizität. Schwermetalltolerante Pflanzen müssen dieser
Toxizität in gewissen Umfang widerstehen, indem sie entweder die Schwermetalle
daran hindern, in den Metabolismus einzugreifen oder schwermetallempfindliche
Strukturen zu erreichen, oder indem sie eine Änderung der Enzyme derart bewirken, daß sie in Gegenwart höherer Schwermetallkonzentrationen normal arbeiten
können.

a. Bedeutung der Zellwand für die Schwermetallresistenz

Die Behinderung des Eingriffs der Schwermetalle in den Metabolismus ist eigentlich
ein „avoidance" auf Zellniveau und wird von allen, auch von nicht-schwermetallre-
sistenten Pflanzen in gewissem Umfang praktiziert. Schwermetalle mit einer hohen
Affinität zu den Carboxylgruppen der Zellwände, insbesondere Quecksilber, Chrom
und Blei, werden zu mehr als 90% in den Zellwänden der Wurzelrinde festgelegt
(ERNST 1972). Auch die mobileren Schwermetalle Zink, Nickel, Kupfer, Kadmium
und Mangan können bis zu 80% im Cortex der Wurzel gefunden werden.

Tabelle 2. Prozentualer Anteil der Zellwände am Gesamtzinkgehalt der Wurzelzellen unter-
schiedlich schwermetalltoleranter Populationen von Agrostis tenuis in zinkarmen und -reichen
Nährmedium.
$^+$Zn = zinktolerant, $^+$Cu = kupfertolerant, $^-$Zn, $^-$Cu = zink- resp. kupfer-intolerant.

Provenienz	Resistenz	%ualer Zn–Anteil der Zellwand	Zinkgehalt im Nährme-dium (mg/l)	Autor
New Zeland	$^-$Zn, $^-$Cu	24,3	0.050	PETERSON 1969
		33,6	5,000	
Weiberg	$^-$Zn, $^-$Cu	44,2	0,065	MATHYS 1973
		34,0	13,070	
Parys Mountain	$^-$Zn, $^+$Cu	39,5	0,065	TURNER 1970
		56,2	7,500	
Marsberg	$^-$Zn, $^+$Cu	41,5	0,065	MATHYS 1973
		33,0	13,070	
Goginan	$^+$Zn, $^-$Cu	80,7	0,050	PETERSON 1969
		67,3	5,000	
Trelogan	$^+$Zn, $^-$Cu	60,7	0,065	TURNER 1970
		90,6	7,500	
Blankenrode	$^+$Zn, $^-$Cu	41,9	0,065	MATHYS 1973
		51,6	13,070	

Vergleichende Untersuchungen an schwermetalltoleranten und -intoleranten
Populationen einiger Gramineen, Caryophyllaceen und Labiaten weisen darauf hin,
daß der Mechanismus der Toleranz z.T. auf Differenzen in der internen Verteilung
der Schwermetalle basiert (Tab. 2).

So findet MATHYS (1973) bei steigendem Zinkgehalt des Nährmediums einen
Anstieg dieses Schwermetalles in der Zellwandfraktion der Wurzeln einer zinktoleranten Population von *Agrostis tenuis*, während der Zinkanteil in den Zellwänden
der Wurzeln von zinkintoleranten Populationen bei gleichem Ausgangswert für alle
untersuchten Pflanzen abnimmt. Hingegen haben die von TURNER (1969, 1970)
und Mitarbeitern (1967, 1971, 1972) sowie von PETERSON (1969) analysierten
Populationen von *Agrostis tenuis* von Anfang an höhere Zinkakkumulationsraten in
den Wurzelzellwänden zinkresistenter Pflanzen, reagieren aber auf steigende Zink-
ernährung mit Steigerungen der Zellwandkapazität für Zink. In eigenen Experimenten mit *Festuca ovina* und *Silene cucubalus* reagierte nur die Graminee mit einer
steigenden Akkumulationsrate, während die Caryophyllacee keine Veränderung
weder in der Zink- noch in der Kupferverteilung erfahren hat. Deshalb sind die von
den englischen Autoren als effizienteste Mechanismen diskutierten Unterschiede in
der Schwermetallakkumulation der Wurzelzellwände nur Teilaspekte der Schwermetalltoleranz, zumal in den Blättern bei steigenden Schwermetallgaben die Bedeutung der Zellwand für eine Regulation gering wird. Vor allem wird das Phänomen
der protoplasmatischen Resistenz schwermetalltoleranter Arten nicht erklärt.

b.   Schwermetalltoleranz des Protoplasmas

In den Vakuolen vor allem der Blattzellen von schwermetallresistenten Pflanzen
können hohe Schwermetall-, insbesondere Zink- und Nickelmengen konzentriert
sein, die bis zu 90% der totalen Gehalte ausmachen (ERNST 1968, 1974). Diese
Anreicherung von Schwermetallen setzt einen Transport dieser Elemente durch das
Plasma voraus, ohne daß es zu Interaktionen mit schwermetallsensitiven Strukturen
kommt. Die entscheidenden Mechanismen der Schwermetalltoleranz liegen also im
Protoplasten, wobei drei Möglichkeiten in Betracht kommen: 1. ein intensivierter
Carrier-Transport der Schwermetalle von der Zellwand zur Vakuole. 2. die Evolu-
tion schwermetallresistenter Enzyme. 3. die Umsteuerung des Stoffwechsels einiger
Metabolite.

Ein verstärkter Transport von Schwermetallionen mit Hilfe von Carriern kann
aus Versuchen mit *Agrostis tenuis* (MATHYS 1973) und Silene cucubalus (ERNST
n.p.) nicht abgeleitet werden. Denn bei gleicher Zink- und Kupferakkumulation in
den Zellwänden von Blatt- und Sproßzellen schwermetalltoleranter und -intoleran-
ter Pflanzen wird auch eine gleich hohe, bei intoleranten Pflanzen z.T. sogar noch
höhere Schwermetallmenge in der Vakuole registriert. Dagegen sollten Transportdif-
ferenzen zu Verschiebungen in der Schwermetallverteilung führen, so daß der Ge-
danke an besonders aktive Carrier keine Lösungsrealität ist.

Erste Anhaltspunkte für die Evolution schwermetallresistenter Enzyme wurden
von HORIO et al. (1956) in *Mycobacterium tuberculosis avium* und von MURAYA-
MA (1961) in *Saccharomyces cerevisiae* gefunden. In beiden Fällen erwiesen sich
die Enzyme des Tricarbonsäurezyklus von kupfertoleranten Populationen gegen
Kupfer resistenter als diejenigen von kupfer-intoleranten Populationen. Hingegen
konnten bei Höheren Pflanzen bisher keine Unterschiede in der Schwermetallresis-

tenz von Enzymen entdeckt werden. So ist die Nitratreduktase von kupfer- und zinktoleranten Populationen von *Silene cucubalus* genauso sensitiv wie diejenige schwermetallintoleranter Populationen, wobei innerhalb der Schwermetalle die Toxizität vom Kupfer über Kadmium, Zink, Nickel, Kobalt, Blei zum Mangan hin abnimmt (ERNST et al. 1974, MATHYS 1975). Desgleichen konnte MATHYS (1975) weder in vivo noch in vitro spezifische Resistenzeigenschaften anderer essentieller Enzyme, wie der Malatdehydrogenase (MDH), der Glucose-6-phosphat-Dehydrogenase (G6P-DH) noch der Isocitrat-Dehydrogenase (ICDH) schwermetalltoleranter Pflanzen entdecken. Damit verhalten sich die Enzyme schwermetallresistenter Pflanzen ähnlich wie diejenigen von Halophyten (FLOWERS 1972, v. WILLERT 1974), wenn auch im letzteren Fall die allein brauchbaren Vergleiche auf Populationsebene noch völlig fehlen. Eine Entwicklung salz- (HOLMES & HALVORSON 1963) und schwermetallresistenter Enzyme ist offenbar nur bei Mikro-Organismen, nicht jedoch bei Phanerogamen möglich.

Eine andere Möglichkeit der Schwermetalltoleranz ist die Umsteuerung des Stoffwechsels derart, daß spezifisch schwermetallreiche Metabolite oder Komplexoren entstehen. Der von Selen- und Fluorresistenten Pflanzen beschrittene Weg der Bildung spezifisch mineralreicher Verbindungen wie Selenomethionin, Selenocystein oder Fluoracetat (PETERSON & BUTLER 1971, SHRIFT 1972; PETERS 1954, DE OLIVEIRA 1963) ist von den Schwermetallpflanzen nicht eingeschlagen worden. Kupferresistente Populationen von *Saccharomyces cerevisiae* können durch Änderung des Schwefelmetabolismus soviel Sulfhydryl produzieren, daß überschüssiges Kupfer als Kupfersulfid an der Zellperipherie aus dem aktiven Stoffwechsel entfernt wird (ASHIDA & NAKAMURA 1959). Doch konnte SENO (1963) zeigen, daß keine genetische Bindung zwischen Sulfidproduktion und Kupferresistenz besteht und daß beide Eigenschaften unter getrennter genetischer Kontrolle stehen. In Experimenten mit anderen schwermetallresistenten Hefen und mit den Angiospermen *Agrostis tenuis* sowie *Silene cucubalus* wurden keine Änderungen des Schwefelstoffwechsels beobachtet (NAKAMURA 1962, TURNER 1967, ERNST n.p.).

Damit bleibt für die Grundlagen der Schwermetalltoleranz nur der Weg der Komplexoren übrig, der aber hinreichend viele Möglichkeiten bietet, um auch die hohe Spezifität der Schwermetalltoleranz zu erklären. So haben LYON et al. (1969) in den Blättern der Myrtacee *Leptospermum scoparium* von chromreichen Böden Neuseelands einen Trioxalatchromat-Komplex nachgewiesen. REILLY (1972) erwägt die Möglichkeit einer Chelierung von Kupfer durch Peptide in der kupfertoleranten Labiate *Becium bomblei*, während PETERSON (1969) solche Komplexe in zinktoleranten Pflanzen vergeblich gesucht hat. MATHYS (1974) konnte durch vergleichende Untersuchungen an diversen Populationen von *Silene cucubalus* zeigen, daß zinktolerante Pflanzen einen höheren Malat- und Oxalatpegel haben als zinkintolerante. Hier ist diese Malatakkumulation weder als Kompensation hoher Kationenaufnahme bei niedriger Anionenaufnahme (OSMOND & LATIES 1969) noch als Fehlen des Malic Enzyms wie bei überflutungsresistenten Pflanzen (TYLER & CRAWFORD 1970) zu verstehen; denn eine Erhöhung des Malatpegels bleibt auch bei steigenden Zinkgaben in den zinkintoleranten Pflanzen weiterhin aus. Im Gegensatz zur Zinktoleranz wird die Kupfertoleranz durch Bindung des Kupfers an Polyphenole geregelt. Diese Differenzen des Metabolisms sind offenbar die Grundlage der spezifischen protoplasmatischen Resistenz. Ingesamt zeigt aber

das Verhalten der Schwermetallpflanzen, daß die Trennung zwischen „avoidance"
und Toleranz, wie sie seit LEVITT gehandhabt wird, für Pflanzen mineralischer
Extremstandorte nicht praktikabel ist, da die Toleranz Höherer Pflanzen nur „avoidance" auf Zellniveau ist.

Zum Schluß sollen noch die Kosten abgeschätzt werden, die mit dem Resistenz-
mechanismus verbunden sind. Schon die ersten vergleichenden Studien unterschiedlich schwermetalltoleranter Populationen von *Silene cucubalus* durch BAUMEI-
STER (1954) ergaben eine geringere Stoffproduktion der toleranten gegenüber intoleranten Pflanzen, die nicht durch eine erhöhte Zellatmung bedingt ist. Seitdem
wurden diese Befunde bei allen untersuchten Arten bestätigt. Generell ist die Stoffproduktion schwermetalltoleranter Pflanzen um 20 bis 50% reduziert; d.h. der
Unterhalt der Schwermetallresistenz verschlingt Energie und benachteiligt die Arten
im intra- und interspezifischen Wettbewerb (COOK et al. 1972). Deshalb bleiben
die schwermetalltoleranten Pflanzen trotz der dominanten Vererbung der Schwermetallresistenz stets auf den schwermetallreichen Standort beschränkt.

LITERATURE

ALLEN, R. & P.M. SHEPPARD, (1971): Copper tolerance in some Californian populations of
the monkey flower *Mimulus guttatus*. – *Proc. Roy. Soc.* B 177: 177–196.

ASHIDA, J., N. HIGASHI & T. KIKUCHI, (1963): An electron microscopic study on copper
precipitation by copper resistant yeast cells. *Protoplasma* 57: 27–32.

ASHIDA, J. & H. NAKAMURA, (1959): Role of sulphur metabolism in copper resistance of
yeast. – *Pl. Cell Physiol.* Tokyo 1: 71–79.

BAUMEISTER, W., (1954): Über den Einfluß des Zinks bei *Silene inflata* Sm. I. – *Ber. Dtsch.
Bot. Ges.* 67: 205–213.

BOWEN, J.E., (1969): Absorption of copper, zinc, and manganese by sugarcane leaf tissues. –
Plant Physiol. 44: 255–261.

BRADSHAW, A.D., T.S. McNEILLY & R.P. GREGORY, (1965): Industrialization, evolution,
and the development of heavy metal tolerance in plants. – Ecology and the Industrial Society, 5th Brit. Ecol. Soc. Symp., 327–343. Oxford.

DE OLIVEIRA, M.M., (1963): Chromatographic isolation of monofluoroacetic acid from
Palicourea marcgravii Hil. – *Experientia* 19, 586.

COOK, S.C.A., C. LEFEBVRE & T. McNEILLY, (1972): Competition between metal tolerant
and normal plant populations on normal soil. – *Evolution* 26: 366–372.

DUVIGNEAUD, P. & S. DENAEYER-DE SMET, (1960); Action de certains métaux lourds du
sol (cuivre, cobalt, manganèse, uranium) sur la végétation dans le Haut-Katanga. – Colloque
sur les rapports sol-végétation, sous la direction de Viemont – Bougin. 121–139. Paris.

—— & ——, (1963): Cuivre et végétation au Katanga. – *Bull. Soc. roy. Bot. Belg.* 96: 93–224.

EPSTEIN, E., (1972): Mineral Nutrition of Plants: Principles and Perspectives. – New York,
London, Sydney, Toronto. 412 S.

ERNST, W., (1968 a): Zur Kenntnis der Soziologie und Ökologie der Schwermetallvegetation
Großbritanniens. – *Ber. Dtsch. Bot. Ges.* 81: 116–124.

——, (1968 b): Der Einfluß der Phosphatversorgung sowie die Wirkung von ionogenem und
chelatisiertem Zink auf die Zink- und Phosphataufnahme einiger Schwermetallpflanzen. –
Physiol. Plant. 21: 323–333.

ERNST, W., (1972 a): Ecophysiological studies on heavy metal plants in South Central Africa.
– *Kirkia* 8: 125–145.

——, (1972 b): Schwermetallresistenz und Mineralstoffhaushalt. – Forschungsber. Land. Nord-
rhein-Westfalen 2251, 1–38. Opladen.

——, 1974: Schwermetallvegetation der Erde. – Stuttgart, 192 S.

——, W. MATHYS, J. SALASKE & P. JANIESCH, (1974): Aspekte von Schwermetallbelastun-
gen in Westfalen. – *Abhandl. Landesmuseum Naturkunde Münster Westfalen* 36 (2): 1–30.

FLOWERS, T.J., (1972): The effect of sodium chloride on enzyme activities from four halophyte species of Chenopodiaceae. − *Phytochem.* 11: 1881−1886.

GRIES, B., (1966): Zellphysiologische Untersuchungen über die Resistenz bei Galmeiformen und Normalformen von *Silene cucubalus* WIB. − *Flora B* 156: 271−290.

HOLMES, P.K. & H.O. HALVORSON, (1963): The inactivation and reactivation of salt requiring enzymes from an extreme obligate halophile. − *Can. J. Microbio.* 9: 904−906.

HORIO, T., T. HIGASHI & K. OKUNUKI (1955): Copper resistance of Mycobacterium tuberculosis avium. II. The influence of copper ion on the respiration of the parent cells and copper-resistant cells. − *J. Biochem.* (Tokyo) 42: 491−498.

HOWARD-WILLIAMS, C., (1970): The ecology of *Becium homblei* in Central Africa with special reference to metalliferous soils. − *J. Ecol.* 58: 745−763.

JAFFRÉ, T. & M. SCHMID, (1974): Accumulation du nickel par une Rubiacée de Nouvelle-Calédonie, Psychotria douarrei (G. Beauvisage) Däniker. − *C.R. Acad. Sci. Paris* 278 D, 1727−1730.

JOWETT, D., (1964): Population studies on lead tolerant Agrostis tenuis. − *Evolution* 18: 70−80.

LEVITT, J., (1958): Frost, drought and heat resistance. − In: L.V. HEILBRUNN & F. WEBER (Hrsg.) Protoplasmatologia, Handb. Protoplasmaforschung VIII, 6. Wien.

LYON, G.L., P.J. PETERSON & R.R. BROOKS, (1969): Chromium-51 distribution in tissues and extracts of *Leptospermum scoparium*. − *Planta (Berl.)* 88: 282−287.

MATHYS, W., (1973): Vergleichende Untersuchungen der Zinkaufnahme von resistenten und sensitiven Populationen von Agrostis tenuis Sibth − *Flora* 162, 492−499.

——, (1975): Enzymes of heavy metal resistant and non-resistant populations of Silene cucubalus and their interaction with some heavy metals in vivo and in vitro. − *Physiol. Plant.* (im Druck).

McNEILLY, T.S. & A.D. BRADSHAW, (1968): Evolutionary processes in populations of copper tolerant *Agrostis tenuis* Sibth. − *Evolution* 22: 108−118.

MURAYAMA, T. (1961): Studies on the metabolic pattern of yeast with reference to its copper resistance. III. Enzymic activities related to the tricarboxylic acid cycle. IV. Characteristics in the tricarboxylic acid cycle. − *Mem. Ehime Univ.* II B, 4, 43−66.

NAKAMURA, H., (1962): Adaptation of yeast to cadmium. V. Characteristic of RNA and nitrogen metabolism in the resistance. − *Mem. Konan Univ. Sci.* 6, Art 31, 19−31.

PETERS, R.A., (1954): Der Chemismus einer altbekannten Vergiftung: Die Synthese zum Gift. − *Endeavour* 13: 147−154.

PETERSON, P.J., (1969): The distribution of zinc-65 in *Agrostis stolonifera* L. and *A. tenuis* Sibth. tissues. − *J. exp. Bot.* 20: 863−875.

——, & G.W. BUTLER, (1971): The occurence of selenocythationine in *Morinda reticulata* Benth., a toxic seleniferous plant. − *Austr. J. biol. Sci.* 24: 175−177.

REILLY, C. (1972): Amino acids and amino acid copper complexes in water-soluble extracts of copper tolerant and non-tolerant *Becium homblei*. − *Z. Pflanzenphysiol.* 66: 294−296.

——, & REILLY, A., (1973): Zinc, lead and copper tolerance in the grass *Stereochlaena cameronii* (Stapf) Clayton. − *New Phytol.* 72, 1046.

REPP, G., (1963): Die Kupferresistenz des Protoplasmas höherer Pflanzen auf Erzböden. − *Protoplasma* 57: 643−659.

RÜTHER, F., (1967): Vergleichende physiologische Untersuchungen über die Resistenz von Schwermetallpflanzen. − *Protoplasma* 64: 400−425.

SENO, T., (1963): Genetic relationship between brown colouration and copper resistance in Saccharomyces cerevisiae. − *Mem. coll. Sci. Kyoto Univ.* B 30: 1−8.

OSMOND, C.B. & G.G. LATIES, (1969): Compartimentation of malate in relation to ion absorption in beet. − *Plant Physiol.* 44: 7−14.

SCHRIFT, A., (1972): Selenium toxicity. − In: J. HARBORNE (Hrsg.), Phytochemical Ecology. − London, New York. 145−161.

STOKES, P.M., T.C. HUTCHINSON & K. KRAUTER (1973): Heavy-metal tolerance in algae isolated from contaminated lakes near Sudbury, Ontario. − *Can. J. Bot.* 51; 2155−2168.

TURNER, R.G., (1967): Experimental studies on heavy metal tolerance. Ph.D. Thesis, Univ. Wales.

——, (1969): Heavy metal tolerance in Plants. − In: Ecological Aspects of the Mineral Nutrition of Plants. Symp. Brit. Ecol. Soc. 1968; 399−410. Oxford.

—, (1970): The subcellular distribution of zinc and copper within the roots of metal tolerant clones of *Agrostis tenuis*. — *New Phytol.* 69: 725—731.

—, & R.P.G. GREGORY, (1967): The use of radio-isotopes to investigate heavy metal tolerance in plant. — Isotopes in plant nutrition and physiology. IAEA 493—509. Wien.

—, & C. MARSHALL, (1971): The accumulation of 65-zinc by roothomogenates of zinc-tolerant and non-tolerant clones of *Agrostis tenuis* Sibth. — *New Phytol.* 70: 539—545.

— & —, (1972): The accumulation of Zn by subcellular fractions of roots of *Agrostis tenuis* Sibth. in relation to zinc tolerance. *New Phytol.* 71: 671—676.

TYLER, P.D., & R.M.M. CRAWFORD, (1970): The role of shikimic acid in waterlogged roots and rhizomes of *Iris pseudacorus*. — *J. exp. Bot.* 21: 677—682.

UCHIDA, Y., A. SAITO, H. KAZIWAKA & N. ENOMOTO, (1973): Cadmium-resistant micro-organisms. I. Isolation of cadmium-resistant bacteria and uptake of cadmium by the organism. — *Saga Daigaku Nogaku Iho* 35: 15—24.

URL, W., (1956): Über Schwermetall-, zumal Kupferresistenz einiger Moose. — *Protoplasma* 46: 768—793.

WILKINS, D.A., (1957): A technique for the measurement of lead-tolerance in plants. — *Nature (Lond.)* 180: 37—38.

WILLERT, D.J.v., (1974): Der Einfluß von NaCl auf die Atmung und Aktivität der Malatdehydrogenase bei einigen Halophyten und Glykophyten. — *Oecologia (Berl.)* 14: 127—137.

Anschrift des Verfassers:

Prof. Dr. W.H.O. ERNST, Biologisch Laboratorium, Afd. Oecologie, Vrije Universiteit, Amsterdam/NL.

Sonderdruck: Verhandlungen der Gesellschaft für Ökologie, Erlangen 1974.

EXPERIMENTELLE UNTERSUCHUNGEN ÜBER DEN NAHRUNGSBEDARF UND DEN JAHRESZYLKUS DER SCHNEE-EULE (NYCTEA SCANDIACA)

V. CESKA

Abstract

Nesting time and food requirements of snowy owls are determined in the Zoo Nürnberg and the results are compared with data from the american tundra region. There is a fair correspondence between the results from the Zoo and the open nature.

Immer wieder wird die Aussagekraft von Laboruntersuchungen an warmblütigen Wirbeltieren für ökologische Aussagen im Freiland bezweifelt. Im folgenden soll über solche Untersuchungen an Schnee-Eulen (*Nyctea scandiaca*) berichtet werden, die im Rahmen eines größeren „Eulen-Programms" am II. Zoologischen Institut Erlangen und im Tiergarten Nürnberg durchgeführt wurden. Hierzu liegen sehr gute Vergleichsdaten aus dem Freiland vor, so daß die Relevanz von Laboruntersuchungen klar zu testen ist. Die Tiere wurden im Zoo Nürnberg in einer Sichtvoliere gehalten und studiert. Durch ein Jahr wurden Mauserfedern gesammelt, Brutzeiten notiert, der Nahrungsbedarf ermittelt. Hinzu kamen Daten von Eulen im II. Zoologischen Institut und aus anderen Tiergärten.

Ich möchte mich hier auf zwei Punkte konzentrieren: 1. Vergleich der Brutzeiten im Freiland und im Zoo. 2. Benötigte Nahrungsmenge.

1. Beim Vergleich der Brutzeiten der Freiland/Zootiere habe ich 3 Kriterien angewandt: a) die 1. Eiablage, b) die Brutdauer, c) das Schlüpfen der Jungen.

a. In Abbildung I wurden die 1. Eiablagen zwischen Uralkauz (*Strix uralensis*), Schnee-Eulen Freiland/Zoo und Uhu (*Bubo bubo*) Freiland/Zoo miteinander verglichen. Beim Uralkauz konnte ich keine Daten über Freilandbruttermine bekommen. Die ersten Eiablagen liegen beim Uhu im Freiland und Zoo vorwiegend im Monat März, bei den Schnee-Eulen Freiland und Zoo im Mai. Daß die Eiablagen bei Uhus so zusammen liegen überrascht wohl niemanden, da die äußeren Bedingungen in Freiland und Zoo fast identisch sind. Anders sind die Verhältnisse bei der Schnee-Eule: auch hier liegen die Bruttermine dicht zusammen, obwohl die geographische Lage der Vergleichsgebiete sehr unterschiedlich ist.

b. Die Brutdauer betrug nach meinen Messungen beim Uhu im Durchschnitt 34 Tage, bei den Schnee-Eulen 32 Tage. Nach Messungen von A. WATSON betrugen die Bruttermine der Freilandschneeulen gleichfalls im Durchschnitt 32 Tage. Auch hier herrscht eine enge Übereinstimmung.

c. Die Jungen schlüpften im Zoo Nürnberg in 2tägigen Intervallen. Nach A. WATSON schlüpften die Schneeulenjungen im Freiland in durchschnittlichen Intervallen von 42 ± 1 Stunden. Aus diesen Vergleichen geht hervor, daß die unterschiedlichen Bedingungen zwischen Freilandtieren und Zootieren die Brutzeiten nicht beeinflußt haben.

2. Nach A. WATSON frißt ein ca. 1000 g schweres Schnee-Eulen-Junges 2,8 Lem-

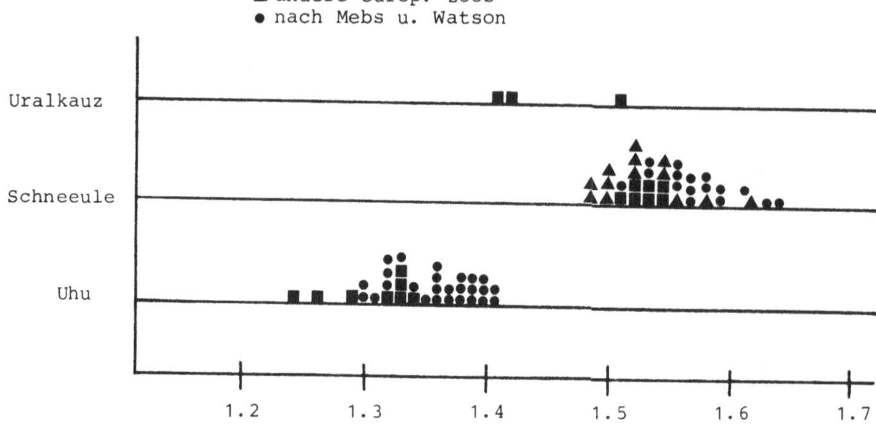

Abb. 1. Bruttermine von europäischen Eulen im Freiland und im Zoo. ■ = Zoo Nürnberg; ▲ = andere Zoos; ● = Freilandbefunde nach MEBS und WATSON.

minge/Tag. Jeder Lemming wiegt etwa 70–80 g. Das sind ca. 20% seines KGW. Nach ca. 25 Tagen erreichen meine Schnee-Eulen-Jungen die 1000 g-Grenze. Zu dieser Zeit fraßen die 5 Jungen ca. 840 g/Tag, das sind ca. 168 g/Tag/ Tier. Das entspricht ca. 17% des KGW/Tag/ Tier. Bei adulten Tieren beobachtete A. WAT-SON im August, daß das Männchen 280 g und das Weibchen 220 g am Tag fraßen. Das ist im Durchschnitt 250 g/Tag/ Tier. Bei meinen adulten Tieren entsprach die Nahrungsmenge zu dieser Zeit dem Jahresdurchschnitt, was der Nahrungsmenge von ca. 225 g/Tag/ Tier entspricht. Die Ergebnisse aus Freiland und Zoo stimmen also erstaunlich gut überein. Das gilt auch für den gesamten Jahreslauf. In Tabelle I werden die Nahrungsmengen der Freiland- und Zootiere miteinander verglichen. Da im Freiland die Bestimmung des Nahrungsbedarfes im Jahreslauf sehr schwierig ist,

Tabelle 1

	Watson (1956)	TGN
Nahrungsaufnahme 1 adultes Tier/Jahr in kg Lebensgew.	600 – 1600 Lemminge Ø 1 Lemm. à 80 g ≙ 55 – 130 kg	2760 Mäuse Ø 1 Maus à 25 g ≙ 69 kg
Nahrungsaufnahme 1 adultes Tier/Tag in g Lebensgew.	geschätzt 150 – 350 g	Ø 219 g
Nahrungsbedarf der Jungen während der Aufzucht in kg Lebensgewicht	1300 Lemminge Ø 1 Lemm. à 80 g ≙ 100 kg (9 Junge)	2360 Mäuse Ø 1 Maus à 25 g ≙ 59 kg (5 Junge)
Nahrungsaufnahme eines Jungen/Tag während der Aufzucht in g Lebensgewicht	160 g ≙ 2 Lemm. à 80 g	132 g ≙ 5,6 Mäuse à 25 g

mußte WATSON zu Schätzungen greifen, was die Nahrungsmenge nur grob angibt. Nach WATSON frißt ein adultes Tier im Freiland zwischen 55 und 130 kg Nahrung/ Jahr. Nach meinen Ergebnissen frißt eine adulte Schnee-Eule im Zoo ca. 69 kg/Jahr. Nach WATSON braucht 1 adultes Tier zwischen 150 und 350 g/Tag, im Zoo im Durchschnitt 219 g/Tag. Der Nahrungsbedarf während der Aufzucht bei reichlichem Futterangebot wird von der Zahl der Jungen bestimmt. 9 Junge im Freiland benötigen nach WATSON ca. 100 kg Nahrung; im Zoo brauchten 5 Junge 59 kg. Nach WATSON frißt ein Junges im Freiland im Durchschnitt ca. 160 g/Tag, im Zoo ca. 132 g. Aus diesen Vergleichen geht hervor, daß eine enge Übereinstimmung zwischen der Nahrungsmenge Freiland-/Labortiere besteht und daß man diese Laborergebnisse für Freiland anwenden kann. Damit wird man aufgrund von Energiebudgets aus dem Labor auf die Bedeutung eines Tieres im Freiland schließen können. Die Arbeiten wurden mit freundlicher Unterstützung durch den Zoo Nürnberg (Dr. M. KRAUS) und durch die Deutsche Forschungsgemeinschaft (Sachbeihilfe an Prof. Dr. REMMERT) durchgeführt.

LITERATUR

MEBS, TH. (1972): Zur Biologie des Uhus (*Bubo bubo*) im nördlichen *Frankenjura. Anz. von Ges. Bayern* 11: 7−25.
WATSON, A., The behaviour, breeding and foodecology of the Snowy owl (*Nyctea scandiaca*), Ibis 99: 419−462.

Anschrift des Verfassers:

V. CESKA, II. Zoologisches Institut der Universität, Erlangen.

Sonderdruck: Verhandlungen der Gesellschaft für Ökologie, Erlangen 1974.

ÜBER DAS AUSMAß DER MEERESVERSCHMUTZUNG

S.A. GERLACH

Abstract

Since six years research on problems of marine pollution has been done in the Federal Republic of Germany, like in other maritime nations. Now one can assess that local damage by industrial wastes or sewage can be prevented by legal, control and water purification activities. Global, however, is the thread by heavy metals and chlorinated hydrocarbons.

Vorspann

Seit sechs Jahren wird in der Bundesrepublik Deutschland — wie in allen maritimen Nationen — über Probleme der Meeresverschmutzung geforscht. Inzwischen läßt sich abschätzen, daß durch gesetzgeberische Maßnahmen, Kontrollen und Abwasser-Reinigung lokale Schäden durch industrielle und häusliche Abwässer verhindert werden können. Weltweit dagegen ist die Gefährdung durch Schwermetalle und chlorierte Kohlenwasserstoffe.

1. Einleitung

Es sind gerade 15 Jahre vergangen seit dem 1. wissenschaftlichen Kongress über Meeresverschmutzung. Er fand 1959 in Berkeley, USA statt; wenn man die Verhandlungen liest, dann wird klar, daß das Problem Meeresverschmutzung, abgesehen von der Ölpest und der radioaktiven Verseuchung durch die Atombombentests, damals erst ganz fern am Horizont sichtbar war: Konkrete Beispiele wurden kaum gebracht.

Es sind nur 8 Jahre vergangen, da waren 1966 vorausschauende Politiker schon so aufgestört, daß sie die Deutsche Forschungsgemeinschaft zur Einrichtung eines Schwerpunktprogramms „Abwässer in Küstennähe" anregten. Zwar fehlte damals noch, wie es Professor SPEER im Zwischenbericht 1973 (CASPERS 1973) über dieses Programm formulierte, „der Rückenwind der öffentlichen Meinung", aber dieser kam in den nächsten Jahren reichlich, und die Massenmedien sind noch heute scharf auf das Thema Meeresverschmutzung.

Ich möchte Rückschau halten über die letzten Jahre, möchte die Problemkreise benennen und den aktuellen Stand ihrer Bewältigung durch Forschung aufzeigen. Nach nur etwa 6 Jahren Forschung auf diesem Gebiet mag das zu früh sein; andererseits ist es erforderlich, schon in Anbetracht der eingesetzten Mittel, immer wieder zu resümieren, um die zukünftigen Arbeiten vernünftig planen zu können. Günstig für eine Zusammenfassung ist auch, daß in den letzten drei Jahren sich vieles bestätigt hat, aber nur wenig grundsätzlich Neues in die Diskussion eingeführt worden ist (GERLACH 1973).

2. Industrielle Meeresverschmutzung

Nachdem man 1964/65 Fisch- und Vogelsterben als Folge von giftigen Abwässern
der Pflanzenschutzmittelfabriken an der dänischen und holländischen Küste
beobachtet hatte und eine Wagenladung Kupfersalz wochenlang als Abwasserfahne
an der holländischen Küste verfolgen konnte, schwand der Irrglaube, die Ver-
dünnungskraft des Meeres werde mit allem fertig. In der Bundesrepublik begann
1966 die Diskussion um die Abwässer der Titandioxid-Fabrikation, um die „Ver-
bringung" von täglich 1.800 t 8-9% Schwefelsäure und 14% Eisensulfat in die
Nordsee; mit Pragmatismus erteilte man damals die Genehmigung, und seit 1969
wird verklappt, Schäden sind nicht bekannt geworden. 1968 erhielten wir Kunde
von der Quecksilberverseuchung von Küstengewässern in der Nähe chemischer
Fabriken, wie bei Minamata in Japan, wo bereits 1956 43 Menschen starben, weil
sie verseuchten Fisch gegessen hatten; auch in der Nähe von Chlor-Alkali-Fabriken
und Papierfabriken in Schweden und Kanada erkannte man Quecksilber-Anreiche-
rungen, doch konnten Maßnahmen ergriffen werden, bevor es zu ernsten Vergiftun-
gen kam. 1970 wurde bekannt, daß jahrelang auch die chemische Industrie der
Bundesrepublik teerige, chlorhaltige Reststoffe in Fässer gefüllt und im Meer
versenkt hatte. Es gelang schließlich skandinavischen Wissenschaftlern, solche Stoffe
in Nordseewasser und in Organismen zu analysieren, und die Öffentlichkeit war
dadurch so beunruhigt, besonders die Fischer, daß im Juli 1971 der Frachter „Stel-
lamaris" gezwungen wurde, nach Rotterdam zurückzulaufen und 600 t Giftfracht
wieder an Land zur Verbrennung zu geben. Erst 1971 wurde das Ausmaß der DDT-
Verseuchung der Küstengewässer vor Los Angeles bekannt, wo zwischen 1953
und 1971 etwa 300 kg DDT täglich als Fabrikationsabwässer eingeleitet wurden;
Ergebnis war, daß bestimmte Fischprodukte verboten wurden, Pelikane und See-
löwen Fortpflanzungsprobleme haben (MAC GREGOR 1974). An bestimmten
Küstenzonen von Guatemala hatten 1970 Meeräschen 36 mg/kg DDT: Baum-
wollfelder waren intensiv mit DDT behandelt worden (KEISER et al. 1974).

Das sind einige Schlaglichter, welche die Entwicklung der letzten Jahre erhellen,
wobei man nicht vergessen soll, daß schon seit Jahrzehnten Ölkatastrophen auftraten, wenn Tanker verunglückten oder auf der Rückreise ihre Bunker reinigten,
oder daß Schiffe Altöl ins Meer pumpten, oder daß man die Tiefsee als legitimen
Lagerplatz für radioaktiven Müll und Kampfstoffe ansah, oder daß Atombombentests die Atmosphäre und über Niederschläge auch das Meer radioaktiv
verseuchten. Die Beispiele eindeutiger Schädigung durch industrielle Meeresverschmutzung sind so klar, daß inzwischen ein ganzes Bündel von Gesetzen und
Abkommen in Arbeit ist, welche in Zukunft ähnliche Katastrophen verhindern
werden: Die IMCO, die Welt-Verkehrsbehörde, hat ihre Bestimmungen über Öltrans-
port auf See verschärft und andere gefährliche Ladungen eingeschlossen.
Die Anliegerstaaten des Nord-Atlantik haben ein Abkommen geschlossen, welches
die Versenkung von Abfällen auf See regelt (**Oslo-Abkommen**). Es ist in Kraft,
nachdem am 6. April 1974 der 7. Vertragsstaat ratifiziert hat. Ein ähnliches
Abkommen von internationaler Geltung (**London-Abkommen**) ist in Arbeit.
Nachdem bereits seit 1967 das Wasserhaushaltsgesetz der Bundesrepublik die
Küstengewässer einschließt, arbeiten gegenwärtig die Staaten der Europäi-
schen Gemeinschaft an einer gemeinsamen Regelung der Abwasser-Einleitung von
Land aus (**Paris-Abkommen**). Schließlich sind die Ostsee-Anliegerstaaten dabei,

für die Ostsee besondere Bestimmungen zu erarbeiten (**Helsinki-Abkommen**). Vielen dieser Verträge sind schwarze Listen angefügt von Stoffen, welche wie Quecksilber, Cadmium und chlorierte Kohlenwasserstoffe gar nicht eingeleitet werden dürfen, und graue Listen von Stoffen, wo von Fall zu Fall über Menge und Ort der Einleitung entschieden werden muß.

Die wissenschaftliche Arbeit an diesem Problemkreis der Meeresverschmutzung kommt damit in etwas weniger aufregende, aber gleichermaßen wichtige Bahnen. Es gilt, die vielen möglichen Schadstoffe zu klassifizieren, eine Sisyphus-Arbeit, die nur deswegen Aussicht auf Erfolg hat, weil es sich nicht um ein nationales Problem handelt, sondern Forscher auf der ganzen Welt Ergebnisse beisteuern.

Für die Grundlagenforschung steht die Verbesserung der Analysenmethoden, der Testarrangements, der Testorganismen im Vordergrund. Wichtig ist auch die Frage, ob in nennenswertem Maße die marinen Organismen empfindlicher sind gegenüber Schadstoffen als Süßwasserorganismen. Dazu kommt die Aufgabe, nach neuen, noch unbekannten Schadstoffen Ausschau zu halten und das Phänomen der Akkumulation zu erforschen.

3. **Häusliche Abwässer**

Häusliche Abwässer im Meer sind vor allem ein Hygiene-Problem; zwar wird vom Meerwasser in bakteriologischer Hinsicht keine Trinkwasserqualität verlangt, aber dort, wo Muschelkulturen angelegt sind, hat man schon seit Jahrzehnten zunehmend strengere Maßstäbe an die Coli-Zahlen gelegt, denn es ist seit langem bekannt, daß Austern pathogene Keime speichern.

Inzwischen wissen wir, daß sich im Zuge des Massentourismus nicht nur an den Mittelmeerstränden die Verhältnisse verschlechtert haben, sondern auch an der Ostsee, daß aber andererseits durch den Bau von Kläranlagen oder die Pasteurisierung der Abwässer die Verhältnisse sich wieder ins Lot bringen lassen, sodaß für die Zukunft Hoffnung besteht.

Die wissenschaftliche Basis des Gewässerstandards jedoch ist nach wie vor dunkel; vor wenigen Jahren noch gab es Wissenschaftler mit der Ansicht, man könne sich beim Baden in stark verschmutztem Meerwasser nicht infizieren; das ist inzwischen nicht mehr haltbar. Welche Coli-Zahlen jedoch bedenklich sind und welche ein Badeverbot provozieren, darüber sind von Nation zu Nation, von Jahr zu Jahr die Meinungen veränderlich. Es hängt das mit unzureichenden Kenntnissen über die bakterizide Wirkung des Meerwassers zusammen. Im übrigen ist Escherichia coli ja nur ein Testorganismus, die eigentlichen Zielgruppen dagegen sind pathogene Bakterien und Viren, deren Bearbeitung außerhalb der Möglichkeiten der Meeresbakteriologie liegt. Eine Forschungslücke klafft, denn erst jetzt beginnen medizinische Hygieniker und Meeresbiologen in größerem Umfang zusammenzuarbeiten.

Die organische Fracht häuslicher Abwässer wird im Meerwasser ähnlich wirkungsvoll aerob abgebaut wie im Süßwasser. Unter echt marinen Bedingungen ist der Verdünnungseffekt auch so groß, daß es kaum zu Sauerstoffschwund kommt, sodaß am Meeresboden allenfalls unmittelbar um die Einleitungsstelle Faulschlamm sich ablagert. In den Förden und Flußmündungsgebieten jedoch sind die Verhältnisse lokal ungünstiger, vergleichbar Binnengewässern. Am Beispiel der Weser läßt sich zeigen, daß gerade unterhalb der Brackwassergrenze naturgegeben ein hoher Anfall

an absterbender organischer Substanz erfolgt. Wenn zusätzlich vom Menschen organische abbaufähige Abwässer eingeleitet werden, wie es von Bremerhaven geschieht,
dann wird im Sommer der Sauerstoffgehalt regelmäßig unter 4 mg/l, also gefährlich
gesenkt. Daß es zu anoxischen Bedingungen kommen kann, lehren englische
Ästuare; die Themse ist aber zugleich ein Beispiel, daß Kläranlagen den Strom wieder in Ordnung bringen.

Die Eutrophierung der Küstengewässer und Randmeere durch die Fracht der
Flüsse wird gegenwärtig von den Meeresbiologen mit Aufmerksamkeit verfolgt,
ohne daß hinreichend Material vorläge, welches Konsequenzen erzwingen würde.
Die Meere in ihrer Gesamtheit sind oligotroph: das lehrt der Blick auf eine Karte
der Welt-Meeresproduktion. In den Weiten der tropisch warmen Meere verfügt die
lichtdurchflutete Deckschicht warmen Oberflächenwassers, die allein produktiv sein
könnte, nicht über hinreichend Nährstoffe, um üppiges Pflanzenwachstum zu erzeu-
gen. Die Küstenregionen und Flachmeerregionen jedoch sind eutroph durch den
Kontakt mit dem Sediment und durch die Zulieferung von Nährstoffen aus den
Flüssen. Schätzungen besagen, daß 1/7 der Phosphatlieferung in die Nordsee aus
den Flüssen und damit z. T. aus Abwasser stammt. Ob sich das aber in veränderten
Lebensbedingungen für das Phytoplankton auswirkt, ist noch offen. Vor der holländischen Küste soll es jetzt mehr Phytoplankton geben als früher, der Phosphathaus-
halt ist durcheinandergekommen, Silizium stellt jetzt den Minimumfaktor dar,
meldet Herr Professor POSTMA aus Texel. Wenn er großräumig recht hat, ist das
alarmierend. Umstritten ist auch noch die Ansicht, das Auftreten giftiger Peridi-
neen, also von Red Tides in der Nordsee sei Ausdruck geänderter Lebensbedingungen im Zuge der Eutrophierung.

In einigen Jahren wird man mehr darüber wissen, und dann wird auch die Frage
entschieden sein, ob die anthropogen bedingte Eutrophierung, welche unbestritten
vorhanden ist, nennenswert dazu beiträgt, die Sauerstoffzehrung im Tiefenwasser
der Ostsee zu vergrößern. Tatsache ist, daß immer häufiger anoxische Verhältnisse
dort auftreten und Schwefelwasserstoffzonen entstehen. Es kann aber auch sein, daß
überwiegend klimabedingt eine Verschlechterung des Einstroms von sauerstoffrei-
chem Wasser aus dem Skagerrak in die Ostsee stattfindet, sodaß weniger Sauerstoff
in die Tiefen der Ostsee gelangt, ohne daß der Mensch einen nennenswerten Einfluß
hätte. Was aber bedeutet „nennenswert"? Darüber wird in den kommenden Jahren
in internationaler Zusammenarbeit geforscht.

4. Globale Meeresverschmutzung

Als 1968 erste Meldungen über DDT in Pinguinen und Robben der Antarktis, Tau-
sende von Kilometern von jedem Feld, jedem Obstgarten entfernt bekannt wurden,
waren die Experten ratlos. Heute hat sich bestätigt, daß DDT weltweit verbreitet
ist, in einem Maße, daß man zu Recht sagen kann, es gibt keinen Organismus, weder
an den Polen noch in der Tiefsee, wo der Analytiker mit seinen modernen Methoden diesen Stoff nicht nachweisen könnte; es ist inzwischen auch bekannt, daß die
weltweite Verbreitung über die Atmosphäre erfolgt.

DDT steht dabei nur als Sinnbild für eine Reihe weiterer chlorierter Kohlenwasserstoffe, die teils als Pflanzenschutzmittel, teils, wie PCB, als vielseitiger industriel-
ler Stoff Verwendung finden. Sie sind widerstandsfähig gegen Veränderung und

Abbau und sammeln sich in den Ökosystemen der Erde an.

Die Tatsache, daß es dem Menschen gelang, in 30 Jahren mit 2 Mio t DDT den Planeten Erde total zu verseuchen, ist bestürzend. Nur wenig beruhigt es mich, daß die Mengen, welche sich beispielsweise im Speisefisch aus Nordsee und Nordatlantik finden, nach dem heutigen Stand der Wissenschaft gesundheitlich unschädlich für den Menschen sind.

Allein auf der Nordhalbkugel werden jährlich 350.000 t Blei mit den Auspuffgasen der Kraftfahrzeuge in die Luft entlassen. Blei ist möglicherweise nicht nur in solchen Schichten des grönländischen Gletschereises stärker konzentriert, die nach 1940 als Schnee fielen (CARR & WILKNESS 1973), sondern auch im Oberflächenwasser von Nordatlantik, Mittelmeer und Nordpazifik. Aber Blei ist ein recht flüchtiges Element und gegenwärtig noch nicht einwandfrei quantitativ im Meerwasser zu analysieren, wie kürzlich Ringuntersuchungen verschiedener Labors ergaben (Anon. 1974); so läßt sich noch nicht mit Sicherheit der Verdacht erhärten, das Wasser der Ozeane würde anthropogen bedingt von Jahr zu Jahr höhere Bleikonzentrationen erhalten.

Wie es weltweit mit anderen Schwermetallen steht, muß auch noch erforscht werden. Cadmium, Selen, Antimon, Wismut und andere sind verdächtig, und natürlich auch Quecksilber, welches von sich reden macht, weil ganz regelmäßig das Fleisch von Thunfisch und Schwertfisch, von Haien, Robben und Walen mehr als 0,5 mg/kg enthält, also mehr, als nach dem Standard vieler Nationen in Fischwaren zulässig ist. Es ist jedoch nicht möglich, hier mit Überzeugung von anthropogen bewirkter Umweltverschmutzung zu reden, wenn es auch sicher ist, daß ein beträchtlicher Teil der jährlich auf der Welt geförderten 9.000 t Quecksilber in die Umwelt, damit in die Ozeane gelangt. Aber diese Menge erscheint gering gegenüber den Wassermassen der Ozeane, und mischte man alles seit 70 Jahren in Bergwerken gewonnene Quecksilber mit dem Wasser der Ozeane, dann würde dort die Quecksilber-Konzentration gerade um 1% ansteigen (PETERSON et al. 1973). Es ist noch eine offene Frage, ob durch Kohle- und Ölverbrennung, durch Verhüttung von Erz und durch Brennen von Zement soviel Quecksilber freigesetzt wird, daß eine spürbare Anreicherung im Ozeanwasser erfolgen kann. Wahrscheinlich ist, daß der Quecksilbergehalt in großen, langlebigen Organismen auch ohne menschliche Aktivität so hoch ist, weil Quecksilber allgegenwärtig ist und akkumuliert wird.

Auch hier sind Meßprobleme ausschlaggebend, wird doch bestritten, daß die Bestimmung des Quecksilbergehalts von Museumsfischen, welche vor 80 Jahren gefangen wurden, relevante Werte ergibt (VENRICK et al. 1973), weil das flüchtige Quecksilber teils in der Konservierungsflüssigkeit vagabundiert, teils aus Metalletiketten herauskommen kann. Etwas mit Fragezeichen sind also Angaben zu lesen, wonach Thunfisch vor 80 Jahren genausoviel Quecksilber enthielt wie heute, wenn das auch durchaus stimmen kann.

Die Probleme der globalen Meeresverschmutzung, die ich hier nur andeuten kann, sind Probleme der Forschung, sie fordern die Phantasie des Forschers heraus, neue Gesichtspunkte zu entdecken und zu verfolgen. Organisieren kann man hier nur wenig, allenfalls weltweite Meßprogramme, um die Schadstoffbelastung in den verschiedenen Regionen dieses Planeten zu vergleichen, und Dauermeßprogramme, welche über Jahrzehnte hinweg Analysen und Bestandsaufnahmen garantieren, damit auch schleichende Veränderungen aufgespürt werden können.

5. Folgerungen

Als Fazit dieser Übersicht möchte ich die Hoffnung äußern, daß die regionalen
Probleme der Meeresverschmutzung durch industrielle und häusliche Abwässer
regional gelöst werden können, und daß die zahlreichen Abkommen wirkungsvoll
sind.

Sollte Eutrophierung eine Gefahr darstellen, lassen sich ja auch Phosphate in
Kläranlagen zurückhalten. Auf lange Sicht bedrohlich sind die Aspekte der globalen
Meeresverschmutzung, weil ihre Ursachen nur durch weltweite Umstellung von
industriellen Verfahren zu ändern sind, und weil Maßnahmen sich erst nach Jahrzehnten auswirken. Hier ist noch keine internationale Konvention abzusehen. Die
Meeresforschung ist aufgerufen, weitere Befunde zu erbringen, damit die Bedeutung
der globalen Meeresverschmutzung richtig erkannt wird und Gegenmaßnahmen
durchgesetzt werden können.

Für Quecksilber wäre jede Erhöhung der natürlichen Konzentrationen kritisch,
denn wir wissen nicht, ob wir Menschen uns wie die Robben an Quecksilber ge-
wöhnen können. Ausschließlich fischfressende Seevögel und Seesäuger weisen
Quecksilbergehalte in ihrem Körper auf, welche eigentlich jenseits der Toxizitäts-
grenze liegen müßten. Vielleicht wird die Giftwirkung des Quecksilbers durch Selen
kompensiert. Schon eine Verdoppelung des Quecksilbergehaltes im Seewasser würde einen Teil der Küstenfische ungenießbar machen, und würde auch eventuell
empfindliche Organismen im Meer direkt schädigen. Quecksilber ist eben auch in
den geringsten Mengen, wie sie sich allgegenwärtig in der Natur finden, ein Gift
(Tabelle 1.)

Tabelle 1.   Quecksilbergehalt bezogen auf Feuchtgewicht

Hochsee-Speisefisch	unter 0.05 mg/kg
Küsten-Speisefisch	0.1 − 0.2
Thunfisch	0.1 − 1.0
Hochsee-Robben	3 − 19
Küstenrobben	60 − 700
Seevögel	50 − 500
Toleranzgrenze für den Gehalt in Speisefisch	0.5

Quecksilbergehalt des Meerwassers 0.03 μg/L
Toxität eventuell nachweisbar bei 0.1 − 0.2 μg/L

Über Blei wissen wir noch zu wenig, eine Verdoppelung der Werte im Seewasser
könnten wir uns vielleicht erlauben, weil Seefisch nur unwesentlich zur Bleibe-
lastung des Menschen beiträgt, und weil die Toxizität dieses Elements für Wasser-
tiere, gemessen an Quecksilber, gering ist.

Tabelle 2.   DDT (und Metaboliten) bezogen auf Feuchtgewicht

Hochsee-Speisefisch	unter 0.1 mg/kg
Küsten-Speisefisch	unter 0.5 mg/kg
Toleranzgrenze (BRD)	
Aal, Lachs, Stör	3.5 mg/kg
sonstige Speisefische	2.0 mg/kg
Dorschleber Nordsee	1-3 mg/kg
Ostsee teilweise über	15 mg/kg
Toleranzgrenze (BRD) Fischleber	5 mg/kg

Bei DDT sind wir gegenwärtig noch um einen Faktor 4-10 von der Grenze entfernt, wo Speisefische ungenießbar werden (Tabelle 2). Es darf aber nicht übersehen werden, daß Seevögel und Seesäuger schon bedroht sind, wenn Sie sich mit Fischen von 0,1-1 mg/kg DDT-Gehalt ernähren. Seevogeleier haben dann 25 mg/kg DDT und werden dünnschalig, Robben neigen wahrscheinlich zu Frühgeburten. Falls es nicht gelingt, den Eintrag von chloriertem Kohlenwasserstoff in das Meer drastisch zu stoppen, werden wir durch das Aussterben der fischfressenden Seevögel und Seesäuger ein Warnzeichen gesetzt bekommen. PCB ist an dieser Bedrohung beteiligt; vielfach ist seine Konzentration höher als die des DDT.

Wie weit der Mensch es inzwischen auf einem anderen, harmloseren Sektor mit der globalen Meeresverschmutzung gebracht hat, zeigten Wissenschaftler eines US-Forschungsschiffes, welches im Nord-Pazifik außerhalb aller Schiffahrtswege fuhr. Sie notierten 8 Stunden lang alles, was sie auf der Wasseroberfläche sahen: 22 Plastikfragmente, 12 Fischerkugeln, 6 Plastikflaschen, 4 Glasflaschen, 3 Papierstücke, 1 Tau, 1 Ballon, 1 bearbeitetes Holz, 1 Schuhbürste, 1 linke Sandale und 1 Kaffekanne (VENRICK et al. 1973). Auf 2 km^2 kommt eine Plastikflasche, für den Nordpazifik insgesamt wären das 35 Millionen Plastikflaschen. Da die Jahresweltproduktion 5.000 Mio Stück sein soll, ist das glaubhaft.

Summary

Considerations regarding contemporary marine pollution

After six years of marine pollution research in the Federal Republic of Germany, a review is provided on the actual situation of problems and their control. It is well known that pollution from industrial sources can be dangerous for the seas, but it is hoped that by legislation and control future damages can be avoided; there are several multilateral or international conventions at present in all stages of negotiations. Damage resulting from domestic sewage can, as in freshwater, be reduced by waste water treatment, up to the elimination of phosphates. It is still an open scientific question to what extend eutrophication of coastal areas in the Federal Republic of Germany means any danger. The world wide, global marine pollution, however, has not been diminished by legal or controll measures during the past years. It can be guessed that contamination with DDT differs by the factor of 4-20 from concentrations which would be dangerous; marine birds and mammals may be threatened by the present concentrations. Mercury, in spite of spectacular casualties at local industrial marine pollution, — obviously is not a global marine pollution problem. One should realize, however, that any increase in mercury concentrations will give rise to damages, and one can suppose that even the inevitable natural concentration of this element in the biosphere has toxic effects.

LITERATUR

ANON. (1974): Meeting report interlaboratory lead analyses of standardized samples of sea water. *Mar. Chemistry* 2: 69–74

CARR, R.A. & P.E. WILKNISS (1973): Mercury in the Greenland ice sheet: further data. *Science* 81: 843–844

CASPERS, H. (1973): Forschungsbericht Litoralforschung — Abwässer in Küstennähe. Deutsche Forschungsgemeinschaft, Harald Boldt-Verlag Boppard: 93 S.

GERLACH, S.A. (1973): Das Meer in Gefahr. In: ILLIES, J. und W. KLAUSEWITZ (Herausg.) Unsere Umwelt als Lebensraum. Grzimeks Tierleben, Sonderband Ökologie, Kindler Verlag Zürich: 596—618.

GIBBS, R.H. et al. (1974): Heavy metal concentrations in museum fish specimens: effects of preservation and time. *Science* 184: 475—477

GRASSHOFF, K. (1974): Wie krank ist die Ostsee wirklich? *Schriftenreihe Schlesw.-Holsteinischen Fischwirtschaft* 13: 29—92

KEISER, R.K. et al. (1974): Pesticide levels in estuarine and marine fish and invertebrates from the Guatemalan Pacific coast. *Bull. Mar. Sc.* 23: 905—924.

MAC GREGOR. J.S. (1974): Changes in the amount and proportions of DDT and its metabolites DDE and DDD, in the marine environments off Southern California, 1949—1972. *Fishery Bull.* 72: 275—293

VENRICK, E.L. et al. (1973): Man-made objects on the surface of the central North Pacific Ocean. *Nature* 241: 271

Anschrift des Verfassers:

Prof. Dr. SEBASTIAN GERLACH, Marinbiological Laboratory, DK 3000 Helsingør, Dänemark.

Sonderdruck: Verhandlungen der Gesellschaft für Ökologie, Erlangen 1974.

GEOÖKOLOGIE – ZIELSETZUNG, METHODEN UND BEISPIELE

H.-J. KLINK

Abstract

Geoecology means the investigation of life as it is bound up in the flow of matter and energy in the different zones of the earth. The central interest of 'Geo-Ecology' lies in the abiotic bases of life: the ecologically significant influences of geological substrata, relief, soils, soil water balance and climate. Life communities are examined above all with regard to their properties as indicators of the varying quality of landscape regions. Finally geoecological questions are presented by means of examples from the central European Alpine foreland (sub-Alpine zone) and the Mexican highlands.

Das Wort „Geoökologie" wurde von CARL TROLL (1968 und 1970) eingeführt, nachdem er 1939 in einem sehr bekannt gewordenen Aufsatz über „Luftbildplan und ökologische Bodenforschung" den Begriff „**Landschaftsökologie**" geprägt hatte. TROLL leitete diesen Begriff aus der geographischen Luftbildforschung in tropischen Naturlandschaften her und verstand darunter eine synoptische Betrachtungsweise der natürlichen Gegebenheiten eines Landschaftsraumes: Relief, Gesteine, Böden, Grund-, Boden- und Oberflächenwasser, Klima, Vegetation und Tierwelt. So wie das Luftbild die Bestandteile eines Landschaftsraumes in ihren Verflechtungen darbietet, so sollte der Geograph die verschiedenen Komponenten und Kräfte zusammenschauend erforschen und deuten. Aus Gründen der leichteren Übersetzbarkeit in fremde Sprachen wurde der Begriff Landschaftsökologie später in **Geoökologie** abgewandelt (englisch Geoecology, C. TROLL 1968; 1970; 1971) und fand so Eingang in die internationale wissenschaftliche Terminologie.

Selten hat sich ein wissenschaftlicher Begriff so rasch eingebürgert und verbreitet wie der Begriff **Geoökologie**. Ja, ähnlich wie beim Wort „Ökologie" besteht gegenwärtig die Gefahr eines vorschnellen Verbrauchs durch allzu häufige und nach Sinn und Inhalt unsachgemäße Verwendung. In den letzten Jahren ist eine ganze Reihe von Lehrstühlen mit Schwerpunkt Geoökologie im Rahmen des Faches Geographie eingerichtet worden und selbst in den Geographielehrplänen der Höheren Schulen hat die Geoökologie Eingang gefunden. Man kann sich jedoch bisweilen dem Eindruck nicht entziehen, daß Geoökologie heute teilweise für herkömmliche Inhalte der physischen Geographie, wie Geomorphologie, Klimatologie und Hydrologie gesetzt wird. Vor Vertretern von Bio-Wissenschaften braucht jedoch kaum betont zu werden, daß eine Behandlung von Verwitterungs- und Abtragungsprozessen, von thermischen und hygrischen Fragen nach Sinn und Inhalt noch keine Ökologie ist. Dies hatten wohl auch SCHMITHÜSEN & NETZEL (1962) im Auge, wenn sie darauf hinweisen, daß die geosphärische Substanz ihrem Wesen nach „synergisch" gestaltet ist. D.h. auch in ihren Teilkomplexen bildet sie Wirkungsgefüge. Aber ein Wirkungsgefüge im anorganischen Bereich ist noch kein ökologisches.

Geoökologie ist die Wissenschaft von den Wechselbeziehungen zwischen dem

Leben und den Gegebenheiten seiner räumlichen Umwelt. Sie ist die Ökologie der Landschaftsräume verschiedener Dimensionsstufen; ihr Untersuchungsgegenstand sind die Ökosysteme von Ökotop über die Landschaftsräume verschiedener Größenordnung, die vor allem klimatisch geprägten Landschaftszonen bis hin zur Erde als Ganzer. Die räumliche Ausdehnung der Geo-Ökosysteme und die vielfältigen Zusammenhänge innerhalb der Geosphäre bringen es mit sich, daß Geoökologie zumeist substantiell umfassender ist als spezielle Pflanzen- und Tier-Ökologie. Das führt jedoch nicht daran vorbei, daß auch in der Geoökologie das Leben den Bezug zu bilden hat. Wir können demgemäß formulieren: Forschungsgegenstand der Geoökologie ist das Leben in seiner Einbindung in die Stoff- und Energieflüsse der verschiedenen Erdträume.

Die Erforschung des Stoff- und Energiehaushaltes geographischer Räume wird auf drei Ebenen vorgenommen: 1. Auf der Ebene der Beziehungen und Integrationsschritte der Physiosysteme, die durch physikalisch-chemische Prozesse bestimmt werden und für die der Vegetation vielfältige Indikatoreigenschaften zukommen. Die kleinste Darstellungseinheit bildet der Physiotop. 2. Auf der Ebene der Ökosysteme, deren Integration sich durch ökophysiologische Prozesse vollzieht. Die Ökosysteme erfahren durch das Eingehen von Fremdmetaboliten aus der Tätigkeit des Menschen eine zunehmende Komplizierung. Die kleinste Darstellungseinheit dieser geoökologischen Forschungsebene bildet der Ökotop. 3. Auf der Ebene der gesamten regionalen Struktur in den Kulturlandschaften. Hier treten über die beiden zuerstgenannten hinaus und sich mit ihnen teilweise auseinandersetzend, die gestaltenden Kräfte des Menschen und der menschlichen Gesellschaften in den Vordergrund.

Strittig ist, ob die Aktivität des Menschen in den Kulturlandschaften mit in das Untersuchungsfeld der Geoökologie einbezogen werden soll oder nicht. Da die reinen Naturökosysteme auf der Erde jedoch im Schwinden begriffen sind und sich der Ökologe zunehmend mit Ökosystemen auseinanderzusetzen hat, die durch den Menschen beeinflußt sind, — ja seine Aufgabe heute vielfach geradezu darin besteht, die schädigenden Einflüsse des Menschen aufzuzeigen — ist der Mensch meines Erachtens in das Konzept der Geoökologie aufzunehmen. Nur so läßt sich den realen Verhältnissen in den sich ständig ausweitenden Kulturlandschaften gerecht werden und lassen sich praktikable Lösungsvorschläge für Raumplanung und Entwicklungshilfe-Projekte unterbreiten. Die Erde befindet sich heute leider nicht mehr — und das gilt auch und insbesondere für viele der sog. Entwicklungsländer — in einem naturökologischen Gleichgewicht. Es ist aber eine brennend wichtige Aufgabe der Geoökologie zur Entwicklung funktionsfähiger ökologischer Regelkreise in neu entstehenden oder infolge des wachsenden Bevölkerungsdruckes immer stärker belasteten Agrarlandschaften oder in gemischt agrar- und industriewirtschaftlich genutzten Räumen beizutragen. Daß solche Aufgaben mit Erfolg in Angriff genommen werden können, zeigt etwa das Saarprojekt des Geographischen Institutes der Universität des Saarlandes.

Die analytische Erforschung des Geo-Ökokomplexes hat bei den Komponenten einzusetzen, die an seinem Wirkungssystem beteiligt sind. Entsprechend werden geologische, bodenkundliche, geomorphologische, klimatologische, pflanzen- und tierökologische sowie humanökologische Untersuchungen vorgenommen. Die hierzu nötige Methodenvielfalt macht die Geoökologie zu einem weiten Feld interdisziplinärer Zusammenarbeit. Entscheidend ist, daß die analytische Untersuchung sich mit den jeweiligen geoökologischen Hauptmerkmalen beschäftigt, die einerseits eine Art integraler Aussagefähigkeit über das jeweilige Geosystem besitzen und andererseits auch die Schwächeglieder des Systems enthalten. Solche geoökologischen Schlüsselkriterien sind Boden, Bodenwasserhaushalt, thermisches und hygrisches Klimaregime sowie die natürliche Pflanzendecke und Tierwelt, der wichtige Indikatoreigenschaften für die Vorhergenannten zukommen. Geoökologie ist stets Systemforschung. Die Systeme aber haben regionalspezifische Wirkungsweisen, d.h. die in ihnen enthaltenen Parameter ändern sich von Ort zu Ort. Auf keinen Fall genügt es geologische Karten, Boden- und Klimakarten aufeinanderzulegen und daraus verallgemeinernde ökologische Schlüsse zu ziehen. Dies gilt auch für mittlere und kleine Kartenmaßstäbe. Zwar erfordert die Darstellung im kleinen Maßstab ein Zurückgehen auf typische, vereinfachte Systemzusammenhänge, wie sie zwischen Klima und Bodenentwicklung bzw. zwischen Klima und Vegetation bestehen, wobei regional wirksame Einflüsse, die sich in kleinräumigen Verteilungsmustern äußern, vernachlässigt werden. Jedoch bleibt auch hierbei der für typisch gehaltene Systemzusammenhang im einzelnen zu erweisen. — Welche Fragestellungen im Rahmen der erdwissenschaftlichen Teildisziplinen sind geoökologisch erheblich?

Die **Geologie** gibt Aufschluß über die Gesteine als Ausgangsmaterialien für die Bodenbildung sowie über die hydrogeologischen Eigenschaften des Untergrundes. Die wichtigen ökologischen Größen Nährstoff- und Wasserversorgung hängen im hohen Maße vom Ausgangsgestein und der Beschaffenheit des Untergrundes ab. Außerdem spielt die Gesteinsoberfläche eine wichtige Rolle beim Strahlungsumsatz.

Die **Geomorphologie** steht im Rahmen der Geoökologie niemals isoliert, sondern das Relief und seine Genese werden in Verbindung mit bodenkundlichen, hydrologischen, geländeklimatologischen und geobiologischen Fragestellungen untersucht. Die Erforschung der Reliefentwicklung dient dabei zur Beurteilung des aktuellen Wirkungsgefüges. So haben vorzeitliche Bildungen wie Solifluktionsschuttdecken oder überwachsene Blockhalden über dichtem Gestein, die insbesondere in Mittelgebirgen aber auch im Hochgebirge immer wieder vorkommen, Bedeutung als Substrat für die Bodenbildung sowie als Stau- und Bewegungsraum des Bodenwassers. Sie ermöglichen vielfach erst tiefergründige Bodenbildungen. Befindet sich der Schutt auch gegenwärtig in langsamer hangabwärts gerichteter Bewegung (Schuttgekriech), so übt er eine unmittelbare mechanische Wirkung auf die Vegetation aus. Bekannt ist der Säbelwuchs auf derartigen Standorten.

Materialbeschaffenheit (hauptsächlich Bodenart, Bodengefüge) und Geländeneigung haben Einfluß auf die Wasserbewegung im Boden sowie auf den Wasser-Luft-Haushalt. Auch Nährstoffabfuhr und -zufuhr an einem Vegetationsstandort hängen damit zusammen (Verarmungs- und Anreicherungsstandorte). Materialverlagerung am Hang bewirkt ferner die Bildung von Bodencatenen, denen sich auf Grund der unterschiedlichen Wasser- und Nährstoff-Versorgung „ökologische Catenen'' zuordnen.

Abtragungsprozesse, die zur Bildung von Erosionsformen auf der einen Seite und Akkumulationsformen auf der anderen Seite führen, haben große Bedeutung für den Nährstoffhaushalt und die Wasserkapazität der Böden. Ein bekanntes Beispiel ist die Bildung der Auenlehmdecken auf den spät- und postglazialen Schotterfluren unserer Flüsse, die die hohe Bodenfruchtbarkeit und intensive Nutzungsfähigkeit der Talauen erst ermöglicht haben. Andererseits ist im Berg- und Hügelland durch die Abtragung der Lößdecken eine Minderung der Bodenqualität zu verzeichnen.

Reliefform, Hangneigung, Exposition, Gesteins- und Bodenfarbe sowie Bodenfeuchte und Bewuchs nehmen Einfluß auf Besonnung und Strahlungsumsatz; sie
tragen damit zur Ausbildung von Geländeklimaten bei. Außerdem vollziehen sich
die Abkühlung bei fehlender Einstrahlung und der Austausch zwischen benachbarten Luftkörpern in Anlehnung an das Relief. Das ist vor allem für Stadtklimate von
Wichtigkeit und muß bei Städten in inversionsbegünstigten Kessellagen bei der
Bauleitplanung berücksichtigt werden, wenn nicht mit dem rapiden Städtewachs-
tum in manchen Städten bei bestimmten Wetterlagen vollends unerträgliche Bedingungen geschaffen werden sollen.

Die **Hydrologie** hat Fragen der Wasserbereitstellung und des Bodenwasserhaus-
haltes zu beantworten. Ökologische Bedeutung haben sowohl Grund- und Quellwas-
ser als auch die herrschenden Bodenfeuchteregime. Das Bodenfeuchteregime gehört
zusammen mit den klimatischen Parametern Temperatur und Niederschlag, Boden
und Lebensgemeinschaft zu den ökologischen Hauptmerkmalen eines Erdraumes.
Auf die physiologische Bedeutung des Wassers braucht an dieser Stelle nicht weiter
eingegangen zu werden.

Die Klassifizierung der Wasserhaushalte kann nach folgenden Gesichtspunkten
vorgenommen werden: nach dem Filtergerüst in grob-, mittel- und feinporig, wovon
u.a. das Wasserhaltevermögen des Bodens abhängt, nach Grund-, Sicker-, Hang- und
Stauwasser sowie nach der ökologisch wichtigen Variabilität des Wasserhaushaltes
im Jahresgang. Sie äußert sich in der Spannweite der Feuchteschwankungen zwischen Trocken- und Vernässungsperioden. Ökologisch von großer Wichtigkeit ist
außerdem der Mineralgehalt des Wassers. Stark salzhaltige Wässer schließlich führen
zu einer Besiedlung der von ihnen beeinflußten Standorte durch eine spezielle Halo-
phytenvegetation.

Das **Klima**, speziell das Meso- und Mikroklima, ist von großer Bedeutung für die
Geoökologie. Strahlung, Temperatur und Feuchte sind physiologisch direkt wirksame Faktoren. Der Wasserumsatz wird in starkem Maße durch den Wind beeinflußt, der überdies mechanisch auf das Leben einwirkt (Windschur, Winddeforma-
tionen usw). Zu den geoökologischen Kenndaten einer Örtlichkeit gehören deshalb:
der theoretisch mögliche und der tatsächliche Strahlungsgenuß, Temperaturwerte
für den Tages- und Jahresgang (Maxima und Minima), eine Bewertung der Frostge-
fährdung, Niederschlags- und Verdunstungswerte sowie eine Darstellung der Wind-
verhältnisse. Es sei angemerkt, daß die amtlich bisher verfügbaren Wetter- und
Klimadaten ökologisch oft wenig aussagekräftig sind. Weiterführend wären Betrachtungen der Energieumsätze, die in der Untersuchungsmethodik jedoch noch gewisse
Schwierigkeiten bereiten.

Umsatzbetrachtungen wären sowohl für die Strahlungsenergie, das Wasser und —
über den hydro-meteorologischen Bereich hinaus — für den Umsatz anorganischer
Substanzen in gelöstem und gasförmigen Zustand, den Umsatz organischer Substanz
sowie den Stoff- und Energieumsatz bei biologischen Prozessen insgesamt von
Bedeutung.

Im Hinblick auf die **Geomedizin** wird eine Kenntnis des Klimas und seiner Elemente in bebauten Gebieten, insbesondere städtischen Verdichtungsräumen, zunehmend wichtiger. Sie erfordert eine Statistik der Wetterlagenhäufigkeit, Aufschluß
über die Strahlungsverhältnisse, Temperaturen, Inversions-, Nebel- und Schwülebil-
dungen, denn hier bestehen wichtige Verbindungen zur möglichen Immissionsbelas-
der Luft. Weiterhin bedeutungsvoll für Verdichtungsräume im reliefierten Gelände ist

die Erforschung der Zugbahnen des nächtlichen Luftaustausches bei fehlender vertikaler Durchmischung der Atmosphäre. Stadtklimaforschung und die Auswirkung stadtklimatischer Eigenheiten auf den Menschen sind heute wichtige Aufgabenstellungen der Geoökologie.

Ähnlich wie das Wasser unterliegt auch die Atmosphäre in weiten Bereichen der Erde einer zunehmenden Beeinflussung durch Fremdmetabolite aus der Tätigkeit des Menschen. Da sie auf das Leben schädliche Auswirkungen haben, muß sich die Geoökologie mit ihnen beschäftigen.

Der **Boden** ist ein besonders wichtiger und zentraler geoökologischer Faktor. Alle stofflichen Umwandlungen an der Erdoberfläche gehen bekanntlich über die Bodendecke vor sich. Außerdem bildet der Boden die dünne das gesamte festländische Leben tragende Schicht. Er ist innerhalb des Landschaftshaushaltes ein stark integrierender Bestandteil und damit ein geeignetes Schlüsselkriterium. Als Ergebnis klimagesteuerter Verwitterungs- und Stoffumwandlungs-Prozesse an der Erdoberfläche bringt er sowohl petrische, als auch klimatische und biologische Einflüsse sowie Einflüsse des Menschen zur Geltung. Ökologisch von besonderer Bedeutung ist der Wasser- und Nährstoff-Haushalt des Bodens. Der Wasserhaushalt steht in enger Beziehung zu den hygro-thermischen Klimaverhältnissen, ist vom Untergrund, vom Relief und von der Vegetationsdecke abhängig und wird außerdem von bodeneigenen Faktoren (Bodenart, Humusform, Porenvolumen, Bodengefüge, u.a.) gesteuert. Der Nährstoffhaushalt ist nicht nur eine Frage des Mineralbestandes im Ausgangsgestein sondern auch der sorptionsfähigen Verwitterungsneubildungen (sekundäre Tonminerale und Huminstoffe).

Speziell die Bildung der Tonminerale wiederum ist hochgradig klimaabhängig, worin eine komplizierte geoökologische Relation zu sehen ist. Diese knappen Ausführungen mögen die zentrale Stellung des Bodens im geoökologischen Faktorengefüge angedeutet haben.

Die hier anzuwendenden Untersuchungsmethoden sind bodenkundliche und werden im Rahmen interdisziplinärer Forschungsprojekte, wie dem Mexiko-Schwerpunkt der Deutschen Forschungsgemeinschaft, zweckmäßig von Bodenkundlern durchgeführt.

Darüber hinaus gibt es immer wieder mit den Besonderheiten des Raumes zusammenhängende bodenkundliche Fragestellungen von großer geoökologischer Relevanz. So trifft man im zentralen Hochland von Mexiko verbreitet auf Bodenprofile, die eine allochthone humusreiche Deckschicht aufweisen. Diese Deckschicht ist das Ergebnis von Staubstürmen, insbesondere Tromben, die in den Trockenperioden regelmäßig auftreten. Die Bildung der Tromben ist durch die vom Menschen im Laufe der Jahrtausende herbeigeführte Entwaldung erheblich gefördert worden. Die Deckschicht kann Mächtigkeiten bis zu ½ m erreichen und verbessert im allgemeinen die Böden. In ausgesprochenen Deflationsgebieten hingegen ist eine starke Minderung der Bodenqualität zu verzeichnen.

Die **Lebensgemeinschaft** aus Pflanzen und Tieren unterliegt den bekannten soziologischen und ökologischen Untersuchungsmethoden. Auf die vielfältigen Indikatoreigenschaften der Pflanzen und Tiere für die Physiosysteme wurde wiederholt hingewiesen. Entscheidend erscheint, daß zunehmend mehr Zusammenhänge und Gesetzmäßigkeiten zwischen dem physiologischen Verhalten von Pflanzen und Tieren und den herrschenden Außenbedingungen erkannt werden. Vielfach lassen sich Zusammenhänge zwischen bestimmten Außenbedingungen zwar vermuten, aber der exakte Nachweis fehlt. Hier wäre eine engere Zusammenarbeit zwischen Physiologen und Ökologen wünschenswert.

Der Wert pflanzensoziologischer Untersuchungen im Rahmen geoökologischer Forschungen ist gelegentlich bestritten worden (K.H. PAFFEN 1951). Wenn jedoch der Zweck nicht in gesellschaftssystematischen Problemen gesucht wird, sondern das Mosaik der Pflanzenvergesellschaftungen vor allem hinsichtlich seiner ökologischen Aussagefähigkeit betrachtet wird, haben pflanzen- und tiersoziologische Untersuchungen im Rahmen der Geoökologie einen hohen Stellenwert. Die Forderung hat deshalb nach ökologischer Pflanzen- und Tiersoziologie zu lauten. Wichtig ist, daß bei der Beurteilung der Vegetation als standörtlichem Indikator eine saubere Trennung zwischen aktueller Vegetation, potentieller natürlicher Vegetation und Nutzungsformen vorgenommen wird.

Ökosysteme haben eine **räumliche Ausdehnung** und es ist eine wichtige Aufgabe der Geoökologie diese Ausdehnungen zu ermitteln. Ein wesentliches Problem besteht deshalb darin, die zumeist punktuell durchgeführte geoökologische Analyse auf den Raum zu übertragen. Dies wird mittels der Naturräumlichen Gliederung, einer hierarchisch gestuften geoökologischen Regionalisierung, erreicht, die zunächst wesentliche Anstöße aus der forstlichen Standortlehre bezogen hat (C. TROLL 1950, J. SCHMITHÜSEN 1953). Die hierarschisch gestuften Gliederungseinheiten (E. NEEF 1963, H.-J. KLINK 1967) sind mit wachsender Größenordnung durch zunehmende geoökologische Heterogenität gekennzeichnet. In den geoökologischen Systemzusammenhängen besteht das Problem darin, von der Vielfalt der Beziehungen mehr und mehr zu abstrahieren und die räumlichen Wirkungsgefüge auf einen vereinfachten, typischen Nenner zu bringen, so wie dies in der Bodenkartierung bei den zonalen Böden oder in der Geobotanik bei den klimatisch bedingten Vegetationszonen geschieht.

Die **Beispiele** sind zum einen Mitteleuropa entnommen, wo vor allem Bodenfaktoren entscheidend für das geoökologische Raummuster sind, und zum anderen dem östlichen Hochland von Mexiko und seinem golfseitigen Abhang, wo die infolge des ausgeprägten Reliefs kleinräumig wechselnden hygro-thermischen Klimaregime ausschlaggebend für die geoökologische Raumgliederung sind.

Ein didaktisch geeignetes Beispiel für geoökologische Veränderlichkeit sind Deltabildungen in Flußmündungsgebieten. Ein mit etwa 3 km^2 Fläche verhältnismäßig kleines und dadurch gut überschaubares Delta bildet die Tiroler Ache bei ihrer Einmündung in den Chiemsee. Vier großmaßstäbige Luftbilder aus den Jahren 1923, 50, 60 und 70 boten mir die Möglichkeit, den Prozeß der Deltaschüttung im einzelnen zu verfolgen. Hinsichtlich der Angaben zur Vegetationsgliederung im Deltabereich und auf den rückwärtig sich anschließenden Schötterfluren, die die südlichen Chiemseemoore teilen, kann auf die gründliche Untersuchung von J. PFADENHAUER (1969) über „Edellaubholzreiche Wälder im Jungmoränengebiet des bayerischen Alpenmoorlandes und in den bayerischen Alpen" hingewiesen werden.

Die Deltabildung ist in diesem Beispiel besonders gut zu verfolgen, weil sie an ihrer heutigen Stelle erst nach einem künstlichen Durchstich im Zuge der Regulierungsarbeiten im Jahr 1876 eingesetzt hat. Vorher hatte sich das Delta wiederholt auf natürliche Weise verlagert und zunächst westlich und später östlich der heutigen Deltabildung gelegen. Hinter dem Delta beginnt der zwischen Leitdämmen gefaßte Fluß. Seit der Verbauung der Tiroler Ache kommen im Auewaldgebiet auf der

Schotterflur kaum noch Überschwemmungen vor, mit Ausnahme eines mehr oder
weniger starken Durchstaus, der sich vor allem an den Altwässern bemerkbar macht.

Die Luftbilder zeigen, daß sich das Delta insgesamt dadurch weiterbildet, daß
sich vor jeder Mündungsrinne des sich auf dem Delta verzweigenden Flusses ein
Mündungsschwemfächer bildet. Die Akkumulations- und Erosionsprozesse führen zu
einer gelegentlichen Verlegung der Mündungsrinnen. Das Delta wächst somit mosaikartig. Der Prozeß der Deltaschüttung wird durch Abdämmen von Mündungsrinnen
und Öffnen anderer bis zum gewissen Grade künstlich gesteuert, denn man strebt
eine möglichst gleichmäßige, breitflächige Schüttung an und versucht die Bildung
labiler Mündungssporne und Buchten, in denen sich Schweb absetzen und dann eine
verstärkte biogene Verlandung eintreten kann, möglichst zu verhindern.

Nahezu der gesamte 945 km² große Einzugsbereich der Ache liegt in den Alpen,
teilweise in den Kitzbühler Schieferalpen und zum größeren Teil in den nördlichen
Kalkalpen. Hinsichtlich ihrer Wasserführung und ihres Stofftransportes ist die Ache
ein typischer Alpenfluß. Aus Messungen der Bayerischen Landesanstalt für Gewässerkunde und Berechnungen des Geophysikers JEAN BURZ (1956) ergeben sich
folgende quantitative Angaben: Die Ache als stärkster Zufluß des Chiemsees führt
ihm durchschnittlich 34,6 m³ Wasser pro sec. zu. Bei Hochwasser, wie es hauptsächlich in den Monaten Juni-Juli auftritt, kann die Wasserführung bis 140 m³ pro sec
anschwellen. Besonders bei Hochwasser besteht eine starke Stoffbelastung. Nach
den Berechnungen von BURZ (1956) transportiert die Ache im jährlichen Durchschnitt in den Chiemsee:

Gerölle und Sande	Schwebstoffe	gelöstes Gesteins-material (Ca, Na usw.)	Summe
100 000 m³	177 000 m³	55 000 m³	332 000 m³

Während die Gerölle und Sande zum größten Teil im Delta abgelagert werden, gelangen von den Schwebstoffen (Korngröße < 0,2 mm) 122 000 m³ jährlich über
das Delta hinaus in den See und werden dort sedimentiert. Der See wirkt mithin als
eine Art Klärbecken. Auch die gelösten Gesteine schlagen sich zu einem großen
Teil als Seekreide im Seebecken nieder. BURZ hat die Seekreidesicht unter den
Deltaablagerungen als Marke zur Berechnung des Deltavolumens benutzt. Nur ein
geringer Teil des Schwebs und der gelösten Stoffe werden durch den flachen Alzab-
fluß im Norden des Chiemsees abgeführt.

Aus Abb. 1 geht die Vergrößerung des Achedeltas vom Beginn der Regulierungsarbeiten im Jahre 1869 (alte Uferlinie) bis zum Jahre 1950 hervor. Durch Planime-
trierung der Luftbilder habe ich ermittelt, daß sich die über den mittleren Seespie-
gel aufragende Landoberfläche des Deltas von 1923-1960 um rd 310 000 m² oder
knapp ¹/₃ km² vergrößert hat. BURZ hat übrigens berechnet, daß das heutige
Chiemseebecken bei einer gleichbleibenden Deltaschüttung wie sie im Beobach-
tungszeitraum der letzten Jahrzehnte geherrscht hat, in rd. 7 000 Jahren zugeschüt-
tet sein wird. Voraussetzungen hierzu sind allerdings, daß das Klima und damit die
Intensität der Verwitterungs- und Abtragungsprozesse gleichbleiben und daß die Bodennutzung so bleibt, wie sie augenblicklich ist. Beides ist ziemlich unwarscheinlich.
Es bedarf jedoch wohl keiner Erläuterung, daß derartige zunächst geomorphologische

Prozesse und Veränderungen, wie sie hier beschrieben werden, für die landschaftsökologischen Verhältnisse des Alpenvorlandes insbesondere auf längere Sicht von
großer Bedeutung sind. Erinnert sei daran, daß seit dem Ende der Würmeiszeit
schon mehrere große Seen von den Alpenflüssen zugefüllt worden bzw. leergelaufen
sind. Die bekanntesten Beispiele sind der See im Rosenheimer- und der See im Salz-
ach-Becken.

Mit dem fortschreitenden geomorphologischen Prozess der Deltabildung sind
laufende ökologische Veränderungen verbunden. Sie bestehen in der fortschreitenden Bodenbildung und einer bestimmten Vegetationssukzession. Entsprechend dem
hohen Anteil von carbonatischem Ausgangsmaterial und dem bicarbonatreichen
Grundwasser sind es Laubwaldgesellschaften, die für basische Böden kennzeichnend
sind. Sie stehen in krassem Gegensatz zu den bodensauren Moor-Kiefern- und Moor-
Fichten-Wäldern der umgebenden Moorböden (Übergangsmoore).

Die standortsökologische Gliederung der Vegetation hängt einerseits von der
flußaufwärts zunehmenden Bodenentwicklung und andererseits vom Abstand des
Grundwassers von der Bodenoberfläche ab. So stockt auf den häufig überfluteten
Schlämm- und Uferbänken ein Silberweiden-Auewald. Dahinter schließt sich auf
junger, zeitweilig überschwemmter Kalkpaternia die Grauerlenaue (Alnetum incanae) an, die die häufigste Waldgesellschaft der Uferbänke rasch fließender Alpenge-

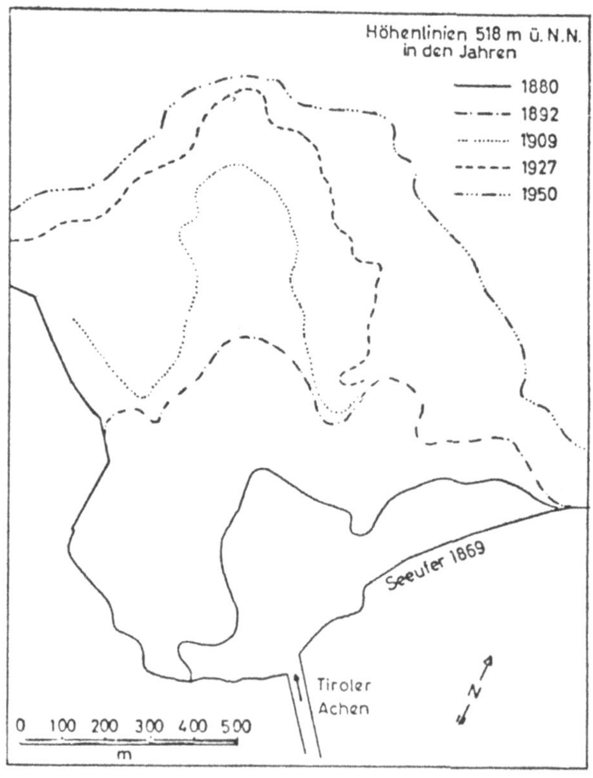

Abb. 1. Verlagerung der Uferlinie im Mündungsbereich der Tiroler Ache (aus: BURZ, 1956).

wässer bildet und von den Zentralalpen bis in Donaunähe vorkommt. Ähnlich wie die anderen Waldgesellschaften kommt die Grauerlenaue im Auewald der Tiroler Ache in mehreren Ausbildungen vor, die Ausdruck standörtlicher Varianten innerhalb dieses Ökotoptyps sind.

PFADENHAUER (1969) stellt folgende Ausbildungen heraus: Das Alnetum incanae in der *Salix alba*-Ausbildung: Sie wächst auf junger, häufig überschwemmter Kalkpaternia und leitet ökologisch zur Silberweidenaue über. — Das Alnetum incanae in der Thyphoides arundinacea-Ausbildung: Sie gedeiht auf wechselnassen, tonigen Böden vom Typ einer vergleyten Kalkpaternia und vermittelt zum Pruno-Fraxinetum caricetosum acutiformis. — Das Alnetum incanae in der Aegopodium podagraria-Ausbildung: Sie besiedelt entwickeltere Böden vom Typ der Kalkpaternia und leitet mit den Arten Aegopodium podagraria, Sambucus nigra und Galium aparine zum Aceri-Fraxinetum über.

Die weitere standortsökologische Gliederung des edellaubholzreichen Auewaldes geht aus der unter Verwendung von PFADENHAUER (1969) entwickelten Abb. 2 hervor.

Auf grundwasserferneren Böden vom Typ einer gut entwickelten Kalkpaternia und Braunen Auenböden ohne Grundwasseranschluß wächst Eschen-Bergahorn-Wald (Aceri-Fraxinetum ETTER 1947) in verschiedenen Subassoziationen und Varianten. Diese Ökotope sind hauptsächlich auf junge Aufschüttungen längs den Altläufen und einmündenden Seitenbächen zurückzuführen. Zwischen und hinter diesen Aufschüttungen wachsen in grundwassernäheren Randmulden Erlen-Eschen-Wälder (Pruno-Fraxinetum OBERD. 53) in je nach Bodenfeuchte und Bewegungsform des Wassers verschiedenen Subassoziationen. Insgesamt nimmt das Pruno-Fraxinetum im Auewald der Tiroler Ache oberhalb ihrer Mündung große Flächen ein. Innerhalb des Pruno-Fraxinetum calthetosum tritt gelegentlich auf quelligen Böden und längs davon ausgehenden kleinen Rinnsalen Bach-Eschen-Wald mit *Caltha palustris* (Carici remotae-Fraxinetum calthetosum) auf.

Insgesamt besteht eine klare standortsökologische Ordnung in Abhängigkeit von der Bodenentwicklung und den Bodenwasserverhältnissen, speziell dem Abstand des Grundwassers von der Bodenoberfläche und der Bewegungsform des Wassers.

Das Beispiel des östlichen Hochlandes von Mexiko kann hier aus Raumgründen nicht weiter ausgeführt werden. Hinsichtlich der Einzelheiten sei auf die Arbeiten von KLINK. LAUER, ERN; LAUER; KLINK (alle Erdkunde 27, 1973, 3) verwiesen. Insgesamt besteht eine klare Zuordnung der ökologischen Raumgliederung zu den hygro-thermischen Klimaregimen, die vor allem von Lauer herausgearbeitet worden sind. Wichtige Größen sind die Frostgrenze, welche die meisten warmtropischen Arten am Vordringen gegen die in den Höhenstufen verbreiteten borealen Eichen-Kiefern-Wälder hindert sowie die hygrischen Verhältnisse, wobei neben der absoluten Höhe der Niederschläge die Andauer der humiden Jahreszeit bedeutungsvoll ist.

Der borealen Vegetation in den Höhenstufen haben die sich seit der Unterkreide heraushebenden nordamerikanischen Cordilleren günstige Wanderungsbedingungen bis in die Tropen geboten. In den Höhenstufen oberhalb 1800 m, am feuchten Ostabhang auch bereits darunter, beherrschen die Baumschicht der natürlichen Wälder boreale Gattungen, wie Pinus, Abies, Cupressus, Quercus, Alnus, Fraxinus, Fagus, Ulmus u.a., während die tropisch-montanen hauptsächlich im Unterwuchs auftreten und sich gegenüber den borealen nicht bestandsbildend durchsetzen kön-

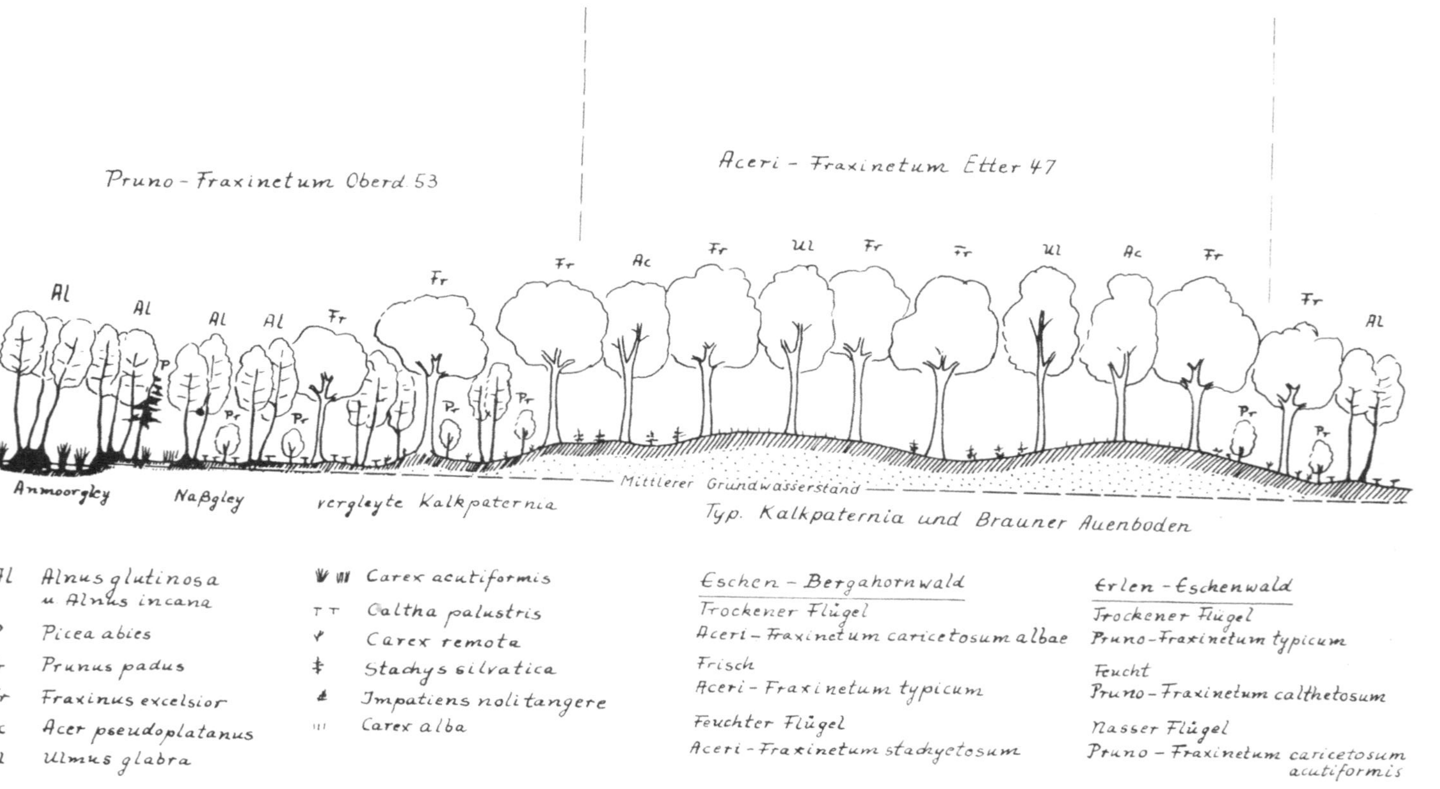

Abb. 2. Schema der standörtlichen Gliederung der Auenwälder auf den jungen Schotterfluren des Jungmoränen Alpenvorlandes und der nördlichen Kalkalpen.

nen. Dies obwohl das Klima nach seiner Struktur als randtropisches Höhenklima zu bezeichnen ist: geringfügiges Vorwalten der Tagesschwankungen der Temperatur gegenüber den Jahresschwankungen, ausgeprägte Regenzeit im Sommer. In den Höhenstufen oberhalb 2700 m sind neben borealen Sippen vor allem antarktische und alpine vertreten.

Eindeutig hygrisch bestimmt ist die Grenze der weit verbreiteten Gattung Quercus gegen die warmtropische Trockenvegetation, wobei die glaziale und postglaziale Klimageschichte und die dadurch bedingten Florenwanderungen zu berücksichtigen sind. So vermutet LAUER (1973) in den *Quercus oleoides*-Wäldern, die vor allem auf zähen tonigen Böden des warmtropischen Golf-Küstentieflandes stocken, Glazialrelikte.

Selbstverständlich gibt es über die stark vom Relief bestimmten Klimaeinflüsse auf die Vegetation hinaus eine in Bodeneigenschaften begründete standörtliche Gliederung. So sind im Kakteen-Dornbusch des warmtropischen Trockengebietes die hochwüchsigen Säulenkakteen *Neobuxbaumia mezcalaensis, Neobuxbaumia tetetzo; Cephalocereus hoppenstedtii* u.a. nur auf carbonatreichen und in der Regel flachgründigen Böden verbreitet (u.a. sicher eine Frage der Wasserkapazität hauptsächlich aber des Carbonatgehaltes). Auf carbonatfreien, tiefergründigen Substraten, wie den Schwemmschuttkörpern am östlichen Rande des Papaloapanbeckens fehlen diese Säulenkakteen; hier wachsen z.T. stark verzweigte Kandelaberkakteen wie besonders *Escontria chiotilla*, außerdem *Polaskia chichipe, Myrtillocactus geometrizans, Stenocereus weberi, St. dumortieri*, und *St. stellatus*, hauptsächlich vergesellschaftet mit dörngehölzen. Auch die artenteiche Gattung *Bursera* ist vorwiegend auf carbonatreiche, zumeist flachgründige Böden beschränkt und vergesellschaftet sich zum Teil mit den großen Säulenkakteen. Grundwasserstandorte, bei denen das Wasser oft erst in mehreren Metern Tiefe angetroffen wird, sind vom Mezquite- *Prosopis juliflora, P. laevigata*, häufig begleitet von *Pithecollobium dulce* — bestockt. Auch H.W. KOEPCKE (1961) bezeichnete in seinen synökologischen Studien auf der Westseite der peruanischen Anden die Mezquitales aus *Prosopis juliflora* als grundwasserabhängig.

Sieht man von den Bewässerungen ab, so setzen die hygro-thermischen Klimaregime auch der Landnutzung einen ziemlich engen Spielraum, wie ebenfalls aus den Karten zu den Arbeiten von LAUER & KLINK (Erdkunde 1973,3) zu ersehen ist.

In vielen Fällen ist es wichtig, sich mit den Schwächegliedern der geoökologischen Systeme zu beschäftigen, weil sie eine Inwertsetzung der Räume durch den Menschen oft sehr behindern. Setzt sich der Mensch andererseits über sie hinweg, können irreparable Schäden auftreten, die eine Entwicklung zu stabilen, leistungsfähigen Kulturlandschaften nicht mehr zulassen. In beispielgebender Weise haben dies SIOLI, KLINGE, FITTKAU u.a. für die amazonische Hylaea aufgezeigt, wo die teilweise sehr armen Böden und die damit verbundenen geochemischen Verhältnisse der Gewässer derartige Schranken setzen.

Im zentralen Hochland von Mexiko bedürfen diejenigen Böden besonders pfleglicher Behandlung, in denen sich Verfestigungshorizonte (sogenannter Tepetate) bilden. Sie wirken als lokale Denudationsbasen und geben zu flächenhafter Bodenerosion Anlaß. Es sind die aus Aschen hervorgegangenen Böden in den Hochbecken der Cordillera Neovolcánica, die reich an vulkanischen Gläsern sind. Wie bereits H. AEPPLI (1973) gezeigt hat, kommt es in ihnen unter den Bedingungen des wechselfeuchten randtropischen Höhenklimas zu einer Mobilisation, Verlagerung

Abb. 3a, b. Tepetatebildung und flächenwirksame Erosion in tepetatebildenden Bodenschichten des östlichen Hochlandes von Mexiko (Aufnahme KLINK 73).

und Wiederausfällung von Kieselsäure in tieferen Bodenschichten. Werden die über den Tepetatehorizonten liegenden lehmigen „Barroböden“ und vertisolähnlichen Böden infolge von Entwaldung und unsachgemäßer Bodennutzung durch Starkregen erodiert und die Tepetatehorizonte freigelegt (Abb. 3 a, b), kommt es anschließend zu einer starken Verfestigung des freigespülten Tepetate. Sie kann soweit gehen, daß eine Nutzung mit den derzeitigen Bewirtschaftungsmethoden unmöglich wird. Tausenden von Hektar ursprünglich fruchtbaren Landes sind auf diese Weise im Hochland von Mexiko bereits aus der land- und forstwirtschaftlichen Nutzung ausgeschieden und liegen weithin vegetationslos da. Das bedeutet in einem Lande mit derzeit 3,5% jährlichem Bevölkerungswachstum eine erhebliche Minderung der agraren Tragfähigkeit.

LITERATUR

AEPPLI, H. (1973): Barroböden und Tepetate. Diss.- Gießen.

BURZ, J. (1956): Deltabildung im Ammersee und Chiemsee. Mitteilung aus dem Arbeitsbereich der Bayerischen Landesanstalt für Gewässerkunde. München.

ELLENBERG, H. (1973): Ziele und Stand der Ökosystemforschung. In: Ökosystemforschung (Hrsg. H. ELLENBERG). Berlin. Heidelberg, New York, 1–31.

KLINK, H.-J. (1967): Die Naturräumliche Gliederung als ein Forschungsgegenstand der Landeskunde. In: Institut für Landeskunde, 25 Jahre amtliche Landeskunde, Bad Godesberg, 195–219. Zugleich in: Wege der Forschung Bd. 49. Darmstadt: Wissenschaftl. Buchges. 1973.

KLINK, H.-J. (1973): Die natürliche Vegetation und ihre räumliche Ordnung im Puebla-Tlaxcala-Gebiet (Mexiko). In: Erdkunde XXVII, 3: 213–224.

KLINK, H.-J., W. LAUER und H. ERN (1973): Erläuterungen zur Vegetationskarte 1:200 000 des Puebla-Tlaxcala-Gebietes Beilage XI. In: Erdkunde XXVII, 3: 225–229.

KLINK, H.-J. (1974): Geoecology and Natural Regionalization – Bases for Environmental Research – In: Applied Sciences and Development, Vol. 4. Tübingen, 48–74.

KOEPCKE, H.-W. (1961): Synökologische Studien an der Westseite der peruanischen Anden. Bonner Geogr. Abhandlungen H.29. Bonn.

LAUER, W. (1973): Zusammenhänge zwischen Klima und Vegetation am Ostabfall der mexika-
nischen Meseta. In: *Erdkunde* XXVII, 3: 192—212.
LAUER, W. & E. STIEHL (1973): Hygrothermische Klimatypen im Raum Puebla-Tlaxaca
(Mexiko). In: *Erdkunde* XXVII, 3: 230—234.
NEEF, E. (1963): Topologische und chorologische Arbeitsweisen in der Landschaftsforschung.
In: *Petermanns Geogr. Mittn.* 107: 249—259.
PAFFEN, K.H. (1951): Geographische Vegetationskunde und Pflanzensoziologie. In: *Erdkunde*
5: 196—203.
PFADENHAUER, J. (1968): Edellaubholzreiche Wälder im Jungmoränengebiet des Bayeri-
schen Alpenvorlandes und in den Bayerischen Alpen. Dissertationes Botanicae, Bd. 3. 3301
Lehre: Verlag von J. Cramer.
SCHMITHÜSEN, J. (1953): Grundsätzliches und Methodisches. Einleitung zum Handbuch der
naturräumlichen Gliederung Deutschlands, Bd. 1, Bad Godesberg, 1—44. Zugleich: Arbeiten
aus dem geogr. Inst. d. Univ. d. Saarlandes, 18, Saarbrücken 1974.
SCHMITHÜSEN, J. & E. NETZEL (1962/63): Vorschlag zu einer internationalen Terminologie
geographischer Begriffe auf der Grundlage des geosphärischen Synergismus. In: Geographi-
sches Taschenbuch, 283—286.
TROLL, C. (1939): Luftbildplan und ökologische Bodenforschung. In: *Z.d. Ges. f. Erdkunde
zu Berlin*, 241—298. Zugleich in: *Erdkundl. Wissen*, 12 (1966) 1—69.
TROLL, C. (1966): Die Geographische Landschaft und ihre Erforschung. In: *Studium Gene-
rale*, 3, 1950, S. 163—181. Zugleich in: *Erdkundl. Wissen*, 11: 14—51.
TROLL, C. (Ed.) (1968): Geo-ecology of the Mountainous Regions of the Tropical Americas.
(Discurso de introduccion, CARL TROLL). Colloquium Geographicum, Bd. 9. Bonn.
TROLL, C. (1970): Landschaftsökologie (Geoecology) und Biogeocoenologie. Eine terminolo-
gische Studie. In: *Revue Roumaine de Géologie, Géophysique et Géographie, Serie de Géographie*, 14: 9—18. Englische Übersetzung in: *Geoforum* 8, 1971: 43—48.

Anschrift des Verfassers:

Prof. Dr. H.-J. KLINK, Geographische Institute der Universität Bonn, 53 Bonn,
Franziskanerstr. 2.

Sonderdruck: Verhandlungen der Gesellschaft für Ökologie, Erlangen 1974.

ERFASSUNG ÖKOLOGISCHER DATEN UND ÖKOLOGISCHE PLANUNG

JÜRGEN PIETSCH

Abstract

The claim of 'landscape planning' responsible 'geoecology', that it results are basics of an ecological planning, is examined. Therefore some 'ecological landscape evaluation procedures' are analysed regarding: 1 their internal structure; 2 their relevance for planning. The inadequate inclusion of the human society into the different procedures is discussed and is the motive for a definition of ecology appropriate for the relationship sociaty — environment.

Landschaftsökologische Grundlagenforschung wird schon länger intensiv betrieben, doch ist die rationale Anwendung und Umwandlung von „ökologischen Daten" für die räumliche Planung noch in weiten Bereichen ungeklärt. Ein Beispiel hierfür ist der in der „Schriftenreihe Städtebauliche Forschung des Bundesministers für Raumordnung, Bauwesen und Städtebau" erschienene Forschungsbericht „Landschaftspläne und Grünordnungspläne im Rahmen der Bauleitplanung" (1973), in dem die Forderung, „die natürliche Umwelt in ihrem Wirkungsgefüge bei allen räumlichen Planungen zu beachten" aufgestellt wird, jeder Hinweis auf die methodische Bewältigung dieser Forderung jedoch fehlt.

Andere Vertreter der Landschafts- bzw Geoökologie formulieren als Anspruch, ihre Ergebnisse seien Grundlage einer „Ökologischen Planung", wobei zur Klärung dieses Begriffs später noch etwas zu sagen ist. KLINK (1972) z. B. formuliert: „Es bedarf wohl keiner Hervorhebung, daß das ökologische Raumgefüge eine geeignete Grundlage für alle Fragen der Landnutzung, Maßnahmen der Landespflege und Prognosen für die Umweltgefährdung, -erhaltung und -gestaltung ist." Dieses allem zugrundliegende „ökologische Raumgefüge" wird dann mit der „Naturräumlichen Gliederung", oder in anderen Versionen, so von WEDECK (1973) in Aachen in „Landschaftsökologischen Raumeinheiten" erfaßt, mit denen dann der „Landschaftshaushalt an einer bestimmten Stelle nicht nur für einige wenige, sondern möglichst viele Nutzungsansprüche zu bewerten und gegebenfalls auch zahlenmäßig zu erfassen" ist (WEDECK 1973). In diesem Kontext ließen sich noch weitere Beispiele zitieren.

Der in solchen Aussagen liegende Anspruch veranlaßte die „Arbeitsgruppe Ökologische Planung" (AGÖP) in Hannover, eine Analyse ökologischer Landschaftsbewertungsverfahren in Angriff zu nehmen. Dabei werden 9 Verfahren, die für sich in Anspruch nehmen, ökologische Landschaftsbewertungsverfahren zu sein, auf ihre Planungsrelevanz untersucht (GRAF, PIETSCH & WETZLAR 1974).
Eine Auswahl dieser Verfahren:
— AMMER & BENTS; (1974) Planungsmodell SIARSSY, Modellteil Ökologische Standorteignungen.
— BAUER (1973) Ökologische Wertanalyse, dargestellt am Beispiel des Wiehengebirges.

- BIERHALS, KIEMSTEDT & SCHARF; (1974) Aufgabe und Instrumentarium ökologischer Landschaftsplanung.
- HABER & KOHLER; (1972) Ökologische Untersuchung und Bewertung von Fließgewässern mit Hilfe höhere Wasserpflanzen.
- KIEMSTEDT (1971) Natürliche Beeinträchtigungen als Entscheidungsfaktoren für die Planung.
- STEINITZ & ROGERS; (1972) Computeranalyse für die Wahl der Trasse einer Schnellstrasse in Rhode Island.
- WEDECK (1973) Zur Bewertung des Landschaftshaushaltes für Planungsaufgaben.

Da es eine Klassifikation ökologischer Bewertungsverfahren noch nicht gibt, wurde eine solche nach Zielsetzung, Methode und empirischen Grundlagen der Verfahren unternommen. Dies nicht zuletzt mit der Zielsetzung, in einer weiteren Arbeit eine allgemeine in sich konsistente Methodologie ökologischer Bewertungsverfahren zu entwickeln.

Die Analyse der Verfahren erfolgt in zwei Stufen: Zuerst eine Analyse der inneren Stimmigkeit, d.h. wie weit die allgemeinen Wert- und Meßtheoretischen Grundsätze berücksichtigt werden. Eine wesentliche Anforderung ist dabei die Nachprüfbarkeit, die mögliche Nachvollziehbarkeit der Bewertung durch andere Personen, die mit dem gleichen methodischen Instrumentarium zu gleichen Ergebnissen kommen müssen. Die wichtigsten Kriterien dazu sind (BECHMANN 1974):

- Wie lautet die zur Bewertung führende Problematik?
- Welche Handlungsalternativen (Objekte, Zielvorstellungen) sollen bewertet werden?
- Auf welchen Inhalten und „letzten Werten fußt das Wertsystem des Bewerters?
- Sind Bewertungsmaßstäbe angebbar?
- Für welchen Skalentyp sind die inhaltlichen Vorraussetzungen gegeben?
- Auf welchen empirischen Hypothesen, Konventionen und Werten basieren die Bewertungsmaßstäbe?
- Sind in den durch die Bewertungsmaßstäbe repräsentierten Eigenschaften der zu bewertenden Alternativen alle problemrelevanten Aspekte erfaßt?
- Welche Beziehungen bestehen zwischen den bewerteten Eigenschaften?
- Gibt es eine Wertamalgamationsregel und wenn ja, welche Form hat sie?

Fragt man die Verfahren nun mit Hilfe eines aus solchen Kriterien erstellten Abfrageschemas ab, so tauchen mehr oder weniger umfangreich logische Fehler und methodische Ungereimtheiten auf, so z.B. bei *WEDECK* (1973) wenn er in einer „Bewertung der landschaftsökologischen Raumeinheiten für das Wohnen" von 22 Kriterien 14 für die Bodengüte benötigt (ihm sind sicher noch keine Landschaftsgärtner begegnet), 6 dem Klima zuordnet, 2 für Baugrund und Relief opfert, Infrastrukturbeziehungen, benachbarte Raffinerien oder Einflugschneisen für sein imaginäres Wohngebiet aber keine Rolle spielen.

Werden die Kriterien schon ohne Rücksicht auf zwischen ihnen bestehende Beziehungen bewertet, so wird das Verfahren dort sicher irregulär, wo er eine Gesamteignung der Raumeinheiten durch Addition der Einzelwerte erzielt, obwohl dabei in unzulässiger Weise Nominalskalen in Ordinalskalenwerte umgewandelt werden (ZANGEMEISTER 1970).

Fehler, die sich bei intensiverer Beschäftigung mit der Bewertungsproblematik

226

sicherlich vermeiden ließen, scheinen aber ihren Ursprung nicht zuletzt im Selbstverständnis der „Bewerter" zu haben. So begründet BAUER (1973) die Objektivität seiner „Ökologischen Wertanalyse" wie folgt: „Die Festlegung dieser Gewichtungszahlen könnte in gewisser Weise als subjektiv bezeichnet werden, wenn nicht Ausbildung und bisherige Arbeit des Verfassers einen hohen Grad von Objektivität gewährleisten würde."

So hat es BAUER dann nicht nötig, anzugeben, wie er an die einzelnen „Werte" kommt und kann zum Schluß feststellen: „Die ökologische Wertanalyse erweist sich als erfolgreiche Methode zur Erfassung der ökologischen Qualität der Landschaft einschließlich der Erholungsfunktion." Dazu ein Zitat von BLOCH (1969) „Je entwickelter eine Wissenschaft im bürgerlichen Zeitalter geworden ist, desto sicherer wird sie zu einem formell abgeschlossenen System von speziellen Teilgesetzen, desto „exakter" wird sie die außerhalb dieses Bereichs liegende Welt, ja sogar das konkrete Wirklichkeitssubstrat ihrer eigenen Sphäre aus der Begreifbarkeit ausschalten."

Weitere Beispiele für das Selbstverständnis der Bewerter, ihr Natur-, Gesellschafts- und Planungsverständnis und der daraus resultierenden Irrationalität in ihren scheinbar so rationalen Verfahren (mit denen man endlich Anschluß an die „exakten" Naturwissenschaften gewinnen will) würden Seiten füllen, aber doch vom Kernproblem ablenken: Wie ist „Natur" zu begreifen, wenn man im Bereich der Flächennutzung zu einer planvollen Beherrschung des Verhältnisses Gesellschafts — Natur kommen will?

Dieses Problem kehrt verschärft in der zweiten Stufe der Analyse wieder. Dabei geht es um die Anwendungsfähigkeit der Verfahren in der räumlichen Planung. Denn auch ein in sich stimmiges „richtiges" Verfahren kann ohne Aussagewert für den Planungsprozeß sein, z. B. wenn es ohne jeden rationalen Zielbezug bleibt und durch einen verkürzten oder idealistischen Naturbegriff das Verhältnis des Menschen zur Natur nicht begriffen wird.

Kriterien zur Überprüfung der Planungsrelevanz sind z. B. (GRAF, PIETSCH & WETZLAR 1974):
— Welche Nutzungskonflikte werden dargestellt?
— Können Nutzungsüberlagerungen erfaßt werden?
— Welcher Grad der Komplexitätsbewältigung wird erreicht?
— Ist das Verfahren fortschreibbar?
— Ist eine Zweck-Mittel-Relation angebbar?
— Trifft das Verfahren bereits eine Entscheidung oder ermöglicht es eine Entscheidung?

Die Bewertung ist in dieser Stufe noch nicht abgeschlossen, da durch unterschiedliche Ökologieverständnisse in den Verfahren eine Vergleichbarkeit sehr erschwert wird. Der hier relevante Aspekt des Kernproblems ist folgender: Wird der Mensch/die Gesellschaft beim Ökologieverständnis des Betrachters einbezogen, und wenn ja, wie? Welche Fragen im Zusammenhang mit dem Ökologieverständnis auftreten, zeigt die folgende Darstellung:

Allgemein werden als Erkenntnisobjekt der Ökologie Leben — Umweltbeziehungen von Pflanzen, Tieren und deren Gemeinschaften gesehen. Dabei gibt es verschiedene Betrachtungsweisen (Syn-, Aut-, Dem-, etc. Ökologie), doch handelt es sich hier grundsätzlich um den Versuch des Menschen, die ihm äußerliche Natur zu erkennen und zu erklären. Diese Ökologie wird im folgenden als „Bioökologie" bezeichnet. Nun gibt es verschiedene Versuche, eine „bioökologische" Betrachtung auch auf den Menschen anzuwenden. Bei L. STEUBING (1973) „ ... bedeutet Ökologie das Studium des Lebenshaushaltes der Organismen, angefangen von den Bakterien, über die höheren Pflanzen, die Tiere bis hin zum Menschen." Es handelt sich hier meist um einen organisch-biotischen Ansatz, bei dem der Mensch nur oder fast gänzlich als ein biotisches Wesen, als Lebewesen einer besonderen Gattung (siehe z. B. ELLENBERGS Übercarnivore) in den Abhängigkeiten als Produzent, Reduzent und Konsument von der Umwelt betrachtet wird.

Auch die Landschaftsökologen haben hier Definitionsprobleme. Bei BAUER & BOHNSTEDT (1965) werden als Landschaftsökologie „Untersuchungen über die natürlichen Faktoren und ihr Wirkungsgefüge im Landschaftshaushalt sowie über deren naturbedingte und anthropogene Veränderung" gesehen. PFLUG (1972) definiert „Landschaftsökologie bedeutet das Studium des gesamtem, in einem bestimmten Landschaftsausschnitt herschenden Wirkungsgefüges zwischen Lebensgemeinschaften und ihren Umweltbedingungen." Gilt hier die Gesellschaft als Lebensgemeinschaft? Sind Stahlwerke und Rangierbahnhöfe als Teil des Wirkungsgefüges demnach Studienobjekt der Landschaftsökologie? Schließt OLSCHOWY (1974) wenn er den Begriff Landschaftsökologisches Gewässer" als Bezeichnung für vom „Massenverkehr der Erholungssuchenden" verschonte Gewässer erfindet, die Menschen (-Massen) aus seiner landschaftsökologischen Betrachtung aus? Fragen über Fragen.

Alle diese Ansätze, die hier nur sehr verkürzt dargestellt sind, haben eines gemeinsam, eine wesentliche Besonderheit, die sich bei der Betrachtung des Mensch — Umweltverhältnisses stellt, wird übersehen: Bei der Betrachtung des Verhältnisses Mensch (Gesellschaft) zur Umwelt („Natur") wird der betrachtende Mensch (die Gesellschaft) selbst mit zum Betrachtungsgegenstand. Um sein Verhältnis zur Natur zu begreifen, muß er auch sich selbst begreifen. Das (Teil-) Objekt wird also zugleich Subjekt der Betrachtung. Mehr als in anderen Wissenschaften ist dadurch das Verhältnis von Theorie zur Praxis ein besonderes, steht neben der Möglichkeit der (Selbst-) Erkenntnis die Gefahr der „self-fullfilling prophecy", die Gefahr, daß nicht transformierte Erkenntnisse ihrer Eigenen Faszination unterliegen, es zur „Herschaft der Realität des Abstrakten" (KAMPER 1974) kommt.

Will die Ökologie die Gesellschaft in ihre Betrachtung einschließen (bei Ökologischer Planung ist dies impliziert), so hat sie zu berücksichtigen, daß der Mensch in der Lage ist, sich „Natur" bewußt anzueignen, durch Arbeit (Kopf und Hand) die „Natur" nach seinen Bedürfnissen zu formen. Diese Wirklichkeit der Aneignung von Natur in der Gesellschaft und mit der Gesellschaft wird allgemein als „Praxis" bezeichnet, als gesellschaftlicher Gesamtprozeß der Umgestaltung der Realität durch die Menschheit (PHIL. WÖRTERBUCH 1971). Als „Natur" gelten hier die außerhalb des Bewußtseins existierenden Dinge und Erscheinungen.

Die Vorstellungen, die wir uns von Natur machen, sind nicht objektiv, sondern gesellschaftlich vermittelt, zeigen nur die Sichtweise von Natur, die aufgrund der jeweiligen Produktionsverhältnisse, (z. B. Landwirtschaft, Handwerk und Industrie) und der damit verbundenen Erkenntnisprozesse möglich sind. Wenn wir also nach den Grundbedingungen von „Natur" fragen, fragen wir nach den Grundbedingungen, unter denen sie uns erscheint. Seit es Menschen gibt, gibt es keine „erste, ursprüngliche Natur", sie fällt immer schon unter die Bestimmungsgründe des jeweiligen Aneignungsprozesses. Oder um es anders mit B. WORMBS (1974) auszudrücken: „Landschaft als gesellschaftliches Produckt“, „als sedimentierte Geschichte“.

In dem Moment, in dem wir in er Lage sind, unser jeweiliges Verhältnis zur Natur zu begreifen, ist es schon wieder ein anderes, ist durch bessere Erkenntnis eine bessere (andere) Form der Aneignung möglich. Natur is aber außer dem „Für uns“ auch ein „An sich“. Sie dient dem Menschen zur Reproduktion, ohne daß sie materiell konsumiert wird. Das Naturverhältnis des Menschen besteht also auch außerhalb der materiellen Aneignung der Natur.

Der besonderen Qualität, die diese, die gesellschaftliche Leben-Umwelt-Beziehung besitzt, ist durch eine adäquate Betrachtungsweise gerecht zu werden. Eine „Bioökologie“ im beschriebenen Sinne kann dies nicht leisten. Eine solche adäquate Betrachtungsweise erwarten wir (AGÖP 1974) von einer „Ökologie als Wissenschaft von der Praxis der Gesellschaft-Natur-Verhältnisse“.

Eine Ökologie als Wissenschaft von der Praxis der Gesellschaft-Natur-Verhältnisse setzt notwendig einen Wissenschaftsbegriff voraus, bei dem die herkömmliche Trennung von Natur- und Gesellschaftswissenschaften überwunden wird. So wie der Stoffwechsel zwischen Natur und Gesellschaft ist auch die Ökologie zwischen Natur- und Gesellschaftswissenschaften anzusiedeln. Beide verändernd und beeinflussend und doch nur bei beider Vorhandensein möglich.

Mit einem solchen Ökologiebegriff Landschaftsforschung zu betreiben, hat Konsequenzen: Dem Begriff „Natur“ sind nicht im Sinne einer Rousseau'schen Naturbetrachtung trotz angeblich rationaler Wissenschaft immanente positive Werte zuzuordnen, da dies zu einem verkürzten Naturbegriff führt, Natur wird lediglich als „ursprüngliche Natur“ gesehen.

Natur ist aber als gesellschaftlich vermittelt, als materielle Vorraussetzung menschlicher Existenz zu begreifen. So schreibt auch B. WORMBS (1973) „Die Notwendigkeit, das integrale Moment gesellschaftlicher Produktion in der Landschaft selbst zu cruieren, erlaubt es der Landschaftsökologie im Grunde nicht, sich auf quasi-metereologische Trendanalysen einzulassen und rein technisches Hilfswerk zu befürworten, wenn sich der korrekturbedürftige Zustand als Index falscher gesellschaftlicher Verhältnisse erweist.“

Eine so motivierte „Ökologische Landnutzungsplanung“ bedarf aber anderer Daten, als sie aus Naturräumlichen Gliederungen oder Landschaftsökologischen Raumeinheiten zu gewinnen sind. Solche Daten können nur bei einer konservierenden Planung relevant sein, bei jeder Nutzungsänderung werden auch sie verändert und haben so keine Aussagekraft mehr. Ebenso geht aber eine Ökologie, die zwischen Biosphäre und Environment unterscheidet (ELLENBERG 1974) am Wesen des Stoffwechsels, der gesellschaftlichen Naturaneignung, vorbei. Will Ökologie konstituierend für die Praxis der Flächennutzung sein, muß sie erst einmal in der Lage sein, diese Praxis adäquat zu erklären. Dazu wird zweifellos ein logisches System von Erklärungsmodellen nötig sein. Eine willkürliche Trennung in eine natürliche und eine künstliche Umwelt leistet dies jedoch nicht.

An ihr wird lediglich deutlich, wie durch unreflektierte Denkbestimmungen die Erfassung der realen Leben- Umweltbeziehungen durch die gegenwärtige Landschafts- oder Geoökologie verhindert wird. Ökologische Datenerfassung ist nicht in der Isolation von, sondern nur durch Kooperation, interdisziplinäre Zusammenarbeit mit anderen „Umweltwissenschaften“ möglich.

LITERATUR

AGÖP (1974): Diskussionspapiere zur „Ökologischen Planung" Unveröffentlichte Manuskripte, Hannover.

AMMER & BENTS, (1974): Planungsmodell SIARSSY, Modellteil ökologische Standorteignungen. Schriftenreihe des Bundesministers für Raumordnung, Städtebau und Wohnungswesen 03.018 Bonn 59—87.

BAUER, H.J. (1973): Ökologische Wertanalyse, dargestellt am Beispiel des Wiehengebirges. *Natur u. Landschaft* 11: 306—311

BAUER & BOHNSTEDT (1965): Definitionen gebrauchlicher Landeskultureller Begriffe. *Deutsche Gartenarchitektur* 3: 75

BECHMANN, A. (1974): Materialien zur Planungstheorie + Methodik Vervielf. Manuskript an der TU Hannover.

BLOCH, E. (1969): Philosophische Aufsätze zur realen Phantasie. Frankfurt 604 f.

BIERHALS, KIEMSTEDT & SCHARPF (1974): Aufgabe und Instrumentarium ökologischer Landschaftsplanung. Raumordn. + Raumforsch. 1/1974.

BUNDESMINSTER für Städtebau Raumordnung u. Wohnungswesen (1973): Landschaftspläne und Grünordnungspläne im Rahmen der Bauleitplanung, Bonn.

ELLENBERG, H. (1973): Ökosystemforschung. Heidelberg.

ELLENBERG, H. (1974): Wichtige Probleme der Umweltforschung. In: Der Mensch und die Biosphäre, Pullach.

GRAF, PIETSCH & WETZLAR (1974): Analyse ökologischer Landschaftsbewertungsverfahren. Unveröffentl. Manuskript an der TU Hannover.

HABER & KOHLER (1972): Ökologische Untersuchung und Bewertung von Fließgewässern mit Hilfe höherer Wasserpflanzen. *Landschaft + Stadt* 4: 159—167.

KAMPER, D. (1973): Geschichte und menschliche Natur. München.

KIEMSTEDT, H. (1971): Natürliche Beeinträchtigungen als Entscheidungsfaktoren für die Planung. *Landschaft + Stadt* 2: 80—85.

KLINK, H.J. (1972): Geoökologie und Naturräumliche Gliederung — Grundlagen der Umweltforschung. *Geogr. Rundschau* 24: 7—19.

OLSCHOWY (1974): Das Rhein. Braunkohlenrevier — Abbau und Wiederaufbau von Kulturlandschaften. In: Der Mensch und die Biosphäre Pullach.

PFLUG, W. (1972): Kommt der ökologische Umweltschutz im Umweltprogramm der Bundesregierung zu kurz? Deutscher Naturschutzring, Kolloquium München 2.3.72.

PHIL.WÖRTERBUCH (1971): Stichwort "Praxis". Berlin.

STEUBING, L. (1973): Ökologie als Umweltwissenschaft. Berlin.

STEINITZ, R. (1972): Computeranalyse für die Wahl einer Schnellbahnstrasse in Rhode Island. Garten u. Landschaft 12.

WEDECK, H. (1973): Zur Bewertung des Landschaftshaushalts für Planungsaufgaben. *Landschaft und Stadt* 4: 152—160.

WORMBS, B. (1973): Umwelt als gesellschaftliches Produkt. Sendung des NDR 1973.

ZANGEMEISTER, C. (1970): Nutzwertanalyse in der Systemtechnik. Eigenverlag Hamburg 1970.

Anschrift des Verfassers:

JURGEN PIETSCH, 3 Hannover, Yorckstr. 12

LANDSCHAFTSÖKOLOGISCHE KARTIERUNG UND BEWERTUNG IN DEN NIEDERLANDEN

E. VAN DER MAAREL & A.H.P. STUMPEL
Mitteilung nr. 134 des Reichsforschunginstitutes für Naturschutz.

Abstract

A survey of landscape ecological mapping and evaluation in the Netherlands is presented. This type of research started in 1968. It was at first mainly an initiative of private action groups of scientists, but has gradually become a governmentally sponsored and publicy accepted approach in the sphere of physical planning. Some information is given on the common features of landscape ecological survey and evaluation in the various projects carried out in the Netherlands. Ecotope and grid system-based studies are compared.

The main applications for physical planning and some perspectives for further developments are discussed. A scheme with information on nine major projects is presented as well as a reference list containing most of the Dutch reports and papers on the subject.

Einleitung

Seit 1968 hat sich in den Niederlanden eine Neuentwicklung in der landschafts-ökologischen Kartierung eingesetzt die auf die ökologische Bewertung der kartierten Landschaftseinheiten und zugleich auf die Beeinflussung der Behörden zu besserem Schutz, besserer Verwaltung und Rekonstruktion der mehr oder weniger natürlichen Ökosystemen gerichtet ist. (ADRIANI & VAN DER MAAREL 1968, VAN DER MAAREL 1970, ANON. 1971, u.s.w.). Das erste mehr oder weniger vollständige und räumlich vielumfassende Projekt war das 1969 angefangene Projekt "Milieukartierung SW Niederlande" (ANON 1972). Diese Entwicklung stellt eine direkte, quantitative, Fortsetzung der vor allem von WESTHOFF (u.A. 1952, 1970 a, b) und MÖRZER BRUYNS (u.A. 1965, 1967 a, b) entwickelten ökologischen Betrachtungen über Naturschutz und Verwaltung da.

Die ersten Projekte entstanden fast immer aus Initiativen von Umwelt-Aktionsgruppen oder Kreisen von Wissenschaftlern der Ökologie und der Geo-Wissenschaften (z.B. Kromme Rijn Projekt, Projekt SW Niederlande; S. Tabelle 1 und Literaturverzeichnis). Allmählig kamen die Behörden und besonders die Reichs- und Provinziale Planungsdienste zur Überzeugung, dass die landschafts-ökologische Kartierung und Bewertung sowie die Kartierung der Empfindsamkeit einerseits und der Entwicklungsmöglichkeiten von den verschiedenen Ökosystemen andererseits eine wesentliche Grundlage zur Planung sein sollten.

Jetzt werden vom Reichsplanungsdienst, von 5 der 11 Provinzialdiensten und von vielen amtlichen Diensten auf Kreisebene systematische landschaftsökologische Untersuchungen angefordert, in denen viele Biologen, Geographen, Bodenkundler entweder in direkter, meistens zeitlicher Einsetzung, oder von Obrigkeitsinstituten und Universitäten aus tätig sind. Vor allem sind das Reichsforschunginstitüt für Naturschutz, Leersum, das Institut für Bodenkartierung, Wageningen, und Instituten der Universitäten Utrecht und Nijmegen, der LH Wageningen und

231

der TH Delft mit der wissenschaftlichen Begleitung beauftragt. Ausserdem gibt es
eine in 1971 gegründete Arbeitsgemeinschaft für Landschaftsökologische Forschung
(W.L.O.) mit etwa 100 Mitglieder die mittels wissenschaftlichen Tagungen, Aktivitäten spezieller Arbeitsgruppen und einer Zeitschrift „Mitteilungen der WLO" zur
Aktivierung neuer Projekte und Vereinheitlichung der Untersuchungs- und Anwen-
dungsmethoden beizutragen versucht.

Gemeinsames in der landschaftsökologischen Bestandesaufnahme

Die meisten Projekte basieren auf mehr oder weniger intensiven Geländeaufnah-
men, die fast immer pflanzensoziologischer Aufnahmen von Pflanzengesellschaften
und Vegetationskomplexen und Inventur der Flora, Brutvögel und Säugetiere
enthalten. Diese biologischen Angaben werden mit meistens schon vorhandenen
Ergebnissen von Bodenkarten 1 : 50.000 oder grösserer Maßstäbe, sowie mit
geomorphologischen und historisch-geographischen Angaben integriert. Die meisten
Kartierungen werden in Massstab 1 : 50.000 durchgeführt.
   Das Ökotopkonzept (vgl. TROLL 1968, 1972, SCHMITHÜSEN 1968,
DIERSCHKE 1969, TANSLEY 1965, STUMPEL-RIENKS 1974) steht in vielen
Untersuchungen zentral, d.h. die vegetationskundlichen Daten werden auf Basis eines
Ökotopenmusters der Landschaft gesammelt. Okotopen werden zu Okotopkom-
plexen, grösseren Landschaftsökologischen Einheiten, jetzt auch Geotopen (vgl.
TROLL 1972, SOČAVA 1972) genannt, zusammengefügt. Die Begrenzung der
Ökotopen und Geotopen geht meistens wie folgt vor: Die Ökotope werden auf
Grund von bodenkundlichen Ergebnissen und Geländebeobachtungen vorläufig
unterschieden und mittels ihrer Kennzeichnung durch Vegetationskomplexe, d.h.
räumlich zusammenhängende Komplexe von Pflanzengesellschaften nachgeprüft. Die Geotopen werden ebenfalls vorläufig nach schon bekannten abiotischen Merkmalen abgegrenzt und mittels Zusammenhänge der Vegetationskomplexen in Vegetationsreihen nachgeprüft. Eine Vegetationsreihe entspricht der Gar-
nitur von natürlichen, halbnatürlichen und weiteren Ersatzgesellschaften die einem
bestimmten Typus der potentiell-natürlichen Vegetation (TÜXEN 1956) zugeordnet werden können. Die zoologischen Angaben werden auf diese grösseren Einheiten bezogen, wegen des im allgemeinen grösseren Aktivitätsbereiches der grösseren
Tiere.
   In vielen Projekten werden die Angaben teilweise oder völlig auf der Basis eines
Gitternetz gesammelt und verarbeitet. Diese Gitternetzinventuren sind teilweise
wieder auf allgemeinen nationalen oder internationalen Inventurprojekten abge-
stimmt, z.B. der Florakartierung der Niederlande und der neulich angefangenen
Avifaunakartierung der Niederlande, beide auf 25 km^2 Quadranten.
   Die Datenverarbeitungsmöglichkeiten mit elektronischer Apparatur sind mit
Gitternetzinventuren grösser, die direkte Eintragung der real im Gelände zu
findenen Ökotopen und Geotopen hat aber, jedenfalls für die jetzt in den Niederlanden allgemein verwendeten Planungsmethoden einen grösseren praktischen
Wert.
   Die meisten Untersuchungsgruppen sind der Meinung wir sollten vorläufig
beide Systeme neben einander weiterentwickeln und allmählich konzentrieren
auf solche Systeme die unmittelbare Eintragung – Speicherung – Berechnung

und graphische Darstellung von Daten, bzw. Ergebnisse mittels des Computers
ermöglichen. Die Planungsmethoden sollten dann allerdings in derselben Richtung
entwickelt werden, wie es auch beim Reichsplanungsdienst und einigen Provinzialdiensten tatsächlich geschieht.

Gemeinsames in der landschaftsökologischen Bewertung

Die gesammelten floristischen, pflanzensoziologischen, zoologischen, pedologischen,
geomorphologischen und landschaftshistorischen Angaben werden im allgemeinen
durch skalenmässige Einschätzung einiger sogenannten Bewertungskriterien oder
Parameter zu einer Gesamtbewertung interpretiert.

Die biotischen Merkmale werden meistens auf die Kriterien Seltenheit (regional,
national, international) und Diversität (α, β und γ), für Pflanzengesellschaften
und Ökotope auch auf das Kriterium Reife (Maturity) oder Unersetzlichkeit untersucht. Für die Seltenheit liegen für einige Organismen-Gruppen sowie für die
Pflanzengesellschaften schon Angaben auf nationaler Basis vor (S. HARMS 1973).
In dieser Bewertung fällt der Nachdruck immer mehr auf die Kombination von
Diversität und Seltenheit einerseits und den Entwicklungsgrad andererseits. Die
vielbesprochene Beziehung Diversität-Stabilität wird dabei in Betracht genommen.

Zur groben aber raschen Schätzung des biotischen Wertes wird in verschiedenen Projekten mit einer Ökotoptypenbewertung auf Grund des Natürlichkeitsgra-
des (etwa die Seltenheit der Hauptgesellschaft des Ökotops) gearbeitet. (S. STUM-
PEL-RIENKS 1974).

Die verschiedenen Bewertungskriterien werden für jede Facette zur „Facette-
bewertungen" und diese wieder zu einer „Integralbewertung" integriert. In beiden
Verfahren können die Komponenten verschieden gewogen werden. Bei Bewertungen
grösserer landschaftsökologischer Einheiten auf Grund des Wertes der sie zusam-
mensetzenden Untereinheiten (vor allem die Ökotopen eines Geotops) können
ebenfalls die Anteile der verschiedenbewerteten Teile gewogen werden.

Die Einzelwerte werden meistens in 5 oder 10-teiligen Skalen eingeschätzt,
wobei es sich um Rangordnungen handelt. Der höchste Wertrang eines Kompo-
nents entspricht durchaus den nationalen Maximumbereich, die niedrigste Stufe
dem Minimalbereich.

Die in den verschiedenen Projekten verwendeten Wägungen können mittels
folgender allgemeinen Formel aufeinander bezogen werden: (VAN DER MAAREL
1972, WERKGROEP GRAN 1973)

$$w_t = \sqrt[m]{\frac{\sum\limits_{i=1}^{n} P_i w_i^m}{\sum\limits_{i=1}^{n} P_i}}$$

w_t = Totalwert, w_i Komponentwert, n = Zahl der Komponentwerte, p_i = Wä-
gungsfaktor der Komponentwerte, m = allgemeiner Wägungskoeffizient. Für p = 1,
m = 1 wird w_t berechnet als mittelwert der Komponentwerte, für p = 1, m = 2 entsteht ein sgn. Vektormodell, wobei höhe Komponentwerte schon wesentlich mehr

zum Totalwert beitragen als die niedrige Komponentwerte, für m → ∞ nähern wie
die Situation in welcher der höchste Komponentwert völlig den Totalwert bestimmt. Man kann die Vergrösserung des m-Faktors auch als ein Mittel zur Ausdehnung der Skala betrachten, z.B. mit m = 3 wird eine 5-teilige Skala tatsächlich zu
einer 125-teiligen Skala ausgedehnt. — Das bedeutet allerdings, dass man die
ordinale doch wieder durch eine lineare ersetzt! — Obwohl eine solche Transfor-
mation realistisch erscheint, sollte man doch mit Vorsicht verfahren so lange man
keine objektieve ökologische Basis für eine vergleichende Bewertung zur Verfügung hat.

Anwendungen für die Planung

Zuerst werden die Bewertungsergebnisse den Benutzern mit einer Interpretation
angeboten, meistens in der Form: Skalenwert 5 = sehr wertvoll, empfohlene Bestimmung: völliger Schutz und optimale Naturverwaltung, 4 = wertvoll = empfohlene Bestimmung: Schutz, wenn möglich nur kleine Eingriffe zu erlauben und im
engen Einverständnis mit der Naturverwaltung durchzuführen, usw. bis zu
1 = kaum wertvoll, wenig Bedenken gegen Eingriffe.

Dann werden Gutachten, wenn möglich mit kartographischer Darstellung
über den Einfluss, bzw. spezifische Eingriffe geschrieben, z.B. Hauptstrassenanlage,
Städtebau, Intensivierung der Landwirtschaft, Anlage von grösseren Erholungs-
projekten. Genauere Schätzungen der ökologischen Folgen dieser Massnahmen,
wie Eliminierung, Eutrophierung, Betretung, Bodenverdichtung, Grundwasser-
standsänderung, Beunruhigung, mittels Indikatororganismen und Indikatorgesell-
schaften sind in Vorbereitung (vgl. VAN DER MAAREL 1972b, WERKGROEP
GRAN 1973, vgl. u.A. McHARG 1969, HABER 1971b, SUKOPP 1971, MIYA-
WAKI 1972).

Schliesslich werden Gutachten über die Entwicklungsmöglichkeiten der
wenig-natürlichen Systeme in die Richtung halbnatürlicher bzw. naturnaher
Systeme aufgestellt. Diese Gutachten basieren auf der algemeinen ökologischen Theorie VAN LEEUWENs (1966, 1973) und weiter auf den Ideen über die
Natürlichkeitsstufen der Ökosysteme (vgl. WESTHOFF 1969, 1971, SUKOPP
1972, VAN DER MAAREL 1971b, 1974). Sie betonen meistens die unterschiedlichen Möglichkeiten für gradientenreiche Situationen in welchen ein feines
Muster von verschiedenen stabilisierenden menschlichen Einflüssen, wie mähen,
empfehlenswert sind, z.B. in unseren pleistozänen Bachtallandschaften bzw. jung-
dynamischen Situationen in welchen mittels Verwilderung oder Aufforstung zur
potentiell-natürlichen Vegetation am effektivsten sind, z.B. in den Trockenlegun-
gen im Westen oder den Tongebieten im Bereich der grossen Flüsse.

Schlagwörter für diese planologischen Anwendungsmöglichkeiten sind
Bewertung, Entwertung, Aufwertung.

Übersicht repräsentativer landschaftsökologischer Projekte

Seit 1970 wurden etwa 60 Projekte durchgeführt oder in Bearbeitung genommen.
— Die bis Mai 1973 bekannten Projekte wurden in einer Publikation der Arbeitsge-

meinschaft für Landschaftsökologischen Forschung (MEESTER-BROERTJES 1973) aufgenommen.

Die meisten Projekte beziehen sich auf Facette-Untersuchungen in relativ kleinen Gebieten. Etwa 20 Projekte sind entweder lokal aber ziemlich vielseitig oder regional bis national.

In diese Gruppe fallen besonders die für die Provinzial-Planungsdienste der Provinzen Gelderland, Overijssel und Drenthe ausgeführten Kartierungen die als wesentliche Grundlage in den offiziellen Regionalplänen dieser Provinze durchwirken. Von dieser Kategorie sind zwei Beispiele in Tabelle 1 aufgenommen: Regionalplan Midden-Gelderland und Regionalplan Twente. Das Projekt SW Niederlande ist aufgenommen wegen seiner historischen Bedeutung und immer noch vorhandenen Aktualität im Rahmen bestimmter Abbiegungen im Deltaplan. Das Kromme Rijn Projekt schliesst sich den Regionalplankartierungen an, es hat vor allem wegen des multidisziplinären und pädagogischen Charakter Bedeutung. Im Projekt Volthe-de Lutte hat man zum ersten Mal alternative Einrichtungsmodelle einer Kulturlandschaft auf Basis landschaftsökologischer Einzeluntersuchungen entworfen. Das Projekt Uiterwaarden (Flussauen-Vorländer) bezieht sich auf die typisch niederländische und bedrohte Landschaft der Flussauen.

In der Tabelle 1 ist die wichtigste Auskunft über neun repräsentative Projekte dargestellt. Sie werden hier ganz kurz charakterisiert: In diesem Projekt wurden neben den biotischen Komponenten auch Landschaftsphysiognomische und geomorphologische Komponente in der Bewertung einbezogen.

Im Projekt Veluwe-Massiv wird die Problematik der wachsenden und die natürliche Landschaft bedrohenden Erholungsaktivitäten grundlegend ökologisch untersucht.

Im Projekt Vijfheerenlanden im östlichen Teil der Provinz Süd-Holland wird die Landschaftsökologie mit der kulturellen Ökologie verknüpft und Wechselwirkungen zwischen Siedlung und Umwelt untersucht.

Im Projekt Landelijke Milieukartierung — Umweltkartierung der Niederlande wird zum ersten Mal eine einheitliche, wenn auch ziemliche grobe Kartierung und Bewertung des ganzen Landes durchgeführt und zwar im Rahmen eines Auftrags des Reichsplanungsdienstes, zu welchem auch ein theoretisches Projekt gehört. Dieses letzte wird genannt „Global-ökologisches Modell für die Raumplanung der Niederlande" und könnte zu einer theoretischen Unterlage der verschiedenen ökoplanologischen Projekte werden. Eine Beschreibung dieses von einer Arbeitsgruppe aufgebauten Modells, ist nahezu fertig (VAN DER MAAREL, in Vorbereitung). In diesem Modell stehen die Wechselwirkungen zwischen der natürlichen Umwelt und der menschlichen Gesellschaft zentral. Auf Grund der allgemeinen Ökosystem- und Milieu-Theorie werden die Siedlungsökosysteme mit den natürlichen verglichen, eine theoretische Basis für die ökologische Bewertung angedeutet, ein Interaktionsmodell für die obengenannten Wechselwirkungen aufgestellt und Hinweise für die Entwicklungsmöglichkeiten von mehr oder weniger natürlichen Ökosystemen gegeben.

Tabelle 1. Ubersicht repräsentativer landschaftsökologischer Projekte in den Niederlanden.

Projektnamen, Untersuchungsgebiet	Beauftragende bzw. Finanzierende Behörden	Beteiligte Dienste Institute	Dauer des Projektes	Kartierungsmassstab.	Disziplinen
Zuidwest-Nederland	Contact Comm. voor Natuur- en Landschapsbescherming	RIN, Nat.-LH, Geob.SBB Weevers'Duin Delta-Inst.	1966-1972	1 : 500 000	Floristik, H Hydrologie, Landschaft:
Projekt Volthe-De Lutte	Centrale Cultuur techn. Commissie	Abt. „Landschapsarchitektuur" der LH,Nat-LH, ICW	1969-1971	1 : 5.000 1 : 25.000	Bodenkund Vegetations Hydrologie, technik, La architektur
Uiterwaardenprojekt (Flussauen)	---	RIN, Stib., Geob., Nat-LH.	1970-1972	1 : 50.000 1 : 100.000	Vegetations Floristik, O Geomorpho schaftsphysi
Kromme Rijnprojekt	---	Reichsuniv. Utrecht, RIN, Nat-LH	von 1970 an	1 : 50.000 1 : 100.000	Geologie, B Geomorpho Hydrologie, Bodennutzu tionskunde, Ornithologi
Vijfheerenlanden	---	Abt."Bouwkunde" der Techn. Hochschule Delft Reichsuniv.	von September 1971 an	1 : 25.000 1 : 50.000	Hydrologie, Ornithologi tionskunde, Herpetologi wiss., Planur
Landelijk Milieukartering (Umweltkartierung der Niederlande)	Reichsplanungsdienst	RIN, Stib. Geob.	Juli 1972 bis Juli 1975	1 : 600.000 1 : 200.000	Bodenkunde morphologie Hydrobiolog tationskunde
Veluwemassief	Kulturministerium	RIN, Stib., Planologische Dienst der Provinz Gelderland, Dorschkamp	1972-1975	1 : 50.000 (inv.) 1 : 100.000 (Rapport)	Vegetationsk Hydrobiolog logie, Zoolo kunde, Hydr Historische (Geographie, logie, Forstw Landschafts
Regionalplankartierung Midden-Gelderland	Planologische Dienst der Provinz Gelderland	Plan. Dienst d.Prov.Geld. Geob.	1973	1 : 50.000	Geobotanik, Zoologie, Ge Bodenkunde rische Geogr Landschafts
Regionalplankartierung Twente	Planologische Dienst	Plan. Dienst d.Prov.Overijssel, Geob. SBB.	1973-1974	1 : 25.000	Geobotanik, (ergänzend), Bodenkunde

Geob = Abt. Geobotanik der Kath. Universität Nijmegen.   Nat-LH = Abt. "Natu
ICW = Institut für Kulturtechnik und Wasserhaushalt.   RIN = Reichsinsti

236

	Bewertungskriterien	Anwendung	Auskunft
...t Inventur- ...vertungskarten	Diversität Seltenheit Unersetzlichkeit	Regionalplanung	J.G. VAN DER MADE, Prinses Marijkeweg 15, Wageningen
...rkarten, ...ive Einrich- ...odelle	Seltenheit Diversität (Un)ersetzlichkeit	Regional-planung Flurbereinigung	Mej. Drs.C.J.M.SLOET VAN OLDRUITENBORGH, Anschrift s.o.
...rkarten + ...ngskarten ...ziplinen, ...bewertung	Diversität Seltenheit Intaktheit	Regionalplanung, Abbau von Ton und Sand	Drs. J.T.R. KALKHOVEN, R.I.N., Kasteel Broekhuizen, Leersum
...nafts- ...sche ...ungskarte	Diversität Seltenheit Einfluss des Mensches	Regionalplanung, Unterricht.	Drs. S.P. TJALLINGII, Institut für Bodenkunde, Oude Kamp 9, Utrecht.
...urkarten: ...und Prozess ...ot. Komp.; ...tungsk. der ...Vorzugskarten; ...klungsmodelle	Stabilität der abiot. Komp.; Seltenheit; Unersetzlichkeit; Stabilität des human- ökologischen Systems	Regionalplanung, Unterricht	Ir. TJ. DEELSTRA, Abt. "Bouwkunde" de T.H. Berlageweg 1, Delft.
...tionskarten ...sch, real ...tentiell) ...tbewertungs-	Diversität Natürlichkeit Seltenheit Mass der Zerstörung	Raumplanung, Konfrontation mit planologische Aktivi- täten auf national Niveau	Drs. A.H.P. STUMPEL, R.I.N., Kasteel Broekhuizen, Leersum.
...urkarten ...ungskarten ...lichkeits- ...für verschiede- ...ivitäte	Diversität Seltenheit Intaktheit Erlebniswert	Raumplanung Erholungsplanung	Drs. S.M. TEN HOUTE DE LANGE, R.I.N., Kasteel Broekhuizen, Leersum.
...tionskom- ...karte, Land- ...öokologische ...arte, Facette- Bewertungs- Planologische ...ndungskarte	Integralwert, basierend auf Seltenheit (Vege- tationskomplexen); Populationsanteil (Vögel)	Gutachten + Karten Ökologische Bedenken gegen Stadtsausbreitung, Intensivierung der Landwirtschaft, Auto- strassen-anlage	Dr. E. VAN DER MAAREL, Bot.Lab.Abt. Geobotanik, Toernooiveld, Nijmegen.
...tionskomplexenk. ...ische Bewertungs- Landschafts- ...gische Karte	Unersetzlichkeit; Inter- nat., nationale und re- gionale Seltenheit der Veget.-Komplexen	Allgemeines Gutachten, Betonung Pufferzonen um wertvollsten Gebiete	Drs. W. COLARIS, PPD, Provinciehuis, Zwolle.

...ehoud" der L.H. Wageningen.   SBB = Staatsforstverwaltung.
...rschung des Naturschutzes.   Stib = Institut für Bodenkartierung

Zukünftige Entwicklungen

Vor allem brauchen wir eine weitere Vereinheitlichung der landschaftsökologischen Bestandsaufnahmen und Bewertungsmethoden unter Berücksichtigung der
Beschränkungen der verwendeten Maßstäbe.

Weitere Wünsche sind u.a. 1. eine mehr grundlegende vegetationskundliche
Beschreibung — wass nicht so sehr eine Sache der Methodikentwicklung sondern
eine Sache der Vergrösserung der Mannkraft ist; 2. eine Ausdehnung der zoologischen und darauf aufbauend eine systematische Durchführung der biozönologischen
Landschaftsbeschreibung; 3. eine genauere Kenntniss der Wechselwirkungen
zwichen Ökosystemverhalten und menschlichen Eingriffen.

Zuletzt brauchen wir eine in Zusammenarbeit mit Planologen, Ökonomen,
Geographen und weiteren Sozialwissenschaftlern aufzubauende Ökoplanologie oder
Umweltplanung in der die verschiedenen Ansprüche auf die Umwelt zahlenmäs-
sig erfasst und auf einen gemeinsamen Nenner gebracht und die sogenannten Randbedingungen (Toleranzgrenzen) der Umwelt für die gesellschaftliche Entwicklung
festgelegt werden.

Für die Erfüllung dieser Wünsche brauchen wir ein Nationales Zentrum für
Landschaftsökologie und Umweltplanung zur deren Gründung die Regierung der
Niederlande vor kurzen von einer Beratungsgruppe eine Anregung empfangen hat.

LITERATUR

ADRIANI, M.J. & E. VAN DER MAAREL, (1968): Voorne in de branding. Oostvoorne.
ANONYMUS (1971): Stadsgewestelijke evaluatie van de alternatieve Waalbochtafsnijdingen.
    Oecologische evaluatie. Rapport, afd. Fysische Geografie en de afd. Geobotanie van de
    Katholieke Universiteit Nijmegen.
ANONYMUS (1971): De landinrichting van het gebied Volthe-De Lutte. Verkenning, analyse
    en modellen. Studiegroep Volthe-De Lutte, Wageningen.
ANONYMUS (1972): De ruimtelijke ontwikkeling van het Stadsgewest Nijmegen tot 1985.
    Interimrapport, Nijmegen.
ANONYMUS (1972): De kleuren van Zuidwest-Nederland, visie op milieu en ruimte. Contact-
    commissie voor Natuur- en Landschapsbescherming. Amsterdam.
ANONYMUS (1972): Overijssel '85. Een nota over de inrichting van de leefruimte van Overijs-
    sel in de periode tot 1985. Zwolle.
ANONYMUS (1973): Ecologie — Planologie. Een systeemtheoretische benadering. Rapport
    T.H. Delft, Afd. Bouwkunde.
ANONYMUS (1974): Orienteringsnota Ruimtelijke Ordening. Achtergronden, uitgangspunten
    en beleidsvoornemens van de regering. Den Haag.
BAKKER, J.P. & JOENJE (1973): De kwetsbaarheid van natuur en landschap als basis voor
    ruimtelijke ordening, toegepast op Noord-Drenthe. *Natuur en Landschap* 6: 155—168.
BOUMA, F. (1972): Evaluatie van natuurfunkties. Interimrapport, Instituut voor Milieuvraag-
    stukken. Amsterdam.
DAHMEN, F.W. & G. DAHMEN (1973): Eine ökologische Auswertekarte zur Bodenkarte
    1 : 50.000 für Zwecke der Landschaftspflege und Nutzungsplanung. Landschaftspflege
    am Niederhein, 63—69.
.DIELISSEN, G.T.M., E.M. ERICH, A.M. SINNIGE & H.M.L. SPAUWEN (1971): Een geobota-
    nische inventarisatie en evaluatie van het streekplangebied IJsselvallei. Doctoraalverslag.
    Nijmegen.
DIERSCHKE, H. (1969): Die naturräumliche Gliederung der Verdener Geest. Forschungen
    zur deutschen Landeskunde, Bd. 177, 113 pp., Bad Godesberg.
DOING, H. (1962): Systematische Ordnung und floristische Zusammensetzung niederländi-
    scher Wald- und Gebüschgesellschaften. Dissertatie Wageningen. Amsterdam.

GLAVAČ, V. (1972): Aufgaben und Methoden der Landschaftsökologie. *Natur und Landschaft* 47(7): 190–192.

HABER, W. (1971a): Künftige Nutzung agrarischer Problemgebiete aus der Sicht der Landschaftspflege. Vortrag auf der Sitzung des Beirates der Gesellschaft für Landeskultur. St. Enghmar.

HABER, W. (1971b): Möglichkeiten der Nutzung von Naturschutzgebieten. *Schr.Reihe f. Landschaftspflege und Naturschutz* 6: 243–254.

HAFFNER, W. (1968): Die Vegetationskarte als Ansatzpunkt zu Landschafts-ökologischen Untersuchungen. *Erdkunde* 22 (1/4): 215–225.

HAM, R.J.I.M. VAN DER (1974): Het landschapsbeeld in de ruimtelijke ordening. Stedebouw en Volkshuisvesting 55: 262–271.

HARMS, W.B. (1973): Oecologische natuurwaardering in het kader van de evaluatie van natuurfunkties. Rapport Inst. v. Milieuvraagstukken. Amsterdam.

JONGMAN, R., J. PELTZER, H. REIMERINK & J. WILTENBURG (1974): N.O. Twente, een geobotanische inventarisatie en evaluatie. Rapport Nijmegen.

KALKHOVEN, J.T.R., A.H.P. STUMPEL & S.E. STUMPEL-RIENKS (1973): Toelichting bij de voorlopige waarderingskaart van het natuurlijk milieu in Nederland. RIN-rapport, 15 pp. Leersum.

KALKHOVEN, J.T.R. (1974): Eine vorläufige Übersicht der potentiell-natürlichen Pflanzengesellschaften der Niederlande und der wichtigsten von denen abgeleiteten Vegetationskomplexe und Vegetationsreihen. Vortrag 18 Int.Symposium über "Landschaftsgliederung mit Hilfe der Vegetation", Rinteln.

KOSTER, E.A. & A.A. DE VEER (1972): Een analyse van het landschap ten noorden van Amsterdam aan de hand van de topografische kaart. *Stedebouw en Volkshuisvesting* 53: 331–355.

KROMME RIJN PROJEKT, 1974. Het Kromme-Rijnlandschap, een ekologische visie. Stichting Natuur en Milieu, Amsterdam. 104 pp.

KUCHLER, A.W. (1973): Problems in classifying and mapping vegetation for ecological regionalization. *Ecology* 54 (3): 512–523.

LEEUWEN, C.G., VAN (1965): Het verband tussen natuurlijke en anthropogene landschapsvormen, bezien vanuit de betrekkingen in grensmilieu's. *Gorteria* 2 (8): 93–105.

LEEUWEN, C.G., VAN (1966): A relation theoretical approach to pattern and process in vegetation. *Wentia* 15: 25–46.

LEEUWEN, C.G., VAN (1973): Ekologie. Kollegediktaat. TH. Delft.

LEEUWEN, C.G., VAN (1973): Oecologie en natuurtechniek. *Natuur en Landschap* 3: 57–67.

LONDO, G. (1972): Over de mate van vervangbaarheid van natuurlijke milieu's. *Contactblad voor Oecologen* 8 (3/4): 68–70.

MAAREL, E. VAN DER (1970): De Ooijpolder. Een biologische waardering van natuur en landschap. *Natuur en Landschap* 24 (3): 201–223.

MAAREL, E. VAN DER (1970): Biologische evaluatie van natuur en landschap ten dienste van natuurbehoud en milieubeheer. In: Groeten uit Holland, Amsterdam.

MAAREL, E. VAN DER (1971a): Florastatistieken als bijdrage tot de evaluatie van natuurgebieden. *Gorteria* 5 (7/10): 176–188.

MAAREL, E. VAN DER (1971b)': Plant species diversity in relation to management. Paper 11th Symp. British Ecol. Soc., Norwich, 1970. Ed.: E. DUFFEY & A.S. WATT, Oxford.

MAAREL, E. VAN DER (1972a): On the ecological evaluation of nature and landscape. Vortrag Int. Symposium Gefährdete Vegetation. Rinteln.

MAAREL, E. VAN DER (1972b): De invloed van het zich ontwikkelende hoofdwegennet op natuur en landschap. *Stedebouw en Volkshuisvesting* 53: 3–18.

MAAREL, E. VAN DER (1974): Man-made natural ecosystems in environmental management and planning Proc.1st.Int.Congr. Ecology The Hague, Wageningen.

MAARLEVELD, G.C. & G.W. DE LANGE (1972): Een globale geomorfologische en landschappelijke kartering en waardering van de uiterwaarden van de Nederlandse grote rivieren. *Landbouwk. Tijds.* 84 (8): 273–288.

MACHARG, I.L. (1969): Design with Nature. New York Natural History Press, 198 pp.

MEESTER-BROERTJES, R. (1973): Inventarisatie Landschapsoecologisch Onderzoek. Werkgemeenschap Landschapsoecologisch Onderzoek (W.L.O.). Studie- en informatiecentrum TNO voor het Onderzoek ten dienste van het Milieubeheer. Den Haag.

MENNEMA, J. (1973): Een vegetatiewaardering van het stroomdallandschap van het Merkske (N.Br.), gebaseerd op een floristische inventarisatie. *Gorteria* 6 (10/11): 157–179.

MIYAWAKI, A. (1972): Ecological studies of natural environment and his tolerate capacities. *Biol. Inst. Yokohama Nat. Univ.* 3: 44 pp.

MÖRZER BRUYNS, M.F. (1965): Natuurbehoud als gemeenschapsbelang. Rede Wageningen. Veenman, Wageningen.

MÖRZER BRUYNS, M.F. (1967a): Wat moeten wij verstaan onder natuurbehoud? *Natuur en Landschap* 21: 33–50.

MÖRZER BRUYNS, M.F. (1967b): Value and significance of nature conservation. Nature and Man, pp. 37–47.

NEEF, E. & J. BIELER (1971): Zur Frage der landschaftsökologischen Übersichtskarte. Ein Beitrag zum Problem der Komplexkarte. *Petermanns Geographische Mitt.* 115: 73–77. Gotha/Leipzig.

OLSCHOWY, G. (1973): Landschaftsökologie und Landwirtschaft. *Natur und Landschaft* 48 (7/8): 201–204.

SCHMITHÜSEN, J. (1963): Der wissenschaftliche Landschaftsbegriff. *Mitt. d. Flor.-soziol. Arbeitsgem.* N.F., 10: 9–19.

SCHROEVERS, P. (1969): Biologische waardebepaling van binnenwateren in het noordelijk Deltagebied. RIN-rapport, Zeist.

SLOET VAN OLDRUITENBORGH, C.J.M. (1971): De bepaling van de "natuurwaarde" van natuurgebieden en natuurelementen in het cultuurlandschap. *Contactblad voor Oecologen* 7 (3): 73–76.

SOČAVA, V.B. (1972): Geographie und Ökologie. *Petermanns Geogr. Mitt.* 116: 89–98.

SOET, F. DE et al. (1974): De waarden van de uiterwaarden. *Natuur en Landschap.* 28: 245–282.

STUDIEGROEP VOLTHE- DE LUTTE (1971): De landinrichting van het gebied Volthe — De Lutte. Verkenning, analyse en modellen. Wageningen.

STUMPEL, A.H.P. (1974): Kartierung landschaftsökologischer Einheiten mit Hilfe von Vegetationskomplexen, Vegetationsreihen und Ergebnissen von Bodenkartierungen. Vortrag. 18 Int. Symp. Landschaftsgliederung mit Hilfe der Vegetation., Rinteln.

STUMPEL-RIENKS, S.E. (1974): De botanische waardering van ecotopen als bijdrage tot een globale waardering van het natuurlijk milieu. *Gorteria* 7: 91–98.

SUKOPP, H. (1970): Charakteristik und Bewertung der Naturschutzgebiete in Berlin (West). *Natur und Landschaft* 45 (5): 133–139.

SUKOPP, H. (1971): Bewertung und Auswahl von Naturschutzgebieten. *Schr.Reihe f.Landschaftspflege und Naturschutz* 6: 183–194.

SUKOPP, H. (1972): Wandel von Flora und Vegetation in Mitteleuropa unter dem Einfluss des Menschen. *Ber. Landwirtschaft* 50: 112–139.

TJALLINGII, S.P. (1974): Het recht om krom te zijn; de toekomst van het Kromme Rijngebied. *Natuur en Landschap* 28 (1): 183–194.

TJALLINGII, S.P. 1974. Unity and diversity in landscape. *Landscape Planning* 1: 7–34.

TRAUTMANN, W. (1966): Erläuterungen zur Karte der potentiellen natürlichen Vegetation der Bundesrepublik Deutschland 1 : 200.000. Blatt 85 Minden. *Schriftenreihe für Vegetationskunde (Bad Godesberg)* 1: 1–138.

TRAUTMANN, W. (1973): Vegetationskarte der Bundesrepublik Deutschland 1 : 200.000 — Potentielle natürliche Vegetation — Blatt CC 5502 Köln. *Schriftenreihe f. Vegetationskunde* (Bad Godesberg) 6.

TROLL, C. (1968): Landschaftsökologie. In: Tüxen (ed): Pflanzensoziologie und Landschaftsökologie. Ber. Int. Symp. Stolzenau 1963: 1–21. Junk, Den Haag.

TROLL, C. (1972): Geoecology and the world-wide differentiation of high-mountain ecosystems. In: Geoecology of the highmountain regions of Eurasia, pp. 1–12. Erdwiss. Forschung (ed. C. TROLL), Wiesbaden.

TÜXEN, R. (1956): Die heutige potentielle natürliche Vegetation als Gegenstand der Vegetationskartierung. *Angewandte Pflanzensoziologie* 13: 5–42.

VISSCHER, H.A. (1972): Het Nederlandse landschap; een typologie ten behoeve van het milieubeheer. Utrecht.

WERF, S. VAN DER (1972): Effecten van recreatie op de vegetatie in natuurterreinen. *Natuur en Landschap* 26 (2): 210–220.

WERKGROEP G.R.A.N. (1973): Biologische kartering en evaluatie van de groene ruimte in het gebied van de stadsgewesten Arnhem en Nijmegen. Rapport afd. Geobotanie, K.U. Nijmegen.

WERKGROEP G.R.I.M. (1974): Landschapsoecologische Basisstudie ten behoeve van het streekplan Midden-Gelderland. Rapport K.U. Nijmegen en P.P.D. Gelderland (in Druck).

WESTHOFF, V. (1952): De betekenis van natuurgebieden voor wetenschap en praktijk. Brochure Contactcie. Natuur- en Landschapsbescherming, Amsterdam, 36 pp.

WESTHOFF, V. (1968): Die ausgeräumte Landschaft. Biologische Verarmung und Bereicherung der Kulturlandschaften. In: Handbuch f. Landschaftspflege und Naturschutz, Band 2. München.

WESTHOFF, V. (1969): Oecologische criteria voor de evaluatie van natuurlijke en halfnatuurlijke elementen in cultuurlandschappen in Nederland. Stencil Geobot. Lab., K.U. Nijmegen.

WESTHOFF, V. (1969): Die Reste der Naturlandschaft und ihr Pflege. In: Handbuch für Landschaftspflege und Naturschutz, Band 3: 251—265.

WESTHOFF, V. (1970a): Natuurbehoud en samenleving. *Natuur en Landschap.* 24: 185—200.

WESTHOFF, V. (1970b): New criteria for nature reserves. New Scientist pp. 108—113.

WESTHOFF, V. (1971): The dynamic structure of plant communities in relation to objectives of conservation. Paper 11th Symp. British Ecol. Soc., Norwich, 1970. Éd: DUFFEY & WATT, Oxford.

WESTHOFF, V., P.A. BAKKER, C.G. VAN LEEUWEN & E.E. VAN DER VOO (1970, 1971, 1973): Wilde Planten, Flora en vegetatie van onze natuurgebieden. Deel I, Deel II, Deel III. Amsterdam.

WOLFF-STRAUB, R. (1973): Pflanzenwelt. In: DAHMEN, F.W. e.a. Landschafts- und Einrichtungplan Naturpark Schwalm-Nette. Köln.

ZEEUW, C. DE; H. LEEFLAND; C. VAN DER WAL & D. KESSLER (1972): Landschapsekologiese patroon-proces-determinatie in de Vijfheerenlanden, T.H. Delft.

ZONNEVELD, I.S. (1972): Land evaluation and land(scape) science. ITC-Textbook of Photo-Interpr., Vol. VII. Enschede.

Anschrift der Verfasser:

Dr. E. VAN DER MAAREL, Abt. Geobotanik, Universität, Toernooiveld Nijmegen, Niederlande

Drs. A.H.P. STUMPEL, Reichsinstitut für Naturschutzes (RIN), Kasteel Broekhuizen, Leersum, Niederlande.

Sonderdruck: Verhandlungen der Gesellschaft für Ökologie, Erlangen 1974.

ERFAHRUNGEN SCHWEDISCHER FORSCHUNG ÜBER METHODIK BEI LANDSCHAFTSÖKOLOGISCHER BESTANDESAUFNAHME FÜR DIE LANDESPLANUNG

N. MALMER

Abstract

A development of landscape ecology in physical planning means a combination of research in ecology, soil science, limnology and landscape architecture. It is necessary to deal not only with nature conservancy and environmental protection but also with the best way for utilizing the landscape without overexploiting it.

This article reports from a swedish project working with instructions for inventories. Problems about map-scales, inventories of ecosystems and the use of the results are discussed.

1. Einleitung

Schweden ist, ausser im Süden des Landes, verhältnissmässig dünn bevölkert. Biologische Untersuchungen als Grundlage für eine allgemeine physische Landesplanung ausserhalb des Naturschutzes sind nicht zahlreich. Das Gleiche gilt z.B. auch für Vegetationskartierung über grössere Gebiete. Dies hängt teilweise mit den hier üblichen pflanzensoziologischen Forschungsmethoden zusammen. Andere Methoden mit einheitlicherer Fassung und grösserer Betonung der höheren Vegetationseinheiten scheinen für diese Zwecke geeigneter zu sein.

Dieser Mangel an Tradition ist ein Vorteil insoweit, als wir unsere Arbeit ohne belastendes Erbe anfangen können. Es ist aber ein klarer Nachteil, dass wir wenig eigene Erfahrungen haben und dass die Abnehmer — Techniker und Sozialwissenschaftler — wenig vertraut sind mit einem solchen, im weitestem Sinne ökologischen Material zu arbeiten.

2. Methodische Grundfragen

Die landschaftsökologische Grundlage, die wir jetzt für die Planung anstreben, muss unseres Erachtens u.a. folgende Information anbieten: 1. Eine möglichst objektive Bewertung der landschaftsökologischen Voraussetzungen eines Gebietes für verschiedene Aktivitäten (einschl. Naturschutz und Erholung) oder Nutzungsformen. 2. Beurteilung möglicher negativer Wirkungen innerhalb eines Gebietes und seiner Umgebung als Folge besonderer Nutzung. 3. Hinweise auf Möglichkeiten zur Verbesserung des Naturpotentials.

Wir erstreben in dieser Arbeit nicht nur Planung für „Schutz" sondern auch Planung für eine geeignete „Anwendung" des Naturpotentials.

In unserer Arbeit gehen wir nicht ohne weiteres von den bisherigen wissenschaftlichen Methoden aus, sondern wir haben uns immer gefragt: „Kann man derartige

naturwissenschaftliche Informationen für die Planung ausnützen?" und „Haben wir
Lücken in unseren naturwissenschaftlichen Kenntnissen, die ausgefüllt werden
müssen?" Die praktische Arbeit muss weiterhin standardisiert, leichtverständlich
und auch nicht zu teuer sein.

Der bestimmte Kartenmaßstabbereich ist von grösster methodischer Bedeutung.
Unsere bisherigen Erfahrungen deuten darauf hin, dass wir im Bereich 1 : 5000 –
1 : 20000 methodisch anders als im Maßstabbereich 1 : 50000 – 1 : 250000 arbeiten müssen. Die Kartierungseinheiten müssen aber immer übersetzbar innerhalb
verschiedener Maßstabbereiche bleiben.

Anstatt einer genauen Abgrenzung ökologischer Einheiten auf Karten kann man
z.B. die Arealfrequenz innerhalb eines Gebietes angeben. Die schwedische Reichs-
waldschätzung bietet ein solches Material an, weil sie zu den statistisch ausgewählten Probeflächen nicht nur forstliche, sondern auch vegetations- und bodenkundliche Angaben über Waldtypus und Bodenverhältnisse enthält.

In unserer bisherigen Forschungsarbeit sind wir auf Methoden, die die ganze
Fläche der untersuchten Landschaft decken sollen, eingerichtet. Das bedeutet aber,
dass wir, besonders wegen der Kosten, methodisch teils mit einer mehr übersichtlichen, teils mit einer mehr detaillierten, praktischen Stufe arbeiten müssen. Diese
Stufen sind so gewählt, dass sie der obengenannten Maßstabszweiteilung entsprechen
sollen. Die übersichtliche Stufe soll für grosse Gebiete eingesetzt werden und besonders Angaben enthalten, welche Teile einer Detaillerhebung zu unterziehen sind.
Die praktische Stufe soll in erster Linie in solchen Gebieten betrieben werden, wo
Nutzungsverschleiss zu warten ist oder wo Konfliktzonen mit gegensetzlichen Interessen vorliegen.

3. Durchführung der Arbeit

3.1. Boden

Die bodenkundlichen Kartierungen umfassen hauptsächlich die verschiedenen Bodenarten, dazu Bodentiefe und Blockgehalt. Auch Hydrogeologie, Grundgebirge,
Geomorphologie und – wegen Personalfragen – eine Zusammenstellung von Klimadaten sind einbezogen. Die übersichtliche Stufe soll auf solchen geologischen
Karten basieren, die schon vorhanden sind oder aus Angaben der Waldschätzung zu
erstellen sind. Neben Bodenart und Bodentiefe wird auf der praktischen Stufe den
Wasserverhältnissen Aufmerksamkeit gewidmet, z.B. Wasserstandverhältnisse, Vorkommen von periodisch oder konstant stagnierendem oder sickerndem Wasser.

3.2. Biologie

Aus theoretischen Gesichtspunkten ist für die biologische Bestandesaufnahme eine
Art von Ökosystemaufnahme erwünscht. Solche vollständigen Bestandsaufnahmen
sind aber sicher nicht allgemein durchführbar. Die Vegetationskomponente des Ökosystems ist aber für eine gute Charakteristik der ganzen Ökosystemstruktur sehr
wohl geeignet. Diese biologische Arbeit umfasst nicht nur die terrestrischen Biotope.
Auch alle verschiedenen Wasserbiotope sind inbegriffen, Binnengewässer ebenso
wie Küstengewässer. Geeignete Untersuchungsmethoden in physikalisch-chemischer

Hinsicht gibt es hierfür bereits.

Für die Vegetation sind wir gänzlich auf eine kartographische Darstellung der realen Vegetation eingestellt. Das bedeutet aber nicht, dass wir nicht an Vegetationssukzessionen interessiert sind. Es ist aber unserer Meinung nach viel leichter und eindeutiger mit der realen Vegetation zu arbeiten.

Auf der übersichtlichen Stufe wünschen wir in erster Linie eindeutig bestimmbare und wohlabgegrenzte Einheiten zu finden, die ohne Schwierigkeiten auf gewöhnlichen Luftbildaufnahmen zu unterscheiden und zu identifizieren sind. Wir wissen jedoch noch nicht, ob wir in dieser Weise ausreichende Unterlagen erhalten können. Sollte es der Fall sein, würde auch die weitere Entwicklung und Ausnutzung der Arbeit viel leichter durchzuführen sein, da ja eine solche Methode verhältnissmässig billig ist.

Es scheint mir möglich, auf diese Weise mit vorliegenden Luftbildaufnahmen etwa 20–25 Vegetationseinheiten (ausserhalb der alpinen Region) unterscheiden zu können. Will man spezielle photographische Aufnahmen z.B. mit infrarotempfindlichem Film durchführen, könnte die Anzahl beträchtlich grösser, aber die Arbeit auch beträchtlich teuer werden. Die praktische Stufe muss im Gelände erarbeitet werden. Bisher haben wir mit etwa 100 unterschiedlichen Einheiten gearbeitet. Sie stellen eine weitere Untereinteilung der Übersichtsstufen-Einheiten dar.

Die Vegetationsaufnahmen geben auch eine gewisse indirekte Auskunft über das Tierleben. Spezielle Untersuchungen, hauptsächlich auf der praktischen Stufe, können sich für gewisse Probleme als notwendig erweisen, z.B. Erhebungen über seltene Arten von Vögeln, Fischen und Wild. Innerhalb der meistens sehr arten- und individuenreichen Bodenfauna scheinen die Myriapoden (Pauropoda und Symphyla), die terrestrich lebenden Gastropoden und Regenwürmer besonders geeignet für Spezialstudien zu sein, da sie deutliche Indikationen für bestimmte Biotope abgeben. Artenreichtum innerhalb dieser Gruppen ist meistens als ein deutliches Zeichen für „Ursprünglichkeit" aufzufassen.

3.3. Landschaftsbild

Für die Studien des Landschaftsbildes berücksichtigen wir die Aufnahmen über Topographie, Wasser und Vegetation zusammen mit den Kulturelementen, Gebäuden, Wegen, Kraftleitungen, Kiesgruben, u.s.w. in der Landschaft. Daraus resultieren bewertbare Faktoren wie Überblickbarkeit, Abwechslung, Zugänglichkeit u.s.w. Wir beschäftigen uns dabei also mit der Zusammenfügung von naturwissenschaftlichen Elementen mit Kulturelementen in der Landschaft.

4. Ausnutzung der Erhebungen

Die Erkundungen über Vegetation und Boden sollen natürlich als Grundlagen für weitere Erwägungen dienen. Besonders mögen folgende vier Punkte erwähnt sein: 1. Produktivitätsverhältnisse. 2. Stabilität vorhandener Ökosysteme unter gegenwärtigen Verhältnissen. 3. Empfindlichkeit und Veränderung der Ökosysteme nach verschiedenen Belastungen und Eingriffen. 4. Naturschutzwert; a. Naturwissenschaftliche und Kulturelle Gesichtspunkte. b. Soziale Gesichtspunkte und Erholung.

Die Produktivitätsverhältnisse sind natürlich von grundlegender Bedeutung für

Forst- und Landwirtschaft. Grossblockigkeit z.B. ist manchmal ein Hindernis für
rationelle Forstwirtschaft. Die Bedeutung solcher Auskünfte ist unmittelbar ganz
klar: man soll wenn immer möglich, die für Forst- und Landwirtschaft am besten
geeigneten Gebiete diesen Zwecken vorbehalten.

Auskünfte über die Stabilität der vorhandenen Ökosysteme sind z.B. bedeutsam
für die Erhaltung von Erholungsgebieten und das Landschaftsbild. Aufforstungen,
offene Landschaften oder freie Wasserspiegel können machmal in wenigen Jahren
zuwachsen, anderseits in älteren Wäldern Kahlschläge das ganze Landschaftsbild ändern. Gesetzlich oder auch durch ökonomische Einsätze kann man in Schweden
solche Eingriffe regeln und z.B. den Bestand einer offenen Landschaft sichern.

Die Empfindlichkeit der Ökosysteme ist besonders bedeutsam für den Umweltschutz, z.B. in Fragen der Luftverunreinigungen oder Abwässer. Unerwünschte
Veränderungen in Nachbargebieten können als Folgen einer Entwässerung auftreten. Auch sind in Erholungsgebieten Störungen des Tierlebens und Schäden an der
Vegetation und am Boden als Folgen einer zu intensiven Abnutzung häufig.
Die schwedische Gesetzgebung für Naturschutz berücksichtigt nicht nur wissenschaftliche und kulturelle Gesichtspunkte, sondern auch Landschaftsbild, Erholung
und andere soziale Gegebenheiten. Die Grundlage muss daher sehr vielseitig sein
und kann nicht nur auf Seltenheit und Diversität gegründet sein.

Die Auswahl von Naturschutzgebieten soll besonders für naturwissenschaftliche
und kulturelle Interessen nach folgenden Kriterien getroffen werden: 1. Repräsentative Typen von Ökosystemen. 2. Seltene Typen von Ökosystemen. 3. Referenzge-
biete. 4. Artenschutzgebiete. 5. Unterricht und Schulen. 6. Landschaftsbild.

Für den Naturschutz ist bisher die Landschaftsplanung am weitesten gekommen.
Für viele Provinzen gibt es wenigstens eine übersichtliche Planung. Erforderlich ist
jedoch nicht nur diese hier erwähnte Planung, sondern auch eine weitere Übersicht
über ganz Schweden, besonders um die regionale Variation zu bewerten. Eine solche Arbeit ist in Angriff genommen, teilweise im Rahmen einer skandinavischen
Zusammenarbeit.

Anschrift des Verfassers

Professor Dr. Nils Malmer, Department of Plant Ecology Lund University,
O. Vallgatan 14, S—22361 Lund, Sweden.

LANDSCHAFTSÖKOLOGISCH – VEGETATIONSKUNDLICHE BESTANDESAUFNAHME DER SCHWEIZ ZU NATURSCHUTZZWECKEN

C. BEGUIN, O. HEGG, H. ZOLLER

Abstract

A map of the vegetation of Switzerland based on a grid-system is in work. By analogy to well known and described regions, the presence of 96 fairly natural vegetationtypes and of 22 ones being strongly influenced by man is checked on topographic and geologic maps and on aerial photographs. By aid of a computer, different maps will be printed showing the distribution of every one of the considered vegetationtypes, the number of types per km^2, the value of every square for the nature conservation and the significance of the probable conflicts between conservation and other human activities.

1. Problemstellung

Damit im Zuge der gegenwärtigen, die Schweiz als Ganzes erfassenden Raumplanungsphase naturschützerisch wertvolle Gebiete in der ihnen zukommenden Bedeutung gesichert werden können, ist eine gesamtschweizerisch einheitliche Uebersicht über den Naturschutzwert einzelner Landschaften nötig. Eine solche fehlte bisher, die bei genügender Differenzierung wirklich alle Teile des Landes gleichmässig erfasst hätte. Deshalb beauftragte die Abteilung Natur- und Heimatschutz des eidgenössischen Oberforstinspektorates zusammen mit dem Delegierten für Raumplanung die Pflanzengeographische Kommission (Präsident Prof. Dr. H. ZOLLER) der Schweizerischen Naturforschenden Gesellschaft mit der Erstellung einer solchen Unterlage. Die Verantwortung für die Ausarbeitung und Realisierung des Konzeptes wurde an Dr. O. HEGG übertragen, der bei der Formulierung der für Naturschutz und Raumplanung relevanten Projektgrundlagen durch die verantwortlichen Mitarbeiter in der eidgen. Verwaltung, E. KESSLER (Abt. Natur- und Heimatschutz) und Dr. R. HAEBERLI (beim Delegierten für Raumplanung) unterstützt wurde. An den Botanischen Instituten der Universitäten Basel, Bern, Neuenburg und Zürich wurden Studenten als Mitarbeiter gewonnen. Die grösste Arbeitsgruppe, Neuenburg, steht unter der Leitung von Dr. CL. BEGUIN.

Angesichts der sehr knappen Zeitspanne, die für die Erfüllung dieses Auftrages zur Verfügung steht, war es notwendig, die anzuwendende Methode so effizient als möglich zu gestalten.

2. Methode der Datengewinnung

Aufnahme und Auswertung erfolgen nach der Gitternetzmethode. Als Grundeinheit werden die Basisquadrate verwendet, die auf den Landeskarten der Schweiz durch die eingedruckten Koordinaten fixiert sind und die 1 km^2 messen. Hauptsächlichste aufzunehmende Objekte sind die Pflanzengesellschaften, die als Zeiger für die ganzen Biozönosen verwendet werden und die einen wesentlichen Beitrag zur Definition des Naturschutzwertes der Landschaft ergeben. Die Pflanzengesellschaften, die in der Schweiz vorkommen, sind in ihrer floristischen Zusammensetzung und in ihren ökologischen Ansprüchen genügend bekannt, damit man auf Grund der Standortsverhältnisse sagen kann, welche davon sich an einer bestimmten Stelle mit grosser Wahrscheinlichkeit findet. Es werden also die pflanzensoziologische Literatur der Schweiz und die existierenden Vegetationskarten ausgewertet und die z.T. recht weitgehenden Detailkenntnisse einzelner Gebiete unter Berücksichtigung der Vegetationskarte der Schweiz (SCHMID 1943-50) innerhalb einheitlicher Regionen extrapoliert und auf noch kaum untersuchte Gegenden übertragen. Dazu werden auf den für die ganze Schweiz gleichmässig guten Unterlagen der topographischen und geologischen Karten (meist 1:25'000) und· Luftbilder (ebenfalls ca 1:25'000) Meereshöhe, Exposition, Neigung, Anhaltspunkte zum Wasserhaushalt, zum Vorhandensein von Wald, Hecken usw., und zur geologischen Unterlage abgelesen und auf Grund dieser Angaben die Extrapolation vorgenommen. Nur wenn sich wesentliche Unsicherheiten ergeben, folgt eine Entscheidung im Feld.

(Ueber die Vorteile und Nachteile der verwendeten Gitternetz-Kartierung gegenüber einer herkömmlichen Vegetationskarte vgl. den Diskussionsbeitrag von HEGG auf dem Kongress).

Für 96 pflanzensoziologische Einheiten, die meist auf der Stufe von synsystematischen Verbänden stehen, haben wir detaillierte Oekogramme aufgestellt, mit deren Hilfe die Entscheidung getroffen wird, welche davon in einem Gitternetzelement vorkommen. Zusätzlich werden 22 weitere, mehr formationsmässig gefasste, stark menschlich beeinflusste Vegetationstypen unterschieden. Zusammen mit verschiedenen Angaben zur menschlichen Aktivität im Gitternetz-Element werden diese Daten auf OMR-Karten eingetragen, die von einem Optical Mark Reader gelesen und auf Magnetband übertragen werden. (Für weitere Details zur Datengewinnung vgl. BEGUIN et. al. 1975.)

3. Methoden der Datenauswertung

Die Auswertung geschieht so weit als irgend möglich auf dem Computer, der die Resultate tabellarisch und kartographisch zusammenstellt, die Karten als Gitternetzkarten mit der Einheit von 1 km². Bei Verkleinerung auf eine Zeichengrösse von 1 mm ergeben sich direkt Karten im Massstab 1:1'000'000 (Spezialdrucker mit übereinstimmender Zeichenbreite und Zeilenabstand).

3.1 Vegetationskundliche Karten

3.1.1 Verbreitungskarten einzelner Gesellschaften
Für jeden Kartierverband wird eine Verbreitungskarte erstellt, in der für jedes Gitternetzelement das Vorkommen mit der Art der Feststellung (Literatur, Feldbeobachtung, sichere und fragliche Analogie), der Ausbildung (ausserordentlich, gut, durchschnittlich, dürftig) und der Ausdehnung des Bestandes im km² (bis 5 a, bis 1 ha, bis 50 ha, bis 1 km²) gedruckt wird. Diese Verbreitungskarten entsprechen jenen der bekannten floristischen Atlanten (z.B. PERRING & WALTERS 1962)

oder auch jenen für pflanzensoziologische Einheiten, wie sie z.B. GEHU (1972)
publizierte, die allerdings auf reiner Feldbeobachtung basieren.

3.1.2 Verbreitungskarten höherer soziologischer Einheiten

Verbände der gleichen synsystematischen Klasse werden zusammengefasst und
als Summenkarten dargestellt, die zeigen, wieviele Verbände der Klasse im km^2
vorkommen.

3.1.3 Verbreitungskarten von Formationen

Die von uns unterschiedenen Verbände werden nach physiognomisch-strukturellen
Gesichtspunkten zusammengefasst und ergeben Verbreitungskarten von Wald,
Hecken, Gewässern, Sumpfgesellschaften usw.

3.1.4 Diversitätskarten

Für alle untersuchten Gesellschaften sowie für einige grosse Formationsgruppen
wird die Anzahl Verbände pro km^2 festgestellt. Durch Berücksichtigung der von
den verschiedenen Gesellschaften bedeckten Fläche ergeben sich echte Diversitätskarten, die eine erste Wertung für Naturschutzzwecke erlauben. Der Wert einer
Landschaft für den Naturschutz ist aber nicht nur von der Diversität abhängig. Es
braucht deshalb eigentliche

3.1.5 Naturschutzwertkarten

Für die Beurteilung der Bedeutung einer Landschaft für den Naturschutz dürften
folgende naturwissenschaftliche Gesichtspunkte wichtig sein:
- Anzahl der Pflanzengesellschaften und damit der Biozönosen, die darin vor-
  kommen;
- Ausbildung dieser Gesellschaften
- Wert jeder einzelnen dieser Gesellschaften für den Naturschutz.

Ein km^2, der nur einen einzigen Verband enthält, der aber äusserst wertvoll und
selten ist, kann den höheren Schutzwert aufweisen als ein anderer mit vielleicht
20 verschiedenen, aber häufigeren Verbänden. Alle Kartierverbände werden deshalb
in 6 Naturschutz-Wertstufen eingestuft, und zwar differenziert für 12 Regionen der
Schweiz. Für diese Einstufung werden folgende Gesichtspunkte berücksichtigt,
deren Gewichtung noch nicht festgelegt ist:
- Seltenheit des Verbandes in der Region auf Grund der Anzahl Vorkommen, die
  der Computer ermittelt.
- Reichtum des Verbandes an seltenen Arten (Pflanzen und Tiere);
- Bedeutung des Verbandes für bestimmte Arten (Pflanzen und Tiere);
- Empfindlichkeit der Bestände gegen menschliche Massnahmen (Düngung,
  Brachlegung usw.);
- Möglichkeit der Wiederherstellung eines entsprechenden Bestandes nach einer
  Zerstörung (irreplaceability nach TJALLINGIJ 1973);
- Bedeutung für die Landschaft als Umwelt des Menschen;
- Bedeutung für die Lanschaftsökologie und -Stabilität;
- naturwissenschaftlicher Wert des Verbandes;
- ethische Argumente.

Für jeden km^2 wird auf Grund der Naturschutzwerte, der Ausbildung und der
Grösse der vorhandenen Bestände insgesamt sowie nach den gleichen Formationsgruppen wie für die Diversitätskarten die Summe der Naturschutzwerte berechnet
und in 6 Klassen dargestellt.

Zur Beurteilung des menschlichen Einflusses auf die Landschaft und die Vegetation stehen verschiedene Unterlagen zur Verfügung:
— Informationsraster des Instituts für Orts- Regional- und Landesplanung an der ETH-Zürich (vgl. DISP 24/1972). Es bietet vor allem Grundlagen zur Bodennutzung, neben einer Anzahl weiterer Datensätze, die z.T. erst in Ausarbeitung begriffen sind und ev. in einer späteren Phase noch einbezogen werden können. Es wurden 12 verschiedene Bodennutzungen unterschieden und für jede ha nach den neuesten Landeskarten der Schweiz die dominante Nutzungsform abgespeichert: 3 unterschiedliche Bebauungsdichten, industrielle Bauten, Verkehrsanlagen, Rebbau, Wies-, Ackerland und Obstbau, Weide, Wald, Seen, Flüsse, Oed- und Unland. Im weiteren sind Angaben zur Verkehrserschliessung vorhanden, und für jede ha ist angegeben, welche Gemeinde an ihr den grössten Anteil hat.
— Daten des eidg. Statistischen Amtes: Hier sind vor allem Angaben zur Wohnbevölkerung und zur Landwirtschaft für unsere Zwecke von Bedeutung.
— Bei unseren eigenen Aufnahmen ergänzen wir diese Daten mit nach Karte und Luftbild festgestellten weiteren Einflüssen.

Die Auswertung erfolgt nach verschiedenen Gesichtspunkten, zur Vergleichbarkeit mit den vegetationskundlichen Daten ebenfalls immer auf die Gitternetzeinheit von 1 km² bezogen.

3.2.1 Ueberbauung

Aus dem ORL-Informationsraster ist bekannt, für wieviele Hektaren des Quadratkilometers die dominante Bodennutzung die Ueberbauung ist, unterschieden nach hoher, mittlerer und niederer Ueberbauungsdichte, industriellen Bauten und Verkehrsanlagen. Aus unseren eigenen Erhebungen kennen wir auch Einzelbauten, die bei der ORL-Aufnahme nicht berücksichtigt wurden. Diese Angaben werden in 6 Klassen kartographisch dargestellt.

3.2.2 Wohnbevölkerung

Ziel: Die Verteilung der Wohnbevölkerung in der Schweiz soll möglichst richtig dargestellt werden, ohne Rücksicht auf Verwaltungseinheiten. Dazu ist die einfachste Möglichkeit, die Verteilung der Einwohner einer Gemeinde auf die gesamte Oberfläche, wenig zweckmässig. Eine Konzentration auf die überbauten Gebiete ist notwendig. Verfügbare Daten:
— Einwohnerzahlen pro Gemeinde aus der Volkszählung 1970
— Gemeindezugehörigkeit für jede ha
— Ueberbauung, wo diese dominiert, in 5 Klassen
— Einzelbauten, wenn grössere Ueberbauungen im km² fehlen.

Vorgehen der Verteilung der Einwohner auf die km²: Wir rechnen mit „theoretischen Wohnungen" mit durchschnittlich 3 Personen: eine solche Wohnung entspricht einem Wohnpunkt in der Berechnung. Pro ha mit niederer Ueberbauungsdichte rechnen wir mit 25 Wohnpunkten, bei mittlerer Dichte mit 75, bei hoher (Stadtzentrum mit Geschäftshäusern) mit 10, bei Industrieanlagen mit 1. Für jede Gemeinde und jeden km² wird die Summe der Wohnpunkte aus der Ueberbauung der zugehörigen ha gebildet, es ergibt sich eine theoretische, aus der Ueberbauung geschlossene Anzahl Wohnungen. Die Einwohnerzahl der Gemeinde wird proportional auf die Wohnpunkte und damit die ha verteilt, es ergibt sich für jede Gemeinde eine Einwohnerzahl pro Wohnpunkt. Falls diese Zahl zu gross wird, weist die Gemeinde offenbar viele Einzelbauten auf, die bei der Ueberbauungsangabe nach ORL nicht berücksichtigt sind. Hier ist eine Korrektur notwendig, indem auch Einzelbauten und Weiler in Quadratkilometern ohne dominante Ueberbauung berücksichtigt werden. Für einen Teil der Schweiz stehen die effektiven Bevölkerungszahlen nach Hektaren zur Verfügung. An ihnen wird die Berechnung überprüft und korrigiert, damit auch die restlichen 3/4 der Oberfläche bearbeitet werden können. Die so berechneten Einwohnerzahlen pro km² werden in einer Karte in 6 Klassen dargestellt.

3.2.3 Attraktivität der Landschaft

Die Belastung der Landschaft durch Erholungsverkehr ist abhängig von der Menge Erholungssuchender, die sie anzieht, also von ihrer Attraktivität. Es handelt sich dabei um eine schwer fassbare und definierbare Grösse. Sicher spielen neben anderen folgende in unserer Analyse verfügbare Daten eine Rolle:
— Wasserflächen und -Läufe
— Gliederung der Landschaft durch Hecken, Waldränder, Alleen
— Vorhandensein mehr oder weniger reizvoller Pflanzengesellschaften
— touristische Einrichtungen
— Kulturen aller Art und Forste
— Dichte der Ueberbauung
— Landschaftsschäden wie Abfallplätze, Kiesgruben, Steinbrüche (im Betrieb) u.ä.

Je nach Ausdehnung dieser Landschaftsteile im km² werden dafür Punkte gesetzt und addiert. Das Minimum von -1 wird für sehr abstossende Elemente gesetzt, das Maximum von $+5$ für extrem reizvolle, anziehende. Der Durchschnitt dieser Punkte wird in 6 Klassen dargestellt. Die höchsten Attraktivitätswerte müssen Landschaften erhalten, die reich gegliedert sind durch Hecken und lange Waldränder und die Wasserflächen und -Läufe aufweisen, die geringsten solche mit intensiven menschlichen Störungen wie Verkehrs- und Industrieanlagen, intensive Ueberbauung u.ä. Es ergibt sich so eine „potentielle Attraktivität", bei der die Zugänglichkeit und die Nähe von Bevölkerungszentren ausser acht gelassen wird, also eine Abschätzung der wahrscheinlichen Nutzung durch Erholung, wenn das Gebiet zugänglich ist oder gemacht wird. Ein Einbezug von ästhetischen Kriterien ist in unserer Arbeit leider unmöglich. Wir sind uns bewusst, dass bei diesem Vorgehen nur ein Teilaspekt der Attraktivität erfasst wird, glauben aber, in der so erarbeiteten Karte einen Ausgangspunkt für weitere Untersuchungen zu geben.

3.2.4 Gesamtbelastung durch Verkehr, Erholung und Bevölkerung

Hier sind zu berücksichtigen:
— Nähe von Bevölkerungszentren
— Nähe von Erholungszentren
— Erschliessung durch Verkehrsträger
— Attraktivität der Landschaft

3.2.5 Landwirtschaft

Die Beeinflussung der Natur durch Dünger, Pestizide, Maschinen, Abfälle usw. aus der Landwirtschaft sollte abgeschätzt und pro km² lokalisiert werden können. Wir verfügen dazu über folgende Daten:

- Bodennutzung von 1969 durch die verschiedenen Kulturen in ha pro Gemeinde.
- Gemeindezugehörigkeit jeder ha.
- Empfehlungen der landwirtschaftlichen Beratungsstellen zur Verwendung von Dünger und Pestiziden für die verschiedenen Kulturen.

Die Gesamtfläche einer bestimmten Kultur in einer Gemeinde wird gleichmässig auf alle diejenigen ha verteilt, die nach ORL „Wies- und Ackerland, Obstbau" als Bodennutzung aufweisen. Wald- und Weideflächen werden nicht berücksichtigt, ebenso die übrigen land- und forstwirtschaftlich nicht produktiven Bodennutzungen; Rebbau wird als eigene Kategorie einbezogen. So lassen sich die verschiedenen landwirtschaftlichen Nutzungen auf die km² verteilen und als Anteil der Kultur am km² im Jahr 1969 als Verbreitungskarte drucken. Vor allem in grösseren Gemeinden ergeben sich Fehler, indem nicht alle Kulturen gleichmässig in der ganzen Gemeinde angepflanzt werden. Eine Korrektur ist bereits eingeschlossen in der Bodennutzung nach ORL, weil das Weideland ausgeschieden ist. Weitere Korrekturen mit Berücksichtigung von Höhengrenzen oder durch Kombinationen mit bestimmten natürlich vorkommenden Pflanzengesellschaften wären theoretisch möglich und für Teilgebiete wahrscheinlich ausführbar; für die ganze Schweiz müssten sie aber sehr willkürlich ausfallen.

Unter der Annahme, dass die Empfehlungen der landwirtschaftlichen Beratungsstellen für die Düngung und den Pflanzenschutz von der Mehrzahl der Landwirte ungefähr befolgt werden, ergeben sich Karten der Beeinflussung durch Dünger, Pestizide, usw.

3.2.6 Total-Belastung

Die einzelnen Teilbelastungen werden mit verschiedenen Koeffizienten gewichtet und zu einer Totalbelastung im km² addiert.

3.3 Konfliktkarte

Hier wird für jeden km² der Naturschutzwert der Gesamtbelastung gegenüber gestellt. Durch eine zweifarbige Darstellung — Naturschutzwert in der einen, Belastung in der zweiten Farbe — ergibt sich die Möglichkeit, Konfliktsituationen sehr leicht und deutlich aufzuzeigen.

3.4 Tabellarische Zusammenstellung pro Gemeinde

Um auch der kleinsten Verwaltungseinheit, der politischen Gemeinde, bei ihren Raumplanungsproblemen Unterlagen zur Verfügung stellen zu können, werden die wichtigen Daten gemeindeweise zusammengestellt.

Dank

Bei der Aufstellung der Liste der zu kartierenden Gesellschaften durften wir die Hilfe von Prof. Dr. H. ELLENBERG (Göttingen) PD Dr. F. KLÖTZLI (Zürich) und Prof. Dr. J.-L. RICHARD (Neuenburg), von V.P. GALLAND (Neuenburg), Dr. N. KUHN (Birmensdorf), Dr. R. KUOCH (Spiez), Dr. M. MOOR (Basel) für wertvolle Diskussionen beanspruchen. Die Institutsdirektoren Prof. Dr. CL.

FAVARGER (Neuenburg), Prof. Dr. E. LANDOLT (Zürich) und Prof. Dr. M. WEL-
TEN (Bern) ermöglichten die Arbeit an ihren Instituten. Die Herren Dr. R. HAE-
BERLI (c/o Delegierter für Raumplanung; Prof. Dr. M. ROTACH) und E. KESSLER
(Abt. Natur- und Heimatschutz; Leiter Dr. TH. HUNZIKER) eıwirkten den eidge-
nössischen Auftrag für unsere Arbeit. Herr. J. PYTHON (Elektron. Rechenzentrum
der Bundesverwaltung; Leiter Herr HORBER) half uns bei der computergerechten
Planung unserer Arbeit. Ihnen allen sowie den mit der Arbeit beauftragten Assis-
tenten KARIN BOLLER–ELMER, R. BOURGNON, F. CUCHE, M. GREMAUD,
LAURENCE KELLER, U. KIENZLE, A. LIEGLEIN, M. MEIER, R. SCHNEITER,
D. STRUB, J.-P. THEURILLAT danken wir für ihre Unterstützung unserer Arbeit
bestens.

LITERATUR

BEGUIN, C., O. HEGG, & H. ZOLLER (1975): Pflanzensoziologisch-ökologische Kartierung
    der Schweiz mit der Gitternetzmethode zu Naturschutzzwecken. Internationale Gesellschaft
    für Vegetationskunde, Symposion 1974 in Rinteln, im Druck.
DISP 24 (1972): Informationsraster, Sondernummer 24, Information zur Orts- Regional- und
    Landesplanung, Zürich.
GEHU, J.-M. (1972): Cartographie en réseaux et phytosociologie. In: TUXEN, R. (Ed.): Grund-
    fragen und Methoden in der Pflanzensoziologie. JUNK, den Haag 263—277.
PERRING, F.H., & S.M. WALTERS (1962): Atlas of the British Flora. NELSON, London.
SCHMID, E. (1943—50): Vegetationskarte der Schweiz 1:200'000 Blatt 1—4. HUBER, Bern.
TJALLINGIJ, S.P. (1973): Unitiy and Diversity in Landscape. Contribution to the 3rd interna-
    tional symposium Content and Object of the Complex Landscape Research. Bratislava.

Anschriften der Verfasser

Dr. CLAUDE BEGUIN, Université de Neuchâtel, Institut de Botanique, CH — 2000 Neu-
châtel, 11 Rue Emile Argand.
Dr. OTTO HEGG, Universität Bern, Botanische Institute, CH — 3013 Bern,
Altenbergrain 21.
Prof. Dr. HEINRICH ZOLLER, Universität Basel, Botanisches Institut, CH — 4056 Basel,
Schönbeinstr. 6.

Sonderdruck: Verhandlungen der Gesellschaft für Ökologie, Erlangen 1974.

LANDSCAPE ECOLOGY AND SPATIAL PLANNING IN W.-BELGIUM

ECKHART KUYKEN

Introduction

Although several private organisations for the study and conservation of nature were already active, and in spite of the efforts of some departments, spatial planning agencies did not take into account the real ecological basis of the environment. In this way, urban and industrial development, together with modern agricultural techniques, increasing traffic, recreation and pollution, caused a disastrous situation in the densely populated western part of Belgium, where only a limited number of 'natural' or 'semi-natural' landscapes are still to be found. Only a few small relicts are protected as nature reserves (together 0,4% only of the total area).

Since 1962, the Ministry of Public Works has set up 'Sectorial Development Plans' in the framework of a more regional spatial planning concept. At the end of 1973, the first of these plans were ratified by Ministerial Decree; the whole operation should be terminated in 1976 by Royal Decree. These valuable instruments for rural planning give a legal basis in safeguarding interesting landscapes and sites of great natural (or cultural) value; in the first place, they provide the development of urban, industrial and recreational zones.

However, the Administration of Urbanism and Spatial Planning, responsable for these sectorial plans, does not get adequate ecological information, as no appropriate official research institute exists to render the required advice.

Apart from the destination as a 'green zone' on the sectorial development plans, another possibility to protect landscapes and nature reserves is recently given by the 'Law on the Conservation of Nature' (12.VII.1973). It is now possible to expropriate interesting areas for proper nature conservation purposes.

Further, some interesting landscapes (both private or publicly owned) are 'classified' as a Monument by Royal Decree. Although several measures must ensure the integrity of those sites, in practice this procedure has not yet been very efficient.

As a result of this unfavorable situation, and with the intention to give the required biological information to the land planning administration, we try since 1972 to draw up an inventory and a provisional evaluation of all sites and landscapes of biological importance. Our work is carried out in two provinces: east and west-Flanders. At the same time, the Antwerp University Centre started a project to inventory a major part of the province of Antwerp. Finally, since 1973, the Biological Centre of Bokrijk has set up comparable work in the province of Limburg, as is dealt with during this Meeting by Dr. NEF. We will limit our information to the work done in the western (Flemish) part of our country.

Research in W.-Belgium

Based upon more or less detailed, biological surveys, we are aiming to assess the relative biological value of several sites (not the actual economic value, expressed in valuta). Each of these attempts is carried out in a different way, depending on priorities given to either scientific or practical planning aspects.

1.   Research in the province of Antwerp

In the middle of 1972, Prof. R. VERHEYEN started a very detailed project to inventory this province. The test-area of about 80 sq. km is situated mainly in heath and agricultural land, including some parks, woods and one small town. The area has been divided in quadrats of 1/4 sq. km on aeral photographs. For each of these units, about 35 items are to be recorded; this data-bank will be worked out with the aid of a computer.

To be noted, measured or counted are, e.g.:
— in cultural landscapes: 'negative' elements, as houses, manifactures etc; possibly positive elements, such as dikes, canals etc; agricultural areas, gravel or sand pits etc.
— in semi-natural landscapes: the number of hectares of heathland, wood, fens, etc. each of them are to be subdivided in several types (wet, dry, oligotrophic, eutrophic etc).

For this moment, about 600 features per sq. km have been recorded (both biological and others); the evaluation of the biological value is not yet worked out. Of great importance here is the overall coverage and the very detailed descriptions within standard units. This will make it possible to compare landscapes after a number of years.

2.   Research in Limburg

This project of biological inventory and evaluation in a test-area in the surroundings of Hasselt (80 sq. km) is mainly based upon the important work on landscape ecology, done in the Netherlands by VAN DE MAAREL (*Gorteria* 5, 1971) and others. Full details are given in the contribution of Dr. NEF.

3.   Own research in east and west Flanders

We started our biological evaluation program in 1972, partly based upon former personal knowledge of some areas. The main principles, problems and some results are presented here (see also KUYKEN, *Extern* 3 (4), 1974)

(a) Basic methods and concepts of inventory
— Series of field survey within a certain geographic region are prepared and completed with the aid of topographic maps (1/25,000; 1/50,000) and areal photographs (1/10,000). Urban and industrial areas are excluded beforehand.
— The field units are homogeneous parts of the 'open' or 'rural' space, outlined by visible marks and boundaries (both natural or man-made). 'Homogeneity', however, is one of the major difficulties in our work. Depending on the type of the landscape and on the scale of the final maps, the minimum area distinguished varies from 1 to 10 ha.

- The short inventory is mainly based upon dominant ecological landscape elements within each homogeneous unit, with additional notes on physical factors and human influences. These features are very often indicated by typical plant species or communities, which then are noted more in detail. Important ornithological data are recorded as well: breeding or feeding grounds for specialised or rare species, large concentrations of wintering birds etc.
- The ecological landscape elements can be classified into rather 'constant' types, which are to be found more or less regularly **within a certain geographic area.** We prepare a detailed concept classification of those 'habitats' or 'biotopes' (bio-physiognomic, or to be called 'biognomic' units), occurring in each of the generally accepted geographic regions of both provinces. This resembles the more general work on 'ecotopes' by STUMPEL-RIENKS (*Gorteria,* in press), VAN DE MAAREL and others in the Netherlands.
- Field notes on 'potential natural vegetation' (very important in woods etc.), on integrity and on diversity of the whole unit are most important to assess the value of that site. In this context, I very much prefer the term **'spontaneous' elements,** as they can occur in typical man-made landscapes as well, where their presence then reflects the degree of naturalness.

(b) Relative, overall evaluation, mainly based on landscape ecology ('naturalistic' evaluation)
- No separate values for either ornithology, botany, hydrobiology etc. are calculated, to evoid difficulties in integrating different disciplines.
- The biological value of each of the constant landscape elements mentioned before ('ecotopes', 'habitats', 'biognomic units' or whatever they are called) is previously put in one of the three classes of biological importance; a forth class being of negligible biological value.
- Based on inventories, the value of the outlined field units can be arbitrarily put in one of those classes. When several rare species or communities, or when large concentrations of interesting animals are present, the area concerned may be classified in a higher class. In the same way, the value can be increased by the presence of typical or rare geomorphological characters (in that case, the overall value of the site as to its' natural history' is expressed: naturalistic evaluation = **naturhistorische Bewertung).**
- Thus, our evaluation includes as well natural or semi-natural areas, as the more man-made types of habitats, where then the amount of spontaneous elements indicates the biological value. With old but detailed topographic maps (back to ± 1770!) the age of those elements can be found, which is of importance to assess the potential 'maturity': e.g. for woods, heathland, old riverbeds, man-made sites as former forts, dikes, canals, etc.. Criteria such as maturity, age, diversity, naturalness, express the replacement-value (which is of practical importance in spatial planning).
- In this context, we like to put forward the following principle questions: (1) is it justified, from the ecological point of view, to compare two sites of a completely different structure and situated in a different geographic region, as to their biological value? May we compare the **value** of very old and diverse ecosystems (e.g. old woodlands), with that of an unstable, dynamic saltmarsh? Therefore, in our project, we only compare woods with woods, grasslands with

grasslands, etc., within a same region (dune area, polder area etc.) (2) is it possible, when using separately a great number of criteria, such as rarity, diversity, maturity, vulnerability etc., to calculate a mathematical and biological exact overall value? Several of those criteria are only **descriptive** ones, without giving any answer to the question of relative biological importance or value.

(c) Mapping system

— Only three classes of biological importance are plotted on the maps (most used are 1/50,000): areas without biological importance (forth class), as well as urban/industrial areas remain blanco. This seems to have an important psychological effect: planning agencies thus get the practical conviction that only in those blanco areas new elements can freely be projected, without disturbing important landscapers or natural sites.

(d) Results

Actually, we have mapped about 4,500 sq. km (of which ± 800 in Zeeuws-Flanders, southern Holland). A test-area of ± 375 sq. km (coastal and polder region) shows the following distribution of areas, divided in four classes of biological importance:

blanco (no biol. value)	54%
biol. class 1	31%
biol. class 2	11%
biol. class 3	4%
(highest value)	

These figures suggest that our evaluation also could indicate useful priorities for nature conservation proper, as 4% of the total area can be accepted as a minimal percentage that needs the status of reserve.

Within the area of our survey, Mr. H. STIEPERAERE (also Ghent University) studied in more detail a transect of 10 km x 3 km; he mainly used the botanical evaluation methods described by VAN DE MAAREL (*op. cit.*) and by MENNEMA in the Netherlands. (*Gorteria* 6, 1973).

Although we are convinced that our method is not a pure mathematical one, we are sure that even with this short-term project, a large number ofsites can be saved; in most cases, detailed ecological research should have been too late. We have used these maps and biological evaluation with succes in proposing alternatives for planned roads, urban expansion, powerlines, camping sites etc. Above all, these maps (although not yet published) have been used very recently as (informal) basic matter for the official sectorial development plans, that are reviewed at present.

Finally, it is most important to realise that a great deal of the required biological information is to be found in the field-notes of numerous amateur naturalists. The role of professional ecologists and official institutions therefore could be in the first place to bring together the most valuable relevant knowledge, and make it operative for planning purposes and nature conservation.

Anschrift des Verfassers:

Dr. ECKHART KUYKEN Laboratorium voor Oecologie der Dieren. Zoögeografie en Natuurbehoud (Dir. Prof. Dr. J. HUBLE), K. L. Ledeganckstraat 35, B-9000-Gent, Belgium.

Sonderdruck: Verhandlungen der Gesellschaft für Ökologie, Erlangen 1974.

KARTIERUNG SCHUTZWÜRDIGER BIOTOPE IN BAYERN.
ERFAHRUNGEN 1974

G. KAULE

Abstract:

The changes of land-use caused by urbanisation, industrialisation, traffic and new agricultural methods are continuously destroying ecologically important habitats for plants and animals. Most of those 'biotopes' are unknown to the planning authorities. Therefore an inventory of ecologically important parts of the landscape was started in Bavaria in spring 1974. Objects are mapped in the scale of 1 : 50000, listed and described using a prepared form, which can be used to process the results by computer-methods.

Die Kartierung schützenswerter Biotope in Bayern ist ein Auftrag, der vom Landesamt für Umweltschutz an das Institut für Landschaftsökologie in Weihenstephan vergeben wurde.

Den ständig großräumiger und tiefgreifender werdenden Veränderungen in der Landschaft, bedingt durch Baumaßnahmen aller Art und durch Änderungen der Landbewirtschaftung, steht eine weitgehende Unkenntnis der Fachbehörden gegenüber, welchen ökologischen Wert diese Flächen als Ganzes oder in Teilen in ihrer bisherigen Form haben.

Diese Informationslücke in der Planung soll durch unsere Kartierung wenigstens teilweise geschlossen werden.

Ausgangspunkt unserer Überlegungen war, daß es eigentlich schon zu spät für eine gründliche Kartierung ist. Eine flächendeckende Karte der natürlichen Vegetation im Maßstab 1 : 25 000 oder 1 : 50 000, die als Planungsgrundlage infrage käme, ist in den nächsten Jahrzehnten nicht zu erwarten; ich brauche nur daran zu erinnern, wie lange schon an dem entsprechenden geologischen oder bodenkundlichen Kartenwerk gearbeitet wird. Als Planungsunterlage ist jedoch die Erfassung der verbliebenen naturnahen Vegetation schon jetzt unbedingt erforderlich.

Eine Vegetationskarte hat in der Praxis einige Nachteile: Man braucht als Kartierer floristisch sehr erfahrene Bearbeiter, die in der erforderlichen Zahl sicher nicht zur Verfügung stehen. Die abstrakten Vegetationseinheiten sind in der Planung schwer auswertbar. So ist es für die weitere Behandlung („management") ziemlich gleichgültig, ob wir ein Caricion davallianae vor uns haben oder ein Caricion fuscae; beide Flächen müssen in ähnlicher Form bewirtschaftet werden. Auch ein Phragmition und ein Magnocaricion können ähnlich behandelt werden. Wichtig ist die Trennung von Flächen dieser Gesellschaften, deren natürliche Entwicklung nicht gestört werden darf, und solcher, die eine gewisse Bewirtschaftung erfordern.

Bei einer Kartierung von **Objekten**, die wir bei unserer Erfassung schutzwürdiger Biotope anstreben, haben wir den Vorteil, daß derartige planungsbezogene Aussagen für konkrete Einzelflächen im Gelände mit erhoben werden. Es kann auch eine, wenn auch zweifellos subjektive, Beurteilung erfolgen. Diese wird durch den Bezug zu Naturräumen und Planungsregionen erleichtert. Aus einer reinen pflanzensozio-

logischen Kartierung kann man z.B. keine Hinweise dafür entnehmen, welche Streu-
wiesen bereits brachliegen, welche der natürlichen Entwicklung überlassen werden
können und welche für ein „künstliches" Erhaltungsprogramm in Frage kommen;
es sei denn, diese Informationen werden zusätzlich aufgenommen und dargestellt.

Ein System, das Objekte erfasst, die einzeln inventarisiert werden, hat den Vorteil, daß es leichter auf einem aktuellen Stand zu halten ist: Berichtigungen, Zu-
sätze oder Löschen von Flächen sind leicht möglich.

Wir kartieren in Bayern auf der topographischen Karte 1 : 50 000, in schwierigen Gebieten auch 1 : 25 000. Die Flächen werden auf der Karte umgrenzt und mit
einer Nummer versehen. Der Erhebungsbogen, ein DIN A 4 Formblatt, erhält die
Nummer der topographischen Karte und die laufende Objekt-Nummer auf dem
Kartenblatt.

Dabei sollen keineswegs nur vegetationskundlich bedeutende Flächen erfasst
werden, sondern auch zoologisch wichtige Gebiete. Normalerweise ist die Vegetation jedoch Träger der Tierwelt und, da weniger beweglich und saisonabhängig,
leichter erfaßbar. Wichtige Biotope können aber auch Hohlwege oder alte Steinbrüche darstellen.

Als Kartierungseinheiten haben wir Standorte, Vegetationsformationen oder
Pflanzengesellschaften und zoologisch bedeutende Flächen.

Standorte wären z.B. Seen, unterteilt nach Größe, die verschiedenen Formen der
Fließgewässer, geologisch wichtige Flächen wie Dolinen oder Steinbrüche und Wie-
sentäler.

Erfasste Pflanzengesellschaften sind diverse Waldtypen, extensives Grünland wie
Halbtrockenrasen oder Flachmoor-Streuwiesen, Hochmoorgesellschaften, Felshei-
den, Verlandungsgesellschaften etc.

Zoologisch bedeutende Flächen werden nach den Haupt-Tiergruppen unterteilt,
also Säugetiere, Vögel, Insekten etc. Die Erfassung der Tierwelt ist jedoch zunächst
nur sehr fragmentarisch, sie soll durch die laufenden Spezialprogramme vervollstän-
digt werden. Immerhin werden die meisten wichtigen Lebensräume damit schon
beschrieben.

In den erfassten Flächen liegt fast immer eine Kombination vor, also z.B. ein
kleiner See mit Schwimmblattgesellschaften und Röhricht, der auch einen wichtigen Laichbiotop für Amphibien abgeben kann.

Diese Einheiten werden kodiert und im Klartext angegeben. Weitere Informationen sind: Dominante Arten, seltene Arten, eine Zustandsbewertung und erforder-
liche Maßnahmen wie Bewirtschaftungshinweise sowie erkennbare Gefährdungen.
Ferner wird angegeben, ob die Fläche als Landschaftsschutzgebiet, als Naturschutz-
gebiet oder als Naturdenkmal vorgeschlagen werden soll. Für die EDV-Auswertung
im Raum, im Maßstab etwa 1 : 500 000, wird die Lage in einem 1 km^2-Gitternetz
nach den Gauß-Krüger-Koordinaten verschlüsselt.

Wir haben mit der Kartierung im April 1974 begonnen. Auch wenn erst wenige
Kartenblätter endgültig gezeichnet und beschrieben sind, zeichnen sich doch schon
einige Erfahrungen ab. Die Auswertung hinkt etwas nach, da in der Vegetationsperiode die Geländearbeiten vorrangig sein mußten.

Die Kartierer kannten ihr Arbeitsgebiet meist nur oberflächlich oder gar nicht.
Für eine Top. Karte 1 : 50 000 stehen im Schnitt 10—12 Geländetage zur Verfü-
gung. Bei diesem Zeitplan sind langwierige Informationsfahrten zu Behörden oder
Instituten, die Hinweise geben könnten, sehr zu straffen.

Die Geländearbeiten begannen mit einer Einführungswoche, die der Koordination und Einarbeitung der Kartierer diente. Trotzdem erwies es sich als sehr vorteilhaft, ja sogar notwendig, wenn die Bearbeiter benachbarter Blätter sich von Zeit zu Zeit wieder zu gemeinsamen Begehungen trafen. Eine vollständig einheitliche Kartierung ist jedoch nicht zu erreichen. Jeder, der einmal im Gelände gearbeitet hat, weiß daß sogar auch eine einzelne Person unterschiedliche Ergebnisse bei Sonnen- oder Regentagen nicht vermeiden kann.

Bei der Kartierung werden systematisch alle Wege abgefahren, notfalls abgelaufen. Unbedingt notwendig ist es, sich vor der intensiven Arbeit einen Überblick über den zu kartierenden Raum zu verschaffen. Das kann durch eine Übersichtsfahrt erfolgen. In großen zusammenhängenden Gebieten ist eine Befliegung vorteilhafter. Wir hatten mit einem sehr langsam und tief fliegenden Motorsegler beste Erfahrungen. Diese Vorinformation ist nötig, um einen Überblick zu bekommen, was in dem Naturraum zu erwarten ist. Nur dann können auch die ersten erfassten Bestände eingeordnet werden.

Unersetzliche Hinweise können örtlich erfahrene Naturfreunde oder Wissenschaftler geben. Bei unseren Erhebungen, bei denen es in erster Linie um Landschaftsökologisch bedeutende Flächen geht, und nicht um die Erfassung von Raritäten, ist es nach den bisherigen Erfahrungen jedoch vorteilhaft, unbeeinflußt an die Arbeit heranzugehen. Mit wenigen Ausnahmen wird dabei das Wichtigste bereits erfasst. Die Geländeerfahrung macht sich dann bei Informationsgesprächen mit örtlichen Spezialisten sehr bezahlt. Seltene Arten sind, jahreszeitlich bedingt, häufig nur über diese Personengruppe zu erfassen.

Nur sehr wenig Hilfe kann man von örtlichen Spezialisten bei der Kartierung der für ein Gebiet „normalen" Standorte erwarten. Gerade diese sind jedoch sehr gefährdet, da sie bisher nicht beachtet wurden. Wer kümmerte sich schon um einen Wald ohne seltene Arten oder um einzelne Heckengebiete?

Vergleicht man eine Karte, die von einem unbeeinflußten Bearbeiter in ca. 12 Tagen kartiert wurde, mit den Ergebnissen, die ein Vegetationskundler, der das gleiche Gebiet flächendeckend bearbeitet hat, eintragen würde, so ergeben sich in offenen oder kleinräumigen Landschaften erstaunlich hohe Übereinstimmungen. In Wäldern, die ein halbes Meßtischblatt oder mehr bedecken, versagt die Methode dagegen fast vollständig. Die Bearbeitung dieser Wälder war jedoch auch kein Ziel unserer Erhebungen, sie sollte über den Waldfunktionsplan der Staatsforstverwaltung erfolgen.

Wir sind im großen und ganzen mit den Ergebnissen des ersten Kartierungsjahres zufrieden. Man muß dabei berücksichtigen, daß wir ein Gebiet von 70 514 km² in zwei Jahren weitgehend abdecken wollen. Daß es sich dabei nur um eine vorläufige Erhebung handelt, war uns von Anfang an klar und kann nicht oft genug gesagt werden.

Es handelt sich um kein Vorhaben, das andere Kartierungen ersetzen soll; es soll nur die zeitliche Lücke bis zum Vorliegen von besseren Informationen überbrücken. Eine laufende Vervollständigung der Kartei über die floristische Kartierung, Vegetationskartierungen und zoologische Bestandsaufnahmen sind für die Aktualität und Qualität des Materials unbedingt erforderlich. Für diese Untersuchungen kann unser Material in schlecht bearbeiteten Gebieten seinerseits erste Hinweise geben.

Unsere Hauptschwierigkeit, oder auch die Gefahr dieser Erhebung sehe ich darin, daß diese Einschränkungen im politischen oder planerischen Bereich vergessen wer-

den könnten. Mit der Kartierung selber ist noch überhaupt nichts gewonnen, die
Konsequenzen liegen in der politischen Durchsetzung von Maßnahmen oder ihrer
Verhinderung.

Nach unverbindlichen Hochrechnungen werden wir in Bayern ca. 15 000 Fläch-
en aufnehmen, davon können für 400—600 Anträge auf NSG, für etwas mehr auf
ND gemacht werden. Der Rest muß bei örtlichen Planungen berücksichtigt und so
gesichert werden. Die Hauptarbeit beginnt also erst nach der Erfassung beim
Schutz der Gebiete, ihrer Kontrolle und bei der Durchsetzung der Forderung, in
ökologisch verarmten Bereichen neue naturnahe Biotope zu schaffen.

Annschrift des Verfassers:

Dr. GISELHER KAULE, 8050 Freising-Weihenstephan, Lehrstuhl für Landschaftsökologie.

ERFAHRUNGEN MIT DEM EINSATZ VON COMPUTERN

H.-W. KOEPPEL

Abstract

Landscape planning and natural resources analysis becomes increasingly more important in todays planning. But there are a few methods which are acceptable for general use. The computer oriented approach has serveral advantages as a tool and as a method for the complex natural resources analysis and landscape planning. The natural resource and land use data is collected on a grid base and stored in a data bank.

Through programming the data can be used for many different evaluations of the landscape and helps to understand and solve problems through the means of modell constructions and simulations. The results are printed as computer maps in a variable format. A wide range of projects in the U.S.A. demonstrate the usebility of this approach.

Für die aktuelle Landschaftsplanung reicht es nicht mehr aus, einige Bestandsdaten aufzuführen und auszuwerten, und dafür vielleicht sogar noch den größten Teil der Gesamtplanungszeit aufzuwenden. Heute werden komplexe ökologische Aussagen über das natürliche Landschaftspotential gefordert. Es werden mehr Daten und damit mehr Fakten verlangt, die auch von anderen Planungsbereichen berücksichtigt werden müssen. Der Aufwand für die Landschaftsplanung steigt ständig; das erfordert mehr Zeit und vielfältige Information. Die Ursachen dafür sind nicht zuletzt die hohen Ansprüche der Gesellschaft an die Landschaft. Denken wir nur an unser Wohnungsbau- und Verkehrsprogramm oder an die zunehmende Freizeitansprüche an die Landschaft. Der Landschaftsplan wird zwar verstärkt in die verschiedenen Fachplanungen integriert, sein bisheriger Stellenwert ist jedoch vielfach sehr gering geblieben. Schwach sind auch seine Aussagen zu den Problemen der Fachplanungen. Es fehlt der Landschaftsplanung an konkreten ökologischen Daten, aber gleichfalls an objektiven Bewertungsmethoden, die aussagekräftig und transparent sind. Kurz gesagt, es mangelt der Landschaftsplanung vielfach noch an der stichhaltigen Beweisführung.

Der Einsatz der elektronischen Datenverarbeitung für die Landschaftsplanung bringt bedeutende technische Verbesserungen. Die Anwendung der EDV zwingt aber auch zu einem logischen Vorgehen und einem folgerichtigen Durchdenken des Planungsvollzuges. Z.B. werden Daten ohne Planungsbezug in diesem Ablauf sehr schnell sichtbar.

Die Methode oder besser das System, den Computer für die Landschaftsplanung einzusetzen, wurde vor einigen Jahren von Prof. CARL STEINITZ und SINTON (KOEPPEL 1973) an der Harvard-Universität entwickelt. Es wurde mit diesem System nicht nur eine differenzierte Bestandsaufnahme der Landschaftsfaktoren gefunden, sondern auch ein Computerprogramm (SINTON & STEINITZ 1971) entwickelt, das diese komplexen Daten effektiver, vielseitiger und schnell auswertet und in Kartenform wiedergeben kann.

Die Bestandsaufnahme (siehe Abb. 1, 2 und 3) erfolgt in den ersten Schritten

Datenvariablenliste	Datenkategorie
1. Topographische Höhe	2. Exposition
2. Topographische Exposition	0 = Wasser
3. Topographische Neigung	1 = Flach
4. Grundgestein	2 = Norden
5. Landform	3 = Nord-Osten
6. Bodentypen	4 = Nord-Westen
7. Bodenarten	5 = Osten
8. Gewässerarten	6 = Westen
9. Wassereinzugsgebiete	7 = Süd-Osten
10. Grundwasserstand	8 = Süd-Westen
11. Vegetationsdecke	9 = Süden
12. Vegetationsgesellschaften	
13. Forsthöhe	3. Neigung in Prozenten
14. Dichte des Baumbestandes	0 = Wasser
15. Naturdenkmale	2 = 0–3 %
16. Derzeitige Flächennutzung	3 = 3–6 %
17. Geplante Nutzungen	4 = 6–10 %
18. Straßenverkehr	5 = 10–15 %
19. Eisenbahnverkehr	7 = 15–25 %
20. Entfernungen	9 = > 25 %
	8. Gewässerarten
	0 = Keine
	1 = Bach
	3 = Fluß
	4 = Teich
	5 = Stausee
	6 = See
	7 = Strom
	8 = Meer

Abb. 1. Beispiel: Auszug einer typischen Datenbank.

auf herkömmliche Weise, nur werden mehr Daten und diese detaillierter erhoben. So hat z.B. Steinitz in seiner Arbeit über die Umweltverträglichkeit und Belastung von alternativen Autobahnstrassen im State Rhode Island (STEINITZ 1972) über 130 Hauptmerkmale, die sich zum Teil noch stark untergliedern, erhoben und eingesetzt. Hierzu muß jedoch bemerkt werden, daß es nicht nur landschaftsökologische Daten waren. Es werden die flächenhafte, die lineare und die punktuelle Ver-

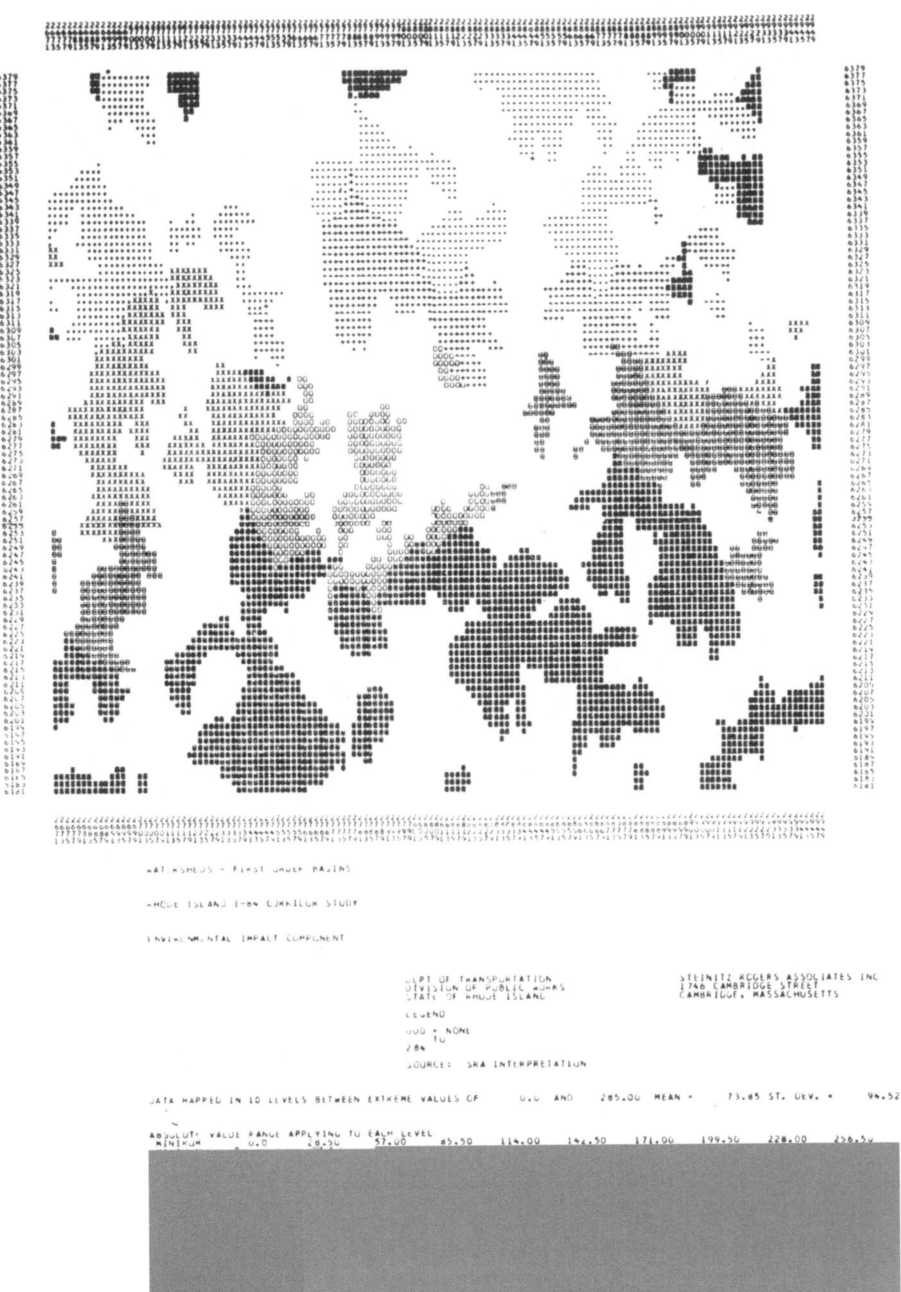

Abb. 2. Computerkarte des Merkmales Wassereinzugsgebiete der Quellbäche (zu Abb. 2 bis 5, jedes Druckzeichen repräsentiert eine Fläche von 4 ha. Quelle der Abbildungen 2-5: STEINITZ Rogers Associates, Inc.: Interstate Highway 84 in Rhode Island: Draft Environmental Impact Statement).

263

breitung der einzelnen Landschaftsfaktoren und wichtige sozio-ökonomische Daten
kartenmäßig erfaßt. Der Arbeitsaufwand bei der Beschaffung der Daten ist relativ
hoch. Viele der notwendigen Daten sind nicht in Karten erfaßt oder müssen aus
Karten interpretiert werden. Fehlende Daten werden aus Luftbildern und aus anderen Informationsträgern entnommen. Dazu gehört auch eine Feldbegehung als notwendige Kontrolle.

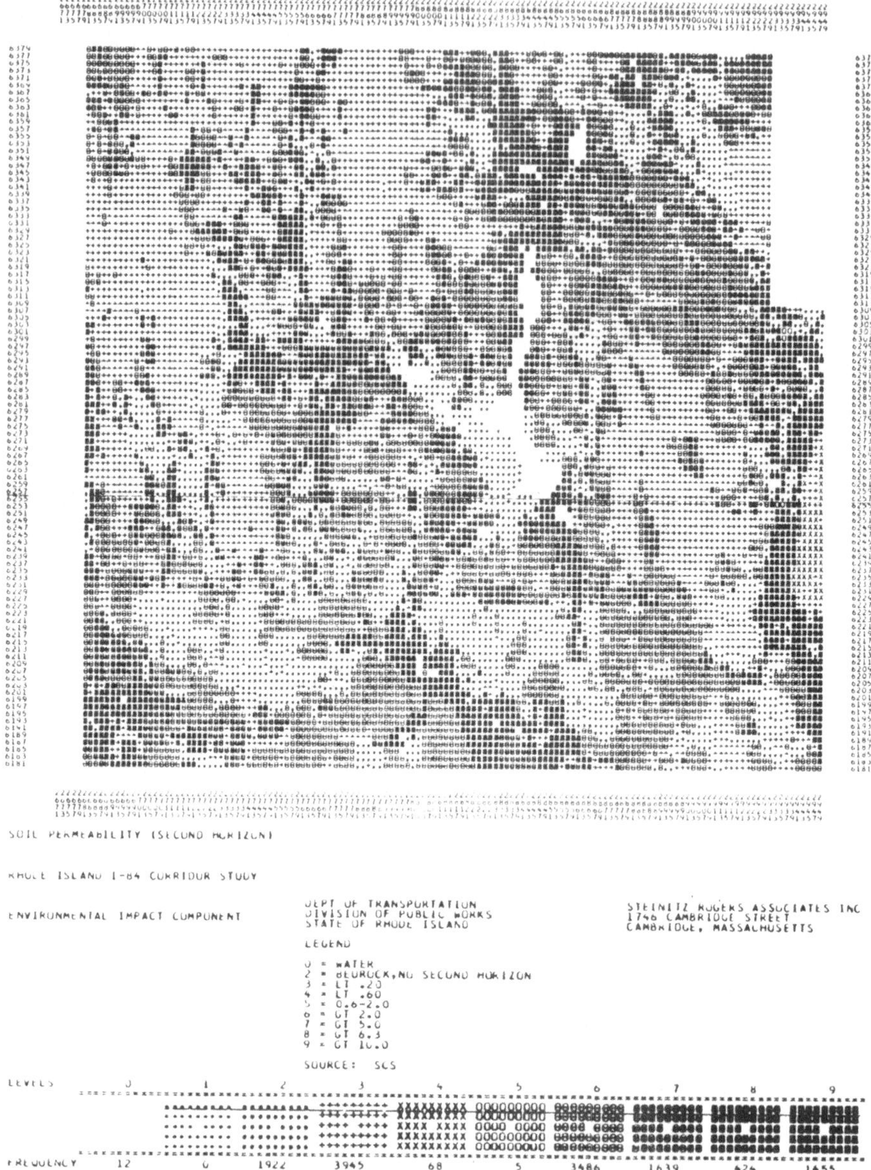

Abb. 3. Computerkarte des Merkmales Permeabilität des Bodens im B-Horizont.

Die Aufbereitung der Daten für die Computerspeicherung erfolgt über ein Rasternetz. Die Größe der Quadrate ist variabel, es wurden Seitenlängen von 50 m bis zu 10 km eingesetzt, als Fläche ausgedrückt 1/4 ha bis zu 10 000 ha. Die Quadratgröße wird nach den Planungsaufgaben, den geforderten Aussagen und der Flächengröße des Planungsgebietes gewählt. Kosten und Zeit spielen hier aber auch eine erhebliche Rolle.

Z.Zt. versuchen wir in der Bundesanstalt die noch sehr zeitraubende Aufnahme der Daten zu automatisieren. Damit sollen nicht nur die Kosten gesenkt und Zeit gespart werden, sondern vor allem Zeit für die Interpretation und Auswertung der Daten gewonnen werden. Die Grenzen der Flächendaten werden nicht mehr übers Raster erhoben, sondern mit einem Digitalisierungsgerät abgefahren und gespeichert. Die polygonalen Flächen werden anschließend durch Computerprogramme automatisch den Rastereinheiten zugeordnet und können durch den Plotter abgebildet werden.

Die Daten werden nicht, wie häufig festzustellen ist, je Planquadrat gespeichert, sondern jedes Merkmal wird geschlossen für das gesamte Raster eingegeben. Die Speicherstruktur ist somit eine andere. Diese Art ist vorteilhafter bei der Datenverarbeitung, belegt aber mehr Speicherraum. Das Planungsgebiet wird hier als eine Einheit, bestehend aus tausenden von Zellen, behandelt. Für den Landschaftsplaner besteht somit die Möglichkeit, schnell zu Übersichten zu gelangen und grobe Zusammenhänge zu erkennen. Mit der Eingabe der Merkmale in den Computer entsteht eine Datenbank (Abb. 1).

Sie sollte ideal gesehen möglichst alle für die Landschaftsplanung bedeutsamen landschaftsökologischen Daten einschließlich den Flächennutzungen enthalten. In einer solchen Datenbank sind die systematisch gegliederten und detaillierten Daten jederzeit greifbar und können je nach dem Bedarf des Benutzers einzeln, kombiniert und tabelliert abgerufen oder kartenmäßig (Abb. 2 und 3) ausgedruckt werden. Neben diesem entscheidenden Vorteil der Datenbank ergeben sich noch andere, so z.B., daß jeder nachfolgende Bearbeiter eines Planungsgebietes auf die gleichen Daten zurückgreifen kann und die noch häufige Wiederholung der Bestandsaufnahme wegfällt. Daten, die veralten, können in dem System schnell und einfach ausgetauscht werden.

Das geographische Bezugssystem des Programmes ist das UTM-System oder die Universale Transversale Mercatorprojektion. Dieses Koordinatensystem ist in den USA auf den Meßtischblättern angezeigt und es wird von der NATO global als Meldenetz verwendet. Vorteile des UTM-Systems sind: globale Einheitlichkeit und globaler Einsatz; im Dezimalsystem aufgebaut; Änderungen erst bei jedem sechsten Längengrade, für Deutschland sind der 6. und der 12. Längengrad maßgebend; internationale Vergleichbarkeit, z.B. „Floristische Kartierung Europas" und Erfassung der westpalaearktischen Invertebraten".

In Deutschland ist das UTM-System auf der Deutschen Generalkarte im Maßstab 1 : 200 000 vorhanden. In Norddeutschland wird z.Zt. das Gauß-Krüger-System durch das UTM-System ersetzt. Diese allmähliche Umwandlung legt es nahe, bei einem zukünftigen Einsatz eines Rasternetzes das UTM-System zu benutzen, damit wäre auch die spätere Vergleichbarkeit gesichert.

Praktische Erfahrungen sind in Deutschland noch nicht gemacht worden, das System befindet sich erst in der Aufbauphase. Konkrete Planungen wurden aber bereits in den USA mit dem System durchgeführt. Einige Beispiele davon verdeutlichen die breite Anwendungsmöglichkeit einer solchen Datenbank:

— Bewertung von alternativen Autobahnstrassen auf ihre zukünftige und während
 des Baues erfolgende Umweltbelastung im State Rhode Island (STEINITZ
 1972).
— Landschaftsökologische Planung mit späterer Durchführungkontrolle im Kreis
 San Diego, Kalifornien (Envir. Devel. Ag. 1971).

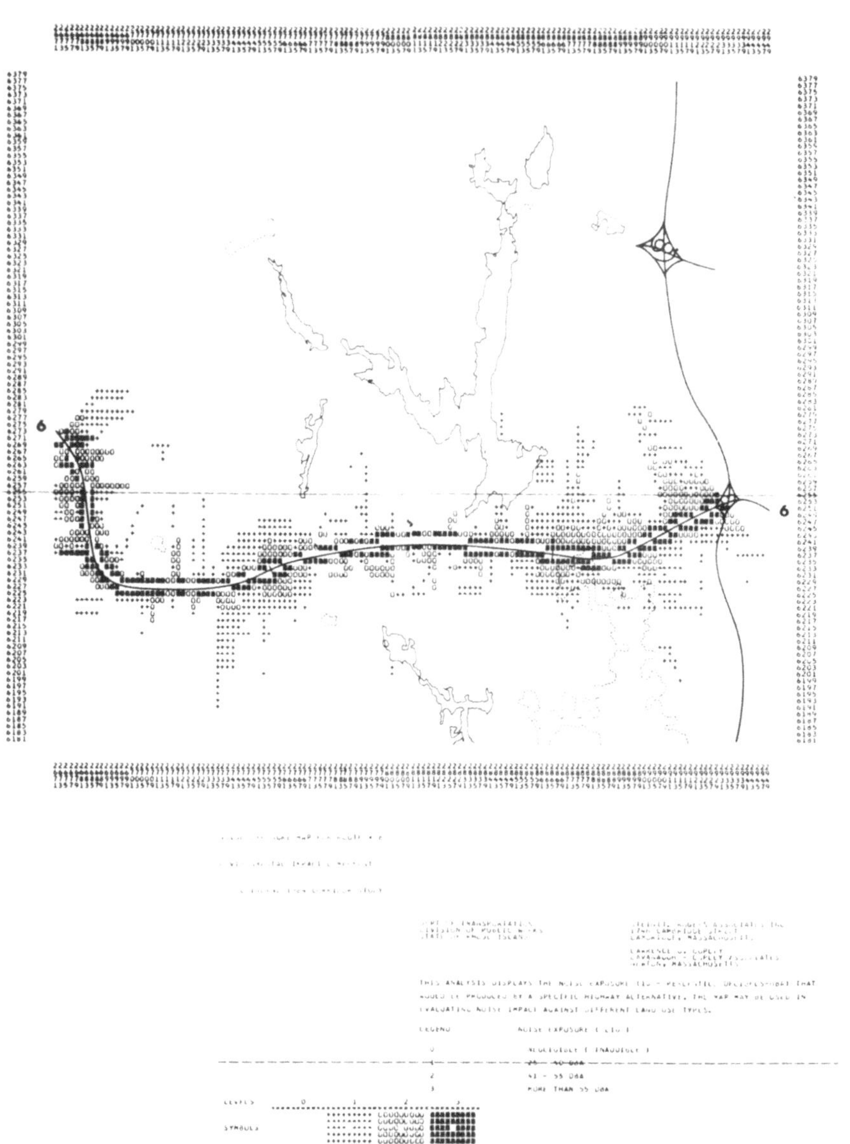

Abb. 4. Auswertungskarte des Modelles Lärm: hier: Höhe des durchschnittlichen Schallpegels
entlang einer geplanten Autobahn.

— Simulation von Stadtentwicklungsplänen im Raum Boston (DEPT. LANDSC. 1971)
— Landschaftsökologische Bewertung von verschiedenen Standorten für einen Verkehrsflugplatz der Stadt Minneapolis/St. Paul im State Minnesota (Enviromedia 1970).
— Analyse und Bewertung von Erholungsnutzungen und ihre Belastungen an einem geplanten Stausee im State New Hampshire (MURRAY 1971)

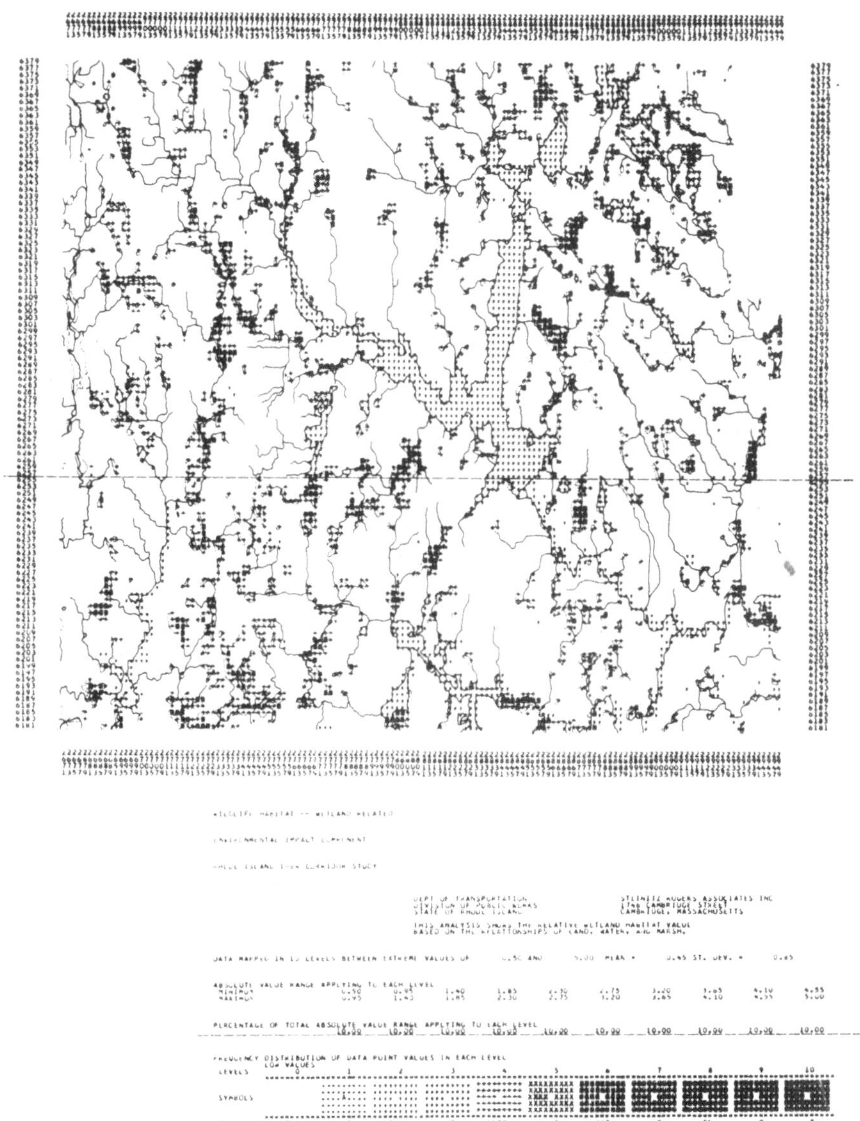

Abb. 5. Auswertungskarte des Modelles Wildhabitat: hier: Habitat in und an Feuchtgebieten.

– Ökologische und landschaftsplanerische Untersuchungen von jetzigen und
  zukünftigen Problemen im Ballungsgebiet des States New Hampshire
  (FREDERICK & LUTY 1972).

Die Beispiele wurden mit viel Erfolg von interdisziplinären Gruppen, zu denen
Landschaftsarchitekten, Ökologen, Statistiker, Regionalplaner, Ökonomen und
EDV-Fachleute gehörten, bearbeitet. Für die Analysen und Auswertungen dieser
Projektdatenbanken wurden von den Mitgliedern verschiedene analytische Modelle
entwickelt, in die auch statistische und mathematische Methoden integriert wurden.
Die Modelle (Abb. 4+5) waren oft von einfacher Struktur oder wurden zu Submo-
dellen in einem komplexen Simulationsmodell. Zum Beispiel wurde ein Modell
entworfen, das eine Fahrt auf der zukünftigen Autobahnstrasse simulierte und jedes
Quadrat aufzeigte, das vom Auto aus gesehen werden konnte und registrierte, ob es
landschaftlich schön oder uninteressant war. Zum Teil recht differenzierte Modelle
wurden zur Erfassung des Grundwasserhaushaltes konstruiert. Faktoren, wie Nie-
derschlagsmenge mit zeitlicher Verteilung, Durchlässigkeit des Bodens, Evapora-
tionsrate, Oberflächenabfluß usw. waren Bestandteil der Modelle. Andere zeigten
die Lärm- und Staubverbreitung oder die Ab- und Zunahme von Großwild, Kleintie-
ren und Vögeln an. Belastungsmodelle für Vegetation, Wasser und Boden gehörten
ebenso dazu wie Attraktivitäts- und Eignungsmodelle für Flächennutzungen.

Mit diesen oft sehr verschiedenen Modellen konnten Informationen und exakte-
re Angaben über die Folgen der menschlichen Eingriffe in Natur und Landschaft
geliefert werden. Ein Anfang ist gemacht, die weitere Arbeit wird nicht nur zu
neuen Modellen führen, sondern auch zur kritischen Betrachtung der aufzunehmen-
den Faktoren.

LITERATUR

DEPARTMENT OF LANDSCAPE ARCHITECTURE (1971): Urbanization and Change-Boston
    Southeast Sector. Graduate School of Design, Harvard University.
ENVIROMEDIA, INC., AND STEINITZ ROGERS INC. (1970): Airport Development Area
    Study and Natural Resources Protection Study. Minneapolis, Minnesota.
ENVIRONMENT DEVELOPMENT AGENCY (1971): Computer Graphics Evaluation of Ran-
    cho San Diego, San Diego, Kalifornien.
FREDERICK, C.J. & J.J. LUTY (1972): Problem Recognition Study-Central New-Hampshire
    Planning Region. Regional Field Service, Harvard University, Graduate School of Design.
KOEPPEL, H.W. (1973): Datenverarbeitung mit GRID-Programm für die Landespflege in den
    USA *Natur u. Landschaft* 48 (2): 31–38.
MURRAY, T. et al. (1971): Honey Hill-a Systems Analysis for Planning the multiple Use of
    controlled Water Areas. Vol. I and 2, The National Technical Information Service, Depart-
    ment of Commerce, Springfield, Virginia.
SINTON, D. & C. STEINITZ (1971): GRID-Manual, Version 3, LCG, Harvard Universität.
STEINITZ, ROGERS ASSOCIATES, INC. (1972): Interstate Highway 84 in Rhode Island:
    Draft Environmental Impact Statement. Vol. 2 und 3, Department of Transportation, State
    of Rhode Island.

Anschrift des Verfassers:

HANS-WERNER KOEPPEL, B.Sc., M.L.A. (U.S.A.) Bundesanstalt für Vegetationskunde, Naturschutz und Landschaftspflege, 53 Bonn-Bad Godesberg,
Heerstraße 110.

ÖKOLOGIE – LEHRFACH ODER UNTERRICHTSPRINZIP?

G. SCHAEFER

Abstract

Ecology, in higher education, is discussed to be either a teaching subject for its own or just a principle of teaching covering all grades and different fields. It is shown that the principle of ecological thinking is a way of thinking called 'inclusive'. The inclusive and the exclusive thinking are discussed on the background of systems theory and of their effect on scientific progress. It is concluded that ecological education should mean the application of the method of inclusive thinking on ecological objects, especially on whole ecosystems. This process of application should not be organized in an own teaching subject 'ecology', but within the whole field of biology teaching.

1. Einleitung

In der Diskussion der letzten Jahre um die Stellung der Biologie im Lehrplan ist immer wieder die Frage aufgeworfen worden, wie wichtig die Biologie überhaupt sei und welchen Anteil an den Studentafeln unserer allgemeinbildenden Schulen sie haben solle. Daß dieser Anteil in den Augen der Nichtbiologen fragwürdig geworden ist, verwundert uns nicht, wenn wir die immer noch weit verbreitete Geringschätzung des Biologieunterrichts in unserer Bevölkerung zur Kenntnis nehmen, und die Reduzierung des Stundenanteils der Biologie in der Sekundarstufe I von früher durchgehend 2 Wochenstunden um ganze Jahre, die heute in fast allen Bundesländern stattfindet, ist ein drastischer Beweis für die Gewichtsverschiebung, die in bezug auf Biologieunterricht begonnen hat.

Gleichzeitig mit der allgemeinen Beschneidung des Biologieunterrichts tauchen aber spezielle Interessen in unserer Bevölkerung an Teilgebieten der Biologie auf: Probleme der Sexualaufklärung, des Drogenkonsums, des Umweltschutzes, der Gesundheitspflege lassen das Interesse an biologischer Unterweisung nicht ganz erlöschen, und zuweilen wird – meist von Nichtbiologen – sogar der Vorschlag gemacht, diese Themen in eigenen Unterrichtsfächern wie „Sexualkunde", „Ökologie" bzw. „Umweltkunde" und „Gesundheitslehre" zu unterrichten. Diese Fächer würden dann zum Teil an die Stelle eines herkömmlichen Biologieunterrichts treten und die gesellschaftlichen Interessen an diesem Unterricht deutlicher artikulieren. Daß solche Vorschläge bisher noch nicht realisiert wurden, liegt sicher zum großen Teil an der Trägheit unseres Schulwesens, die sich jeder zu ungestümen Lehrplanänderung widersetz. Vielleicht ist es gut so, denn so haben wir noch etwas Zeit zum Nachdenken.

Greifen wir das Problem einmal am Beispiel der Ökologie auf. Ich möchte es auf die Alternative zuspitzen: Sollte Ökologie in unseren allgemeinbildenden Schulen (aber auch in den Studiengängen unserer Hochschulen) als eigenes Fach gelehrt werden, oder sollte Ökologie nur ein Unterrichtsprinzip, eine Denkweise, ein Leitfaden sein, der sich längs durch alle Jahrgänge und quer durch die verschiedensten Stoffgebiete hindurchzieht?

2. Zur Definition von Ökologie

Bevor wir diese Frage sinnvoll beantworten können, müssen wir erst definieren, was wir unter Ökologie verstehen wollen. Eine der heute allgemein üblichen Definitionen lautet: „Ökologie ist die Wissenschaft von den Beziehungen zwischen Organismus und Umwelt" (vgl. KÜHNELT 1970).

Legen wir diese Definition zugrunde, so bedeutet das in der einfachsten Art von Systemdarstellung:

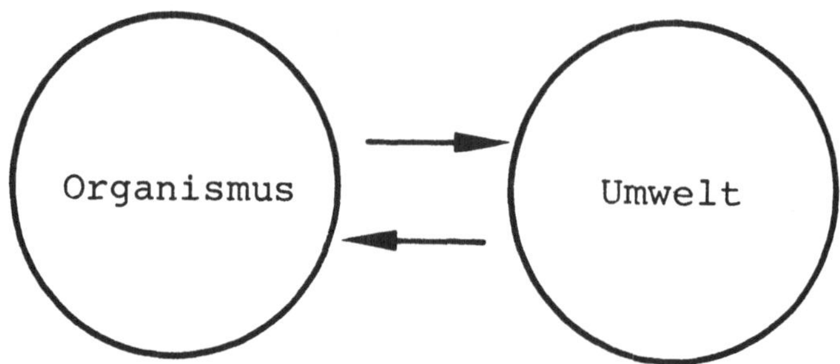

In der ersten Näherung betrachtet Ökologie dann einen Organismus als Blackbox und stellt ihm die zweite Blackbox „Umwelt" gegenüber. Bei genauerer Betrachtung erweist sich natürlich diese erste Näherung als fast trivial und inhaltsleer; was heißt zum Beispiel „Umwelt"? Die Analyse der Wechselbeziehungen zwingt zu Erweiterungen, zur zweiten, dritten usw. Näherung. Die Blackbox „Umwelt" wird aufgelöst in weitere Blackboxes: zunächst die biotische und die abiotische Umwelt; diese dann weiter in Konkurrenten, Symbionten, Produzenten, Konsumenten, Reduzenten; bzw. in Boden, Luft, Wasser usw. Durch fortgesetztes Auflösen der betrachteten Systembereiche in ihre Unterelemente kommen wir zu einem immer differenzierteren Bild von der Umwelt des betr. Organismus. Dieses systemtheoretische Verfahren nennt man bekanntlich „Blackbox-Verfahren".

Genau so auf der anderen Seite: Die vielfältigen Einwirkungen der Umwelt auf den Organismus, sowie seine vielfältigen Reaktionen darauf, zwingen zur schrittweisen Auflösung der Blackbox „Organismus" in Einzelbereiche. Schon weil der Organismus ein offenes System ist, können wir ihn bei ökologischer Betrachtung nicht isoliert als ein Ganzes stehen lassen. Sein Verhalten, seine biochemischen Parameter, seine Anatomie und Morphologie und seine Gene sind Teilbereiche des Ganzen, die gesondert betrachtet und in ihrer Beziehung zur Umwelt gesehen werden müssen, wenn wir die Zielsetzung der Ökologie, die „Beziehungen zwischen Organismus und Umwelt" zu erforschen, konsequent verfolgen wollen.

Das heißt: **Ökologie betreibt eingehende Systemanalyse,** ausgehend von Populationen, Biotopen, Mikroklima, Bodenkapillaren, pH-Werten, SO_2-Bestandteilen auf der einen Seite, — Körperbau, Verhalten, Stoffwechsel, Zellfeinbau, Gen-Mutationen auf der anderen Seite.

270

Das obige Schema muß also etwa wie folgt ergänzt werden:

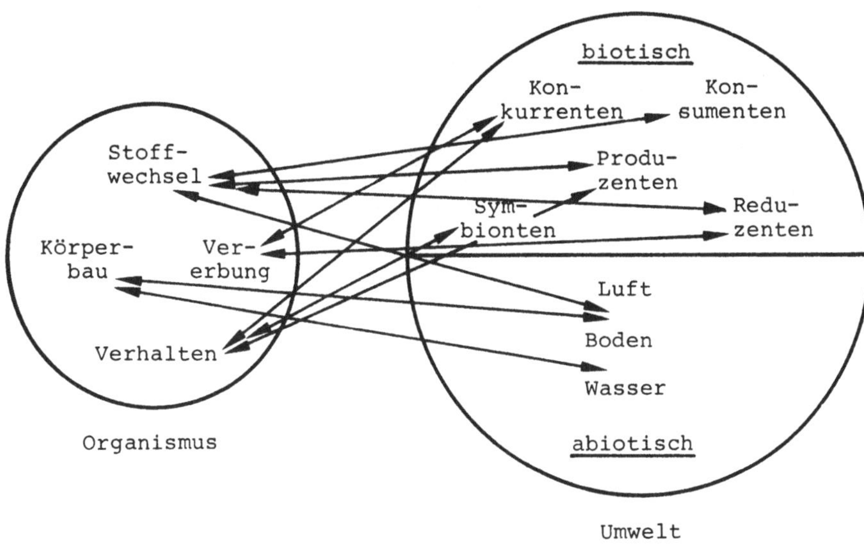

Nun ist das Verfahren der Systemanalyse ein typisch naturwissenschaftliches Verfahren und sicher nichts spezifisch Ökologisches. Zum Beispiel gehen auch die Molekularbiologie, die Verhaltenslehre, die Genetik streng systemanalytisch vor. Aber der wesentliche Unterschied liegt ganz einfach im Systemumfang. Während die eben genannten Teildisziplinen der Biologie, aber auch in besonderem Maße natürlich Physik und Chemie, die betrachteten Wirklichkeitsbereiche immer stärker einengen und dabei zu immer exakteren Aussagen kommen, geht die Ökologie **gleichzeitig** den umgekehrten Weg zu den größeren Zusammenhängen und stellt die Frage nach dem objektiv existierenden Gesamt-System. Dabei stellt sich dann heraus, daß der Forscher zwar beliebig kleine Subsysteme denken, isolieren, untersuchen und sogar künstlich herstellen kann, daß diese Subsysteme aber Artefakte des Menschen und als solche isoliert gar nicht existenzfähig sind. Es gibt in der Natur keine isolierten Chloroplasten, Enzymfraktionen, ja — nicht einmal einen einzigen wirklich isolierten Organismus!

So ist die Frage nach objektiv existenten Systemen, die materiell und informationell weitgehend autonom sind und sich bei ausreichender Energiezufuhr durch innere Regelungsvorgänge selbst erhalten, die eigentliche Kernfrage der Ökologie. Es ist die Frage nach dem **Ökosystem** (siehe ELLENBERG 1973).

Wir können Ökologie also auch anders als oben definieren, indem wir nicht von einem (willkürlich bestimmten) Systemelement, einem Organismus ausgehen, sondern vom existenzfähigen Gesamtsystem:

> Ökologie ist die Wissenschaft von
> Ökosystemen, d. h. von biotisch/
> abiotischen Großsystemen, die sich
> selbst erhalten.

271

3. Ökologisches Denken

Ökologie betreibt also nicht nur Systemanalyse, wie das z. B. die Molekularbiologie vorrangig tut, sondern **gleichzeitig** auch **Systemsynthese**. Sie ist ein synthetisch arbeitender Zweig der Biologie. Hierbei werden Elemente und Gesetze aus der Botanik, Zoologie, Mikrobiologie, Bodenchemie, Meteorologie und schließlich auch Soziologie und Volkswirtschaftslehre integriert. Ökologie ist eine „integrierende Wissenschaft".

Die notwendige Erweiterung des Systemumfangs auf Ökosystem-Grösse führt in der Ökologie aber zur Beschäftigung mit neuartigen Eigenschaften, sogenannten **Systemeigenschaften**, die sich aus der besonderen Verknüpfung der Unterelemente ergeben und die sich aus den Elementeigenschaften allein nicht herleiten lassen.

So treten Regelung (sigmoides Wachstum, Schwingungen — siehe auch die Aufsätze von HALBACH und KAISER in diesem Band) und Konkurrenz als Eigenschaften von Systemen in Erscheinung, deren Elemente selbst (die Populationen) diese Eigenschaft nicht besaßen.

Bei der Erweiterung der Systemgrenzen durch die Ökologie werden immer mehr Elemente und ihre Relationen mit einbezogen, und das betrachtete System wird dadurch immer komplexer, immer schwerer beschreibbar und vorhersagbar. Ökologen kennen diese Crux, die einen Wissenschaftler besonders hart trifft, der sich um Exaktheit seiner Aussagen bemüht. Aber aus der Beschäftigung mit solchen Großsystemen resultiert andererseits eine besondere Denkweise, deren erzieherischer Wert in unserer heutigen Zeit nicht zu gering eingeschätzt werden darf. Ich möchte diese Denkweise vereinfachend die „inklusive Denkweise" nennen und der „exklusiven Denkweise" gegenüberstellen , in die der Mensch allzuleicht aus den verschiedensten Gründen verfällt:

Exklusive Denkweise	Inklusive Denkweise
1. Selektion, spezialisiertes Denken, Strenge Fachgrenzen.	1. Integratives Denken. Vielseitigkeit. Fließende Fachgrenzen.
2. Maximaler Fortschritt auf einem speziellen Gebiet bis zur Spitzenleistung, „Ökonomisches Denken".	2. Gebremster Fortschritt auf einem Gebiet durch gleichzeitige Berücksichtigung anderer Bereiche. „Ökologisches Denken".
3. Entscheidungsdenken in den Kategorien „Entweder-oder", „Erst das eine – dann das andere" (siehe Gangschaltung beim Auto).	3. Kompromißdenken, Koexistenzdenken in den Kategorien „Sowohl – als auch", „Hier das eine – dort gleichzeitig das andere" (z. B. Compartimentierung in Zellen).
4. Objekte sind machbar, reproduzierbar; sie können „identisch" gemacht werden (Normgewinde, Ersatzteile). Identitätsdenken, „ahistorisches" Denken, mit großer Exaktheit. Postulat der heutigen Naturwissenschaft: volle Reproduzierbarkeit.	4. Objekte nicht beliebig machbar. Wachsen autonom, besitzen Individualität und sind niemals „identisch". Diskriminatives Denken, Variabilitätsdenken, historisches Denken mit Unschärfe der Einzelaussage. Mangelnde Reproduzierbarkeit.

5. Herstellung technischer Produkte egozentrisch bestimmt. Umwelt allein im Dienste menschlicher Interessen. „Ausbeutungsdenken".

5. Herstellung technischer Produkte zwingt zur heterozentrischen Haltung. „Schutzdenken" (Tierschutz, Umweltschutz!)

6. Absolut fehlerfreies Funktionieren: Perfektionsdenken. Deterministisches Denken. Sicherheit für den Augenblick.

6. Fehlerhaftigkeit, mangelnde Perfektion in speziellen Bereichen werden in Kauf genommen, um Stabilität auf lange Sicht zu erreichen. Flexibilitätsdenken, Anpassungsdenken, evolutionäres Denken, probabilistisches Denken.

7. Einfaches Modelldenken. Einfache Modelle bilden die betrachtete Wirklichkeit hinreichend ab (Rolle/Fahrstuhl; Wasserwelle/Lichtwelle).

7. Modelldenken problematisch. Einfache Modelle versagen oft (siehe Waage/Ökosystem; Blattfeder/Ökosystem). Simulierung durch Computer als Ausweg, dieses Modell aber formalistisch, abstrakt.

4. Bilanz

Nach Kennzeichnung der Zielsetzung und der spezifischen Denkweise der Ökologie können wir nun zur Ausgangsfrage zurückkehren: Ökologie — Lehrfach oder Unterrichtsprinzip?

Fragen wir zunächst: Wie sähe ein Lehrfach „**Ökologie**" aus, das die „Wissenschaft von den Ökosystemen" zu vermitteln hätte und dabei die soeben geschilderten Merkmale der inklusiven Denkweise einüben würde?

EULEFELD hat auf dem 6. IPN-Symposion 1974, „Großstrukturen des Biologieunterrichts", einen Entwurf zur ökologischen Strukturierung des gesamten Biologieunterrichts vorgelegt, der einen ersten Eindruck davon vermittelt, wie solch ein Lehrfach Ökologie aussehen könnte (auch wenn dieser Entwurf selbst sich noch streng auf „Biologie"-Unterricht bezieht). Es werden 4 allgemeine Konzepte zur Grundlage des Unterrichts gemacht: 1. Das Erhaltungskonzept, 2. Das Reproduktionskonzept, 3. das Anpassungskonzept, 4. das Wechselbeziehungskonzept. Das sind aber grundsätzlich **systemtheoretische Konzepte** und keine spezifisch ökologischen. Sie müßten eigentlich auch zur Einbeziehung anthropologischer, morphologischer, verhaltensbiologischer, sexualbiologischer, stoffwechselphysiologischer, physikalischer, technischer, chemischer und soziologischer Themen herausfordern. Das Ergebnis müßte also ein **integrierter Unterricht** sein, der sich nicht nur über sämtliche Teildisziplinen der Biologie erstreckt, sondern auch noch über die Nachbarfächer hinaus. Sein Ansatz müßte **systemtheoretisch** und nicht eigentlich ökologisch genannt werden, weil er von allgemeinen systemtheoretischen Konzepten ausgeht. Es felht die inhaltliche Fixierung auf das Objekt „Ökosysteme".

Nun zeigen aber die Ergebnisse der Transfer-Forschung, daß allgemeine Konzepte nicht automatisch auf konkrete Sachbereiche übertragen werden. Ein Schüler, der Systemdenken im Bereich der Soziologie gelernt hat, überträgt nicht selbstverständlich diese Denkweise auf ökologische oder physikalische Objekte, weil ihm die konkrete Materie dieser Bereiche in **diesem** Zusammenhang fremd ist. Transfer — so zeigen die bisherigen Erfahrungen — muß mitgeübt werden (SEILER 1972).

Und so ist es unerläßlich, die inklusive Denkweise nicht in irgendeinem systemtheoretischen Ansatz von Unterricht zu praktizieren, sondern in einem Unterricht, in dem **Ökosysteme** als Inhalt behandelt werden.

Damit kommen wir zur Beantwortung der eingangs gestellten Frage:
Das **Unterrichtsprinzip** der Ökologie kann nicht „ökologisch" genannt werden,
sondern es ist ein **systemtheoretisches** (oder denkpsychologisches, wenn man so
will) Prinzip. Erst wenn dieses formal-methodische Prinzip auf die Betrachtung
ökologischer Inhalte (Ökosysteme bzw. Organismen und ihre Umwelt) angewandt
wird, entsteht **Ökologie-Unterricht.** Ökologie-Unterricht aber wiederum erstreckt
sich über so viele Teilbereiche der Biologie, daß er ein unlösbarer Bestandteil eines
modernen Biologieunterrichtes ist. Es ist von daher gesehen nicht sinnvoll, Ökologie-
Unterricht vom Biologie-Unterricht als eigenes Fach abzutrennen, sondern es erscheint sinnvoller, im Biologieunterricht umfassendere Systeme integrativ zu
behandeln.

Die Antwort auf die Frage unseres Themas kann also nur lauten: Ökologie kann
nicht als eigenes Unterrichtsfach oder als eigenständiges Unterrichtsprinzip verstanden werden, sondern sie sollte **weder** das eine **noch** das andere sein. In Anbetracht
der kritischen Situation des heutigen Biologieunterrichtes kann es nur darum gehen,
die Anwendung des inklusiven Denk- Prinzips auf die verschiedensten Objektbe-
reiche der Biologie und **unter ihnen** zu einem hohen Anteil auf ökologische Systeme
auszudehnen. Mit einer so verbesserten allgemeinen Biologie wird auch gleichzeitig
der ökologische Erziehungsauftrag erst erfüllt werden.

LITERATUR

ELLENBERG, H. (1973): Ökosystemforschung. Springer: Heidelberg
EULEFELD, G. (1974): Ein ökologisches Strukturierungsprinzip für das Biologiecurriculum in
    der Sekundarstufe I:6. IPN-Symposion
KÜHNELT, (1970): Grundriß der Ökologie. G. Fischer: Stuttgart.
SEILER, T. B. (1972): Die Bereichsspezifität formaler Denkstrukturen — Konsequenzen für
    den pädagogischen Prozeß. In: K. FREY, M. LANG (Hrsg.): Kognitionspsychologie und
    naturwissenschaftlicher Unterricht. Huber: Bern

Anschrift des Verfassers:

Priv. Doz. Dr. G. SCHAEFER, IPN, Institut für die Pädagogik
der Naturwissenschaften, 23 Kiel, Olshausenstr.
40-60.

TIERE DER SAVANNE – EINE UNTERRICHTSEINHEIT ZUR ÖKOLOGISCHEN ETHOLOGIE FÜR DEN SACHUNTERRICHT IN DER GRUNDSCHULE

K. DYLLA

Abstract

In this article some results are reported, which have been made by teaching a curriculum unit on ecological ethology in primary school, called "Tiere der Savanne". Both cognitive and motivation tests show that this subject is adequate to children of this age, regarding their interests and also their pre-knowledge. General goals of this unit are the achievement of an insight into regulation between predator and prey, and the ability to distinguish between scientific information and spectacular interpretation in animal films.

1.   Problembeschreibung

Tiere der Savanne als Unterrichtsgegenstand in der Primarstufe?
Diese Vorstellung löst bei vielen Grundschullehrern Skepsis aus! Die Grundschuldidaktik geht berechtigterweise davon aus, daß die Gegenstände des Unterrichts der Umwelt der Kinder zu entnehmen seien. Dabei wird unter "Umwelt" die räumlich nahe Umgebung der Kinder verstanden und übersehen, daß die subjektiv wirksame Umwelt von Menschen aus Elementen besteht, die je nach individueller Erfahrung mit unterschiedlicher Gewichtung wahrgenommen und beachtet werden. In diesem Sinne wird die Umwelt unserer Kinder in wachsendem Maße von den Medien und kommerzialisierten Freizeiteinrichtungen bestimmt, die Kinder als selbstverständliche Elemente dieser Welt hinzunehmen bereit sind.

So sind z.B. bei Kindern im Grundschulalter Tierfilme im Fernsehen besonders beliebt und von den Eltern auch zugelassen, unabhängig davon, ob ihr Inhalt wissenschaftlichen Kriterien standhält oder ob die in Ihnen agierenden Tiere — insbesondere Raubtiere — entweder als blutgierige Bestien oder aber in anderen Filmen als durchaus freundliche Kumpane dargestellt werden. Wie Zeitungsberichte ausweisen sind Kinder durch Fehleinschätzungen des Verhaltens von Raubtieren aufgrund ebensolcher Filme zu Schaden gekommen.

Die Fähigkeit, zwischen sachlicher Information und an sich durchaus zulässiger märchenhafter Unterhaltung zu unterscheiden, ist oberstes Ziel der hier beschriebenen Unterrichtsreihe.

2.   Beschreibung der definierten Unterrichtseinheit

2.1. Vorüberlegungen

Vor dem Hintergrund derartiger Überlegungen wurde von einer Lehrergruppe im Rahmen des Modellversuchs Regionale Lehrerfortbildung, Bad-Hersfeld, in Kooperation mit dem IPN, Kiel, eine Unterrichtseinheit auf der Basis folgernder Hypothesen entwickelt:

Hypothese 1: Grundschüler sind an fremdländischen, insbesondere afrikanischen Tieren, in hohem Maße interessiert.

Hypothese 2: Durch Fernsehen und Literatur bedingt haben diese Kinder ein hinweichenden Wissen über geographische und biologische Gegebenheiten in der afrikanischen Steppe.

Hypothese 3: Kinder dieser Altersstufe können das spezifische Verhalten von Beutegreifern und Beutetieren erfassen, beschreiben und sachlich beurteilen.

Hypothese 4: Auf dieser Basis läßt sich eine Einstellung vermitteln, die positives Interesse und situationsgemaßes Vorsichtsverhalten Tieren gegenüber miteinander verbindet.

Hypothese 5: Kinder der Grundschule können eine erste Einsicht in Prinzipien des ökologischen Gleichgewichts am Beispiel der Tiere der Savanne gewinnen.

Um die zuvor benannten Hypothesen zu überprüfen, wurden die folgenden Instrumente entwickelt: — ein Motivationsvortest (ad 1); — ein Sachvortest (ad 2); — eine definierte Unterrichtseinheit, durch die der zu haltende Unterricht beschrieben, der gehaltene diskutierbar gemacht werden soll; — ein Sachmachtest (ad 3 + 5); — ein Einstellungsnachtest (ad 4)

Aus Raumgründen und gemäß dem Stand der Entwicklungsarbeit werden nachfolgend lediglich der Motivationsvortest, der Sachvortest und die Unterrichtseinheit ausführlicher beschrieben.

2.2. Motivationsvortest

Des Test besteht aus 6 Abbildungen in der Größe Din A 5, die jeweils ein Beutegreifer/Beute — Paar zeigen und zwar: 1. Löwe/Zebra 2. Wolf/Hirsch 3. Habicht/Eichhorn 4. Bussard/Maulwurf 5. Kreuzotter/Waldmaus 6. Libellenlarve/Kaulquappe. Jedes Kind erhält einen Satz Abbildungen. Der Lehrer leitet die Schüler an, diese Bilder gemäß der individuellen Meinung in eine Rangreihe zu bringen. Dabei wird das Tierpaar, über das das Kind am liebsten im Unterricht sprechen möchte, mit einer „1" gekennzeichnet, das unbeliebteste mit einer „6" usw. Lehrer und Schüler zählen gemeinsam aus, wie oft jedes Paar den jeweiligen Rangplatz erhalten hat. Sodann werden die Ergebnisse mit den Schülern besprochen, wobei gemeinsam überlegt wird, was ein Kind veranlaßt haben kann, ein Tierpaar in einer vorderen bezw. einer hinteren Position einzuordnen. Diese Äußerungen werden auf Tonband aufgenommen und die Argumente der Schüler aufgelistet. Die folgende Tabelle zeigt die Ergebnisse, die mit 367 Schülern im Bereich Bad-Hersfeld an 5 Schulen mit 11 Klassen des 3. und 4. Schuljahres gewonnen wurden.

Die bisherigen Ergebnisse lassen sich wie folgt zusammenfassen:

1.   Keines der Paare wird von allen Schülern der Hersfelder Population einhellig akzeptiert oder abgelehnt. Die Gewichtung ist jedoch bei den Paaren 1 und 3 eindeutig positiv, beim Paar 6 ebenso eindeutig negativ bestimmt.

Ein Ergebnis einer derartigen Befragung wird es demnach sein, daß schon die Schüler dieser Altersstufe lernen, daß sich bei Beurteilungen nie Einstimmigkeit erzielen läßt und daß die Meinungen von Mehrheiten und auch von Minderheiten in die Schlußfolgerungen mit einbezogen werden müssen.

| Beutegreifer- | | | | Anzahl auf Platz | | | | |
| Beutetier | 1. | 2. | 3. | 4. | 5. | 6. | | |
	x+3	x+2	x+1	x−1	x−2	x−3	D=	R =
Löwe- Zebra	146	85	56	40	25	15	+144	1,27
Wolf- Hirsch	46	95	78	62	56	30	+ 38	3,09
Habicht- Eichhorn	83	79	97	65	38	5	+ 94	2,09
Bussard- Maulwurf	23	40	69	118	91	26	−43	4,63
Kreuzotter- Waldmaus	58	54	49	46	94	66	−27	3,90
Libellenlarve- Kaulquappe	11	14	19	36	64	223	−205	6,00

D = durchschnittliche Beurteilung
D = Anzahl auf Platz 1 mal + 3
     ”   ”   ”   2 mal + 1
     ”   ”   ”   3 mal + 1
     ”   ”   ”   4 mal − 1
     ”   ”’   ”   5 mal − 2
     ”   ”   ”   6 mal − 3

Summe : Anzahl aller Schüler mal 100

R = durchschnittlicher Rangplatz
Summe aller Rangplätze: Anzahl aller Klassen

2.   Die aufgelisteten Äußerungen von Schülern machen deutlich, daß in die Beurteilung zumindest zwei Größen eingehen: die Beliebtheit der Tierarten selbst, die gemessen werden sollte; die Art der Darstellung, die besonders positive bezw. negative Gefühlsregungen auslösen kann. Gesicherte Ergebnisse werden sich demnach nur auf der Grundlage einer Untersuchung gewinnen lassen, die die verschiedenen Tierpaare in unterschiedlichen Kombinationen und in unterschiedlicher Darstellung anbietet.

3.   Bezogen auf das Paar **Löwe/Zebra** zeigt es sich, daß diese Kombination sowohl in der Gesamtpopulation wie auch in der Mehrheit, d.h. in 8 von 11 Klassen den ersten Rangplatz erhielt. In 3 der Klassen besetzte das Paar den 2. Platz. Für diesen Fall war vereinbart worden, daß die Lehrer gemäß den geäußerten Interessen einen Vorkurs abhalten.

Insgesamt gesehen hat der Vortest die Hypothese 1 bestätigt, daß nämlich die Tiere der afrikanischen Steppe ein besonderes Interesse bei den Kindern des 3. und 4. Schuljahres finden. Interessant ist in diesem Zusammenhang, daß die wenigen negativen Äußerungen dahin tendierten, daß diese Tiere den Kindern zu gut bekannt sind!

2.3. Der Sachvortest

Dieser Test wurde **vor** dem eigentlichen Unterricht durchgeführt und zwar so, daß Farbdias projiziert wurden, die mit Hilfe eines Tests (multiple choice) richtig eingeordnet werden sollten. Wie die folgende Tabelle ausweist, konnten die Kinder nicht nur die Tiere und deren Nahrung richtig benennen, sondern mit sehr großer Mehrheit auch die wichtigsten geographischen Daten für die Savanne wiedergeben:

			Fulda-Lehnerz	
1. Dias			Kl.3	Kl.4
Löwin	mit Jungtier	richtig benannt	67%	81%
	Nahrung?	" "	100%	100%
Zebra		" "	100%	100%
	Nahrung?	" "	60%	80%
	Welchem Haustier ähnlich? —Pferd		100%	90%
Gnu		richtig benannt	71%	90%
	Nahrung?	" "	42%	72%
Hyäne		" "	71%	97%
	Nahrung?	" "	85%	87%
2. Dia Trockensavanne (Bleibt stehen)				
Urwald-Steppe-Savanne—Wüste?				
	Antwort: Steppe + Savanne		68%	100%
5 Erdteile zur Wahl				
	Antwort: Afrika		75%	94%
Klima, wärmer, kühler, ebenso wie bei uns?				
	Antwort: wärmer		96%	94%
Regen: seltener, häufiger, ebenso				
	Antwort: seltener		89%	90%
Flug von hier nach Afrika — nach				
Norden, Osten, Süden, Westen — richtig			54%	90%

Der Sachvortest hat demnach gezeigt, daß die Gegenstände der folgenden Unterrichtseinheit durchaus im Begriffshorizont der Kinder dieser Altersstufe liegen.

2.4. Kurzfassung der Unterrichtseinheit

Die Unterrichtseinheit besteht aus fünf Teilen, die in der nachstehenden Abfolge behandelt wurden:

M = Medien (Filme, Dias, Schädel usw.)
O = Operationen = wichtigste Maßnahmen des Lehrers

Teil I

M : Film „Tiere der Savanne", 1. Teil zeigt typische Tierformen; 2. Teil zeigt Jagdverhalten einer Löwengruppe.

O : Film wird vorgeführt bis zum Aufbruch der Löwengruppe, die Schüler werden aufgefordert, Vermutungen über das Jagdverhalten zu äußern; Vermutungen sammeln, anschließend Film vorführen; Inhalt zunächst mit einer Bildleiste verbalisieren, dann durch Symbole abstrahieren lassen.

M : 2 Texte, die den gleichen Vorgang, die Erbeutung eines Zebras einmal aus der Sicht einer Zebraherde, zum anderen aus der Sicht einer Junge säugenden Löwin.

O : Ersten Text darbeiten, Schüler Emotionen äußern lassen. Zweiten Text darbieten, — bewußt machen, daß es sich um zwei Perspektiven des gleichen Vorgangs handelt, Impuls: ,,Löwin könnte doch auch Gras fressen!" Schüler Meinungen äußern lassen — diese als Vermutungen kennzeichnen.

Teil III

M : Dia 1: Zebraschädel und Pferdeschädel zum Vergleich
Dia 2: Löwenschädel und Katzenschädel zum Vergleich
Originalschädel von Pferd und Hauskatze

O : Zur Bestätigung der Vermutung, daß sich Löwe und Zebra im Gebiß unterscheiden, wären die Tiere selbst oder deren Schädel erforderlich — nicht vorhanden! Was tun? Welche Tiere sind ähnlich?
Dia 1 demonstrieren: Übereinstimmungen feststellen lassen.
Dia 2 demonstrieren: Größe zwar verschieden, Gebiß aber sehr ähnlich. Schädel von Pferd und Katze untersuchen lassen.
Ergebnis: Katze und Löwe sind Raubtiere, ihr Gebiß schließt Gras als Nahrung aus.

Teil IV

M : Arbeitstransparent zum ökologischen Gleichgewicht

O : Impuls: In einem Steppengebiet wurden alle Löwen abgeschossen. Mit Hilfe des Arbeitstransparents die gegenseitige Regulation der Bestände erarbeiten.
Ergebnis: Das Verhalten der Löwen entspricht nicht nur deren Körperbau, es hat auch eine wichtige Funktion für die Erhaltung des Gleichgewichts in der Steppe.

Teil V

M : Zeitungsberichte von Unfällen, Teil eines Filmes der Daktari-Sendung.

O : Berichte lesen lassen, erarbeiten, inwiefern sich die darin geschilderten Kinder falsch verhalten haben; Möglichkeit der Fehlinformation durch Fernsehfilme bewußt machen; (Daktari) mit den Schülern die märchenhaften Züge dieser Filme erarbeiten. Tafelbild:

Wie verhalten sich   Wie verhalten sich
Tiere in der Natur   Tiere im Märchen

Unterschied zwischen Information und Unterhaltung erarbeiten.

Anschrift des Verfassers:

K. DYLLA, IPN, 23 Kiel, Olshausenstr. 40—60.

MÜLL – ABWASSER, EINE FÄCHERINTEGRIERENDE UNTERRICHTSEINHEIT NACH DEM GIESSENER MODELL

F.A. HINZ

Kurzfassung

Nach den Rahmenrichtlinien des Landes Hessen von 1972 soll der Biologieunterricht die Schüler befähigen, „jetzt und später im privaten und öffentlichen Bereich Entscheidungen von biologischer Relevanz zu fällen". An der Justus Liebig-Universität Gießen hat sich eine Arbeitsgruppe um Prof. Himmerich gebildet, die ein „didaktisches Modell" als Unterrichtsmodell erarbeitet. An den Unterrichtseinheiten „Müllbeseitigung" und „Abwasser" wurde und wird es in der Schulpraxis erprobt. Den Fachdidaktikern der Sozialkunde, Geographie, Biologie und Chemie geht es darum, die „Problematik des Umweltschutzes" in die Schule einzubringen, den Erziehungswissenschaftlern um die „Qualität des Unterrichts".

Die Gliederung des Unterrichtsprojektes „Müllbeseitigung" sieht eine Teamarbeit der Fachlehrer in einer 6. Klasse vor. Für die Biologie sind 4 Unterrichtsstunden vorgesehen, in denen die Verrottung und die Kompositieranlagen zu behandeln sind. Der Beitrag der Biologie in dieser fächerintegrierenden Unterrichtseinheit zeigt auf, daß Organismen aus dem Tier- und Pflanzenreich die organischen Substanzen des Abfalls abzubauen vermögen, daß sich Atmungsvorgänge und Wärmebildung dabei nachweisen lassen, ferner daß Komposterde das Pflanzenwachstum fördert.

Für den Lehrer ist hierbei vor allem die Rolle des Planers vorgesehen. Die „führende Position" im Unterricht soll aber bei dieser didaktischen Konzeption dem Schüler zukommen. Die Lernintentionen (Unterrichtsziele) sind in drei didaktischen Dimensionen zu realisieren, deren formal konstantes, inhaltlich aber variables Zusammenspiel die didaktische Struktur ausmachen. Die Dimensionen werden als **Gegenständlichkeit, Aktualität** und **Modalität** bezeichnet.

Beispiel:

Dimension	**Unterrichtsziele:**
Gegenständlichkeit	Atmung bei Verrottung
Aktualität	Versuchsaufbau durchführen Versuche durchführen Versuchsergebnisse beschreiben
Modalität	Mit der Arbeitsgruppe die Versuchsergebnisse diskutieren; evtl. auch die Ergebnisse der eigenen Gruppe vor den anderen Gruppen darstellen und zur Diskussion stellen.

Möge dieses Unterrichtsmodell dazu beitragen, ,,daß der junge Mensch sein ur-
sprüngliches naives Welt- und Selbstverhältnis über die Reflexion zu kritischem und
verantwortungsbereitem Engagement auszubauen vermag". denn bereits mit
18 Jahren werden ihm heute politische Entscheidungen abverlangt.

Anschrift des Verfassers:

Dr. F.A. HINZ. Unterrichtswiss. Forschungsgruppe — Prof. Dr. W. HIMMERICH
— 63 Gießen, Sem.f.Did. d.Biol. 63 Gießen, Karl-Glöckner-Str. 21.

Sonderdruck: Verhandlungen der Gesellschaft für Ökologie, Erlangen 1974.

GEWÄSSERUNTERSUCHUNGEN IM NATURWISSENSCHAFTLICHEN UNTERRICHT – DIE ÖKOLOGIE ALS FÄCHERINTEGRIERENDE DISZIPLIN

G. HILDENBRAND

Abstract

If you analyse waters in scientific teaching, you will also prove that, to look at the environmental problems of today from an ecological view means at the same time to interlock various subjects. Thus you will touch the many contents of teaching as well as learning of the following branches of study, such as natural science, economy and politics. You must provide a student with results, which can be proved experimentally and obtained from uncomplicated examples, should the student be made able to recognize and analyse his environmental ills and also live up to his knowledge about them.

Kurzfassung

Am Beispiel von Gewässeruntersuchungen im naturwissenschaftlichen Unterricht der verschiedenen Schularten kann gezeigt werden, daß die Ökologie eine fächerübergreifende und zugleich fächerintegrierende Wirkung auszuüben vermag. Ein – und dasselbe Problem – z.B. Gewässerverschmutzung – wird zwangsläufig von verschiedenen Gesichtspunkten aus behandelt. In Form von differenzierten Schülergruppen-Versuchen werden dabei folgende Teilbereiche angesprochen:
1. die Physik: Beim Messen der Wassertemperaturen in Abhängigkeit von den Strömungsverhältnissen und der Wetterlage.
2. die Chemie: Bei der qualitativen und quantitativen Bestimmung der Wasserinhaltsstoffe wie Härtearten, SBV, der oxidierbaren organischen Stoffe, des Sauerstoffs und der Ionen wie Cl^-, SO_4^{2-}, NH_4^+, NO_2^-, NO_3^-, PO_4^{3-}, Ca^{2+}, Fe^{2+} etc.
3. die Biologie: Bei dem Versuch der Festlegung von Leitorganismen zur Aufstellung eines Saprobiensystems.
4. die Geologie/Mineralogie: Bei der Auswertung der biologischen und chem. Befunde in Abhängigkeit von der Zusammensetzung des Einzugsgebietes.
5. die Mathematik: Bei der statistischen Auswertung der Befunde.
6. Wirtschaftskunde/Wirtschafspolitiek: Bei der Erfassung der Belastungsquellen und den Fragen nach dem Stellenwert des wirtschaftlichen Wachtums als Funktion der Umweltgefährdung.

Neben dem Erlernen gewisser Untersuchungstechniken soll dabei der Schüler erfahren, daß nur experimentell und statistisch gesichterte Daten zu einer Aussage herangezogen werden können. Weiterhin soll er erkennen, daß zur Datenermittlung verschiedene Verfahren notwendig sind. Das Erkennen von Ursache und Wirkung soll ihn befähigen, Modellvorstellungen über Regenerierungsmaßnahmen entwickeln zu können.

Anschrift des Verfassers:

Prof. Dr. G. HILDENBRAND, 75 Karlsruhe, Pädagogische Hochschule, Bismarckstr. 10.

284

PHYSISCH-GEOGRAPHISCHE UND BODENKUNDLICHE KARTIERARBEIT MIT SCHÜLERN UND STUDENTEN – ENTWICKLUNG VON UNTERRICHTSPROJEKTEN ZUM KOMPLEX UMWELTSCHUTZ

W. RIEDEL

Abstract

The paper deals with the role of natural geography and physical – geographical field – work within the geographical curriculum of todays's schools. It sketches the training of students in geographical field – work, especially in soil cartography. The didactic results are made use for the teaching of geography in primary and secondary schools. In addition, the paper argues for and outlines various possible types of student cartography.

Bekanntlich ist es das Verdienst vor allem der Biologie, die Didaktik der Ökologie weitgehend entwickelt und erprobt zu haben. Es kann nur im Sinne der fächerübergreifenden Disziplin Ökologie sein, wenn auch die Geographie – zum Teil mehr als bislang – hier Beiträge leistet.

Versäumnisse auf diesem Gebiet haben verschiedene Ursachen. Bekanntlich vereinigt die Geographie intergrativ natur- und sozialwissenschaftliche Sachbereiche. Immer stärker wird jedoch heute die Tendenz, die Schulgeographie in der Gesellschaftslehre anzusiedeln, sie unter starker Berücksichtigung sozialgeographischer Aspekte zu einem politischen Fach zu machen, das zwischen Geschichte und Politologie steht. Es könnte an einer Reihe von Zitaten aus der didaktischen Literatur zur Schulerdkunde der letzten Jahre nachgewiesen werden, daß die Geographie aus dem naturwissenschaftlichen Feld und der naturwissenschaftlichen Denkanleitung systematisch heraus gezogen wird und von den „rein naturwissenschaftlichen" Schulfächern abgesetzt wird, daß es keine systematische Behandlung der physischen Geographie mehr geben soll.

Diese Tatsachen sollten nicht als innere Querelen eines Faches beurteilt werden. Sie gehen den engagierten Ökologen an. Denn hier verarmt ein schulischer Bereich an Inhalten, die nicht immer von anderen Fächern sofort und vollständig abzudecken sind. Die Kenntnis des Reliefs der Erde als Geobasis, die elementare Rolle des Klimas für ökologische Differenzierung, die Rolle des Bodens als Lebensraum und hervorragender Indikator für Umweltverhältnisse sind im schulischen Bereich besonders gut vom naturwissenschaftlich ausgebildeten Geographen zu vertreten. Es geht nicht darum, den sozialgeographischen Aspekt aus der heutigen Schulerdkunde wieder herauszunehmen. Nur: Zu einem rechten sozialgeographischen Verständnis gehört eine Kenntnis der physisch-geographischen Verhältnisse – die ja auch gesellschaftsrelevant sind – untrennbar hinzu. Und diese Kenntnis ist nicht nur durch einen Unterricht im Klassenzimmer, sondern – und das ist die Hauptforderung dieses Beitrages – durch Anschauung und Erfahrung im Gelände zu erwerben. Diese Ausrichtung fehlt der heutigen Schulerdkunde nahezu völlig.

Der ökologischen Schulung von Kindern im Rahmen eines physisch-geographischen und bodenkundlichen Unterrichts muß eine angemessene Ausbildung der

Studierenden an den Hochschulen vorausgehen. Daß dies vielerorts fachwissenschaftlich an geographischen und bodenkundlichen Instituten geschieht, bedarf keiner Erwähnung. Selten aber werden diese fachwissenschaftlichen Seminare und Praktika fachdidaktisch in Wert gesetzt (z. B. ECKART 1974).

Die Ansätze in dieser Richtung an der Pädagogischen Hochschule Flensburg sollen im folgenden dargestellt werden.

Neben Vorlesungen und Übungen mit ökologischer Ausrichtung sind es vor allem bodenkundliche Geländepraktika, in denen eine größere Anzahl von Studierenden die Möglichkeit erhält, praktische Feldarbeit kennenzulernen und einen Einblick in das Wirkungsgefüge der die Landschaft bestimmenden Geofaktoren zu gewinnen. Die Bodenkunde bietet sich hier besonders an, weil bodenkundliche Geländearbeit stets die synoptische Betrachtung mehrerer Geofaktoren — Relief, Substrat, Klima, Wasserhaushalt, Vegetation u. a. — mitbeinhaltet. Neben der Aufnahme dieser Geofaktoren waren es somit vor allem Kartierungen von Bodenart, Horizontmächtigkeit und Bodentyp, die kleinräumig vorgenommen wurden. Als Arbeitsmittel dienten neben Spaten und Schaufel der Meterbohrstock (Pürckhauerbohrstock), die Munsell Soil Colour Chart, pH-Meter-Papier (MERCK), Salzsäure u.a. Die Ergebnisse wurden in Profilbeschreibungen und Catenen festgehalten und weiter zu Karten ausgearbeitet. Die Größe des Objektes — der Profilaufschluß — bringt es bei bodenkundlichen Aufnahmen mit sich, in kleinen Gruppen von maximal acht Bearbeitern arbeiten zu müssen. So mußte die Zahl der Bewerber in mehrere Untergruppen geteilt werden, jeweils etwa 30 Bewerber mußten in den vergangenen Semestern abgewiesen werden. Obwohl die Teilnahme an einem Geländepraktikum im Semester eine große zeitliche Belastung darstellt, ist das Interesse der Lehramtskandidaten an naturgeographischer Feldarbeit groß.

Ziel der Untersuchtugen war es, die Stellung des Bodens in der Landschaft sichtbar zu machen. Es sollten jedoch nicht ausschließlich bodenkundliche Kenntnisse und Fertigkeiten vermittelt werden, sondern Verständnis für das Wirkungsgefüge der Landschaft und landeskundliche Fragestellungen. So wurden geomorphologische Fragestellungen, Probleme der Landwirtschaft, kontroverse Thesen zur Vegetationsgeschichte und die räumlichen und gesellschaftlichen Strukturen der Untersuchungsgebiete mitbehandelt.

Mehrere Beispiele studentischer Kartierarbeit wurden anhand von farbigen Lichtbildern vorgestellt:
— Beispiel einer Bodentypenkarte "Gammellunder See" (s. auch RIEDEL 1974a, RIEDEL 1974b).
— Beispiel einer Bodenartenkarte "Holnis" (s. auch RIEDEL, FELBER & SCHRÖDER 1975).
— Beispiel für den Wandel der Landschaft "Schleswiger Geest bei Jörl" 1880 — 1955 — 1974 (s. auch KETELSEN-NICOL 1974, RIEDEL 1975).

Die methodischen und ökologisch-didaktischen Ergebnisse der vorgestellten Kartierungen sollen nachfolgend angedeutet werden. Als Ergebnis darf neben der Bestandsaufnahme — besonders der Böden — vor allem die Tatsache angesehen werden, daß ein größerer Kreis von Studierenden einen Einblick in das ökologische Wirkungsgefüge der Landschaft erhalten hat. Das persönliche Erfahren und Erleben im Gelände, das „Begreifen" im wahrsten Sinne des Wortes, ist durch Vorlesungen und Lektüre nicht zu ersetzen. Ein so vorgebildeter und engagierter Lehrer mit gründlichen Kenntnissen in naturgeographischen Disziplinen ist befähigt, seinen

Schülern die natürliche Umwelt, ihre Gefährdung durch den Menschen und ihren
Schutz nahezubringen. Er hat eigene Ansichten in diese Umwelt genommen, die er
in seinem Unterricht weitergeben wird.

Ein methodisches Problem, das bei den Kartierungen weiten Raum einnahm, ist
die Frage der Darstellbarkeit und des Maßstabes. Die ausgewählten, voneinander
sehr unterschiedlichen Gebiete, wurden bewußt kleinräumig kartiert. Kartiermaßstäbe
waren in der Regel nicht das amtliche Kartenwerk 1 : 25 000 oder gar 1 : 50 000,
sondern Kartenwerke bzw. fotomechanische Vergrößerungen im Maßstab
1 : 10 000, 1 : 5 000, 1 : 2 000 und sogar 1 : 600. So war es eher möglich, Grenz-
ziehungen vorzunehmen und nicht nur großflächig zu generalisieren. Die Gründe für
den bodentypologischen Wandel konnten den Studierenden bei diesen Maßstäben
sichtbar und begreiflich gemacht werden. So wuchs Verständnis für das Wechsel-
spiel von Relief, Substrat, Wasser, Vegetation und Boden im Ökosystem heran. Der
Transfer auf andere und auf größere Gebiete ist für den einzelnen Studierenden —
und in der Übertragung gilt das auch für Schüler — so leichter möglich!

Die Auseinandersetzung mit dem Objekt führte zur Erprobung verschiedener
Darstellungsmethoden. Eine originelle ist die vorgestellte Kartierung Gammellunder
See. Hier wird das im Gelände visuell erfaßte vertikale Bodenprofil in die flächenhafte Karte gelegt, so daß ein räumlicher Eindruck entsteht, der sichtlich der differenzierten Morphologie des Bodens in seiner Einbettung in die Landschaft gerecht
wird. Diese ,,Karte" der aquarellierten Bodenprofile ist damit ein interessanter
methodischer und didaktischer Beitrag. Eine in Arbeit befindliche Kartierung versucht die gleiche Darstellung mit Hilfe von Farbfotos. Ein weiteres Team drehte
einen 10-Minuten-Farbfilm mit dem Titel: ,,Durchführung eines Geländepraktikums
— Die Böden im Landesteil Schleswig". Dieser Film soll als Arbeitsmittel für die
Ausbildung von Studierenden und Mentoren Verwendung finden.

Neben der fachwissenschaftlichen Schulung steht die fachdidaktische Aufberei-
tung. In Ergänzung zu den Geländepraktika fand z. B. im SS 1974 ein Seminar
,,Entwicklung von Projekten für den naturgeographisch orientierten Unterricht"
statt. In Gruppenarbeit wurden u. a. folgende Themenkreise erarbeitet.
— Es wurden anhand der topographischen Karten 1 : 25 000 unter dem Leitge-
   danken ,,Entwicklung von Räumen" Planspiele entwickelt, die die Thematik
   Naturschutz, Fremdenverkehr und Erholungslandschaft aufzeigen. Neben die
   Arbeit mit der Karte trat der Umgang mit Planungsgrundlagen und Gesetzes-
   blättern.
— Es wurden stufenbezogene Wandertage im Raum Flensburg entworfen, die
   besonders die naturräumliche Gliederung, die morphologischen Grundzüge der
   Landschaft und ihre Konsequenzen auf Naturhaushalt und Kulturlandschaft,
   und Fragestellungen zum Umweltschutz beinhalten.

An solchen Materialien besteht in den Schulen ein deutlicher Mangel. Sinnvoll ist
die Entwicklung eines Curriculums aber nur dann, wenn — wie im vorliegenden Fall
glücklicherweise gegeben, — eine Verbindung von der Hochschule zur Schulpraxis
besteht: Durch Erprobung von Unterrichtseinheiten während schulischer Praktika,
durch die Mitarbeit interessierter Mentoren, durch Schulungen im Rahmen der
Lehrerfortbildung, durch fachdidaktisch ausgerichtete Staatsexamensarbeiten.

So sollen einige Beispiele von Kartierungen, die mit Kindern gemacht wurden
bzw. werden können, den Abschluß bilden. Bei gutem Willen der Beteiligten (Schulen, Fachlehrer, Klassenlehrer, Schüler) ist trotz Lehrplan, Stundenplan, Material-

mangel und Zeitschwierigkeiten manches möglich.

Der Sachkundeunterricht der Primarstufe wird sich in einfacher, klarer Form den Grundlebensgemeinschaften Wald – Feld – Fluß – See – Meer widmen. Nach einer Durchnahme des Stoffes in der Klasse sind schon in dieser Stufe halbtägige Wandertage, vor allem in die nächste Umgebung des Schulortes sinnvoll. Das wird auf dem Lande und dem landnahen Bereich keine Schwierigkeiten bereiten, aber auch in der Stadt nicht unmöglich sein.

Ein Lernziel dabei wird sein: Erkennen der räumlichen Differenzierung der Landschaft in Siedlungen, Verkehrswege, landwirtschaftliche Flächen (Ackerland, Grünland), Wald (Laubwald, Nadelwald, Mischwald), Gewässernetz. Das kann durch Beobachten, Beschreiben und Anlegen einfacher Pläne erreicht werden. Ein weiteres Lernziel sollte dann sein: Erkennen von Schädigungen der Landschaft durch den Menschen. Die Kartierungen werden sich an Leitlinien orientieren, die den Kindern bekannt sind:
– Schmutzzuleitungen an Flüssen (Farbe, Geruch, Sichttiefe)
– wilde Mülldeponien, Autowracks entlang von Straßen (Vorsicht!), Flüssen, Bahndämmen, Seen, Mooren.

Ein Beispiel sei angefügt: (Es handelt sich nicht gerade um eine ästhetische, aber die Kinder doch sehr beeindruckende Kartierung). Entlang einer neu geschaffenen, stark befahrenen Umgehungsstraße wurden die überfahrenen Tiere über einen Zeitraum von zwei Wochen kartiert (Katzen, Hasen, Kaninchen, Igel, Vögel). Für eine Diskussion über Verkehrsanlagen, Landschaftsschutz, Tierschutz, Wildzäune u.a. waren die Kinder (4. Schuljahr) hervorragend motiviert.

Der Erdkundeunterricht der Sekundarstufe I kann durch die Vertiefung naturgeographischer Themen im Gelände und die Auswertung im nachfolgenden Unterricht ungemein angereichert werden, bekommt überhaupt erst dadurch eine geoökologische Komponente, die nachhaltig ist. Das braucht nicht im Widerspruch zum Lehrplan zu stehen – der die Geländearbeit ja nicht fordert –, sondern kann ihn bereichern und ergänzen. Ein Lernziel dabei wird sein: Erfassen der verschiedenen Geofaktoren wie Relief, Vegetation und Boden aus der Landschaft und in der Landschaft, und ihres Zusammenwirkens. Dieses Lernziel kann durch eine Reihe von Kartierungen erreicht werden, wobei eine Einführung in die Kartenkunde sinnvoll ist. Sie sollten auf Lehrwanderungen, Klassenfahrten und Landschulheimaufenthalten durchgeführt werden. Als Beispiele seien genannt:
– Kartierungen besonders auffälliger Reliefformen wie Steilküste, Talformen, Geländesenken
– Kartierungen der hauptsächlichsten Bodenarten
– Ansprache einiger charakteristischer Bodenhorizonte wie Humushorizont, Verbraunungshorizont, Ortsstein
– Kartierungen von Schädigungen der Bodendecke und des Landschafthaushaltes durch Deponien, unsachgemäße Bearbeitung und unsachgemäßen Aushub
– Anlage von Karten des Schulortes und seiner Umgebung durch die Klasse (Maßstab 1 : 5 000 und 1 : 10 000). Diese Karten sollten enthalten: Gewässernetz – Höhenschichten (farbig) – Bodenarten – ggf. Bodentypen bzw. Humusmächtigkeit – Vegetation und Nutzung – Umweltschäden. Diese Karten, vor allem die letzten, werden fortlaufend ergänzt, sie werden von der Klasse bis zum Schulabschluß fortgeschrieben.

Mag der aufgestellte Katalog auch nicht sonderlich beeindrucken, so ist seine

Operationalisierung im heutigen Erdkundeunterricht überaus schwierig. Das Desinteresse vieler Geographen naturgeographischen Inhalten gegenüber ist groß. Ist das Interesse bei Mentoren, Studierenden und Kindern erst einmal geweckt, ist das Feld der Möglichkeiten beachtlich. Durch das Fehlen der Heimatkunde besteht ebenfalls eine Marktlücke, die durch Geländearbeit sinnvoll geschlossen werden könnte.

Zur Schulerdkunde gehört neben die Arbeitsmittel Atlas und Schulbuch die Anschauung im Gelände (durch Film nicht ersetzbar), das Verstehen von Karte und Raumwirklichkeit und die Kartierung einfacher wie komplexer ökologischer Bestände. Das gehört zum Erdkundeunterricht dazu wie der Schulversuch zu den Fächern Physik und Chemie und die Anschauung von Pflanze und Tier zum Biologieunterricht. (Diese Anschauung im Gelände findet in der Praxis nicht statt. Es könnten 7. Hauptschulklassen genannt werden, die noch nie zu einem Ausflug den Klassenraum verlassen haben!) Sinn des Geographieunterrichtes muß es doch auch sein, den Kindern die Blindheit in der Landschaft zu nehmen. Unsere Kinder begreifen heute — im Ansatz — das Funktionieren einer Mondfähre. Bei einfachen Naturzusammenhängen ihrer Umgebung sind sie staunende Wesen. Wenn Umweltschutz nicht nur eine akademische Übung sein soll, wenn wir die künftigen Erwachsenen dazu erziehen wollen, müssen wir mehr dafür an den Schulen tun. Die Umwelterziehung einer Schulklasse könnte dann — auf die Zukunft gesehen — mehr bringen als zehn Bürgerinitiativen.

LITERATUR

ECKART, K. (1974): Ein Geländepraktikum durchgeführt in der Gemeinde Sünninghausen In: *Z. f. Wirtschaftsgeographie* 3: 73–83.
KETELSEN-NICOL, C. (1974): Zur Vegetationsgeschichte der Geest und ihrem heutigen Erscheinungsbild. Unveröff. Examensarbeit zur Ersten Staatsprüfung für das Lehramt an Volksschulen Flensburg.
RIEDEL, W. (1974a): Der Beitrag zum Umweltschutz durch das Fach Geographie an der Pädagogischen Hochschule Flensburg In: *Die Heimat* 6: 160–165.
RIEDEL, W. (1974b): Bodentypologischer Formenwandel im Landesteil Schleswig und Möglichkeiten seiner Darstellung In: *Mitt. d. Geogr. Ges. in Hamburg*, Bd. 63 (im Druck).
RIEDEL, W. (1975): Schleswig — Schutz oder Zerstörung einer Landschaft? In: *Die Heimat* 2 (im Druck).
RIEDEL, W., FELBER, T. und SCHRÖDER, M. (1975): Bodengeographische Beobachtungen auf der Halbinsel Holnis (Glücksburg) In: *Die Heimat* 5 (im Druck).

Anschrift des Verfassers:

Dr. WOLFGANG RIEDEL, Pädagogische Hochschule, Seminar für Geographie, 239 Flensburg, Mürwiker Straße 77

Sonderdruck: Verhandlungen der Gesellschaft für Ökologie, Erlangen 1974.

DER ÖKOLOGISCHE ANTEIL IM BIOLOGISCHEN WISSEN VON SCHULABGÄNGERN – ERSTE ERGEBNISSE EINER EMPIRISCHEN UNTERSUCHUNG

K. SCHILKE

Abstract

In the years 1972 and 1973 212 high school graduates, 370 students in the beginning of their first semester at university, and 51 students who had completed 2 years of biology studies were tested with a questionnaire. 17 questions were related to personal information, 71 questions were related to biology. There were 486 items on the test. The results of some questions of the subtest 'ecology' are reported. The random test of the students in the beginning of their first semester shows a very heterogeneous group.

1. Ziele der Untersuchung

Ausgangspunkt der Untersuchung ist folgende Situation:

Hochschullehrer wollen darüber informiert sein, mit welchen Kenntnissen Studienanfänger das Studium beginnen, um ihre Lehrtätigkeit darauf aufbauen zu können.

Mitglieder von Lehrplankommissionen sind darüber zu unterrichten, mit welchen Kenntnissen Schüler die Schulen verlassen, damit sie wissen, wo sie bei der Curriculumrevision ansetzen müssen. Auch für diesen Personenkreis ist es also unerläßlich, über die Kenntnisse von Schulabgängern informiert zu sein.

Studienanfänger selbst können mit Hilfe der Ergebnisse von Kenntnistests beraten werden; die Ermittlung der Kenntnisse hat dabei nicht die Funktion zu selektieren, sondern sie dient der Studienberatung.

Die Kenntnisse von Schulabgängern und Studienanfängern zu bestimmten Zeitpunkten festzustellen bedeutet die einfache Bestimmung von „Ist-Zuständen''. Diese Ist-Zustände lassen sich aber nur dann sinnvoll auswerten, wenn gleichzeitig „Soll-Zustände'' definiert sind, an denen die Bewertung erfolgen kann. Als Quelle zur Ermittlung von Soll-Zuständen der Biologiekenntnisse von Abiturienten kommen z.B. Richtlinien und Schulbücher in Betracht. Im Hinblick auf Richtlinien muß allerdings festgestellt werden, daß sie in manchen Bundesländern zu allgemein formuliert sind, um eine Verbindlichkeit bezüglich konkreter Ziele zu erreichen. Im Grunde wußte man daher zu Beginn der Untersuchung – 1970 – und in einigen Bundesländern auch heute noch nicht, zu welchen Leistungen Schüler bei bestimmten Abschlüssen kommen sollen. Die eigentliche Arbeit der Setzung von Lernzielen wird dem Lehrer aufgebürdet. Zur Zeit laufen allerdings Bemühungen seitens der Kultusminister, in einer „Rahmenabitur-Prüfungsordnung'' einheitliche Maßstäbe für den Schulabgang festzusetzen.

Soll-Zustände können auch durch Analyse von Schulbüchern erschlossen werden. Da exakte Angaben über Lernziele in den Richtlinien fehlten, entschlossen wir uns, die Untersuchungen an uns wesentlich erscheinenden Inhalten eines verbreiteten Biologieschulbuches der Sekundarstufe II zu orientieren. Es handelt sich um das Buch von LINDER (1971). Das andere weit verbreitete Buch von FELS u.a. (1969) konnte nicht herangezogen werden, weil es keinen Ökologieteil enthält. Ein nachträglicher Vergleich mit den im Rahmenplan des VDB (1973) formulierten Zielvorstellungen zeigt, daß die in diesem Fragebogen zugrunde gelegten Soll-Zustände dem augenblicklichen Stand der didaktischen Reflexion entsprechen.

Lerninhalte in Richtlinien und Schulbüchern sind aufgrund normativer Prozesse zustande gekommen. Empirische Untersuchungen können normative Schritte niemals ersetzen. Aber sie können zur Beurteilung und Veränderung solcher Schritte dienen, indem mehr sachbezogene Argumente in den Prozeß einbezogen werden.

Sollte sich z.B. zeigen, daß das in Richtlinien angestrebte Wissensniveau niemals erreicht wird, wäre zu überlegen, den Ist-Zustand zu verbessern. Dies könnte durch die Veränderung der Faktoren geschehen, die den Unterricht bestimmen. Solche Faktoren sind z.B. Lehreraus- und -fortbildung, Unterrichtszeit, Medien, Unterrichtsmethoden usw. (vgl. SCHAEFER 1971). Man kann aber auch eine Annäherung von Soll-Zustand und Ist-Zustand dadurch zu erreichen versuchen, daß man Rahmenpläne und Richtlinien den gegebenen Möglichkeiten der Schule besser anpaßt, also den Soll-Zustand dem Ist-Zustand angleicht. Zu diesem Problem wird in der Diskussion noch mehr gesagt.

In der BRD sind überregionale Untersuchungen der Biologiekenntnisse an größeren Stichproben erstaunlich selten vorgenommen worden. Erste Untersuchungen stammen, soweit uns bekannt ist, von GENSCHEL (1950/51), BÜNNUNG (1967) und GABLER (1968). Daneben liegen wenige Angaben über kleinere Befragungen vor. Für all diese Untersuchungen gilt, daß ihre Testinstrumente nicht genügend objektiviert und die Stichproben zu klein zind. Man kann feststellen, daß sich sowohl Hochschule als auch Schule um die Frage der Fixierung des Eingangswissens bzw. der Abiturkenntnisse fast überhaupt nicht bemüht haben.

So blieben also bisher immer noch folgende Fragen unbeantwortet:
1. Welche spezifischen biologischen Kenntnisse weisen Abiturienten bzw. Studienanfänger des Biologiestudiums auf? Oder mit anderen Worten: Wie effektiv ist der Biologieunterricht an den allgemeinbildenden Schulen? Im Zusammenhang mit dieser Frage interessiert an dieser Stelle besonders: Welche **ökologischen** Kenntnisse weisen Abiturienten bzw. Studienanfänger auf?
2. Gibt es bevorzugte und vernachlässigte Gebiete der Oberstufenbiologie?
3. Lassen sich Unterschiede im Wissen zwischen Gruppen nachweisen, die aufgrund von Persönlichkeitsvariablen (Z.B. Geschlecht, Dauer des Biologieunterrichts) gebildet werden? Die Beantwortung dieser und anderer Fragen ist das Ziel einer laufenden Untersuchung, von der hier ausschnittweise berichtet wird.

2. Methode der Untersuchung

Die Methode der hier vorgenommenen Untersuchung kann aus Platzgründen nur kurz dargestellt werden.

Wir haben mit einem Fragebogen in den Jahren 1972 und 1973 insgesamt 633 Personen erfaßt:

51 Großpraktikanten einer westdeutschen Universität,
212 Abiturienten von 16 ausgewählten Gymnasien aus Schleswig-Holstein, vor dem
   mündlichen Abitur.
370 Studienanfänger der Biologie.

Die Studienanfänger stammten von der Universität Erlangen-Nürnberg, der Universität Regensburg, der Gesamthochschule Kassel, der Pädagogischen Hochschule Kiel und der Pädagogischen Hochschule Niedersachsen. Abt. Göttingen. Da nur relativ wenige Großpraktikanten und Abiturienten einbezogen wurden, sind die Aussagen über ihre Leistungen noch nicht generalisierbar. Auch die Ergebnisse der Studienanfänger beziehen sich nur auf die untersuchten Institutionen. Der Fragebogen wurde aus Voruntersuchungen, die wesentlich auf Arbeiten von ESCHENHAGEN beruhen, zusammen mit BAYRHUBER, ESCHENHAGEN, SCHAEFER & FILLBRANDT weiterentwickelt (ESCHENHAGEN & SCHILKE 1973). Der Fragebogen enthielt 17 Fragen zu Personaldaten und Interessengebieten und 71 Fragen aus dem Gesamtgebiet der Biologie, darunter 8 Fragen zur Ökologie und Umweltverschmutzung. Bei der Abfassung dieser Fragen wurde versucht, jeweils ein bestimmtes Lernziel des Biologieunterreichts gemäß LINDER (s.o.) zu formulieren. Bei fast allen Fragen lag eine gebundene Aufgabenstellung vor. Die Fragen prüften lediglich die Reproduktion und Reorganisation von uns vermuteter Inhalte des Biologieunterrichts ab. Die beiden weiteren Lernzielstufen (s. Strukturplan für das Bildungswesen), Transfer und Problemlösen, wurden nicht abgetestet, weil die Untersuchung der Feststellung eines Basiswissens dienen sollte. Mit den Fragen war selbstverständlich nicht jedes Teilgebiet der Biologie voll abzudecken. Es wurde aber versucht, solche Fragen auszuwählen, deren Beantwortung Schlußfolgerungen auf weitere, darauf aufbauende Lernziele zuließ.

3. Ergebnisse

Zum Anlaß dieser Tagung wurden einige Ergebnisse zusammengestellt, die sich auf die ökologischen Kenntnisse der Probanden beziehen.

3.1 Interessengebiete

Im 1. Teil des Fragebogens lautete eine Frage folgendermaßen: Gibt es ein Gebiet der Biologie, mit dem Sie sich besonders gern beschäftigt haben?
Das Ergebnis dieser Frage ist in Tabelle 1 dargestellt.
Die Ökologie und die Umweltverschmutzung finden sich bei allen 3 Stichproben, auch in den Ergebnissen von STANGE & NOODT (1971) unter den vier beliebtesten Teilgebieten der Biologie bzw. Unterrichtsinhalten. Die Ökologie nimmt also, verglichen mit anderen Inhalten, einen recht günstigen Rang ein. Das herausragende Interessengebiet ist die Verhaltensforschung.

370 Studienanfänger

Verhaltensforschung	49%
Genetik, Biochemie, Molekularbiologie	41%
Abstammungslehre, Evolution	32%
Anthropologie, Menschenkunde	22%
Umweltverschmutzung, Ökologie	22%
Tierkunde (z. B. Vogelkunde)	16%
Rauschgift, Drogen	14%
Pflanzenkunde (z. B. Kakteen)	11%
Negative Antwort	7%
Sonstiges	4%

212 Abiturienten

Verhaltungsforschung	69%
Umweltverschmutzung, Ökologie	33%
Genetik, Biochemie, Molekularbiologie	24%
Abstammungslehre, Evolution	23%
Rauschgift, Drogen	21%
Anthropologie, Menschenkunde	18%
Tierkunde (z. B. Vogelkunde)	13%
Negative Antwort	10%
Sonstiges	4%
Pflanzenkunde (z. B. Kakteen)	3%

Zum Vergleich:

Ergebnisse des „Fragebogens für Studenten der Biologie" vom SS 1971 (S. STANGE-STICH, W. NOODT)

Frage 30: Wenn Sie jetzt Biologie studieren, haben Sie sich bestimmt überlegt, warum Sie gerade Biologie gewählt haben . . . (vorgegebene Begründungen waren anzukreuzen)

Positiv hervorstechend:

1. . . ., weil ich das tierische und menschliche Verhalten und seine Grundlagen kennenlernen möchte — 56%

2. . . ., weil ich Aufschluß haben möchte über die stofflichen Grundlagen der Lebensvorgänge, z.B. der Vererbung: — 39%

3 . . ., weil ich mithelfen möchte, die Probleme der Umweltverschmutzung, z B. der Abwässerklärung, zu bewältigen: — 39%

51 Großpraktikanten

Verhaltensforschung	45%
Tierkunde (z. B. Vogelkunde)	27%
Anthropologie, Menschenkunde	24%
Umweltverschmutzung, Ökologie	22%
Genetik, Biochemie, Molekularbiologie	20%
Pflanzenkunde (z. B. Kakteen)	14%
Negative Antwort	12%
Abstammungslehre, Evolution	10%
Sonstiges	8%
Rauschgift, Drogen	6%

Tab. 1. Prozentuale Häufigkeit der Ankreuzung bestimmter Interessengebiete bei 4 Stichproben von Versuchspersonen.

3.2. Der Untertest Ökologie

Im 2. Teil des Fragebogens sind die meisten Fragen Mehrfach-Wahl-Aufgaben; daneben kommen Zuordnungsaufgaben und andere Fragetypen vor.

Die Zufalls-Wahrscheinlichkeit, daß ein Proband ein Item richtig beantwortet, ist aufgrund der vielen Wahlkategorien (4—10) relativ gering.

Die Fragen stammen aus 9 Gebieten der Oberstufenbiologie bzw. aus biologischen Teildisziplinen. Wir bezeichnen diese Gebiete als Untertests (Abb. 1).

Der 9. Untertest enthält 8 Fragen zur Ökologie. Wir haben diese Fragen deshalb in den Fragebogen aufgenommen, weil sie fast alle im LINDER (s.o.) explizit, zum Teil sogar mit entsprechender Kapitelüberschrift, behandelt werden.

In den Tabellen 2—5 werden 4 dieser Fragen vorgestellt und in den Legenden dazu kurze Erläuterungen vorgelegt.

Durch welche der folgenden Prozesse wird Fallaub wieder
abgebaut (remineralisiert) und dem Boden wieder zugeführt?

Ankreuzungen [%]

			S	A	G
439	durch Hitze	☐	5	7	0
440	durch Auflösen in Regenwasser	☐	9	7	2
441	durch Einwirken saprophytischer Pflanzen (Pilze, Bakterien)	☒	89	87	90
442	durch Tierfraß (Regenwürmer, Milben, Käfer)	☒	22	36	41
443	keine dieser Antworten trifft zu	☐	4	5	0

Tab. 2. Aufgabe 65 des Studienanfängerfragebogens. Das richtige Item 441 wird von 89% der
Studienanfänger (S), von 87% der Abiturienten (A) und von 90% der Großpraktikanten (G)
angekreuzt. Dagegen fällt die Beantwortung des richtigen Items 442 stark ab. Offensichtlich ist
die Rolle bodenlebender Tiere nicht in dem Maße bekannt wie die Rolle von Pilzen und Bakterien.

Die Überlastung von Flüssen und Seen mit menschlichen Abwässern führt u.a. zu folgenden
Phänomenen:

Absterben von Wasserpflanzen (1); Fischsterben („Umkippen" des Gewässers) (2); Sauerstoff-
mangel (3); oxidativer Abbau des organischen Materials unter Sauerstoffverbrauch (4); hoher
Anteil von organischem Material im Wasser (5); Erhöhung des Phosphat- und Nitratgehaltes im
Wasser (6); Massenvermehrung von Wasserpflanzen (7).

Welche der vorgegebenen Abfolgen ist richtig?

Ankreuzungen [%]

			S	A	G
451	7, 1, 2, 3, 4, 6, 5	☐	5	5	2
452	6, 5, 3, 7, 1, 2, 4	☐	23	30	24
453	3, 2, 1, 6, 7, 5, 4	☐	36	26	14
454	keine dieser Antworten trifft zu	☒	28	29	55

Tab. 3. Aufgabe 67 des Studienanfängerfragebogens. Das richtige Item 454 wird nur von 28%
der Studienanfänger und selbst nur von 55% der Großpraktikanten angekreuzt.

Welche schädlichen Bestandteile sind u.a. in den
Auto-, Industrie- und Tabakabgasen?

Ankreuzungen [%]

			S	A	G
455	Bleiverbindungen	☒	87	92	92
456	Krypton	☐	3	1	0
457	Benzpyren	☒	24	15	39
458	Kohlenmonoxid	☒	87	91	90
459	Thomapyrin	☐	1	1	0
460	Stickstoff	☐	31	37	2
461	Schwefeloxide	☒	54	70	78
462	Schwefelwasserstoff	☐	24	33	51
463	keine dieser Antworten trifft zu	☐	0	0	0

Tab. 4. Aufgabe 68 des Studienanfängerfragebogens. Bleiverbindungen (Item 455) und Koh-
lenmonoxid (Item 458) werden als luftverschmutzende Stoffe viel häufiger angekreuzt als Benz-
pyren (Item 457) und Schwefeloxide (Item 461).

Welche der folgenden Definitionen gibt das Phänomen
des biologischen Gleichgewichts am genauesten wieder?

Ankreuzungen [%]

	S	A	G
473 Die Beibehaltung eines zahlenmäßigen Übergewichts der Konsumenten über die Produzenten in einer Nahrungskette	5	4	2
474 Das Fehlen eines Regulators in einem Ökosystem	6	4	0
475 Die Konstanz der Populationsdichten der Partner einer Lebensgemeinschaft über einen längeren Zeitraum	35	28	53
476 Periodische Schwankungen der Populationsdichte von Partnern einer Lebensgemeinschaft innerhalb bestimmter Grenzen	23	47	25
477 keine dieser Antworten trifft zu	18	9	16

Tab. 5. Aufgabe 70 des Studienanfängerfragebogens. Das richtige Item 476 kreuzen nur 23% der Studienanfänger an. Das Verhalten der Probanden gegenüber dem Item 475 deutet auf unterschiedliche Definitionen des Begriffs "biologisches Gleichgewicht".

3.3 Vergleich der Untertests

Weitere Ergebnisse zum ökologischen Anteil im Wissen der Studienanfänger lassen sich aus einem Vergleich zwischen den Untertests herleiten.

Als Vergleichsbasis können wir die Prozentsätze richtiger Lösungen für jeden Untertest heranziehen. Der Prozentsatz richtiger Lösungen für einen Untertest ergibt sich aus dem Quotienten.

$$\frac{\text{Anzahl der richtig angekreuzten Items pro Untertest} \bullet \text{über alle Versuchspersonen} \cdot 100}{\text{Anzahl der richtig ankreuzbaren Items pro Untertest} \bullet \text{Anzahl der Vpn.}}$$

Wir haben die Prozentsätze richtiger Lösungen für alle 9 Untertests jeweils getrennt für die 3 Stichproben (Studienanfänger, Abiturienten und Großpraktikanten) berechnet und in der Abb. 1 zusammengefaßt.

Aus der Graphik ergibt sich, daß der Untertest 9 („Ökologie") bei den Studienanfängern und Abiturienten die höchsten Prozentsätze richtiger Lösungen erzielt; d.h. in diesem Gebiet bringen die Probanden von ihren Kenntnissen her gesehen, verglichen mit den anderen Untertests, etwas bessere Voraussetzungen mit (eine Ausnahme bei den Abiturienten des Untertest 8).

Um ein weiteres Ergebnis darzustellen, gingen wir auf die Interessengebiete der Probanden zurück. Uns interessierte die Frage, ob die Angabe von Interessengebieten mit den Kenntnissen in den einzelnen Untertests zusammenhängen. Dabei ergab sich folgendes überraschende Bild: Die Gruppe von Versuchspersonen, die sich für Verhaltenslehre und Ökologie besonders interessiert haben, erbringt auch in anderen Untertests signifikant mehr richtige Lösungen. Eine plausible Interpretation dieses Ergebnisse ist: Ökologie und Verhaltenslehre behandeln stärker übergreifende Aspekte als etwa Tierkunde und Pflanzenkunde.

296

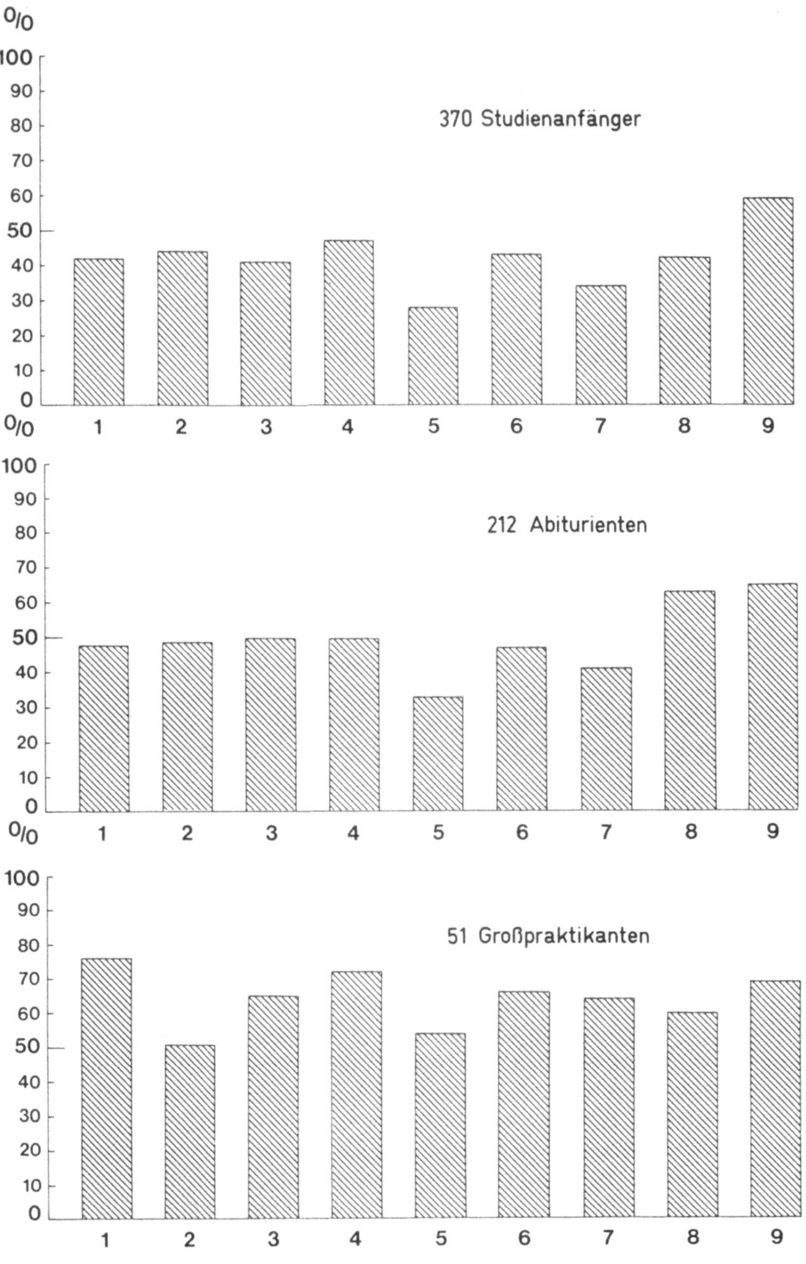

Abb. 1. Richtige Lösungen in 9 Untertests, dargestellt für 3 Stichproben von Probanden. (Untertest 1: Allgemeine Biologie und Systematik, 2: Biochemie, Molekularbiologie, Genetik, 3: Evolution, 4: Ontogenese, 5: Pflanzenphysiologie, 6: Stoffwechselphysiologie, 7: Sinnes- und Nerven- physiologie, 8: Verhaltenslehre, 9: Ôkologie).

Bei den exemplarisch ausgewählten Fragen ergaben sich teilweise erhebliche Unterschiede zwischen den 3 Stichproben im Bezug auf die Lösungshäufigkeiten. Diese Unterschiede sind durch die Aufteilung der 633 Versuchspersonen in Leistungsintervalle charakterisierbar (Abb. 2).

Aus der Graphik geht folgendes hervor:

1. Die drei Stichproben unterscheiden sich in ihren mittleren Leistungen. Die relativ höhere Leistung der Großpraktikanten entspricht der Erwartung; die dennoch recht niedrigen Absolutwerte dagegen überraschen. Ebenso überrascht die Tatsache, daß die Abiturientenstichprobe besser abschneidet als die Stichprobe der Studienanfänger.

2. In der Stichprobe der Studienanfänger sind die Leistungen am breitesten gestreut. Durch die Streuung der Leistungen gibt es Überschneidungsbereiche zwischen den Stichproben.

Die Streuung der Leistungen bei den Studienanfängern läßt sich u. a. durch folgende Befunde erklären:

a. Es gibt bei einigen Untertests signifikante Unterschiede in den Leistungen zwischen Studienanfängern an den einzelnen Hochschulen. Die Studienanfänger an den beiden einbezogenen Universitäten schneiden etwas besser ab als die Anfänger an der Gesamthochschule und den beiden Pädagogischen Hochschulen.

b. Es gibt Unterschiede in den Leistungen zwischen den untersuchten Studenten und Studentinnen. Erstere sind in mehreren Untertest überlegen.

c. Es gibt Unterschiede in den Leistungen zwischen Studienanfängern mit verschiedener Hochschulqualifikation. Zugänger des beruflichen Bildungsweges sind in zwei Untertests den Studienanfängern des gymnasialen Bildungsweges unterlegen.

Diskussion

Aus den Ergebnissen der exemplarisch vorgestellten Fragen (Tab. 2—5) und dem Abschneiden der Studienanfänger (Abb. 2) können wir über die Ist- und Soll-Zustände folgendes aussagen (vgl. auch ESCHENHAGEN & SCHILKE, 1973, S. 260 f.): Im Durchschnitt haben die befragten Personen nur etwa die Hälfte der von uns im Fragebogen gesetzten Soll-Werte erreicht. Es besteht also insgesamt im biologischen Wissen eine starke Diskrepanz zwischen den Ist-Zuständen und dem von uns unter Zuhilfenahme des Schulbuchs gesetzten Soll-Zustand des eines Abiturienten.

Da einige Items sogar von Großpraktikanten nicht gelöst wurden, könnte man denken, daß der Fragebogen einige zu schwierige Fragen enthielt. Die Überprüfung ergibt, daß 20 Items von höchstens 10% der Studienanfänger richtig gelöst wurden.

Die Vermutung, daß Abiturienten (die ja noch die ,,Nicht-Biologen" enthalten) deswegen im ganzen besser abgeschnitten haben als die Studienanfänger des Faches Biologie, weil sie noch nicht so viel vergessen haben wie letztere, ist nur eine von mehreren Erklärungsmöglichkeiten. Es können hier durchaus weitere Variablen eine Rolle spielen, die die Vergleichsmöglichkeiten einschränken. Daher wäre z.B. ein Vergleich zwischen den Abiturienten eines Bundeslandes und den Studienanfängern desselben Bundeslandes nötig. Immerhin ist doch auffällig, daß die Studenten, die sich für Biologie entschieden haben, in dieser Untersuchung schlechter ab-

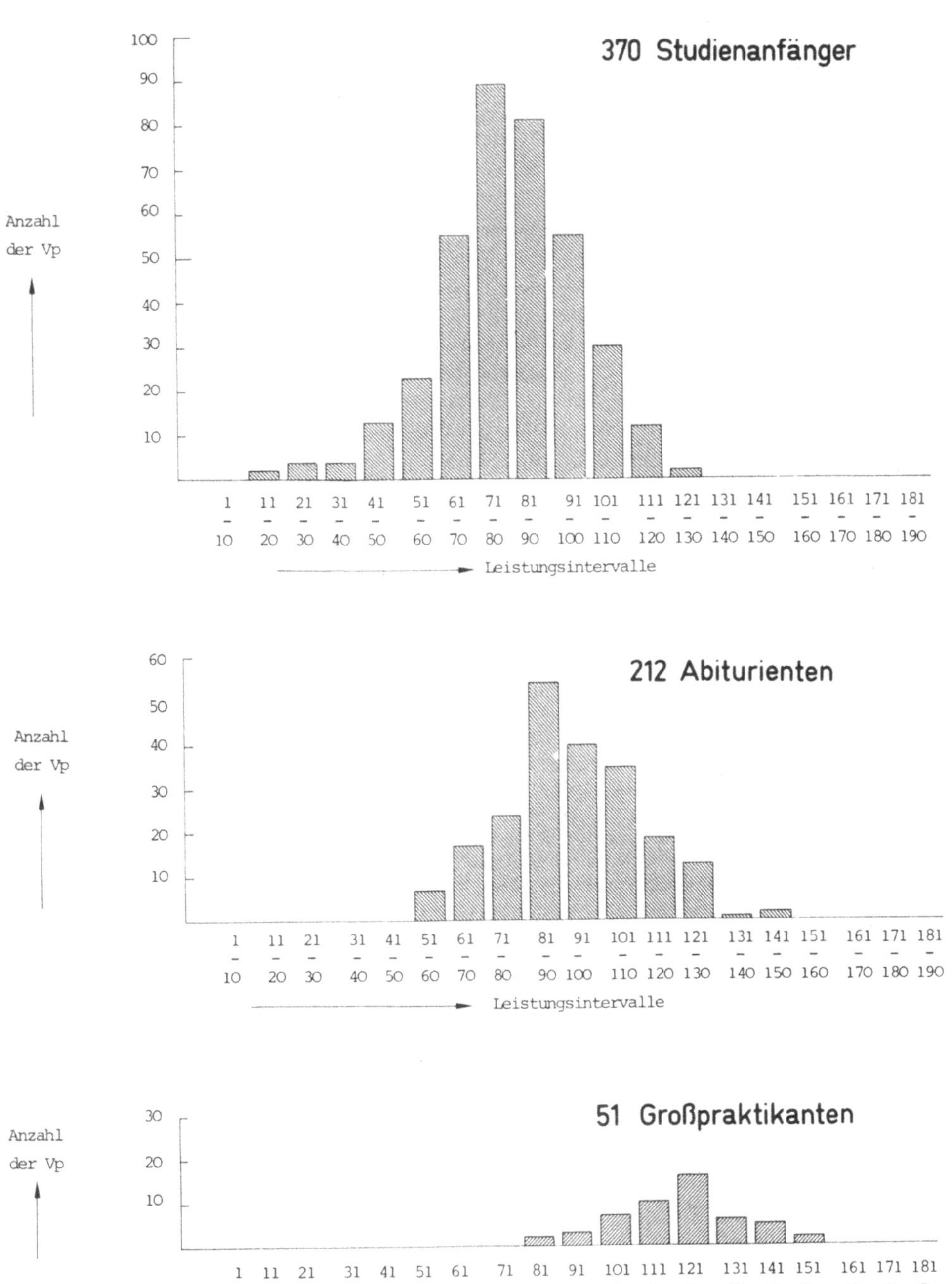

Abb. 2. Aufteilung der Versuchspersonen in Gruppen verschiedener Lösungshäufigkeit. Maximal richtig zu lösen waren 190 Items.

schneiden. Es kann also nicht ohne weiteres der Schluß gezogen werden, daß der Fragebogen für Biologiestudenten zu schwer ist. Vielmehr muß die Frage aufgeworfen werden, ob die Studienanfänger in Biologie überhaupt für dieses Fach genügend motiviert sind, und andererseits die Frage, ob das Biologiestudium bis zum Großpraktikum so strukturiert ist, daß ein ausreichendes Wissen etwa in Genetik, Pflanzenphysiologie und Verhaltenslehre bereitgestellt wird (vergl. Abb. 1).

Es kann aus diesen Ergebnissen zunächst nicht die Forderung abgeleitet werden, die Soll-Werte herabzusetzen, sondern es muß in weiteren Untersuchungen zunächst geprüft werden, mit welchen konkreten Mitteln eine Anhebung der **Ist**-**Werte** möglich ist. Eine Revision von Soll-Zuständen kann ohnehin nicht einfach dadurch begründet werden, daß eine Differenz zu den Ist-Werten vorliegt (dies würde möglicherweise zu einer beliebigen Nivellierung des Unterrichts führen), sondern sie muß stets auf dem Hintergrund **übergeordneter Zielkriterien** erfolgen, die dem allgemeinbildenden Schulwesen überhaupt gesetzt sind. Solche Kriterien wurden bereits in Form eines „Zielebenenmodells" von EULEFELD & SCHAEFER im Tagungsband der GfÖ 1972 vorgestellt, auf den hier verwiesen wird.

LITERATUR

BÜNNING, A. (1967): Abitur = Hochschulreife? *Mitt. d. Verb. Deutscher Biologen*, 126: 599–600.

DEUTSCHER BILDUNGSRAT; Empfehlungen der Bildungskommission (1970): Strukturplan für das Bildungswesen. Verabschiedet 27. Sitzg. Bild. kom. 13.2.70. Bonn: Bundesdruckerei.

ESCHENHAGEN, D. und SCHILKE, K. (1973): Untersuchungen zum biologischen Wissen von Studienanfängern. *Praxis d. Nat. wiss. (Biologie)* 22: 253–263.

EULEFELD, G. und SCHAEFER, G. (1972): Ein Zielebenenmodell zur Gewichtung ökologischer Themen im Unterricht. In: STEUBING, L. et al. (Herausg.): Belastung und Belastbarkeit von Ökosystemen. Tagungsber. d. Ges. f. Ökol. Gießen. Augsburg: Blasaditsch.

FELS, G. et al. (1969): Der Organismus. Stuttgart: Klett.

GABLER, A. (1968): Ein aufschlußreicher Test. *Biol. in d. Schule* 17: 394–395.

GENSCHEL, R. (1950/51): Biologische Formenkenntnis in der heutigen jungen Generation. MNU 3: 1–4.

LINDER, H. (1971): Biologie. Stuttgart: Metzler.

RAHMENPLAN DES VERBANDES DEUTSCHER BIOLOGEN FÜR DAS SCHULFACH BIOLOGIE (1973). *Mitt. des VDB* Nr. 192.

SCHAEFER, G. (1971): Probleme der Curriculum-Konstruktion. *Der Biologieunterricht* 7: 6–17.

STANGE-STICH, S. und NOODT, W. (1971): Fragebogen für Studenten der Biologie (unveröffentlichtes Manuskript, Kiel).

Anschrift des Verfassers:

Dr. K. SCHILKE, Institut für die Pädagogik der Naturwissenschaften (IPN), 23 Kiel, Olshausenstr. 40–60.